高等学校计算机教材

MATLAB 实用教程

（第5版）（含视频教学）

郑阿奇　主编
曹　戈　编著

電子工業出版社
Publishing House of Electronics Industry
北京 · BEIJING

内容简介

MATLAB 是广受欢迎的科学与工程计算软件之一，版本升级很快，本书修订时的最新版本是 R2019b，但是 MATLAB R2015b 产品族仍然是 MathWorks 公司应用较流行的版本。根据广大读者的需求，本书仍以 MATLAB R2015b 为平台，比较系统地介绍 MATLAB R2015b 环境、MATLAB 数值计算、MATLAB 符号计算、MATLAB 计算的可视化和 GUI 设计、MATLAB 程序设计、线性控制系统分析与设计、Simulink 仿真环境、MATLAB 高级应用等。

本书内容主要分为实用教程、习题、实验及附录四个部分，各部分深入浅出，相互配合，层次清晰。实用教程部分先讲解基础知识，后开展实例操作；习题部分系统练习基本内容；实验部分先引导操作，后展开思考练习；附录部分包含习题参考答案、模拟测试题及其参考答案、例题索引和程序的调试介绍。同时，本书配备教学课件和实例文件，方便老师授课和学生自学。

本书配套对应的教学视频，可通过扫描书中二维码在线观看。另外，本书提供授课 PPT 和实例文件，需要者可从华信教育资源网（www.hxedu.com.cn）免费下载。

本书可作为大学本科和专科有关课程的教材或教学参考书，也适于 MATLAB 用户学习和参考。

图书在版编目（CIP）数据

MATLAB 实用教程：第 5 版：含视频教学 / 郑阿奇主编. —北京：电子工业出版社，2020.6
ISBN 978-7-121-38816-3

Ⅰ. ①M… Ⅱ. ①郑… Ⅲ. ①Matlab 软件－高等学校－教材 Ⅳ. ①TP317

中国版本图书馆 CIP 数据核字（2020）第 047139 号

责任编辑：程超群　　文字编辑：赵云峰
印　　刷：大厂回族自治县聚鑫印刷有限责任公司
装　　订：大厂回族自治县聚鑫印刷有限责任公司
出版发行：电子工业出版社
　　　　　北京市海淀区万寿路 173 信箱　邮编　100036
开　　本：787×1 092　1/16　印张：25.75　字数：659 千字
版　　次：2004 年 5 月第 1 版
　　　　　2020 年 6 月第 5 版
印　　次：2025 年 1 月第12次印刷
定　　价：79.00 元

凡所购买电子工业出版社图书有缺损问题，请向购买书店调换。若书店售缺，请与本社发行部联系，联系及邮购电话：（010）88254888，88258888。

质量投诉请发邮件至 zlts@phei.com.cn，盗版侵权举报请发邮件至 dbqq@phei.com.cn。

本书咨询联系方式：（010）88254577，91034@qq.com。

前 言

MATLAB（Matrix Laboratory）是 MathWorks 公司开发的，目前国际上最流行、应用最广泛的科学与工程计算软件之一。Simulink 基于 MATLAB 的框图设计环境，可以用来对各种动态系统进行建模、分析和仿真。自 MATLAB R2006 版推出以来，在每年的上半年和下半年都会推出新版本，MathWorks 公司于 2015 年下半年推出了 MATLAB R2015b 产品族。

2004 年，我们结合 MATLAB 教学和应用开发的经验，编写了《MATLAB 实用教程》。该书推出后，得到了高校教师、学生和广大读者的广泛认同，在市场持续热销。

2007 年和 2012 年，我们对改版图书中的软件版本进行了两次升级，同时对内容进行了调整和完善，继续受到读者推崇！

2016 年，《MATLAB 实用教程（第 4 版）》以当时新版的 MATLAB R2015b 作为平台，在继承第 3 版基本框架的前提下，根据当时平台的最新功能和发展趋势，删除旧的内容，扩展新的内容，完善基本内容，使本书更为实用。

2017 年下半年，我们以《MATLAB 实用教程（第 4 版）》为基础，全面配套了教学视频，继续引领 MATLAB 教材市场。截至 2020 年 1 月底，《MATLAB 实用教程》各版本已经累计印刷 36 次，共计 13 万多册。

《MATLAB 实用教程（第 5 版）》在第 4 版的基础上，根据广大读者的需求，仍然以 MATLAB R2015b 作为平台，在第 2 章中增加了表格型和分类型数据介绍，新增了 PID Tuner、Curve Fitting 以及 Publish 发布等功能，完善基本内容，修改了部分实例，使本书更为实用。

本书主要内容分为实用教程、习题、实验及附录四个部分，各部分深入浅出，相互配合，层次清晰。实用教程部分先讲解基础知识，后开展实例操作；习题部分系统练习基本内容；实验部分先引导操作，后展开思考练习；附录部分包含习题参考答案、模拟测试题及其参考答案、例题索引和程序的调试介绍。同时，本书配备教学课件和实例文件，方便老师授课和学生自学，需要者可从华信教育资源网（www.hxedu.com.cn）免费下载。

本书配套对应的教学视频，通过扫描书中二维码可在线播放（建议在 WiFi 环境下操作）。另外，本书提供授课 PPT 和实例文件，需要者可从华信教育资源网（www.hxedu.com.cn）免费下载。

实际上，本书不仅适合于教学，也适合于 MATLAB 的各类培训以及用 MATLAB 编程开发的用户进行学习和参考。通过阅读本书，结合上机操作指导进行练习和实习，相信读者能够在较短的时间内基本掌握 MATLAB 及其应用技术。

本书由南京师范大学曹弋编写，南京师范大学郑阿奇统编、定稿。参加本系列图书编写的还有周何骏、孙德荣、刘美芳等。

由于作者水平有限，疏漏和不足之处在所难免，敬请广大师生、读者批评指正。

意见建议邮箱：easybooks@163.com

编 者

2020 年 6 月

本书视频目录

（建议在 WiFi 环境下扫码观看）

序号	视频内容及所在章节	时长	序号	视频内容及所在章节	时长
1	MATLAB 概况	09:11	31	4.3.3 直方图	06:19
2	1.2.1 MATLAB 集成开发环境	12:02	32	4.4.2 绘制三维网线图和曲面图	08:05
3	1.3.1 命令窗口 1	07:03	33	4.7.1 可视化的界面环境	08:31
4	1.3.1 命令窗口 2	05:15	34	4.7.5 回调函数	11:37
5	1.3.3 工作空间窗口	10:01	35	5.1.1 for…end 循环	08:52
6	1.3.4 历史命令窗口	09:49	36	5.1.5 try…catch…end 试探结构	05:28
7	1.5 一个实例	11:24	37	5.1.7 循环结构与动画_电影方式动画	06:15
8	2.2.1 矩阵输入	12:50	38	5.1.7 循环结构与动画_对象方式动画	05:59
9	2.2.2 矩阵元素	12:51	39	5.2.2 M 脚本文件和 M 函数文件	09:34
10	2.2.3 字符串	09:59	40	5.3.4 函数的参数	08:17
11	2.2.4 矩阵和数组运算_算术运算	10:43	41	5.3.5 程序举例	13:59
12	2.2.4 矩阵和数组运算_逻辑运算和关系运算	11:05	42	5.4.1 函数句柄的创建	10:01
13	2.2.5 多维数组	10:14	43	5.7.1 M 文件性能优化	08:31
14	2.3.1 日期和时间	08:03	44	6.1.2 传递函数描述法	09:07
15	2.4.1 稀疏矩阵	10:39	45	6.4.5 系统的结构参数	07:01
16	2.5.1 多项式计算	08:34	46	6.5.2 连续系统频域特性	10:28
17	2.5.3 多项式拟合和插值_拟合	11:51	47	6.5.3 幅值裕度和相角裕度	09:32
18	2.5.3 多项式拟合和插值_插值	07:04	48	6.6.1 超前校正	13:37
19	2.6.1 元胞数组	12:33	49	6.6.2 滞后校正	11:26
20	2.8.2 差分和积分	09:47	50	6.7.2 根轨迹的其他工具	10:36
21	3.1.2 创建符号变量和符号表达式	06:32	51	6.8.1 LTI Viewer 界面	06:48
22	3.2.1 符号表达式的代数运算	07:28	52	6.8.2 SISO 设计工具	07:43
23	3.2.2 符号数值任意精度控制和运算	06:37	53	7.3.2 信号线操作	08:31
24	3.3.2 符号表达式的化简	08:13	54	7.5.2 系统仿真举例_二阶系统仿真	07:46
25	3.4.2 符号微分和积分	07:49	55	7.5.2 系统仿真举例_电路仿真	09:03
26	3.4.4 符号级数	07:37	56	7.5.2 系统仿真举例_单相半波整流	14:40
27	3.5.2 拉普拉斯变换及其反变换	07:37	57	7.5.2 系统仿真举例_离散系统仿真	08:06
28	3.7 符号函数的绘图命令和图形化的符号函数计算器	07:11	58	7.6.3 子系统封装	10:26
29	4.1.1 基本绘图命令	12:10	59	7.7 用 MATLAB 函数创建和运行 Simulink 模型	08:29
30	4.1.5 设置坐标轴和文字标注	10:00	60	8.3 MuPAD Notebook	07:28

目　录

第1部分　实用教程

第1章　MATLAB R2015b 环境 …… 1
1.1　MATLAB 简介 …… 1
1.1.1　MATLAB 工具箱 …… 2
1.1.2　MATLAB 的功能和特点 …… 2
1.2　MATLAB R2015b 的环境设置 …… 3
1.2.1　MATLAB 的集成开发环境 …… 3
1.2.2　工具栏 …… 4
1.3　常用窗口 …… 7
1.3.1　命令窗口（Command Window） …… 8
1.3.2　当前目录浏览器窗口（Current Folder） …… 12
1.3.3　工作空间窗口（Workspace） …… 14
1.3.4　历史命令窗口（Command History） …… 16
1.3.5　变量编辑器窗口（Variable Editor） …… 17
1.3.6　M 文件编辑/调试器窗口（Editor/Debugger） …… 18
1.3.7　代码分析报告窗口（Code Analyzer Report） …… 19
1.3.8　程序性能剖析窗口（Profiler） …… 19
1.3.9　MATLAB R2015b 帮助 …… 20
1.4　MATLAB R2015b 其他管理 …… 22
1.4.1　MATLAB 用户文件格式 …… 22
1.4.2　设置搜索路径 …… 23
1.5　1 个实例 …… 26
第2章　MATLAB 数值计算 …… 30
2.1　变量和数据 …… 30
2.1.1　数据类型 …… 30
2.1.2　常数 …… 32
2.1.3　变量 …… 33
2.2　矩阵和数组 …… 34
2.2.1　矩阵输入 …… 34
2.2.2　矩阵元素 …… 37
2.2.3　字符串 …… 41
2.2.4　矩阵和数组运算 …… 44
2.2.5　多维数组 …… 55
2.3　日期和时间 …… 58
2.3.1　日期和时间的表示格式 …… 58
2.3.2　日期和时间函数 …… 59
2.4　稀疏矩阵 …… 60
2.4.1　稀疏矩阵的建立 …… 60
2.4.2　稀疏矩阵的存储空间 …… 62
2.4.3　稀疏矩阵的运算 …… 63
2.5　多项式 …… 63
2.5.1　多项式的求值、求根和部分分式展开 …… 63
2.5.2　多项式的乘除法和微积分 …… 65
2.5.3　多项式拟合和插值 …… 66
2.6　元胞数组和结构数组 …… 69
2.6.1　元胞数组 …… 69
2.6.2　结构数组 …… 72
2.7　表格型和分类型 …… 75
2.7.1　表格型 …… 75
2.7.2　分类型 …… 76
2.8　数据分析 …… 77
2.8.1　数据统计和相关分析 …… 77
2.8.2　差分和积分 …… 78
2.8.3　卷积和快速傅里叶变换 …… 80
2.8.4　向量函数 …… 82
第3章　MATLAB 符号计算 …… 84
3.1　符号表达式的建立 …… 84
3.1.1　创建符号常量 …… 84
3.1.2　创建符号变量和符号表达式 …… 86
3.1.3　符号矩阵 …… 87

3.2 符号表达式的代数运算…………………88
3.2.1 符号表达式的运算符和函数…88
3.2.2 符号数值任意精度控制和运算……………………………90
3.2.3 符号对象与数值对象的转换…91
3.3 符号表达式的操作和转换……………92
3.3.1 符号表达式中自由变量的确定……………………………92
3.3.2 符号表达式的化简……………93
3.3.3 符号表达式的替换……………94
3.3.4 求反函数和复合函数…………95
3.3.5 符号表达式的转换……………97
3.4 符号极限、微积分和级数求和………98
3.4.1 符号极限……………………98
3.4.2 符号微分……………………99
3.4.3 符号积分……………………100
3.4.4 符号级数……………………101
3.5 符号积分变换………………………103
3.5.1 傅里叶变换及其反变换………103
3.5.2 拉普拉斯变换及其反变换……104
3.5.3 Z 变换及其反变换……………105
3.6 符号方程的求解……………………106
3.6.1 代数方程……………………106
3.6.2 符号常微分方程………………107
3.7 符号函数的可视化…………………108
3.7.1 符号函数的绘图命令…………108
3.7.2 图形化的符号函数计算器……110
第 4 章 MATLAB 计算的可视化和 GUI 设计…112
4.1 二维曲线的绘制……………………112
4.1.1 基本绘图函数………………112
4.1.2 绘制曲线的一般步骤…………117
4.1.3 多个图形绘制的方法…………118
4.1.4 曲线的线形、颜色和数据点形…………………………120
4.1.5 设置坐标轴和文字标注………121
4.1.6 交互式图形函数………………125
4.2 图形对象……………………………126
4.2.1 句柄图形体系………………126
4.2.2 图形对象的操作………………127
4.3 MATLAB 的特殊图形绘制…………132
4.3.1 条形图………………………132
4.3.2 面积图和实心图………………133
4.3.3 直方图………………………134
4.3.4 饼形图………………………136
4.3.5 离散数据图…………………136
4.3.6 对数坐标和极坐标图…………137
4.3.7 等高线图……………………138
4.3.8 复向量图……………………139
4.4 MATLAB 的三维图形绘制…………140
4.4.1 绘制三维线图函数……………140
4.4.2 绘制三维网线图和曲面图……140
4.4.3 立体图形与图轴的控制………143
4.4.4 色彩的控制…………………144
4.5 图形绘制工具………………………147
4.5.1 图形窗口……………………147
4.5.2 图形文件转储………………148
4.6 对话框………………………………149
4.7 用户图形界面设计…………………152
4.7.1 可视化的界面环境……………152
4.7.2 菜单…………………………153
4.7.3 控件…………………………155
4.7.4 对象对齐工具、属性编辑器和对象浏览器…………………157
4.7.5 回调函数……………………158
第 5 章 MATLAB 程序设计…………160
5.1 程序流程控制………………………160
5.1.1 for…end 循环结构……………160
5.1.2 while…end 循环结构…………161
5.1.3 if…else…end 条件转移结构…161
5.1.4 switch…case 开关结构…………163
5.1.5 try…catch…end 试探结构……163
5.1.6 流程控制语句………………164
5.1.7 循环结构与动画………………166
5.2 M 文件……………………………169
5.2.1 M 文件编辑器………………170
5.2.2 M 脚本文件…………………170
5.2.3 M 函数文件…………………171
5.3 函数调用和参数传递………………173
5.3.1 子函数和私有函数……………173
5.3.2 局部变量和全局变量…………174
5.3.3 嵌套函数……………………175
5.3.4 函数的参数…………………176

5.3.5 程序举例……180
5.4 利用函数句柄执行函数……184
5.4.1 函数句柄的创建……184
5.4.2 用 feval 命令执行函数……184
5.5 利用泛函命令进行数值分析……185
5.5.1 求极小值……185
5.5.2 求过零点……187
5.5.3 数值积分……188
5.5.4 微分方程的数值解……188
5.6 内联函数……190
5.7 M 文件性能的优化和加速……191
5.7.1 M 文件性能优化……191
5.7.2 P 码文件……192
第 6 章 线性控制系统分析与设计……194
6.1 线性系统的描述……194
6.1.1 状态空间描述法……194
6.1.2 传递函数描述法……195
6.1.3 零极点描述法……196
6.1.4 离散系统的数学描述……197
6.2 线性系统模型之间的转换……199
6.2.1 连续系统模型之间的转换……199
6.2.2 连续系统与离散系统之间的转换……202
6.2.3 模型对象的属性……203
6.3 结构框图的模型表示……205
6.4 线性系统的时域分析……209
6.4.1 零输入响应分析……210
6.4.2 脉冲响应分析……211
6.4.3 阶跃响应分析……212
6.4.4 任意输入的响应……214
6.4.5 系统的结构参数……215
6.5 线性系统的频域分析……219
6.5.1 频域特性……219
6.5.2 连续系统频域特性……219
6.5.3 幅值裕度和相角裕度……223
6.5.4 闭环频率特性的性能指标……224
6.6 频率特性校正……225
6.6.1 超前校正……225
6.6.2 滞后校正……227
6.7 线性系统的根轨迹分析……228
6.7.1 绘制根轨迹……228
6.7.2 根轨迹的其他工具……230
6.8 线性系统的图形工具界面……233
6.8.1 LTI Viewer 界面……233
6.8.2 SISO 设计工具 sisotool……235
6.8.3 PID Tuner……237
第 7 章 Simulink 仿真环境……239
7.1 演示 1 个 Simulink 的简单程序……239
7.2 Simulink 文件操作和模型窗口……242
7.2.1 Simulink 文件操作……242
7.2.2 Simulink 模型窗口……242
7.3 模型创建……242
7.3.1 模块操作……243
7.3.2 信号线操作……243
7.4 Simulink 基本模块……245
7.5 复杂系统仿真与分析……250
7.5.1 仿真设置……250
7.5.2 系统仿真举例……253
7.5.3 仿真结构参数化……261
7.6 子系统与封装……262
7.6.1 建立子系统……262
7.6.2 条件执行子系统……264
7.6.3 子系统的封装……267
7.7 用 MATLAB 函数创建和运行 Simulink 模型……270
7.8 S 函数……272
7.8.1 S 函数简介……272
7.8.2 S 函数的编写……273
7.8.3 S 函数模块的使用……275
第 8 章 MATLAB 高级应用……278
8.1 Publish 发布功能……278
8.2 曲线拟合与插值……282
8.3 MuPAD Notebook 的使用……285
8.4 低级文件输入/输出……287
8.4.1 打开和关闭文件……287
8.4.2 读/写格式化文件……288
8.4.3 读/写二进制数据……290
8.4.4 文件定位……291

第 2 部分　习　　题

第 1 章　MATLAB R2015b 环境 ···················· 294
第 2 章　MATLAB 数值计算 ······················· 294
第 3 章　MATLAB 符号计算 ······················· 296
第 4 章　MATLAB 计算的可视化和 GUI 设计 ··· 297
第 5 章　MATLAB 程序设计 ······················· 299
第 6 章　线性控制系统分析与设计 ··············· 300
第 7 章　Simulink 仿真环境 ······················· 302
第 8 章　MATLAB 高级应用 ······················· 303

第 3 部分　实　　验

实验 1　MATLAB R2015b 环境及命令窗口 ···· 305
实验 2　MATLAB 数值计算 ························ 316
实验 3　MATLAB 符号计算 ························ 325
实验 4　MATLAB 计算的可视化和 GUI 设计 ··· 333
实验 5　MATLAB 程序设计 ························ 341
实验 6　线性控制系统分析与设计 ················ 348
实验 7　Simulink 仿真环境 ························ 358

第 4 部分　附　　录

附录 A　习题参考答案 ······························ 368
附录 B　模拟测试题 ································· 389
附录 C　模拟测试题参考答案 ······················ 391
附录 D　例题索引 ···································· 394
附录 E　程序的调试 ·································· 400
　E.1　错误类型 ·· 400
　E.2　程序调试器 ····································· 400

第1部分 实用教程

第1章 MATLAB R2015b 环境

1.1 MATLAB 简介

MATLAB（Matrix Laboratory，矩阵实验室）是 MathWorks 公司开发的，目前国际上最流行、应用最广泛的科学与工程计算软件之一。MATLAB 即 Matrix + Laboratory，又称为“矩阵实验室”，其强项就是高效的矩阵计算。

MATLAB 是 MATLAB 产品家族的基础，数学运算功能强大，如矩阵运算、数值分析算法。MATLAB 集成了二维和三维图形功能，以完成相应数值可视化的工作，并且提供了一种交互式的高级编程语言——M 语言，利用 M 语言可以通过编写脚本或者函数文件实现用户自己的算法。MATLAB Compiler 是一种编译工具，它能够将那些利用 MATLAB 提供的编程语言——M 语言编写的函数文件编译生成函数库、可执行文件 COM 组件等，使 MATLAB 能够同其他高级编程语言，如 C/C++语言，进行混合应用，以提高程序的运行效率。利用 M 语言还开发了相应的 MATLAB 专业工具箱函数供用户直接使用。

Simulink 是基于 MATLAB 的框图设计环境，可以用来对各种动态系统进行建模、分析和仿真，如航空航天动力学系统、卫星控制制导系统、通信系统、船舶及汽车等，其中包括连续、离散、条件执行、事件驱动、单速率、多速率和混杂系统等。Simulink 提供了利用鼠标拖曳的方法建立系统框图模型的图形界面，而且 Simulink 还提供了丰富的功能块及不同的专业模块集合，利用 Simulink 几乎可以做到不用书写一行代码即可完成整个动态系统的建模工作。

MATLAB 是目前发展最快的软件之一，自 MathWorks 公司推出 MATLAB R2006 版之后，近年来每年都有两个新版本，分别是上半年的 a 版和下半年的 b 版。本书针对 MATLAB 较常用版本 R2015b 的产品族进行介绍，修订本书时的较新版本为 2019b 版，主要在以下几个方面有些改进：文件编辑器使用 Live Editor，使用 App Designer 扩充 UI 组件，以及可以使用 Web 浏览器访问 MATLAB。但是，对于大多数用户来说，原来的 GUI 界面和 Editor 编辑的文件都是可以继续使用的。

1.1.1 MATLAB 工具箱

MATLAB 的基本部分是 MATLAB 的核心，工具箱是扩展部分。工具箱实际上是用 MATLAB 的基本语句编成的各种子程序集，用于解决某一方面的专门问题或实现某一类的新算法。目前，MATLAB 产品的工具箱分别涵盖了数据获取、科学计算、控制系统设计与分析、数字信号处理、数字图像处理、金融财务分析以及生物遗传工程等专业领域。

工具箱的应用算法是开放的、可扩展的，用户不仅可以查看其中的算法，还可以针对一些算法进行修改，甚至可以开发自己的算法以扩充工具箱的功能。这些工具箱可以任意增减，任何人都可以自己生成 MATLAB 工具箱，很多研究成果被直接做成 MATLAB 工具箱发布。MathWorks 除了本身提供的工具箱外，还有合作伙伴提供的工具箱。成百上千个免费的 MATLAB 工具箱可以从 Internet 上获得。

MATLAB 有以下主要的工具箱。

（1）控制系统工具箱（Control System Toolbox）：主要应用于连续系统设计和离散系统设计，传递函数和状态空间模型建立，模型转换，方程求解，频域响应，时域响应，根轨迹分析，增益选择，极点分配等。

（2）信号处理工具箱（Signal Processing Toolbox）：主要应用于数字和模拟滤波器设计、应用及仿真，参数化模型，谱分析和估计，FFT 变换，DCT 变换等。

（3）神经网络工具箱（Neural Network Toolbox）：主要应用于 BP 网络，Hopfield、Kohonen 网络，径向基函数网络，竞争、线性、Sigmoidal 等传递函数，前馈、递归等网络结构、性能分析及应用，自组织网络等。

（4）模糊逻辑控制工具箱（Fuzzy Logic Toolbox）：主要应用于友好的交互设计界面，自适应神经—模糊学习、聚类及 Sugeno 推理，支持 Simulink 动态仿真，可生成 C 语言源代码等。

（5）图像处理工具箱（Image Processing Toolbox）：主要应用于二维滤波器设计和滤波输入，图像恢复增强，色彩、集合及形态操作，二维变换，图像分析和统计等。

（6）优化工具箱（Optimization Toolbox）：主要应用于线性规划和二次规划，求函数的最大值和最小值，多目标优化，约束条件下的优化，非线性方程求解等。

（7）统计工具箱（Statistics Toolbox）：主要应用于概率分布和随机数生成，多变量分析，回归分析，主极分析，假设检验等。

（8）符号数学工具箱（Symbolic Math Toolbox）：主要实现符号运算，包括极限、微积分、符号方程等。

1.1.2 MATLAB 的功能和特点

MATLAB 集科学与工程计算、图形可视化、图像处理、多媒体处理于一体，并提供了 Windows 图形界面设计方法。MATLAB 语言有以下特点。

1. 功能强大

MATLAB 语言的强大功能体现在以下几个方面。

（1）运算功能强大。MATLAB 是以复数矩阵为基本编程单元的程序设计语言，其强大的运算功能使其成为世界顶尖的数学应用软件之一。

MATLAB 的数值运算要素不是单个数据，而是矩阵，每个变量代表一个矩阵，矩阵有 $m \times n$ 个元素，每个元素都可视为复数，所有的运算包括加、减、乘、除和函数运算等都对矩阵和复数有效。另外，通过 MATLAB 的符号工具箱，可以解决在数学、应用科学和工程计算领域中常常遇到的符号计算问题。

（2）功能丰富的工具箱。提供大量针对各专业应用的工具箱，使 MATLAB 适用于不同领域。

（3）文字处理功能强大。MATLAB 的 Notebook 为用户提供了强大的文字处理功能，允许用户从 Word 访问 MATLAB 的数值计算和可视化结果。通过使用 MATLAB 的 Notebook，用户可以创建 MATLAB 的程序文档、技术报告、注释文档、手册或教科书。

2. 人机界面友好，编程效率高

MATLAB 的语言规则与笔算式相似，矩阵的行列数无须定义，MATLAB 的命令表达方式与标准的数学表达式非常相近，易写、易读并易于在科技人员之间交流。

MATLAB 是以解释方式工作的，即它对每条语句解释后立即执行，输入算式无须编译立即得出结果，若有错误也立即做出反应，便于编程者立即改正。这些都大大减轻了编程和调试的工作量，提高了编程效率。

3. 强大而智能化的作图功能

MATLAB 可以方便地将工程计算的结果可视化，使原始数据的关系更加清晰明了，并揭示数据间的内在联系。MATLAB 能够根据输入数据自动确定最佳坐标，可规定多种坐标系（如极坐标系、对数坐标系等），可设置不同颜色、线型、视角等，并能绘制三维坐标中的曲线和曲面。

4. 可扩展性强

MATLAB 软件包括基本部分和工具箱两大部分，具有良好的可扩展性。MATLAB 的函数大多为 ASCII 文件，可以直接编辑和修改。MATLAB 的工具箱可以任意增减。

5. Simulink 动态仿真功能

MATLAB 的 Simulink 提供了动态仿真的功能，用户通过绘制框图来模拟线性、非线性、连续或离散的系统，通过 Simulink 能够仿真并分析该系统。

1.2 MATLAB R2015b 的环境设置

1.2.1 MATLAB 的集成开发环境

MATLAB R2015b 版的界面操作非常方便，提供了多文档管理，是数据分析和算法的交互式开发环境。MATLAB R2015b 版启动后的运行界面称为 MATLAB 操作窗口，默认操作窗口如图 1.1 所示。

MATLAB 的操作界面是一个高度集成的工作界面，引入了大量的交互工作窗口并按一定的次序和关系连接在一起。它的通用操作界面包括多个常用的窗口，如图 1.1 所示为默认窗口，分为三个常用的面板，包括主界面（HOME）、绘图面板（PLOTS）和应用软件面板（APPS）。图 1.1 为主界面，包括当前文件夹窗口（Current Folder）、命令窗口（Command Window）和工作空间窗口（Workspace）。

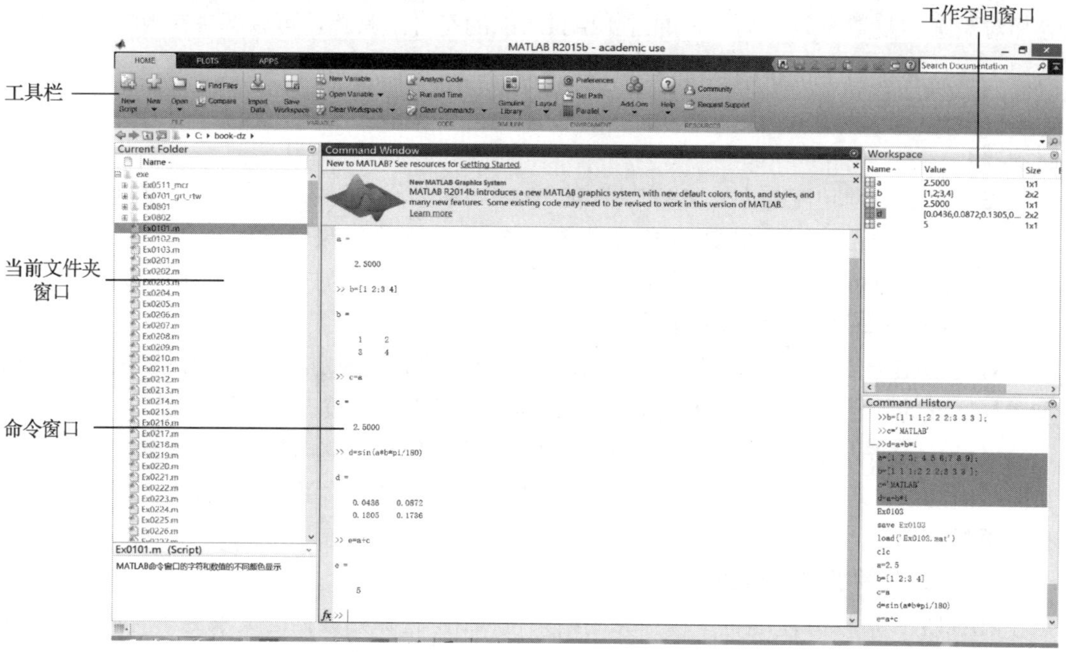

图 1.1　MATLAB R2015b 版的默认操作窗口

1.2.2　工具栏

MATLAB 操作界面的页面主要是按功能来划分的，HOME 面板为 MATLAB 的主要界面，另外还有绘图面板（PLOTS）和应用软件面板（APPS），当打开其他窗口时还会根据不同窗口增加面板。下面对各面板分别进行介绍。

1. HOME 面板工具栏

在工具栏中提供了一系列的菜单和工具按钮，工具栏根据不同的功能分为六个区，分别是“FILE”、“VARIABLE”、“CODE”、“SIMULINK”、“ENVIRONMENT”和“RESOURCES”，如图 1.2 所示。

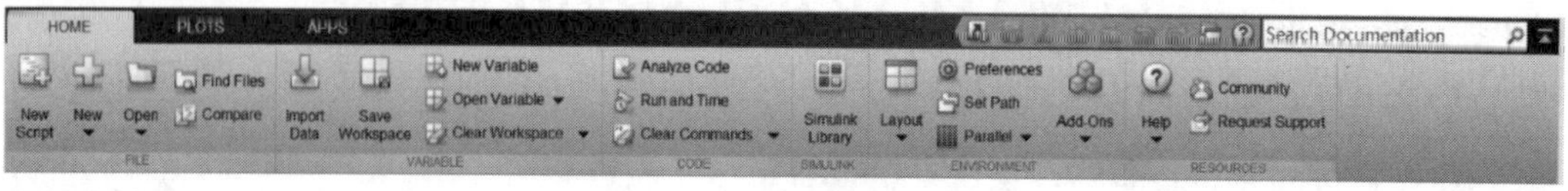

图 1.2　HOME 面板工具栏

（1）“FILE”区工具栏。“FILE”区用于对文件进行操作，工具栏中各按钮的常用功能如表 1.1 所示。

表 1.1　“FILE”区常用功能表

下拉菜单		功　能
New	Script	新建一个 M 脚本文件，打开 M 文件编辑/调试器
	Function	新建一个 M 函数文件，打开 M 文件编辑/调试器并预先编写函数声明行

续表

下拉菜单		功能
New	Example	新建一个 M 脚本文件的例子并添加单元
	Class	新建一个类，打开 M 文件编辑/调试器
	System Object	新建一个系统对象，包括 Basic、Advanced 和 Simulink Extension，打开 M 文件编辑/调试器
	Figure	新建一个图形，打开图形窗口
	Graphical User Interface	新建一个图形用户设计界面（GUI）
	Command Shortcut	新建一个命令快捷方式
	Simulink Model	新建一个仿真模型
	Stateflow Chart	新建一个流程表
	Simulink Project	新建一个 Simulink 项目
New Script		新建一个 M 脚本文件，打开 M 文件编辑/调试器
Open		打开已有文件
Find Files		打开查找文件对话框查找文件
Compare		比较两个文件的内容

（2）“VARIABLE”区工具栏。“VARIABLE”区工具栏主要是对变量的操作，各按钮的常用功能如表 1.2 所示。

表 1.2 “VARIABLE”区常用功能表

下拉菜单	功能
Import Data	导入其他文件的数据
Save Workspace	使用二进制的 MAT 文件保存工作空间的内容
New Variable	创建新变量
Open Variable	打开工作空间中已经创建的变量，单击下拉箭头选择工作空间的变量
Clear Workspace	清空工作空间的变量，单击下拉箭头选择变量和函数

（3）“CODE”区工具栏。“CODE”区工具栏主要是对程序代码的操作，各按钮的常用功能如表 1.3 所示。

表 1.3 “CODE”区常用功能表

下拉菜单	功能
Analyze Code	代码分析
Run and Time	程序运行时间，查看每句程序的运行时间
Clear Commands	清除 Command Window 和 Command History 窗口

（4）“SIMULINK”区工具栏。“SIMULINK”区工具栏只有一个“Simulink Library”按钮，用于打开 Simulink 界面。

（5）“ENVIRONMENT”区工具栏。“ENVIRONMENT”区工具栏主要进行界面的环境设置，各按钮的常用功能如表 1.4 所示。

表 1.4 “ENVIRONMENT”区常用功能表

下拉菜单	功能
Layout	设置布局：一栏是“Select Layout”，选择显示的格式；另一栏是“Show”，选择需要打开的窗口
Preferences	设置 MATLAB 工作环境外观和操作的相关属性等参数
Set Path	设置搜索路径
Parallel	并行运算管理，对分布式运算任务进行设置和管理
Add-Ons	管理插入的工具和应用

（6）“RESOURCES”区工具栏。“RESOURCES”区工具栏主要是对 MATLAB 资源的管理，包括帮助资源“Help”、网上社区资源“Community”和需求支持资源“Request Support”。

2. 绘图面板工具栏

在图 1.1 中选择“PLOTS”面板则切换到绘图面板，当工作空间创建了变量“a”时工具栏如图 1.3 所示，工具栏按照功能分为三个区，分别是“SELECTION”、“PLOTS a”和“OPTIONS”。

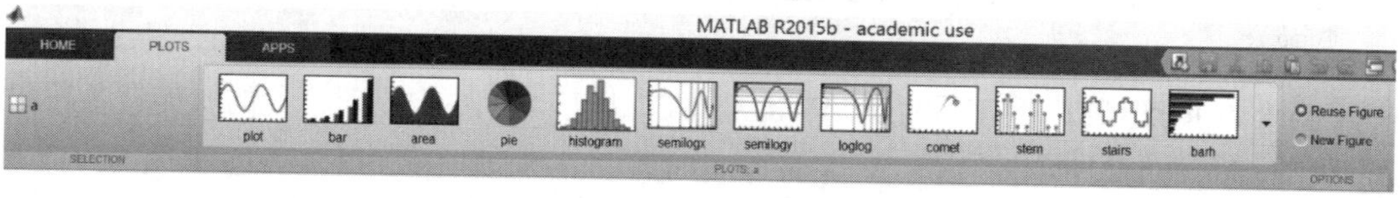

图 1.3 PLOTS 面板工具栏

（1）“SELECTION”区。在工作空间中选择需要绘图的变量，可以是一个或多个变量，图 1.3 中选择变量“a”。

（2）“PLOTS a”区。根据“SELECTION”区选择的变量，显示不同的绘图类型，在图 1.3 中根据变量“a”显示的绘图类型包括二维曲线 plot，也包括特殊图形 bar、area、pie、histogram、semilogx、semilogy、loglog、comet、stem、stairs 和 barh 等，单击向下的箭头还可以打开更多的图形类型选择。

（3）“OPTIONS”区。“OPTIONS”区有两个选项：“Reuse Figure”和“New Figure”。

3. 应用软件面板工具栏

在图 1.1 中选择“APPS”面板则切换到应用软件面板，工具栏如图 1.4 所示，分为两个区，分别是“FILE”和“APPS”。

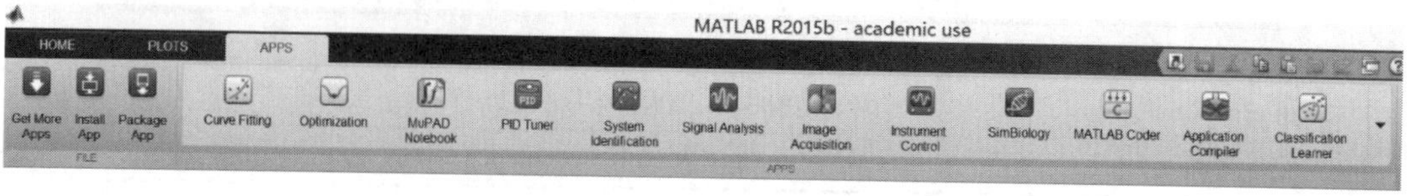

图 1.4 APPS 面板工具栏

（1）“FILE”区。“FILE”区主要是对 MATLAB 应用软件的操作，有 3 个按钮，分别是“Get More Apps”、“Install App”和“Package App”，单击“Get More Apps”按钮时打开“Add-On

Explorer”窗口，可以查找 App，如图 1.5 所示。“Install App”按钮用于打开文件夹安装 App，“Package App”按钮用于打包 App。

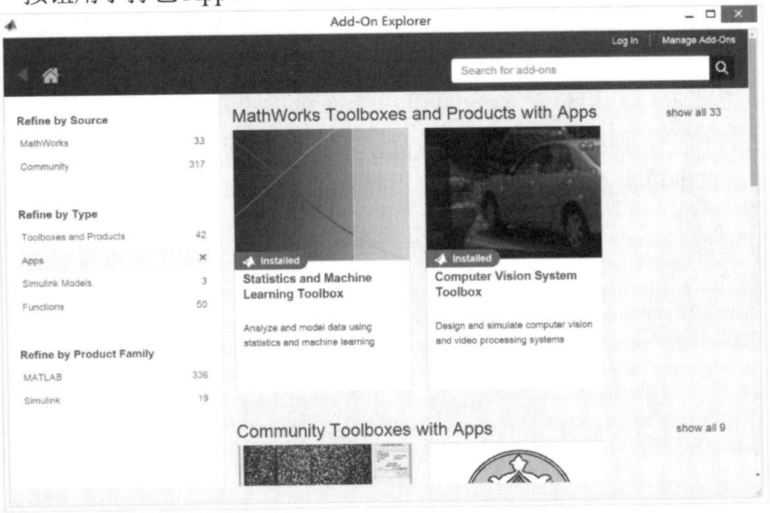

图 1.5　“Add-On Explorer”窗口

（2）“APPS”区。“APPS”区有常用的 App 工具，当单击下拉箭头时出现分类的各种 App，如图 1.6 所示。

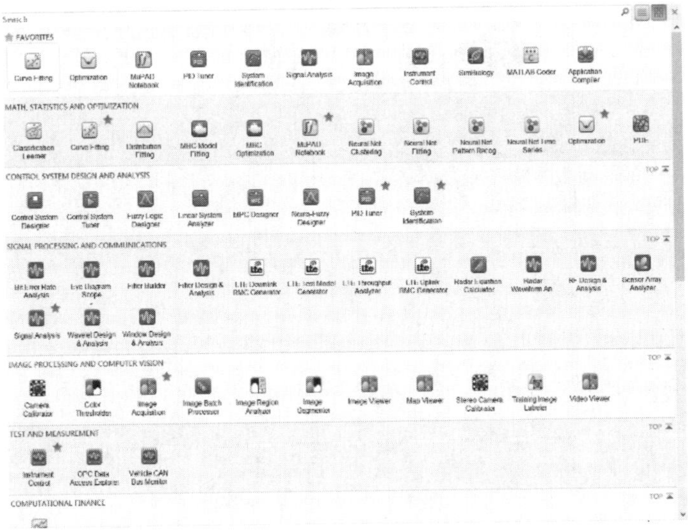

图 1.6　各种 App

1.3　常 用 窗 口

MATLAB R2015b 版的默认操作窗口如图 1.1 所示，默认有 3 个窗口，也都是最常用的窗口，分别是命令窗口、当前文件夹（目录浏览器）窗口和工作空间窗口。

1.3.1 命令窗口（Command Window）

命令窗口默认地出现在 MATLAB 主界面（如图 1.1 所示）的中间，是进行 MATLAB 命令操作的最主要窗口，可以把命令窗口当作高级的“草稿纸”。在命令窗口中可输入 MATLAB 的各种命令、函数和表达式，并显示除图形外的所有运算结果。

在命令窗口右侧单击下拉箭头，出现对命令窗口操作的快捷菜单，如图 1.7 所示。

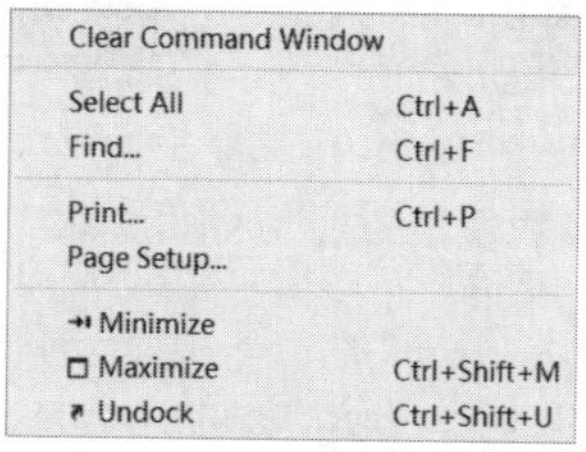

图 1.7 命令窗口的快捷菜单

从如图 1.7 所示的快捷菜单中可以选择“Undock”命令，或是直接拖曳命令窗口离开操作界面，都会出现如图 1.8 所示的单独的命令窗口。

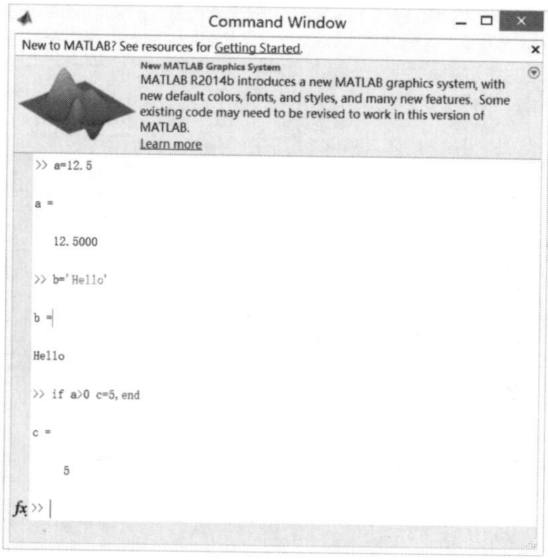

图 1.8 单独的命令窗口

单击命令窗口右上角的下拉箭头，再次选择“Dock”命令可使单独的命令窗口返回 MATLAB 主界面。其他各窗口都同样具有单独窗口的功能。

（1）命令行的显示方式。MATLAB 运行时，命令窗口中的每个命令行前都会出现提示符“>>”。命令窗口内显示的字符和数值采用不同的颜色，在默认情况下，输入的命令、表达式及计算结果等采用黑色字体；字符串采用赭红色字体；“if”“for”等关键词采用蓝色字体。

【例 1.1】 在命令窗口中输入不同的数值和语句，并查看其显示方式。

```
>> a=12.5
a =
```

```
     12.5000
>> b='Hello'
b =
Hello
>> if a>0 c=5 ,end
c =
     5
```

其运行显示如图 1.8 所示，其中，“>>”符号所在行可输入命令，没有“>>”符号的行显示结果。

（2）命令窗口中命令行的编辑。由于 MATLAB 将命令窗口中输入的所有命令都记录在内存中专门的“历史命令（Command History）”空间中，因此 MATLAB 命令窗口不仅可以对输入的命令进行编辑和运行，而且还可以对已输入的命令进行回调、编辑和重运行。命令窗口中行编辑的常用操作键如表 1.5 所示。

表 1.5　命令窗口中行编辑的常用操作键

键　名	作　用	键　名	作　用
↑	向前调回已输入过的命令行	Home	使光标移到当前行的开头
↓	向后调回已输入过的命令行	End	使光标移到当前行的末尾
←	在当前行中左移光标	Delete	删去光标右边的字符
→	在当前行中右移光标	Backspace	删去光标左边的字符
PageUp	向前翻阅当前窗口中的内容	Esc	清除当前行的全部内容
PageDown	向后翻阅当前窗口中的内容	Ctrl+C	中断 MATLAB 命令的运行

（3）命令窗口中的标点符号。MATLAB 常用标点符号的功能如表 1.6 所示。

表 1.6　MATLAB 常用标点符号的功能

名　称	符　号	功　能
空格		作为输入变量之间的分隔符及数组行元素之间的分隔符
逗号	,	作为要显示计算结果的命令之间的分隔符；作为输入变量之间的分隔符；作为数组行元素之间的分隔符
点号	.	作为数值中的小数点
分号	;	作为不显示计算结果命令行的结尾；作为不显示计算结果命令之间的分隔符；作为数组元素行之间的分隔符
冒号	:	用于生成一维数值数组，表示一维数组的全部元素或多维数组的某一维的全部元素
百分号	%	用于注释的前面，在它后面的命令不执行
单引号	' '	用于括住字符串
圆括号	()	用于引用数组元素；用于函数输入变量列表；用于确定算术运算的先后次序
方括号	[ ]	用于构成向量和矩阵；用于函数输出列表
花括号	{ }	用于构成元胞数组
下画线	_	用于 1 个变量、函数或文件名中的连字符
续行号	…	用于把后面的行与该行连接起来以构成一个较长的命令

续表

名　称	符　号	功　能
“At”号	@	用于放在函数名前形成函数句柄；用于放在目录名前形成用户对象类目录
“~”号	~	用于在函数中表示不用的参数，也可以表示逻辑运算“非”

注意

表1.6中的符号一定要在英文状态下输入，MATLAB无法识别中文标点符号。

【例1.2】　在命令窗口中使用不同的标点符号。

```
>> a=12.5,b='Hello'                    %逗号表示分隔命令，单引号构成字符串，点号为小数点
a =
   12.5000
b =
Hello
>>c=[1 2;3 4;5 6]                      % [ ]表示构成矩阵，分号用来分隔行，空格用来分隔元素
c =
     1     2
     3     4
     5     6
>> d=a*…                               %...表示续行
c
d =
   12.5000    25.0000
   37.5000    50.0000
   62.5000    75.0000
```

（4）数值计算结果的显示格式及设置。在命令窗口中，默认情况下数值计算结果的显示格式为：当数值为整数，以整数显示；当数值为实数，以小数后4位的精度近似显示，即以“短（Short）”格式显示；如果数值的有效数字超出了这一范围，则以科学计数法显示结果。

用户可以根据需要，对命令窗口的字体风格、大小、颜色和数值计算结果的显示格式进行设置。设置方法有以下2种。

①在MATLAB主界面单击HOME面板工具栏中的“Preferences”按钮，则会出现参数设置对话框，如图1.9所示。在该对话框的左栏选中“Command Window”项，在右边的“Numeric format”栏设置数据的显示格式。设置后立即生效，并且这种设置不因MATLAB关闭而改变，除非用户进行重新设置。

②还可以直接在命令窗口中通过输入“format”命令进行数值显示格式的设置。

语法：

```
format　　格式描述
```

MATLAB的数值显示的format格式如表1.7所示。

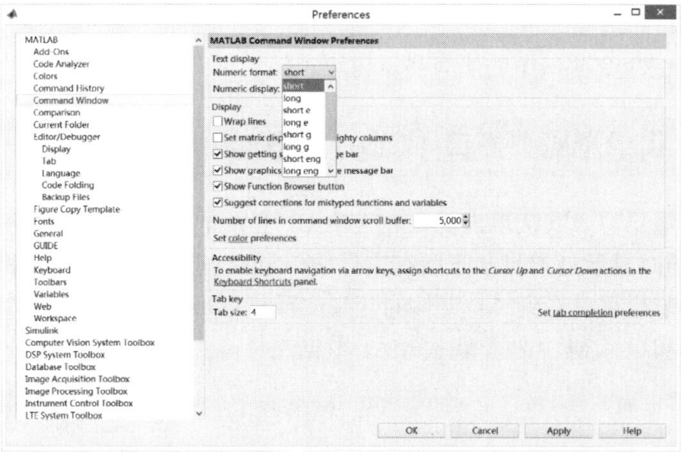

图 1.9　参数设置对话框

表 1.7　数值显示的 format 格式

命令格式	含　义	例　子
format format short（默认）	通常保证小数点后 4 位有效；大于 1000 的实数，用 5 位有效数字的科学计数法显示	314.159 显示为 314.1590 3141.59 显示为 3.1416e+003
format short e	5 位科学计数法表示	π显示为 3.1416e+000
format short g	从 format short 和 format short e 中自动选择最佳计数方式	π显示为 3.1416
format long	15 位数字表示	π显示为 3.14159265358979
format long e	15 位科学计数法表示	π显示为 3.141592653589793e+000
format short eng	工程短格式，最少 5 个数字和 3 位指数	π显示为 3.1416e+000
format long g	从 format long 和 format long e 中自动选择最佳计数方式	π显示为 3.1415926358979
format long eng	工程长格式，最少 16 个有效数字和 3 位指数	π显示为 3.14159265358979e+000
format hex	十六进制数表示	π显示为 400921fb54442dl8
format +	正数、负数、零分别用+、–、空格显示	π显示为+
format bank	表示（金融）元、角、分	π显示为 3.14
format rational	近似有理数表示	π显示为 355/113
format compact	结果之间显示为没有空行的压缩格式	
format loose	结果之间显示为有空行的稀疏格式	

注意

数值的显示精度并不代表数值的存储精度，表 1.7 中使用不同格式显示π，但存储的π精度不变。

（5）命令窗口的清空命令。

clc：用于清空命令窗口中的所有显示内容，清空后命令窗口就是空白的了。

1.3.2 当前目录浏览器窗口（Current Folder）

当前目录浏览器窗口默认地出现在 MATLAB 主界面（如图 1.1 所示）左侧，用来设置当前目录，可以随时显示当前目录下所有文件的信息。当前目录浏览器窗口如图 1.10 所示，在下面的文件细节栏可以看到 M 文件的开头注释行，可以看出不同文件的图标不同，并可以复制、编辑和运行 M 文件及装载 MAT 数据文件。

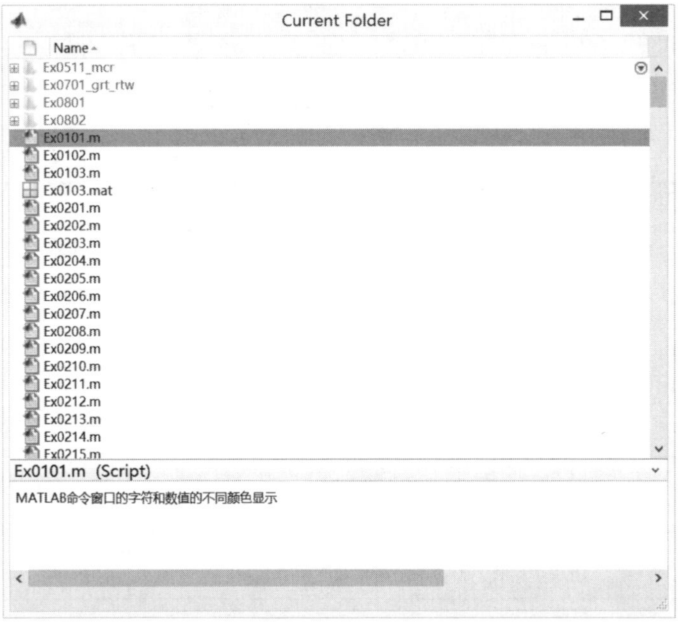

图 1.10 当前目录浏览器窗口（Current Folder）

（1）当前目录的设置。在 MATLAB 环境中，如果不特别指明存放数据和文件的目录，则 MATLAB 默认地将它们存放在当前目录上。用户应将自己的目录设置成当前目录。将用户目录设置成当前目录的方法有 2 种。

①在当前目录设置区设置。在图 1.10 中或 MATLAB 主界面（图 1.1）工具栏的右侧都有当前目录设置区，可以在“设置栏”中直接填写待设置的目录名，或像资源管理器一样选择待设置目录。

②通过命令设置。使用“cd”命令设置当前目录。

语法：

```
cd                  %显示当前目录
cd 目录             %指定当前目录
cd…                 %指定上一级目录为当前目录
```

例如，要设置当前目录为“c:\MyDir”：

```
>>cd c:\MyDir
```

（2）文件快捷菜单的使用。选择一个文件并单击鼠标右键出现快捷菜单，主要应用功能和操作方法如表 1.8 所示。

表 1.8　文件快捷菜单的主要应用功能和操作方法

菜单命令	功　能	操作方法
Open	打开 M 文件	选择待运行 M 文件并单击鼠标右键，在弹出的快捷菜单中选择“Open”命令，则 M 文件出现在 M 文件编辑/调试器窗口中；或者双击该 M 文件，也可打开文件
Hide Details	隐藏文件细节	将目录浏览器窗口下面的文件细节栏关闭
Run	运行 M 文件	选择待运行文件，单击鼠标右键，在弹出的快捷菜单中选择“Run”命令运行 M 文件
Run Script as Batch Job	将脚本文件作为批处理作业运行	选择脚本文件，在工作空间生成批量工作的 job
View Help	查看帮助	查看文件的帮助信息，显示在 M 文件的开头行注释
Show in Explorer	在资源管理器显示	打开资源管理器，在其中显示文件
Create Zip File	生成 Zip 文件和将 Zip 文件解压缩	选择一个或多个文件，单击鼠标右键，在弹出的快捷菜单中选择“Create Zip File”命令，可生成压缩文件；右击 Zip 文件，在弹出的快捷菜单中选择“Extract”可解压缩文件
Compare Against	比较文件或文件夹	可以选择两个文件或两个文件夹，单击鼠标右键，在弹出的快捷菜单中选择“Compare Selected Files”，可以比较两个文件或文件夹的不同

例如，在“Current Folder”窗口中选择【例 1.1】保存的文件名“Ex0101”并单击鼠标右键，在弹出的快捷菜单中选择“Compare Against”→“Choose”命令，选择【例 1.2】保存的文件“Ex0102”，然后单击“Compare”按钮，则打开“Files and Folders Comparisons”窗口，如图 1.11 所示，显示出两个文件的匹配情况。

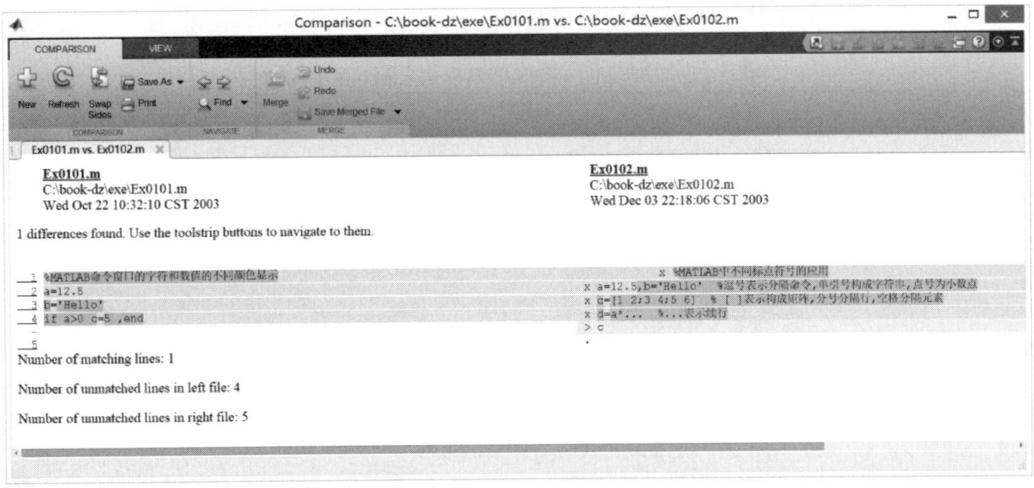

图 1.11　“Files and Folders Comparisons”窗口

从图 1.11 可以看出，两个文件有 3 行不匹配。对于较长的文件，可以用此功能查找文件的不同。

1.3.3 工作空间窗口（Workspace）

工作空间窗口（又称为内存窗口）默认地出现在 MATLAB 主界面（如图 1.1 所示）的右边，用于显示所有 MATLAB 工作空间中的变量名、数据结构、类型、大小和字节数。在该窗口中，还可以对变量进行观察、编辑、提取和保存。

例如，在命令窗口输入：

```
>> a=12.5
>> b='Hello'
>> c=[1 2;3 4;5 6]
```

如图 1.12 所示为工作空间窗口，单击鼠标右键，在弹出的快捷菜单中选择“Choose Columns”子菜单中的所有选项，在图中显示三个变量 a、b、c 的名称、大小、字节数、类型、最小值、最大值、范围、中间值、出现频率、方差和均方差等所有信息。

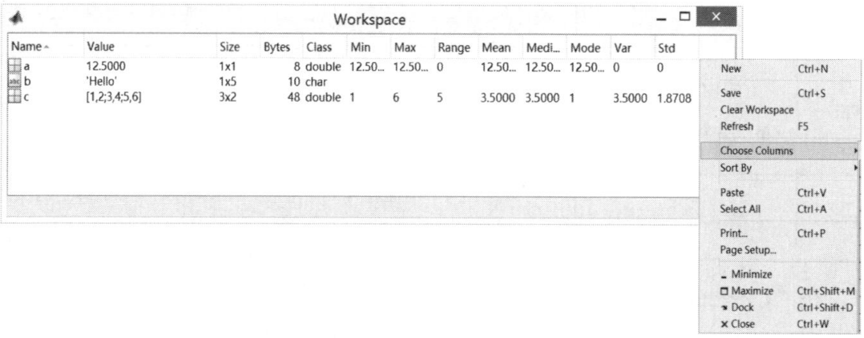

图 1.12　工作空间窗口

（1）当前目录工作空间窗口中变量的操作。对当前目录工作空间窗口中的变量可以进行多种操作，操作方法如表 1.9 所示。

表 1.9　当前目录工作空间窗口主要功能的操作方法

菜 单 命 令	操作和功能
New	新建变量，默认变量名为“Unnamed”
Save	保存变量，保存工作空间的所有变量到 MAT 文件
Clear Workspace	删除全部内存变量
Refresh	刷新变量内容
Choose Columns	选择需要显示的变量信息，包括名称、大小、字节数、类型、最小值、最大值、范围、中间值、出现频率、方差和均方差等所有信息
Sort by	对变量进行排序，可以根据名称、大小、字节数、类型、最小值、最大值、范围、中间值、出现频率、方差和均方差排序，并可以选择升序和降序

（2）通过命令管理变量。

①把工作空间中的数据存放到 MAT 数据文件中。

语法：

```
save FileName 变量 1 变量 2 …参数          %将变量保存到文件中
```

```
save(FileName，变量 1，变量 2)
```

说明：FileName 为 MAT 文件名；变量 1、变量 2 可以省略，省略时则保存工作空间的所有变量；参数为保存的方式，有“-ASCII”“-append”等方式。

例如：

```
>> save FileName1                %把全部内存变量保存为 FileName1.mat 文件
>> save FileName2 a b            %把变量 a、b 保存为 FileName2.mat 文件
>> save FileName3 a b -append    %把变量 a、b 添加到 FileName3.mat 文件中
```

②从数据文件中取出变量，存放到工作空间。

语法：

```
load FileName  变量 1  变量 2…
```

说明：变量 1、变量 2 可以省略，省略时则装载所有变量。

例如：

```
>> load Filename1                %把 FileName1.mat 文件中的全部变量装入内存
>> load FileName2 a b            %把 FileName2.mat 文件中的 a、b 变量装入内存
```

③查阅 MATLAB 内存变量名。

语法：

```
who
```

例如，查阅工作空间中的 a、b、c 这 3 个变量：

```
>> who
Your variables are:
a   b   c
```

④查阅 MATLAB 内存变量的变量名、大小、类型和字节数。

语法：

```
whos
```

例如：

```
>> whos
  Name      Size          Byte   Class
    a       1x1             8    double array
    b       1x5            10    char array
    c       3x2            48    double array
Grand total is 12 elements using 66 bytes
```

⑤删除工作空间中的变量。

语法：

```
clear                        %删除内存中的所有变量
clear  变量名 1 变量名 2 …     %删除内存中的多个变量
```

例如，在工作空间中删除变量 a：

```
>> clear a
>> who
Your variables are:
b   c
```

当执行 M 文件结束后，如果再次执行，则经常需要使用 clear 命令清除工作空间中的变量。

注意

用 clear 命令清除工作空间的变量，系统不会要求确认，而是无条件清除，不会恢复。

1.3.4 历史命令窗口（Command History）

历史命令窗口没有出现在 MATLAB 默认界面。该窗口用来记录并显示已经运行过的命令、函数和表达式，并允许用户对它们进行选择、复制和重运行，用户可以方便地输入和修改命令，选择多行命令以产生 M 文件。

在界面中选择工具栏 “Layout” → “Command History” → “Docked” 命令，可以选择打开历史命令窗口，如图 1.13 所示。历史命令窗口显示每次开启 MATLAB 的时间和每次开启后在命令窗口中运行过的所有命令行，图中命令行前面红色的标记表示出错的程序。

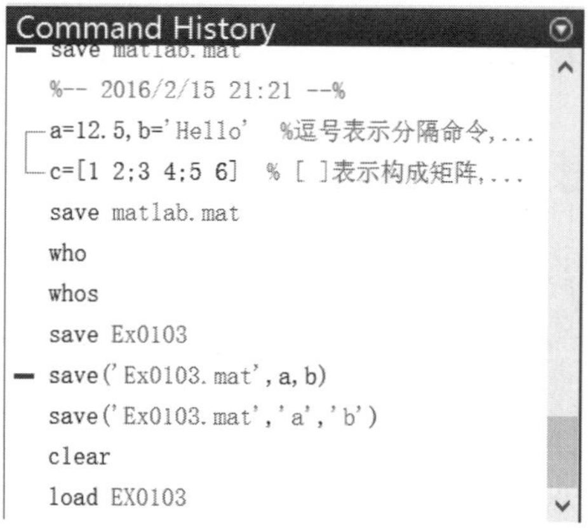

图 1.13　历史命令窗口

在历史命令窗口中选择命令行，单击鼠标右键，则弹出快捷菜单，其主要功能如表 1.10 所示。

表 1.10　历史命令窗口快捷菜单的主要功能及操作方法

菜单命令	主要功能	操作方法
Evaluate Selection	单行或多行命令的运行	选中单行或多行命令，选择 “Evaluate Selection” 命令，就可在命令窗口中运行并得出相应结果；或双击选择的命令行也可运行
Create Script	把多行命令写成 M 文件	选中单行或多行命令，选择 “Create Script” 命令，打开 M 文件编辑器窗口并将这些命令行写入
Create Shortcut	为命令行创建快捷方式	选中单行或多行命令，选择“Create Shortcut”命令，打开“Shortcut Editor” 窗口，可以创建快捷方式
Clear\Set Error Indicator	设置或清除错误标志	选中单行或多行命令，选择 “Clear Error Indicator” 命令，将错误行前面的标志清除

例如，要复制和运行如图 1.13 所示历史命令窗口中的命令。在历史命令窗口中，先用鼠标选择“if a>0 c=5 ,end”命令，单击鼠标右键，在弹出的快捷菜单中选择“Create Shortcut”

命令，则出现“Shortcut Editor”窗口，如图 1.14 所示。

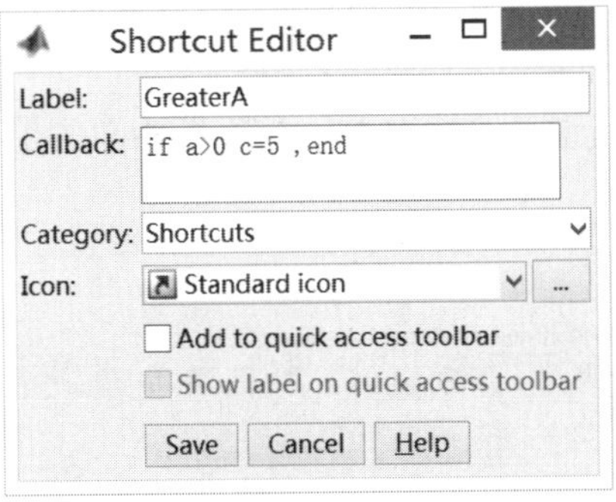

图 1.14 “Shortcut Editor”窗口

在“Label”栏中输入“GreaterA”，在“Category”栏选择“Shortcuts”，在“Icon”栏中选择“Standard icon”，单击“Save”按钮，则在“Shortcuts”栏中显示了新增的快捷按钮。

1.3.5 变量编辑器窗口（Variable Editor）

在默认情况下，变量编辑器窗口不随 MATLAB 操作界面的出现而启动。只有在工作空间窗口中选择数值、变量名并单击鼠标右键，在弹出的快捷菜单中选择“Open Selection”命令，或者双击该变量时才会出现“Variable Editor”变量编辑器窗口，并且变量会出现在该窗口中。

如图 1.15 所示为变量“c=[1 2;3 4;5 6]”出现在“Variable Editor”变量编辑器窗口的情形。

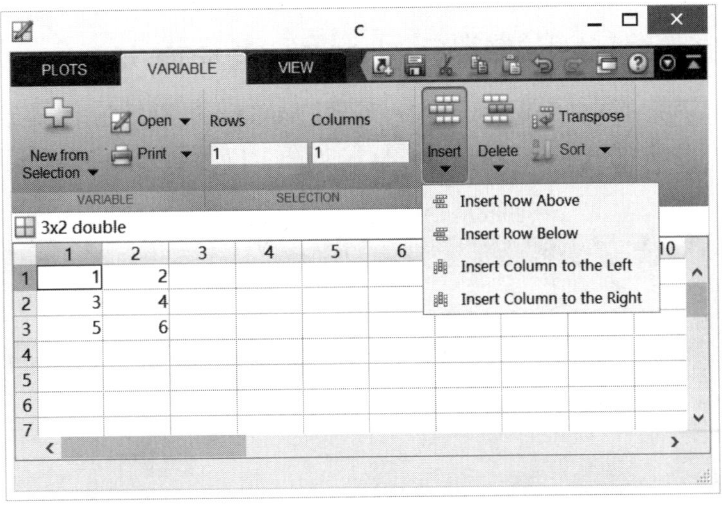

图 1.15 “Variable Editor”变量编辑器窗口

图 1.15 中有 3 个面板，在“VARIABLE”面板中，可以在变量中插入行、列，也可以单击“Transpose”按钮进行转置，可以对变量进行编辑和修改，甚至可以更改数据结构和显示方式；在“PLOTS”面板中，可以对变量的全部数据和部分数据进行绘图；在“VIEW”面板中，可以查看不同的变量显示格式。

（1）在“VIEW”面板中的“Number Display format”栏中改变变量的显示类型。

（2）在“VARIABLE”面板中单击“Insert”按钮增加数组的行或列。

（3）逐格修改数组中的元素值。

在图 1.15 中选择所有的元素，在“PLOTS”面板中单击工具栏上的按钮，则会出现如图 1.16 所示的波形图。

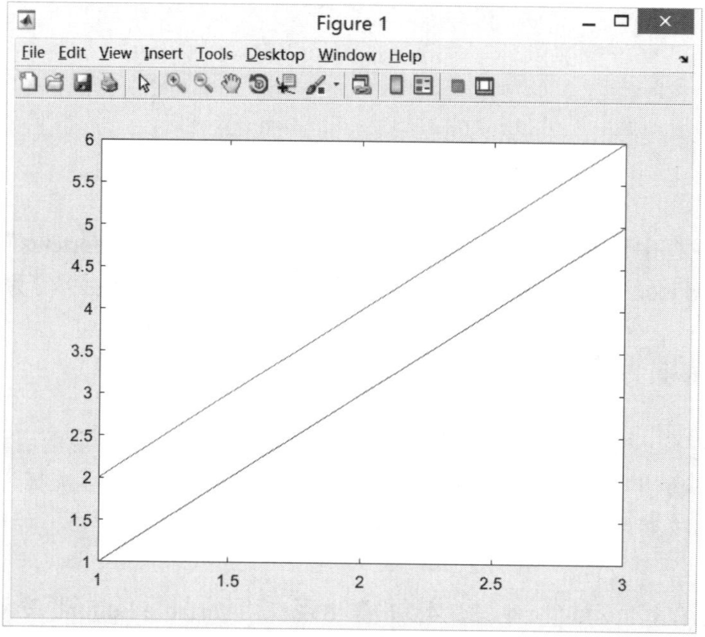

图 1.16 波形图

1.3.6 M 文件编辑/调试器窗口（Editor/Debugger）

在默认情况下，M 文件编辑/调试器窗口不随 MATLAB 界面的出现而启动。只有需要编写 M 文件（扩展名为.m）时，才启动该窗口。如图 1.17 所示为 M 文件编辑/调试器窗口。

图 1.17 M 文件编辑/调试器窗口

图 1.17 是打开了 1 个“Ex0101.m”文件的 M 文件编辑/调试器窗口，M 文件编辑/调试器不仅可以编辑 M 文件，而且还可以对 M 文件进行交互式调试；不仅可处理带.m 扩展

名的文件，而且还可以阅读和编辑其他 ASCII 码文件。

M 文件编辑/调试器窗口的启动方法有以下几种。

（1）单击 MATLAB 主界面上的图标，或者单击工具栏上的“New Script”按钮，可打开空白的 M 文件编辑器。

（2）单击 MATLAB 主界面上的图标，或者单击工具栏上的“New”按钮，在下拉菜单中选择“Script”命令，就可出现相应的 M 文件编辑器。

（3）用鼠标双击当前目录窗口中的 M 文件（扩展名为.m），可直接打开相应文件的 M 文件编辑器。

1.3.7　代码分析报告窗口（Code Analyzer Report）

代码分析报告窗口是对 MATLAB 当前目录下的 M 文件进行分析，报告中列出一些错误和可以提高程序性能的警告，如图 1.18 所示，可以看到对 M 文件的相应行显示出提示信息。

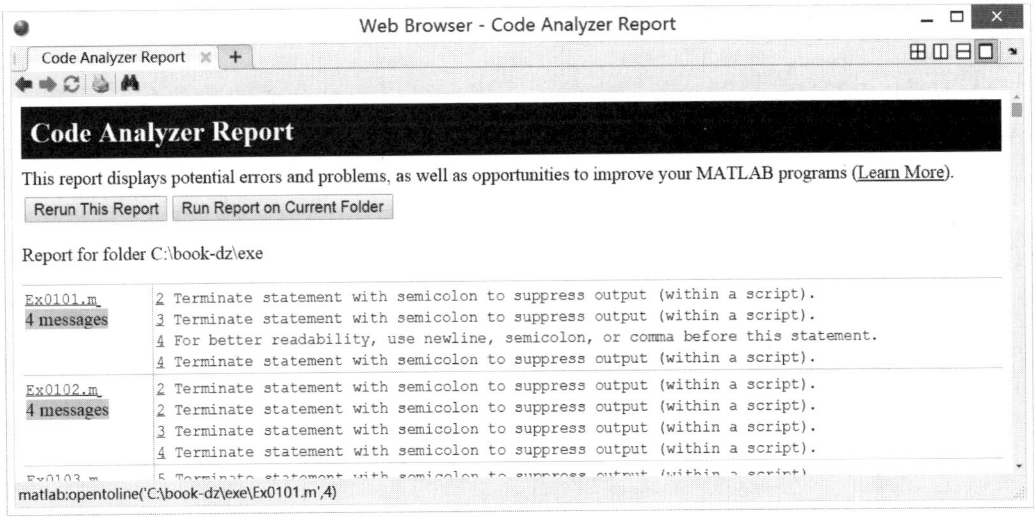

图 1.18　代码分析报告

在图 1.18 中可以看出 Ex0101.m 和 Ex0102.m 文件的代码分析，单击相应的程序行可以打开 M 文件程序编辑窗口，修改相应的程序行。

1.3.8　程序性能剖析窗口（Profiler）

程序性能剖析窗口用来对 MATLAB 的 M 文件中各命令的耗时进行分析。在如图 1.1 所示的 MATLAB 界面中，单击工具栏上的“Run and Time”按钮，或在命令窗口输入“profile viewer”，就可以独立出现程序性能剖析窗口。例如，要查看 M 文件“Ex0101.m”的运行时间，以便提高运行速度，则单击“Ex0101”可以看到每行命令的运行时间，如图 1.19 所示。

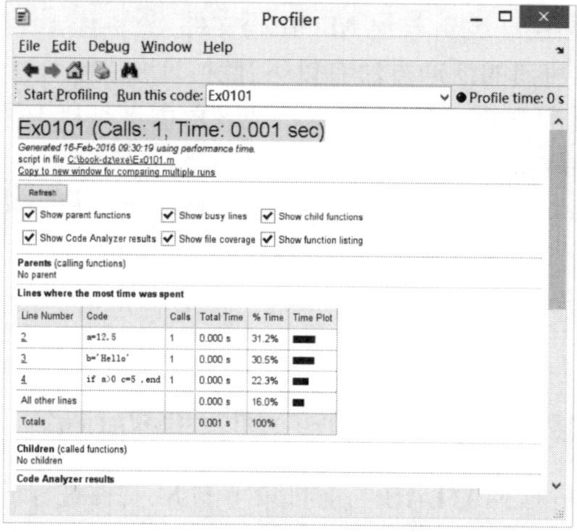

图 1.19　程序性能剖析窗口

1.3.9　MATLAB R2015b 帮助

MATLAB R2015b 帮助功能非常强大，用户可以通过全面的帮助系统迅速掌握 MATLAB 的所有功能。单击工具栏上的 ? 图标，可以打开 MATLAB 的帮助文档。

1. 帮助窗口

如图 1.20 所示，帮助窗口界面由左侧目录和右侧的帮助浏览器两部分组成，可在右侧的帮助浏览器中选择不同的内容打开，也可以联网（www.mathworks.com/help）查找帮助信息。

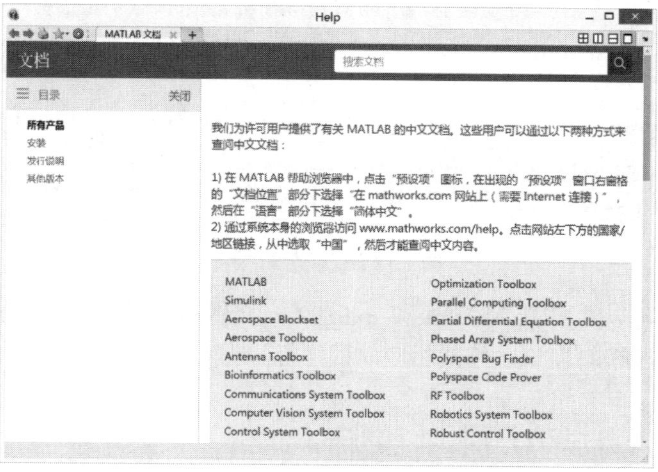

图 1.20　帮助窗口

（1）左侧的目录包括所有产品、安装、发行说明和其他版本。用鼠标单击目录，在右边的帮助浏览器中就会显示出相应的帮助内容。“所有产品”对应 MATLAB 产品族的所有内容，包括各种工具箱；“其他版本”则是联网打开 MATLAB 以前对应所有版本的帮助内容。

（2）右侧的帮助浏览器可以进入不同产品的具体帮助信息，对应左侧的目录栏会发生相应变化。

例如，在右侧帮助浏览器中选择菜单“MATLAB”→“Mathematics”→“Elementary Math”→“Trigonometry”项，可以查看各种三角函数的帮助信息，如图 1.21 所示。

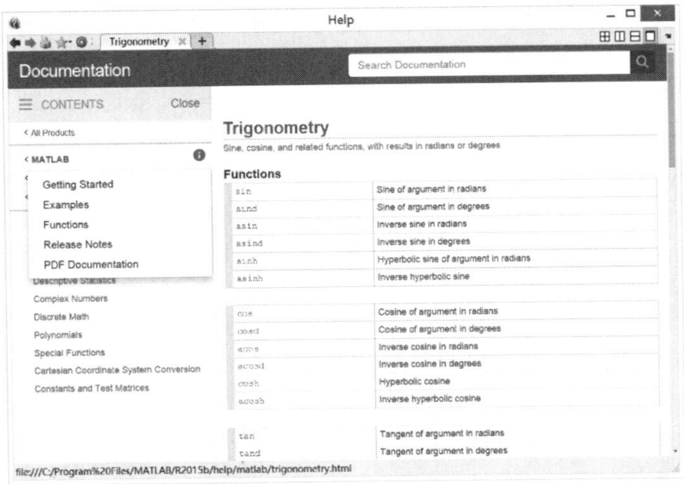

图 1.21　帮助信息窗口

单击其中的函数，就可以打开具体函数的帮助信息。例如，单击“sin”则打开“sin”的帮助信息，如图 1.22 所示。

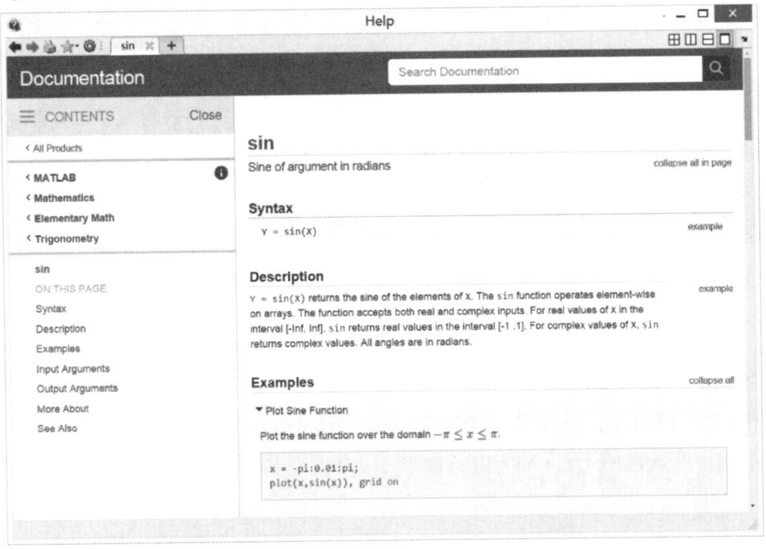

图 1.22　“sin”的帮助信息窗口

在图 1.22 中可以看到函数“sin”的语法、描述、实例、输入/输出参数和参考等详细的帮助信息。

（3）搜索帮助信息。帮助信息窗口如图 1.22 所示，有查找帮助栏，输入需要查找的帮助内容，单击🔍即可查找。

（4）单击图 1.21 左侧 MATLAB 旁边的❶图标，出现下拉菜单，可以选择“Getting Started”、“Examples”、“Functions”、“Release Notes”和“PDF Documentation”项，查看相应的快捷帮助信息。

2. 通过命令实现帮助

通过 MATLAB 的帮助命令可以得到纯文本形式的帮助信息，MATLAB 的命令、函数的 M 文件都有纯文本形式的注释，用来简要描述该文件的调用格式和输入/输出变量的含义。

（1）help：显示 MATLAB 命令和 M 文件的帮助信息。

语法：

```
help         %列出所有主要的帮助主题，每个帮助主题与MATLAB搜索路径的一个目录名相对应
help topic   %给出指定主题的帮助，主题可以是函数、目录或局部路径
```

例如，在命令窗口输入“help abs”（abs 为绝对值函数）命令，显示该 M 文件的注释行，得到具体函数的用法说明：

```
>> help abs
 abs     Absolute value.
     abs(X) is the absolute value of the elements of X. When
     X is complex, abs(X) is the complex modulus (magnitude) of
     the elements of X.
     See also sign, angle, unwrap, hypot.
     Reference page for abs
     Other functions named abs
```

（2）lookfor：在所有的帮助条目中搜索关键字，常用来查找具有某种功能而不知道准确名字的命令。

语法：

```
lookfor topic      %把在搜索中发现与关键字相匹配的所有M文件的H1行（第1行注释）都显示出来
lookfor topic-all  %在所有M文件中搜索关键字
```

例如，在命令窗口输入“lookfor simulink”命令，查看帮助信息。

（3）doc：打开并显示帮助窗口，如图 1.20 所示。

语法：

```
doc
doc topic          %打开帮助导航/浏览器窗口，显示指定的主题信息
```

3. 通过 Web 查找帮助信息

MathWorks 公司提供了技术支持网站（www.mathworks.com/help），通过该网站用户可以找到相关的 MATLAB 介绍、MATLAB 使用建议、常见问题解答以及其他 MATLAB 用户提供的应用程序等。

在 MATLAB 主界面单击工具栏上的“Help”按钮，在打开的下拉菜单中选择“Support Web Site”命令，就可以打开 MathWorks 网页并查找相应的帮助信息。

1.4 MATLAB R2015b 其他管理

1.4.1 MATLAB 用户文件格式

MATLAB 的用户文件格式通常有以下几种。

1. 程序文件

程序文件即 M 文件，其文件扩展名为.m，包括主程序和函数文件。M 文件通过 M 文件编辑/调试器生成。MATLAB 的各工具箱中的函数大部分是 M 文件。

2. 数据文件

数据文件即 MAT 文件，其文件扩展名为.mat，用来保存工作空间的数据变量。数据文件可以通过在命令窗口中输入“save”命令生成。

3. 可执行文件

可执行文件即 MEX 文件，其文件扩展名为.mex，由 MATLAB 的编译器对 M 文件进行编译后产生，其运行速度比直接执行 M 文件快得多。

4. 图形文件

图形文件的扩展名为.fig，可以在“File”菜单中创建和打开，也可由 MATLAB 的绘图命令和图形用户界面产生。

5. 模型文件

模型文件扩展名为.slx 和.mdl，是由 Simulink 工具箱建模生成的。.mdl 文件是 MATLAB 以前各版本使用的模型文件类型，.mdl 文件是文本文件，.slx 文件是二进制格式，这两种格式可以相互转换。另外，还有.s 仿真文件。

1.4.2 设置搜索路径

MATLAB 的所有文件（包括 M、MAT、MEX）都被存放在一组结构严密的目录上。MATLAB 在工作时，就是按照搜索路径从各目录上寻找所需调用的文件、函数和数据的。

1. MATLAB 的基本搜索过程

当用户在命令窗口的提示符“>>”后输入一个名字如“X”时，MATLAB 按照以下步骤进行搜索：

（1）在 MATLAB 内存中进行检查，检查 X 是否为工作空间的变量或特殊变量。

（2）检查 X 是否为 MATLAB 的内部函数（Built-in Function）。

（3）在当前目录上，检查是否有名为“X.m”或“X.mex”的文件存在。

（4）在 MATLAB 搜索路径的所有其他目录中，检查是否有名为“X.m”或“X.mex”的文件存在。

（5）如果都不是，则 MATLAB 发出错误信息。

2. 显示当前目录是否在搜索路径中

在“Current Folder”窗口中可以查看当前路径中的文件夹是否在搜索路径中。单击工具栏上的“Preferences”按钮，在出现的“Preferences”窗口左侧栏选择“Current Folder”，在右侧栏的“Path indication”选项中勾选“Indicate inaccessible files”和“Show tooltip explaining why files are inaccessible”复选框，并将“Text and icon transparency”调整到最前面，如图 1.23 所示，单击“OK”按钮保存设置。

在“Current Folder”窗口中将鼠标放在目录上，则可以显示出该目录是否在搜索路径中的说明，如图 1.24 所示。

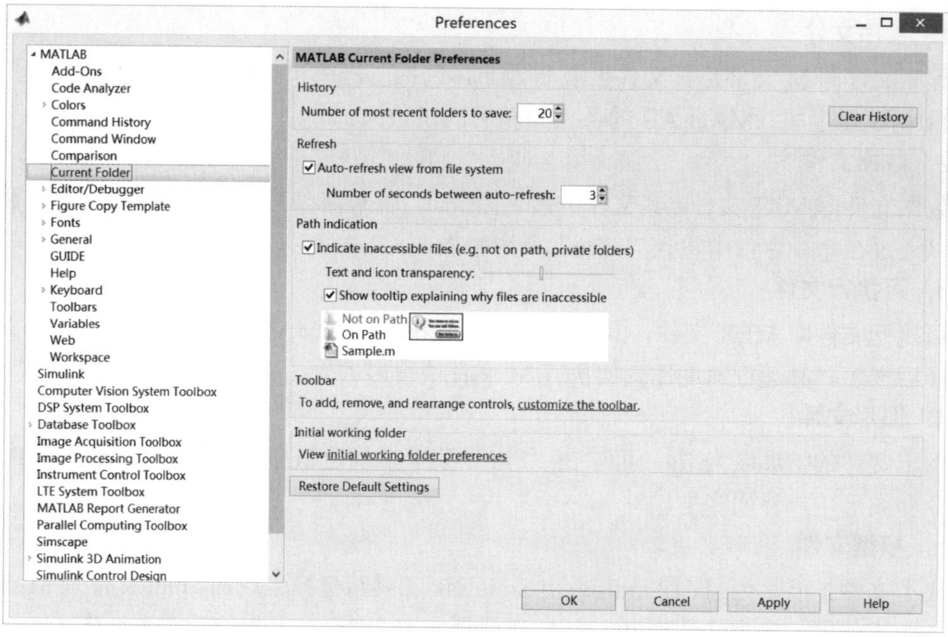

图 1.23 “Preferences”窗口

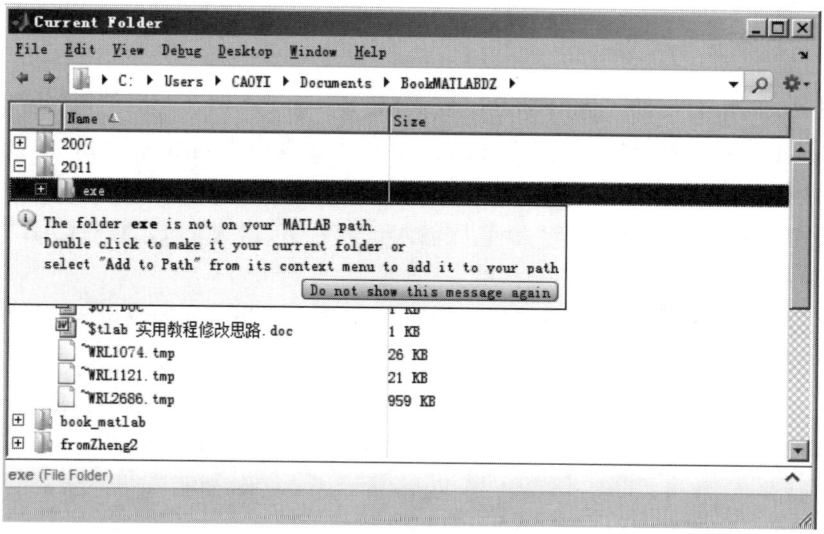

图 1.24 “Current Folder”窗口

3. MATLAB 搜索路径的扩展和修改

当用户的某些目录不在搜索路径上，而用户需要用这些目录与 MATLAB 交换信息时，或者需要用某个目录存放运行中产生的文件和数据时，则必须修改搜索路径。

（1）利用设置路径对话框修改搜索路径。通过打开设置路径对话框修改搜索路径有两种方法：

①在 MATLAB 主界面的工具栏上单击“Set Path”按钮。

②在命令窗口运行“pathtool”命令，就会出现如图 1.25 所示的“Set Path”对话框。

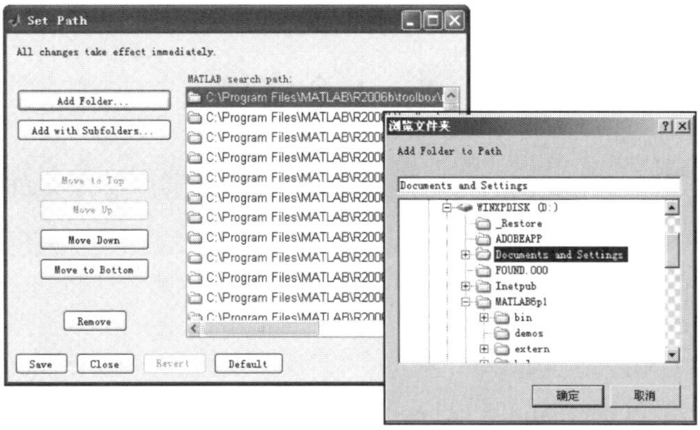

图 1.25 “Set Path”对话框

在图 1.23 中可以看到 MATLAB 的搜索路径，并可以通过单击“Add Folder”和“Add with Subfolders”按钮打开“浏览文件夹”窗口来添加搜索目录。如果单击了“Save”按钮，则添加的搜索目录不会因 MATLAB 的关闭而消失。也可通过单击“Remove”按钮将已有的目录删除；单击“Move to Top”、“Move Up”、“Move Down”和“Move to Bottom”按钮，可设置搜索路径的先后顺序。

（2）利用“path”命令设置搜索路径。利用“path”命令可以显示和添加搜索路径，用“path”命令扩展的搜索路径仅在当前 MATLAB 环境下有效。

语法：

```
path                          %列出 MATLAB 的搜索路径
path(path, '新增目录')        %在 MATLAB 的搜索路径的末尾添加新目录
```

例如，在 MATLAB 的搜索路径的末尾添加已有目录“C:\MyDir”：

```
>> path(path,'C: \MyDir ')
```

（3）在“Current Folder”窗口中设置搜索路径。在“Current Folder”窗口中选择文件夹，单击鼠标右键后弹出快捷菜单，如图 1.26 所示。选择“exe”文件夹，单击鼠标右键并在弹出的快捷菜单中选择“Add to Path”子菜单，选择“Selected Folders”命令，则添加到搜索路径；如果选择“Remove from Path”命令，则可以从搜索路径删除。

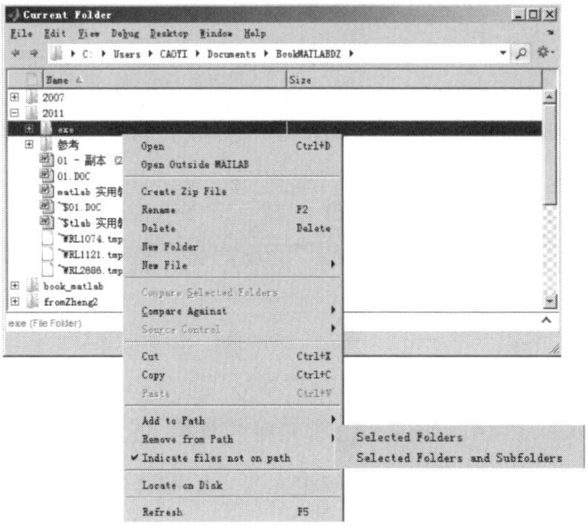

图 1.26 增加“搜索路径”

1.5 1 个实例

大家可以通过下面 1 个实例的练习，对 MATLAB 的通用操作界面更加熟悉，并且掌握在命令窗口中使用简单命令的方法。

【例 1.3】 MATLAB 通用操作界面的综合运用。

按照以下步骤进行操作。

（1）启动 MATLAB。

（2）在命令窗口（Command Window）中输入以下几行命令，创建 4 个变量：

```
>>a=[1 2 3; 4 5 6;7 8 9];
>>b=[1 1 1;2 2 2;3 3 3 ];
>>c='MATLAB'
>>d=a+b*i
```

（3）打开工作空间窗口（Workspace）查看变量，共有 4 个变量，选择窗口左上角的按钮，在菜单中选择“Undock”命令，则单独的工作空间窗口如图 1.27 所示。

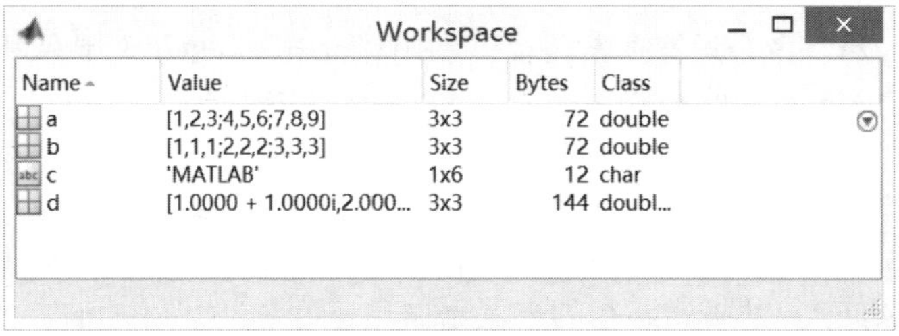

图 1.27 工作空间窗口

（4）双击其中的变量“d”，出现变量编辑器窗口（Variable Editor），如图 1.28 所示为该变量的详细信息。

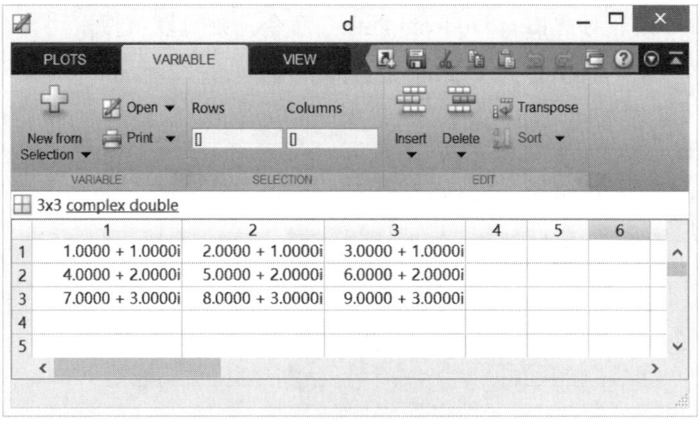

图 1.28 变量编辑器窗口

（5）打开历史命令窗口（Command History），如图 1.29 所示，选择上面的 4 行命令，单击鼠标右键，在弹出的快捷菜单中选择“Create M-File”命令生成 M 文件。

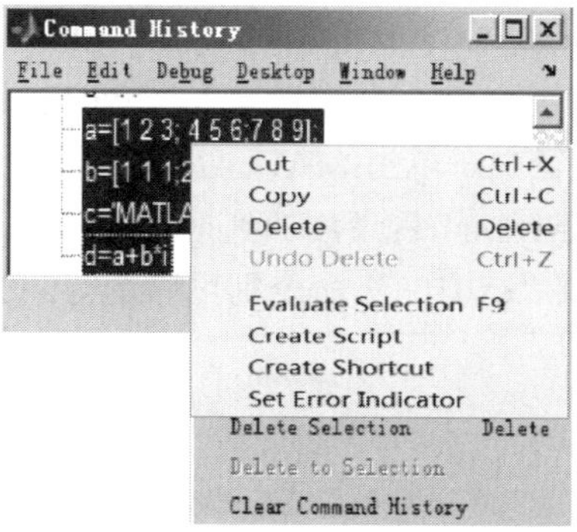

图 1.29　历史命令窗口

（6）出现 M 文件编辑/调试器窗口（Editor/Debugger），如图 1.30 所示。在第一行添加注释语句“%MATLAB Desktop Example”，单击工具栏上的“Save”按钮，将该文件保存为“C:\MyDir\ex0103.m”。

图 1.30　M 文件编辑/调试器窗口

（7）打开当前目录浏览器窗口（Current Directory Browser），将当前目录设置为“C:\MyDir”，可以看到刚刚保存的“ex0103.m”文件，在命令窗口输入“ex0103”命令运行该文件。

（8）在命令窗口输入“save Ex0103”命令，则在当前目录工作空间窗口可以看到当前目录下生成了 1 个“Ex0103.mat”数据文件，如图 1.31 所示。

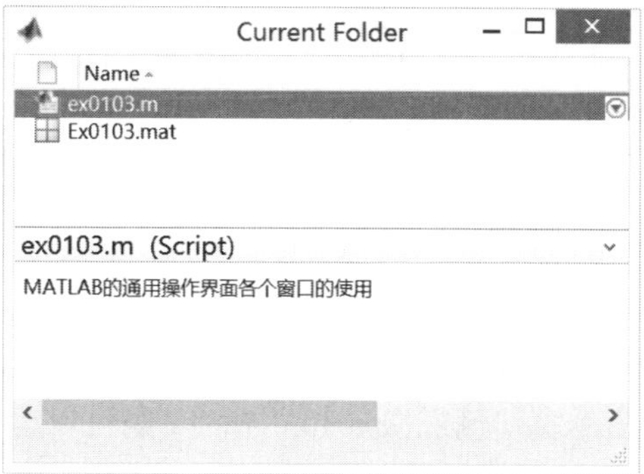

图 1.31　当前目录工作空间窗口

（9）在命令窗口输入“exit”命令退出 MATLAB。

（10）重新启动 MATLAB 后，在命令窗口输入“Ex0103”命令则不能运行该文件，该文件不在 MATLAB 的搜索路径中。单击 MATLAB 主界面工具栏上的“Set Path”按钮，打开设置路径对话框，将“C:\MyDir”目录添加到搜索路径中，如图 1.32 所示，单击“Save”按钮关闭该对话框，重新输入“ex0103”命令则可以运行该文件。

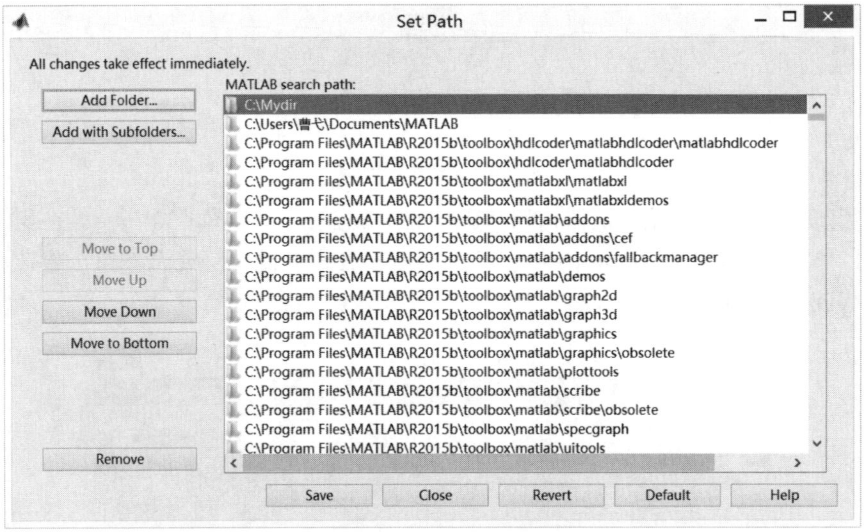

图 1.32　设置路径对话框

（11）使用“clear”命令清空工作空间窗口内存变量。如果要导入“Ex0103.mat”数据文件的变量，则可选择“Ex0103.mat”文件并单击鼠标右键在弹出的快捷菜单中选择“Import Data”命令，如图 1.33 所示为“Import Wizard”窗口。

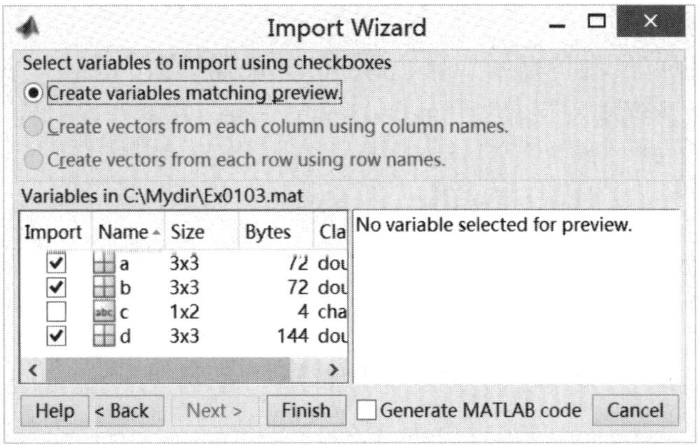

图 1.33　“Import Wizard”窗口

在“Import Wizard”窗口选中需要导入的变量前的复选框，在图中选择了 a、b、d 这 3 个变量后，单击“Finish”按钮，查看工作空间窗口中出现的 3 个变量。

（12）如在 MATLAB 命令窗口输入“ex0103”命令，则可以运行该文件。如果输入“type Ex0103”命令，则可以看到该文件的内容显示如下：

```
>> type ex0103
a=[1 2 3; 4 5 6;7 8 9];
b=[1 1 1;2 2 2;3 3 3 ];
c='计算';
d=a+b*I
```

第2章 MATLAB数值计算

数学计算是 MATLAB 强大计算功能的体现，MATLAB 的数学计算分为数值计算和符号计算。其中，符号计算是指使用未定义的符号变量进行运算，而数值计算不允许使用未定义的变量。

读者通过对本章的学习，基本可以解决线性代数和多项式运算的所有问题。

2.1 变量和数据

2.1.1 数据类型

MATLAB 的数据通过变量存储在内存中。MATLAB 定义了 15 种基本的数据类型，包括整型、浮点型、字符型和逻辑型等，其中数值型又有双精度型、单精度型和整数类，在整数类中有无符号类（uint8、uint16、uint32、uint64）和符号类整数（int8、int16、int32、int64）。下面将对这几种数据类型进行介绍。

1. 整型

MATLAB 提供了 8 种内置的整数类型，每种数据类型占用的字节和表示的范围都不同，可以使用类型转换函数将各种整数类型强制相互转换，如表 2.1 所示。

表 2.1 各种整数数据类型的范围和类型转换函数表

数据类型	表示范围	字节数	类型转换函数
无符号 8 位整数 uint8	$0\sim2^8-1$	1	uint8()
无符号 16 位整数 uint16	$0\sim2^{16}-1$	2	uint16()
无符号 32 位整数 uint32	$0\sim2^{32}-1$	4	uint32()
无符号 64 位整数 uint64	$0\sim2^{64}-1$	8	uint64()
有符号 8 位整数 int8	$-2^7\sim2^7-1$	1	int8()
有符号 16 位整数 int16	$-2^{15}\sim2^{15}-1$	2	int16()
有符号 32 位整数 int32	$-2^{31}\sim2^{31}-1$	4	int32()
有符号 64 位整数 int64	$-2^{63}\sim2^{63}-1$	8	int64()

2. 浮点型

浮点数包括了单精度型（single）和双精度型（double），MATLAB 默认的数据类型为双精度型，表 2.2 中列出了各种浮点数的数值范围和类型转换函数。

表 2.2 浮点数的数值范围和类型转换表

数 据 类 型	表 示 范 围	字 节 数	类型转换函数
单精度型（single）	-3.40282×10^{38} ～$+3.40282\times10^{38}$	4	single()
双精度型（double）	-1.79769×10^{308} ～$+1.79769\times10^{308}$	8	double()

3. 字符型

在 MATLAB 中，字符型数据使用单引号（''）括起来。字符使用 ASCII 码的形式存放，每个字符占 2 字节。

4. 逻辑型

逻辑型数据表示为 true 和 false，每个逻辑型数据占 1 字节。

使用 logical 函数可以将数值型转换成逻辑型，所有非 0 的整数和浮点数都转换成 1（true），0 转换成 0（false）。

【例 2.1】 各种数据类型的转换，Workspace 窗口如图 2.1 所示，可以看到变量的存储空间和类型。

```
>>a=5;
>>b=0;
>>c=67;
>>u1=uint8(a)                    %转换成无符号整型
u1 =
    5
>>s1=char(c)                     %转换成字符型，为字母"C"
s1 =
C
>>l1=logical(b)                  %转换成逻辑型，为 false
l1 =
     0
```

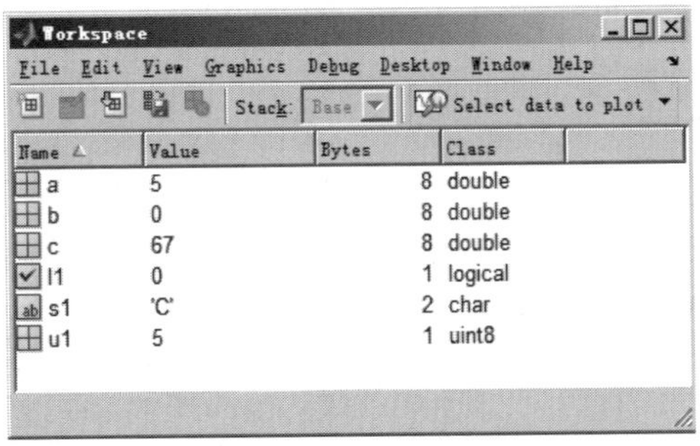

图 2.1 Workspace 窗口

从图 2.1 可以看出，变量 a、b、c 都是 double 型占 8 字节，l1 是逻辑型占 1 个字节，s1 是字符型占 2 字节，u1 是整型占 1 字节。

2.1.2 常数

1. 常数的表达方式

MATLAB 的数据采用十进制表示，可以用带小数点的形式直接表示，也可以用科学计数法，eps 为相对精度位数，数值的表示范围是 10^{-308}～10^{308}。

以下都是合法的数据表示方式：–2、5.67；2.56e–56（表示 2.56×10^{-56}）；4.68e204（表示 4.68×10^{204}）。

2. 矩阵和数组的概念

在 MATLAB 的运算中，会经常使用标量、向量、矩阵和数组，这几个名称的定义如下。

（1）标量：是指 1×1 的矩阵，即为只含 1 个数的矩阵。

（2）向量：是指 1×*n* 或 *n*×1 的矩阵，即只有 1 行或者 1 列的矩阵。

（3）矩阵：是 1 个矩形的数组，即二维数组，其中向量和标量都是矩阵的特例，0×0 矩阵为空矩阵（[]）。

（4）数组：是指 *n* 维的数组，为矩阵的延伸，其中矩阵和向量都是数组的特例。

3. 复数

复数由实部和虚部组成，MATLAB 用特殊变量“i”和“j”表示虚数的单位。复数运算不需要特殊处理，可以直接进行。

复数可以有以下几种表示方式：

z=*a*+*b**i 或 *z*=*a*+*b**j

z=*a*+*b*i 或 *z*=*a*+*b*j（当 *b* 为常量时）

z=*r**exp(i**θ*)

可以用 real、imag、abs 和 angle 函数分别得出 1 个复数的实部、虚部、幅值和相角。

语法：

```
a=real(z)          %计算实部
b=imag(z)          %计算虚部
r=abs(z)           %计算幅值
theta=angle(z)     %计算相角
```

说明：复数 *z* 的实部 *a*=*r**cos(*θ*)；复数 *z* 的虚部 *b*=*r**sin(*θ*)；复数 *z* 的幅值 $r=\sqrt{a^2+b^2}$；复数 *z* 的相角 *θ*=arctan(*b*/*a*)，以 rad（弧度）为单位。

【例 2.2】 在命令窗口中输入复数。

```
>> a=1–2*i
a =
   1.0000–2.0000i
>> real(a)
ans =
     1
>> imag(a)
ans =
    –2
>> abs(a)
```

```
ans =
      2.2361
>> angle(a)*180/pi                          %以角度为单位计算相角
ans =
   -63.4349
```

2.1.3　变量

1. 变量的命名规则

MATLAB 的变量有一定的命名规则。变量的命名规则如下：

（1）变量名区分字母的大、小写。例如，“a”和“A”是不同的变量。

（2）变量名不能超过 63 个字符，第 63 个字符后的字符被忽略，MATLAB 7.3 版以前的变量名不能超过 31 个字符。

（3）变量名必须以字母开头，变量名的组成可以是任意字母、数字或者下画线，但不能含有空格和标点符号（如。、%等）。例如，“6ABC”“AB%C”都是不合法的变量名。

（4）关键字（如 if、while 等）不能作为变量名。

2. 特殊变量

MATLAB 有一些自己的特殊变量，是由系统自动定义的，当 MATLAB 启动时驻留在内存，但在工作空间中却看不到。特殊变量如表 2.3 所示。

表 2.3　特殊变量

特殊变量	取　值
ans	默认的运算结果变量名，answer 的缩写
pi	圆周率π
eps	计算机的最小数
flops	浮点运算数
inf	无穷大，如 1/0
NaN 或 nan	非数，如 0/0、∞/∞、0×∞
i 或 j	$i=j=\sqrt{-1}$
nargin	函数的输入变量数目
nargout	函数的输出变量数目
realmin	最小的可用正实数
realmax	最大的可用正实数

当没有给变量赋值时，计算的结果自动赋给名为“ans”（answer 的缩写）的变量。例如，在命令窗口中输入并计算 2×π：

```
>> 2*pi
ans =
      6.2832
```

2.2 矩阵和数组

MATLAB 是 Matrix Laboratory 即矩阵实验室的缩写。MATLAB 最基本也是最重要的功能就是进行实数或复数矩阵的运算。

2.2.1 矩阵输入

在 MATLAB 中的矩阵表示应遵循以下基本常规：

（1）矩阵元素应用方括号（[ ]）括起来。

（2）每行内的元素间用逗号或空格隔开。

（3）行与行之间用分号或回车键隔开。

（4）元素可以是数值或表达式。

1. 通过显式元素列表输入矩阵

对于比较小的简单矩阵，可以通过显式元素列表直接用键盘输入矩阵。

例如，输入矩阵 c：

```
>> c=[1 2;3 4;5 3*2]                  % [ ]表示构成矩阵，分号分隔行，空格分隔元素
c =
      1     2
      3     4
      5     6
```

也可以输入：

```
>> c=[1,2;3,4;5,6];                    %逗号分隔元素
```

对于较为复杂的矩阵，为了使输入方式更符合用户习惯，可以用回车键代替分号分隔行。大部分试验数据都用这种形式处理，通常，简单地将左、右括号加在试验数据前后来得到矩阵。

例如，矩阵 c 也可以这样输入：

```
>> c=[1 2
3 4
5 6]
```

2. 通过语句生成矩阵

通过语句生成矩阵有以下几种方式。

（1）使用 from:step:to 方式生成行向量。如果是线性等间距格式的向量，则可以使用 from:step:to 方式生成。

语法：

```
from:to
from:step:to
```

说明： from、step 和 to 分别表示开始值、步长和结束值。当 step 省略时则默认为 step=1；当 step 省略或 step>0 而 from>to 时为空矩阵；当 step<0 而 from<to 时也为空矩阵。

【例 2.3】 使用 from:step:to 方式生成以下矩阵。

```
>> x1=2:5
x1 =
     2     3     4     5
>> x2=2:0.5:4
x2 =
    2.0000    2.5000    3.0000    3.5000    4.0000
>> x3=5:- 1:2
x3 =
     5     4     3     2
>> x4=2: -1:3                          %空矩阵
x4 =
   Empty matrix: 1-by-0
>> x5=2: -1:0.5
x5 =
     2     1
>> x6=[1:2:5;1:3:7]                    %两行向量构成矩阵
x6 =
     1     3     5
     1     4     7
```

（2）使用 linspace 和 logspace 函数生成向量。

①linspace 用来生成线性等分向量。与 from:step:to 方式不同的是，它直接给出元素的个数从而得出各个元素的值。

语法：

```
linspace(a,b,n)
```

说明：a、b、n 这 3 个参数分别表示开始值、结束值和元素个数。生成从 a 到 b 之间线性分布的 n 个元素的行向量，n 如果省略则默认值为 100。

②logspace 用来生成对数等分向量，它和 linspace 一样直接给出元素的个数从而得出各个元素的值。在画 Bode 图等应用中，需要使用 logspace 命令生成对数等间隔的数据。

语法：

```
logspace (a,b,n)
```

说明：a、b、n 这 3 个参数分别表示开始值、结束值和数据个数，n 如果省略则默认值为 50。生成从 10^a 到 10^b 之间按对数等分的 n 个元素的行向量。

【例 2.3 续】 用 linspace 和 logspace 函数生成行向量。

```
>> x1=linspace(0,2*pi,5)               %从 0 到 2*pi 等分成 5 个点
x1 =
         0    1.5708    3.1416    4.7124    6.2832
>> x2=logspace(0,2,3)                  %从 1～100 对数等分成 3 个点
x2 =
     1    10   100
```

3. 由函数产生特殊矩阵

MATLAB 提供了很多能够产生特殊矩阵的函数，各函数的功能如表 2.4 所示。

表 2.4　矩阵生成函数的功能

函数名	功　能	例子	
		输　入	结　果
zeros(*m*,*n*)	产生 *m*×*n* 的全 0 矩阵	zeros(2,3)	0 0 0 0 0 0
ones(*m*,*n*)	产生 *m*×*n* 的全 1 矩阵	ones(2,3)	1 1 1 1 1 1
rand(*m*,*n*)	产生均匀分布的随机矩阵，元素取值范围为 0.0～1.0	rand(2,3)	0.9501 0.6068 0.8913 0.2311 0.4860 0.7621
randn(*m*,*n*)	产生正态分布的随机矩阵	randn(2,3)	–0.4326 0.1253 –1.1465 –1.6656 0.2877 1.1909
magic(*N*)	产生 *N* 阶魔方矩阵（矩阵的行、列和对角线上元素的和相等）	magic(3)	8 1 6 3 5 7 4 9 2
eye(*m*,*n*)	产生 *m*×*n* 的单位矩阵	eye(3)	1 0 0 0 1 0 0 0 1
true(*m*,*n*) false(*m*,*n*)	产生 *m*×*n* 的逻辑矩阵，全为 true 产生 *m*×*n* 的逻辑矩阵，全为 false	true(2,3)	1 1 1 1 1 1

说明：当 zeros、ones、rand、randn 和 eye 函数中只有 1 个参数 *n* 时，则为 *n*×*n* 的方阵。

【例 2.4】　使用函数创建矩阵。

```
>> X1=eye(2,3)                  %2 行 3 列的单位矩阵
X1 =
     1     0     0
     0     1     0
>> X2=eye(3)                    %3 行 3 列的单位矩阵
X2 =
     1     0     0
     0     1     0
     0     0     1
>> t=true(3)                    %3 行 3 列的全 true 矩阵
t =
     1     1     1
     1     1     1
     1     1     1
>> t(1:2,3)=false(2,1)          %1,2 行的第 2 列改为 false
t =
     1     1     0
     1     1     0
     1     1     1
```

程序说明： 当 eye(*m*,*n*)函数的 *m* 和 *n* 参数不相等时，则单位矩阵会出现全 0 行或列。false(2,1)是 2 行 1 列的矩阵。

2.2.2　矩阵元素

矩阵和多维数组都是由多个元素组成的，每个元素通过下标来标识。

1. 矩阵的下标

以下介绍矩阵的下标方式。

（1）全下标方式。矩阵中的元素可以用全下标方式标识，即由行下标和列下标表示，1 个 $m\times n$ 的 ***A*** 矩阵的第 *i* 行第 *j* 列的元素表示为 ***A***(*i*,*j*)。例如“***A***(3,2)=6”表示在矩阵 ***A*** 的“第 3 行第 2 列”的元素赋值为 6。

注意

如果在提取矩阵元素值时，矩阵元素的下标行或列(*i*,*j*)大于矩阵的大小(*m*,*n*)，则 MATLAB 会提示出错；而在给矩阵元素赋值时，如果行或列(*i*,*j*)超出矩阵的大小(*m*,*n*)，则 MATLAB 自动扩充矩阵，扩充部分以 0 填充。

【例 2.5】　给矩阵的元素赋值。

```
>> a=[1 2;3 4;5 6]
a =
      1      2
      3      4
      5      6
>> a(3,3)                                  %提取 a(3,3)的值
??? Index exceeds matrix dimensions
>> a(3,3)=9                                %给 a(3,3) 赋值
a =
      1      2      0
      3      4      0
      5      6      9
```

（2）单下标方式。矩阵元素也可以用“单下标”标识，就是先把矩阵的所有列按先左后右的次序连接成“一维长列”，然后对元素位置进行编号。以 $m\times n$ 的矩阵 ***A*** 为例，元素 ***A***(*i*,*j*)对应的“单下标”为 $s=(j-1)\times m+i$。矩阵 ***A*** 的元素下标如图 2.2 所示。

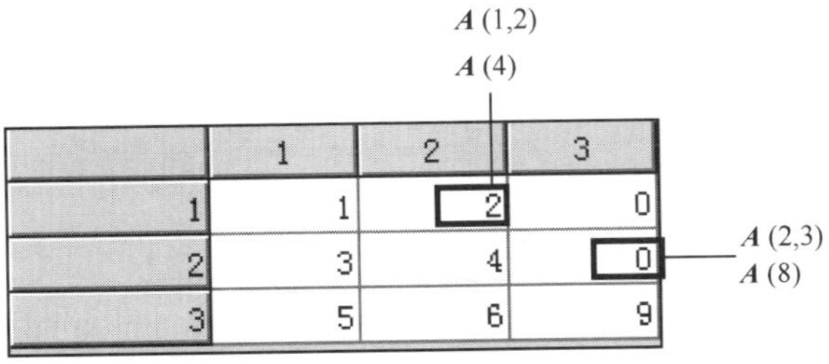

图 2.2　***A*** 矩阵的元素

2. 子矩阵块的产生方式

MATLAB 利用矩阵下标可以产生子矩阵。对于 ***a***(*i*,*j*)，如果 *i* 和 *j* 是向量而不是标量，则将获得指定矩阵的子矩阵块。子矩阵是从对应矩阵中取出一部分元素构成的，如图 2.3 所示，分别用全下标和单下标方式取子矩阵。

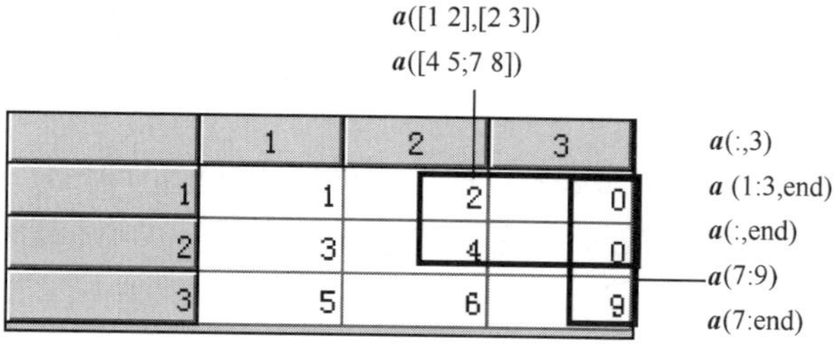

图 2.3　子矩阵块

（1）用全下标方式。矩阵 ***A*** 如图 2.3 所示，使用以下几种方式都可以构成子矩阵。

①***a***([1 3],[2 3])：取行数为 1、3，列数为 2、3 的元素构成子矩阵。

```
ans =
     2     0
     6     9
```

②***a***(1:3,2:3)：取行数为 1～3，列数为 2～3 的元素构成子矩阵，“1:3”表示 1、2、3 行下标。

```
ans =
     2     0
     4     0
     6     9
```

③***a***(:,3)：取所有行数，即为 1～3，列数为 3 的元素构成子矩阵，“:”表示所有行或列。

```
ans =
     0
     0
     9
```

④***a***(1:3,end)：取行数为 1～3，列数为 3 的元素构成子矩阵，用“end”表示某一维数中的最大值，即 3。

```
ans =
     0
     0
     9
```

（2）用单下标方式。

a([1 3;2 6])：取单下标为 1、3、2、6 的元素构成子矩阵。

```
ans =
     1     5
     3     6
```

（3）逻辑矩阵。子矩阵也可以利用逻辑矩阵来标识，逻辑矩阵是指大小和对应矩阵相同，而元素值为 0 或者 1 的矩阵。可以用 ***a***(l_1,l_2)表示子矩阵，其中 l_1、l_2 为逻辑向量，当

l_1、l_2的元素为 0 则不取该位置元素，反之则取该位置的元素。

【例 2.5 续】　利用逻辑矩阵提取矩阵，其中矩阵 ***A*** 如图 2.2 所示。

```
>> l1=logical([1 0 1])                    %给出逻辑向量 l1
l1 =
     1     0     1
>> l2=logical([1 1 0])                    %给出逻辑向量 l2
l2 =
     1     1     0
>> a(l1,l2)                               %取出 1、3 行且 1、2 列的元素
ans =
     1     2
     5     6
```

3. 矩阵的赋值

矩阵的赋值有几种方式：全下标方式、单下标方式和全元素方式。

【例 2.6】　给矩阵元素赋值。

给矩阵元素赋值，有以下几种方式。

①全下标方式：***A*** (*i*,*j*)= ***B***，给 ***A*** 矩阵的部分元素赋值，则 ***B*** 矩阵的行列数必须等于 ***A*** 矩阵的行列数。

```
>> a(1:2,1:3)=[1 1 1;1 1 1]               %给第 1、2 行元素赋值为全 1
a =
     1     1     1
     1     1     1
```

②单下标方式：***A*** (*s*)=***b***，***b*** 为向量，元素个数必须等于 ***A*** 矩阵的元素个数。

【例 2.6 续】　以单下标方式给矩阵元素赋值。

```
>> a(5:6)=[2 3]                           %给第 5、6 个元素赋值
a =
     1     1     2
     1     1     3
```

③全元素方式：***A*** (:)=***B***，给 ***A*** 矩阵的所有元素赋值，则 ***B*** 矩阵的元素总数必须等于 ***A*** 矩阵的元素总数，但行列数不一定相等。

```
>> a=[1 2;3 4;5 6]
a =
     1     2
     3     4
     5     6
>> b=[1 2 3;4 5 6]
b =
     1     2     3
     4     5     6
>> a(:)=b                                 %按单下标方式给 a 赋值
a =
     1     5
```

```
    4    3
    2    6
```

程序说明： 如果改为“a=b”，则 a 就是 2 行 3 列的矩阵。

4. 矩阵元素的删除操作

在 MATLAB 中可以对矩阵的单个元素、子矩阵块和所有元素进行删除操作，方法就是简单地将其赋值为空矩阵（用[ ]表示）。

【例 2.7】 对矩阵元素进行删除，其中矩阵 ***A*** 如图 2.2 所示。

```
>> a(:,3)=[]                              %删除 1 列元素
a =
     1     2
     3     4
     5     6
>> a(1)=[]                                %按单下标方式删除 1 个元素，则矩阵变为行向量
a =
     3     5     2     4     6
>> a=[]                                   %删除所有元素为空矩阵
a =
     []
```

5. 生成大矩阵

在 MATLAB 中，可以通过方括号（[ ]）将小矩阵连接起来生成 1 个较大的矩阵。

【例 2.8】 将矩阵连接起来生成大矩阵，其中矩阵 ***A*** 如图 2.2 所示。

```
>> [a;a]                                  %连接成 6×3 的矩阵
ans =
     1     2     0
     3     4     0
     5     6     9
     1     2     0
     3     4     0
     5     6     9
>> [a a]                                  %连接成 3×6 的矩阵
ans =
     1     2     0     1     2     0
     3     4     0     3     4     0
     5     6     9     5     6     9
>> [a(1:2,1:2) 10*a(1:2,2:3)]             %计算并连接
ans =
     1     2    20     0
     3     4    40     0
```

6. 矩阵的翻转

在 MATLAB 中可以通过功能强大的矩阵翻转函数对矩阵进行翻转，其功能如表 2.5 所示。假设矩阵 ***A*** 同上例：

$$A=\begin{bmatrix}1 & 2 & 0\\ 3 & 4 & 0\\ 5 & 6 & 9\end{bmatrix}$$

表 2.5　常用矩阵翻转函数的功能

函 数 名	功　能	例 子	
		输　入	结　果
triu(**X**)	产生 **X** 矩阵的上三角矩阵，其余元素补 0	triu(a)	1 2 0 0 4 0 0 0 9
tril(**X**)	产生 **X** 矩阵的下三角矩阵，其余元素补 0	tril(a)	1 0 0 3 4 0 5 6 9
flipud(**X**)	使矩阵 **X** 沿水平轴上下翻转	flipud(a)	5 6 9 3 4 0 1 2 0
fliplr(**X**)	使矩阵 **X** 沿垂直轴左右翻转	fliplr(a)	0 2 1 0 4 3 9 6 5
flipdim(**X**,dim)	使矩阵 **X** 沿特定轴翻转： dim=1，按行维翻转； dim=2，按列维翻转	flipdim(a,1)	5 6 9 3 4 0 1 2 0
rot90(**X**)	使矩阵 **X** 逆时针旋转 90°	rot90(a)	0 0 9 2 4 6 1 3 5

2.2.3　字符串

在 MATLAB 中，字符串是作为字符数组引入的，一个字符串由多个字符组成并按行向量进行存储，用单引号（' '）界定。而其中的每一字符（包括空格）都是以其 ASCII 码的形式存放的，只是其外显形式仍然是可读的字符。

【例 2.9】　创建字符串。

```
>> str1='Hello';
>> str2='I like ''MATLAB'''                %重复单引号来输入含有单引号的字符串
str2 =
I like 'MATLAB'
>> str3='你好!'
str3 =
你好!
```

1. 字符串占用的字节

由于 MATLAB 在存储字符串时，每一个字符会占用 2 字节，用“whos”命令查看字符串变量所占用的存储空间，可以看到 Bytes 为 Size 的 2 倍。

```
>> whos
  Name      Size               Bytes  Class
  str1      1x5                 10    char array
  str2      1x15                30    char array
  str3      1x3                 6     char array
Grand total is 23 elements using 46 Byte
```

2. 字符串函数

字符串可以用以下函数进行运算。

（1）length：用来计算字符串的长度（即组成字符的个数）。

（2）double：用来将字符型转换成以 ASCII 码为数值的 double 型，包括空格（ASCII 码为 32）。

（3）char：用来将数值型按照 ASCII 码转换成字符型，省略小数点后的数据。

（4）class 或 ischar：用来判断某一个变量的类型。class 函数返回 char 则表示为字符串，而 ischar 函数返回 1 表示为字符串。

（5）strcmp(x,y)：比较字符串 x 和 y 的内容是否相同。返回值如果为 1 则相同，为 0 则不同。

（6）findstr(x,x_1)：寻找在某个长字符串 x 中的子字符串 x_1，返回其起始位置。

（7）deblank(x)：删除字符串尾部的空格。

（8）eval(x)：执行字符串，可以将字符串型转换成数值型。

由于 MATLAB 将字符串以其相对应的 ASCII 码形式存储成 1 个行向量，因此字符串可以进行行向量的任何算术运算；如果字符串直接进行数值运算，则其结果就变成一般数值向量的运算，而不再是字符串的运算。

【例 2.9 续】 使用字符串函数和进行字符串的数值运算。

```
>> length(str1)                          %计算字符串长度
ans =
     5
>> x1=double(str1)                       %查看字符串的 ASCII 码
x1 =
    72   101   108   108   111
>> x2=str1+1                             %字符串的数值运算
x2 =
    73   102   109   109   112
>> char(x1)                              %将 ASCII 码转换成字符串形式
ans =
Hello
>> char(x2)
ans =
Ifmmp
```

```
>> class(str1)                          %判断变量类型
ans =
char
>> class(x1)
ans =
double
>> ischar(str1)                         %判断是否为字符型
ans =
     1
```

3. 使用 1 个变量存储多个字符串

有如下几种方法使用 1 个变量存储多个字符串。

（1）使用多个字符串组成 1 个新的行向量，将多个字符串变量直接用逗号（,）连接。

【例 2.10】　多个字符串构成 1 个新字符串。

```
>> str1='Hello';
>> str2='I like "MATLAB"';
>> str3=[str1,'! ',str2]                %多个字符串并排成一个行向量
str3 =
Hello! I like 'MATLAB'
```

（2）使用矩阵。将每个字符串放在 1 行，多个字符串可以构成 1 个二维字符数组，但必须先在短字符串结尾补上空格符，以确保每个字符串（即每一行）的长度一样。

例如，如果将【例 2.10】中的 str1 和 str3 简单地放在 1 个二维字符数组的 2 行，则 MATLAB 会提示出错。

```
>> str5=[str1;str3]
??? Error using ==> vertcat
All rows in the bracketed expression must have the same number of columns
```

解决的方法是应该先将 str1 和 str3 的字符个数设置为相等。

【例 2.10 续】　将短字符串结尾补上空格符，在 str3 的“你好!”末尾添加 2 个空格构成 1 个二维字符数组。

```
>> str5=[str1;str3,'  ']                %为 str3 添加 2 个空格
str5 =
Hello
你好!
```

（3）使用 str2mat、strvcat 和 char 函数。使用专门的 str2mat、strvcat 和 char 函数可以构造出字符串矩阵，而不必考虑每行的字符数是否相等，总是按最长的字符串进行设置，长度不足的字符串的末尾用空格补齐。

【例 2.10 续】　使用函数构成 1 个二维字符数组。

```
>> str6=str2mat(str1,str2,str3)
str6 =
Hello
I like 'MATLAB'
你好!
>> str7=char(str1,str2,str3)
```

```
str7 =
Hello
I like 'MATLAB'
你好!
>> str8=strvcat(str1,str2)
str8 =
Hello
I like 'MATLAB'
>> whos
 Name      Size                    Byte   Class
   str1      1x5                     10     char array
   str2      1x15                    30     char array
   str3      1x3                      6     char array
   str4      1x22                    44     char array
   str5      2x5                     20     char array
   str6      3x15                    90     char array
   str7      3x15                    90     char array
   str8      2x15                    60     char array
Grand total is 175 elements using 350 Byte
```

4. 执行字符串

如果需要直接“执行”某一字符串，可以使用 eval 命令。

【例 2.10 续】 执行以下字符串。

```
>> str9='a=2*5'
str9 =
a=2*5
>> eval(str9)                        %执行字符串
a =
10
>> eval('0.4')
ans =
    0.4000
```

结果如同在命令窗口输入“a=2*5”一样。

5. 显示字符串

字符串可以直接使用 disp 命令显示出来，即使后面加分号（;）也可以显示。

【例 2.10 续】 显示字符串。

```
>> disp('Please input matrix a')
Please input matrix a
```

2.2.4 矩阵和数组运算

MATLAB 的二维数组和矩阵从外观和数据结构上看没有区别。但是，矩阵的运算规则是按线性代数运算法则定义的，而数组运算是按数组的元素逐个进行的。

1. 矩阵运算的函数

MATLAB 提供了许多矩阵运算的函数，使很多复杂的运算变得很简单。常用矩阵运算函数如表 2.6 所示，其中：

$$\boldsymbol{a}=\begin{bmatrix}1 & 2 & 3\\ 4 & 5 & 6\\ 7 & 8 & 9\end{bmatrix}$$

表 2.6　常用矩阵运算函数

函数名	功能	例子	
		输入	结果
det(***X***)	计算方阵行列式	det(a)	0
rank(***X***)	求矩阵的秩，得出的行列式不为 0 的最大方阵边长	rank(a)	2
inv(***X***)	求矩阵的逆阵，当方阵 ***X*** 的 det(X)不等于 0，逆阵 X^{-1} 才存在。***X*** 与 X^{-1} 相乘为单位矩阵	inv(a)	1.0e+016 * −0.4504　0.9007　−0.4504 0.9007　−1.8014　0.9007 −0.4504　0.9007　−0.4504
[***v***,***d***]=eig(***X***)	计算矩阵特征值和特征向量。如果方程 ***Xv***=***vd*** 存在非零解，则 ***v*** 为特征向量，***d*** 为特征值	[v,d]=eig(a)	v = −0.2320　−0.7858　0.4082 −0.5253　−0.0868　−0.8165 −0.8187　0.6123　0.4082 d = 16.1168　0　0 0　−1.1168　0 0　0　−0.0000
diag(***X***)	产生 ***X*** 矩阵的对角阵	diag(a)	1 5 9
[***l***,***u***]=lu(***X***)	方阵分解为一个准下三角方阵和一个上三角方阵的乘积。***l*** 为准下三角阵，必须交换 2 行才能成为真的下三角阵	[l,u]=lu(a)	l = 0.1429　1.0000　0 0.5714　0.5000　1.0000 1.0000　0　0 u = 7.0000　8.0000　9.0000 0　0.8571　1.7143 0　0　0.0000

续表

函数名	功能	例子	
		输入	结果
[*Q*,*R*]=qr(*X*)	*m*×*n* 阶矩阵 *X* 分解为 1 个正交方阵 *Q* 和一个与 *X* 同阶的上三角矩阵 *R* 的乘积。方阵 *Q* 的边长为矩阵 *X* 的 *n* 和 *m* 中较小者，且其行列式的值为 1	[q,r]=qr(a)	q = −0.1231 0.9045 0.4082 −0.4924 0.3015 −0.8165 −0.8616 −0.3015 0.4082 r = −8.1240 −9.6011 −11.0782 0 0.9045 1.8091 0 0 −0.0000

说明：在表 2.6 中，det(a)=0，或 det(a)虽不等于 0 但数值很小且接近于 0，则计算 inv(a)时，其解的精度比较低，用条件数（求条件数的函数为 cond）表示。条件数越大，其解的精度越低，MATLAB 会提出警告："条件数太大，结果可能不准确。"

```
>> inv(a)
Warning: Matrix is close to singular or badly scaled
         Results may be inaccurate. RCOND = 1.541976e-018
ans =
   1.0e+016 *
    -0.4504    0.9007   -0.4504
     0.9007   -1.8014    0.9007
    -0.4504    0.9007   -0.4504
```

2. 矩阵和数组的算术运算

矩阵和数组的算术运算介绍如下。

（1）矩阵和数组的加、减运算。

①矩阵加、减运算表达式分别为"***A***+***B***"和"***A***−***B***"。

A 和 ***B*** 矩阵必须大小相同才可以进行加、减运算。如果 ***A***、***B*** 中有 1 个是标量，则该标量与矩阵的每个元素进行运算。

②数组的加、减法运算规则与矩阵的完全相同，运算符也完全相同。

（2）矩阵和数组的乘法运算。

①矩阵的乘法运算表达式为"***A********B***"，表示矩阵相乘。

矩阵 ***A*** 的列数必须等于矩阵 ***B*** 的行数，除非其中有 1 个是标量。

②数组的乘法运算表达式为"***A********B***"，运算符为"*"，表示数组 ***A*** 和 ***B*** 中的对应元素相乘。

A 和 ***B*** 数组必须大小相同，除非其中有 1 个是标量。

【例 2.11】 矩阵和数组的加、减和乘法运算。

```
>>x1=[1 2;3 4;5 6];
>> x2=eye(3,2)
x2 =
```

```
      1     0
      0     1
      0     0
>> x=x1+x2                      %矩阵相加
x =
      2     2
      3     5
      5     6
>> x12=x1.*x2                   %数组相乘
ans =
      1     0
      0     4
      0     0
>> x1*x2                        %矩阵相乘，x1 列数不等于 x2 行数
??? Error using ==> *
Inner matrix dimensions must agree
>>x21=x1*x2'                    %矩阵相乘，x2'是 x2 的转置
x21 =
      1     2     0
      3     4     0
      5     6     0
```

数组相乘是对应的元素两两相乘，数组的尺寸完全一致；矩阵相乘则是矩阵的行列相乘，矩阵的行数和列数要对应相同。

（3）矩阵和数组的除法。

①矩阵的除法运算表达式有 2 种：“***A**B***”和“***A*/*B***”，运算符“\”和“/”分别表示左除和右除。

一般来说，***X***=***A******B*** 是方程 ***A***∗***X***=***B*** 的解，***A******B***=$\boldsymbol{A}^{-1}*\boldsymbol{B}$。当 ***A*** 是非奇异的 $n\times n$ 的方阵时，则 ***B*** 是 n 维列向量，是采用高斯消去法（消元法）得出的；当 ***A*** 是 $m\times n$ 的矩阵，***B*** 是 m 维列向量时，则 ***X***=***A******B*** 得出最小二乘解。

X=***A***/***B*** 是 ***X***∗***A***=***B*** 的解，***A***/***B***=$\boldsymbol{A}*\boldsymbol{B}^{-1}$。

其中：$\boldsymbol{A}^{-1}$ 是矩阵的逆，也可用 inv(***A***)求逆矩阵。

②数组的除法运算表达式有两种：“***A*.*B***”和“***A*./*B***”，分别为数组的左除和右除，表示数组相应元素相除。

A 和 ***B*** 数组必须大小相同，除非其中有 1 个是标量。

【例 2.12】 已知方程组 $\begin{cases}2x_1-x_2+3x_3=5\\3x_1+x_2-5x_3=5\\4x_1-x_2+x_3=9\end{cases}$，求解线性方程组。

解 1： 用矩阵除法来求解，将该方程变换成 ***AX***=***B*** 的形式。

其中：

$$A=\begin{bmatrix}2 & -1 & 3\\3 & 1 & -5\\4 & -1 & 1\end{bmatrix},\quad B=\begin{bmatrix}5\\5\\9\end{bmatrix}$$

```
>> A=[2–1 3;3 1 –5;4 –1 1];
>> B=[5;5;9];
>> X1=A\B
X1 =
     2
    –1
     0
```

程序分析如下：

①在线性方程组 ***A*∗*X*=*B*** 中，*m*×*n* 阶矩阵 ***A*** 的行数 *m* 表示方程数，列数 *n* 表示未知数的个数。在正常情况下，方程个数等于未知数个数，即 *n*=*m*，***A*** 为方阵，***A**B*** 意味着 inv(***A***)∗***B***。

②对于方程个数大于未知数个数（*m* > *n*）的超定方程组，以及方程个数小于未知数个数（*m* < *n*）的不定方程组，MATLAB 中 ***A**B*** 的算式都仍然合法。前者是最小二乘解，而后者则是令 ***X*** 中的 *n*–*m* 个元素为 0 的一种特殊解。在这两种情况下，***A*** 不是方阵，其逆 inv(***A***)不存在，求解的 MATLAB 运算式均为 ***X***=inv(***A***'∗***A***)∗ (***A***'∗***B***)。

解 2：使用 LU 分解和 QR 分解求解方程组。

方程变换成 ***AX*=*B*** 形式，实现 LU 分解后，方程的解为 ***X*=*U*\\(*L**B*)**；实现 QR 分解后，方程的解为 ***X*=*R*\\(*Q**B*)**。

```
>>[L,U]=lu(A)                              %LU 分解
L =
    0.5000   -0.2857    1.0000
    0.7500    1.0000         0
    1.0000         0         0
U =
    4.0000   -1.0000    1.0000
         0    1.7500   -5.7500
         0         0    0.8571
>>X2=U\(L\B)                               %解方程
X2 =
     2
    -1
     0
>>[Q,R]=qr(A)                              %QR 分解
Q =
    0.3714   -0.4836    0.7926
    0.5571    0.7990    0.2265
    0.7428   -0.3574   -0.5661
R =
    5.3852   -0.5571   -0.9285
```

```
         0    1.6400   -5.8031
         0         0    0.6794
>>X3=R\(Q\B)                          %解方程
X3 =
    2.0000
   -1.0000
   -0.0000
```

（4）矩阵和数组的乘方。

①矩阵乘方的运算表达式为"**A**^*B*"，其中 **A** 可以是矩阵或标量。

● 当 **A** 为矩阵时，必须为方阵：

B 为正整数时，表示 **A** 矩阵自乘 *B* 次；

B 为负整数时，表示先将矩阵 **A** 求逆，再自乘|*B*|次，仅对非奇异矩阵成立；

B 为矩阵时不能运算，会出错；

B 为非整数时，涉及特征值和特征向量的求解，将 **A** 分解成 **A**=**W***D**/**W**，**D** 为对角阵，则有运算式 **A**^*B*=**W***D**^*B*/**W**。

● 当 **A** 为标量时：

B 为矩阵时，将 **A** 分解成 **A**=**W***D**/**W**，**D** 为对角阵，则有运算式为 **A**^**B**=**W***diag(**D**.^**B**)/W。

②数组乘方的运算表达式为"**A**.^*B*"。

当 **A** 为矩阵，*B* 为标量时，则将 **A**(*i,j*)自乘 *B* 次；

当 **A** 为矩阵，**B** 为矩阵时，**A** 和 **B** 数组必须大小相同，则将 **A**(*i,j*)自乘 **B**(*i,j*)次；

当 **A** 为标量，**B** 为矩阵时，将 **A**^ **B**(*i,j*)构成新矩阵的第 *i* 行第 *j* 列元素。

【例 2.13】 矩阵和数组的除法和乘方运算。

```
>> x1=[1 2;3 4];
>> x2=eye(2)
x2 =
     1     0
     0     1
>> x1/x2                              %矩阵右除
ans =
     1     2
     3     4
>> inv(x1)                            %求逆矩阵
ans =
   -2.0000    1.0000
    1.5000   -0.5000
>> x1\x2                              %矩阵左除
ans =
   -2.0000    1.0000
    1.5000   -0.5000
>> x1./x2                             %数组右除
Warning: Divide by zero.
ans =
```

```
        1      Inf
      Inf        4
>> x1.\x2                                    %数组左除
ans =
    1.0000            0
         0       0.2500
>> x1^2                                      %矩阵乘方
ans =
     7    10
    15    22
>> x1^-1                                     %矩阵乘方，指数为-1 与 inv 相同
ans =
   -2.0000    1.0000
    1.5000   -0.5000
>> x1^0.2                                    %矩阵乘方，指数为小数
ans =
   0.8397 + 0.3672i   0.2562-0.1679i
   0.3842-0.2519i     1.2239 + 0.1152i
>> 2^x1                                      %标量乘方
ans =
   10.4827    14.1519
   21.2278    31.7106
>> 2.^x1                                     %数组乘方
ans =
     2     4
     8    16
>> x1.^x2                                    %数组乘方
ans =
     1     1
     1     4
```

3. 矩阵和数组的转置

矩阵和数组的转置介绍如下。

（1）矩阵的转置运算。

A'表示矩阵 ***A*** 的转置，如果矩阵 ***A*** 为复数矩阵，则为共轭转置。

（2）数组的转置运算。

A.'表示数组 ***A*** 的转置，如果数组 ***A*** 为复数数组，则不是共轭转置。

【例 2.13 续】 矩阵和数组转置运算。

```
>> x1=[1 2;3 4];
>> x2=eye(2);
>> x3=x1+x2*i
x3 =
   1.0000 + 1.0000i    2.0000
   3.0000              4.0000 + 1.0000i
>> x4=x3'                                    %矩阵转置
x4 =
```

```
    1.0000-1.0000i     3.0000
    2.0000             4.0000-1.0000i
>> x5=x3.'                              %数组转置为共轭转置
x5 =
    1.0000 + 1.0000i   3.0000
    2.0000             4.0000 + 1.0000i
```

4. 矩阵和数组的数学函数

在 MATLAB 中 exp、sqrt、sin、cos 等数学函数可以直接在数组上使用，这些运算分别对数组的每个元素进行运算。数组的基本函数如表 2.7 所示。

表 2.7 数组的基本函数

函 数 名	含 义	函 数 名	含 义
abs	绝对值或者复数模	rat	有理数近似
sqrt	平方根	mod	模除求余
real	实部	round	四舍五入到整数
imag	虚部	fix	向最接近 0 取整
conj	复数共轭	floor	向最接近-∞取整
sin	正弦	ceil	向最接近+∞取整
cos	余弦	sign	符号函数
tan	正切	rem	求余数留数
asin	反正弦	exp	自然指数
acos	反余弦	log	自然对数
atan	反正切	log10	以 10 为底的对数
atan2	第 4 象限反正切	pow2	2 的幂
sinh	双曲正弦	bessel	贝塞尔函数
cosh	双曲余弦	gamma	伽马函数
tanh	双曲正切		

【例 2.14】 使用数组的算术运算函数。

```
>> t=linspace(0,2*pi,6)
t =
         0    1.2566    2.5133    3.7699    5.0265    6.2832
>> y=sin(t)                              %计算正弦
y =
         0    0.9511    0.5878   -0.5878   -0.9511   -0.0000
>> y1=abs(y)                             %计算绝对值，将正弦曲线变成全波整流
y1 =
         0    0.9511    0.5878    0.5878    0.9511    0.0000
>>y2= 1-exp(-t).*y                       %计算按指数衰减的正弦曲线
y2 =
    1.0000    0.7293    0.9524    1.0136    1.0062    1.0000
```

下面将矩阵和数组运算进行对比，如表 2.8 所示，其中 S 为标量，$\boldsymbol{A}$、$\boldsymbol{B}$ 为矩阵。

表 2.8 矩阵和数组运算对比表

数组运算		矩阵运算	
命令	含义	命令	含义
A+B	对应元素相加	A+B	与数组运算相同
A–B	对应元素相减	A–B	与数组运算相同
S.*B	标量 *S* 分别与 ***B*** 元素的乘积	S*B	与数组运算相同
A.*B	数组对应元素相乘	A*B	内维相同矩阵的乘积
S./B	*S* 分别被 ***B*** 的元素左除	S\B	***B*** 矩阵分别左除 *S*
A./B	***A*** 的元素被 ***B*** 的对应元素除	A/B	矩阵 ***A*** 右除 ***B***，即 ***A*** 的逆阵与 ***B*** 相乘
B.\A	结果一定与上行相同	B\A	***A*** 左除 ***B***（一般与上行不同）
A.^S	***A*** 的每个元素自乘 *S* 次	A^S	***A*** 矩阵为方阵时，自乘 *S* 次
A.^S	*S* 为小数时，对 ***A*** 各元素分别求非整数幂，得出矩阵	A^S	*S* 为小数时，方阵 ***A*** 的非整数乘方
S.^B	分别以 ***B*** 的元素为指数求幂值	S^B	***B*** 为方阵时，标量 *S* 的矩阵乘方
A.T	非共轭转置，相当于 conj(A^T)	AT	共轭转置
exp(A)	以自然数 e 为底，分别以 ***A*** 的元素为指数求幂	expm(A)	***A*** 的矩阵指数函数
log(A)	对 ***A*** 的各元素求对数	logm(A)	***A*** 的矩阵对数函数
sqrt(A)	对 ***A*** 的各元素求平方根	sqrtm(A)	***A*** 的矩阵平方根函数
f(A)	求 ***A*** 各个元素的函数值	funm(A, 'FUN')	矩阵的函数运算

说明：funm(A, 'FUN')要求 ***A*** 必须是方阵，“FUN”为矩阵运算的函数名，如 funm(A,'sqrt')等同于 sqrtm(A)。

5. 关系操作和逻辑操作

以下介绍关系操作和逻辑操作。

（1）关系运算。MATLAB 常用的关系操作符有<、<=、>、>=、 = =（等于）和~=（不等于）。

关系运算规则如下：

①如果用来比较的 2 个变量都是标量，则结果为真（1）或假（0）。

②如果用来比较的 2 个变量都是数组，则必须大小相同，结果也是同样大小的数组，数组的元素为 0 或 1。

③如果用来比较的是 1 个数组和 1 个标量，则把数组的每个元素分别与标量比较，结果为与数组大小相同的数组，数组的元素为 0 或 1。

④关系操作符<、<= 和 >、>=仅对参加比较变量的实部进行比较，而= = 和 ~ = 则同时对实部和虚部进行比较。

（2）逻辑运算。MATLAB 常用的逻辑操作符定义了变量的逻辑比较。逻辑操作符有&（与）、|（或）、~（非）和 xor（异或）。

逻辑运算规则如下：

①在逻辑运算中，非 0 元素表示真（1），0 元素表示假（0），逻辑运算的结果为 0 或

1。逻辑运算法则如表 2.9 所示。

表 2.9 逻辑运算法则

a	b	a & b	a | b	~a	xor(a,b)
0	0	0	0	1	0
0	1	0	1	1	1
1	0	0	1	0	1
1	1	1	1	0	0

②如果用来逻辑运算的 2 个变量都是标量，则结果为 0、1 的标量。

③如果用来逻辑运算的 2 个变量都是数组，则必须大小相同，结果也是同样大小的数组。

④如果用来逻辑运算的是 1 个数组和 1 个标量，则把数组的每个元素分别与标量比较，结果为与数组大小相同的数组。

另外，MATLAB 还提供了先决逻辑操作符&&（先决与）和||（先决或），先决逻辑操作符只能用于针对标量的运算。

⑤&&（先决与）逻辑运算符是当该运算符的左边为 1（真）时，才继续执行该符号右边的运算。

⑥||（先决或）逻辑运算符是当运算符的左边为 1（真）时，就不需要继续执行该符号右边的运算，而立即得出该逻辑运算结果为 1（真）；否则，就要继续执行该符号右边的运算。

例如，使用先决逻辑操作符进行逻辑运算：

```
>> a=0;b=5; c=10;
>> (a~=0)&&(b<c)
ans =
     0
>> (a~=0)||(b<c)
ans =
     1
```

【例 2.15】 数组的关系和逻辑运算，其中半波整流曲线 y1 如图 2.4 所示。

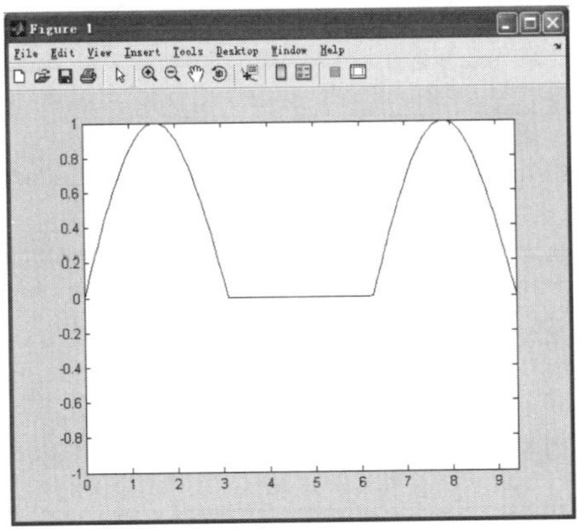

图 2.4 半波整流曲线 y1

```
>> t=linspace(0,3*pi,10);
>> y=sin(t)                                  %计算正弦曲线
y =
  Columns 1 through 6
         0    0.8660    0.8660    0.0000   -0.8660   -0.8660
  Columns 7 through 10
   -0.0000    0.8660    0.8660    0.0000
>> t1=(t<pi)|(t>2*pi)
t1 =
     1     1     1     0     0     0     0     1     1     1
>> y1=t1.*y                                  %得出0～π和2～3π的半波整流
y1 =
  Columns 1 through 6
         0    0.8660    0.8660         0         0         0
  Columns 7 through 10
         0    0.8660    0.8660    0.0000
```

（3）函数运算。在 MATLAB 中能得出真（1）和假（0）结果的函数有关系逻辑函数、工作状态判断函数、特殊数据判断函数和数据类型函数。常用的关系逻辑函数如表 2.10 所示。

表 2.10　常用的关系逻辑函数

函数名	功能	例子	
		输入	结果
all(***A***)	判断 ***A*** 的列向量元素是否全非 0，全非 0 则为 1	all(a)	0　1
any(***A***)	判断 ***A*** 的列向量元素中是否有非 0 元素，有则为 1	any(a)	1　1
isequal(***A***,***B***)	判断 ***A***、***B*** 对应元素是否全相等，相等为 1	isequal(a,b)	0
isempty(***A***)	判断 ***A*** 是否为空矩阵，为空则为 1，否则为 0	isempty(a)	0
isfinite(***A***)	判断 ***A*** 的各元素值是否有限，是则为 1	isfinite(a)	1　0 1　1
isnumeric(***A***)	判断数组 ***A*** 的元素是否全为数值型数组	isnumeric(a)	1
isinf(***A***)	判断 ***A*** 的各元素值是否无穷大，是则为 1	isinf(a)	0　1 0　0
isnan(***A***)	判断 ***A*** 的各元素值是否为 NAN，是则为 1	isnan(a)	0　0 0　0
isreal(***A***)	判断数组 ***A*** 的元素是否全为实数，是则为 1	isreal(a)	1
isprime(***A***)	判断 ***A*** 的各元素值是否为素数，是则为 1	isprime(b)	0　0 0　0
isspace(***A***)	判断 ***A*** 的各元素值是否为空格，是则为 1	isspace(a)	0　0 0　0
find(***A***)	寻找 ***A*** 数组非 0 元素的下标和值	find(b)	1 4

例如，使用函数进行变量 ***A*** 和 ***B*** 的逻辑运算，其中：

$$\boldsymbol{A}=\begin{bmatrix}1 & \text{Inf}\\0 & 2\end{bmatrix}\quad \boldsymbol{B}=\begin{bmatrix}0 & 1\\1 & 0\end{bmatrix}$$

【例 2.16】 用逻辑函数运算取出 1～100 中的素数。

```
>>x=1:100;
>>f=isprime(x);
>>y2=x(f)
y2 =
  Columns 1 through 20
       2     3     5     7    11    13    17    19    23    29    31    37    41    43
47    53    59    61    67    71
  Columns 21 through 25
  73    79    83    89    97
```

程序说明： isprime 函数将 x 中是素数的元素置 1（true）赋值给 f，x(f)使用逻辑型向量 f 为下标，得出 x 的子向量。

6. 运算符优先级

在 MATLAB 中，各种运算符的优先级如下：

'（矩阵转置）、^（矩阵幂）和.'（数组转置）、.^（数组幂）→ ~（逻辑非）→*（乘）、/（左除）、\（右除）和.*（点乘）、./（点左除）、.\（点右除）→+、-（加减）→:（冒号）→<、<=、>、>=、~= →&（逻辑与）→ |（逻辑或）→ &&（先决与）→ ||（先决或）

2.2.5 多维数组

对于二维数组，人们习惯地把数组的第 1 维称为行，把第 2 维称为列，则二维数组可以视作“矩形面”。三维数组是二维数组的扩展，用 3 个下标表示，在二维数组的基础上增加了一维称为页，三维数组可以视作“长方体”。

三维数组的元素存放遵循“单下标”的编号规则：第 1 页第 1 列下接该页的第 2 列，下面再接第 3 列，依此类推；第 1 页的最后列接第 2 页第 1 列，如此进行，直至结束。

四维数组与三维数组可以同样考虑，用 4 个下标表示。由于更高维数组的形象思维较困难，因此，以下内容主要以三维数组为例。

1. 多维数组的创建

创建多维数组的方法与创建矩阵的方法相似，最常用的有以下几种。

（1）通过“全下标”元素赋值方式创建。

【例 2.17】 用“全下标”元素赋值方式创建多维数组。

```
>> a(:,:,2)=[1 2;3 4]                          %创建三维数组
a(:,:,1) =
     0     0
     0     0
a(:,:,2) =
     1     2
     3     4
```

```
>> b=[1 1;2 2]                                %先创建二维数组
b =
     1     1
     2     2
>> b(:,:,2)=5                                 %扩展数组
b(:,:,1) =
     1     1
     2     2
b(:,:,2) =
     5     5
     5     5
```

（2）由函数 ones、zeros、rand 和 randn 直接创建。

【例 2.17 续】 用函数 rand 直接创建三维随机数组。

```
>> rand(2,4,3)
ans(:,:,1) =
    0.0274    0.8276    0.1682    0.1301
    0.9601    0.4917    0.9761    0.2748
ans(:,:,2) =
    0.1479    0.5472    0.1007    0.3846
    0.3808    0.9298    0.9494    0.2671
ans(:,:,3) =
    0.5781    0.6993    0.7838    0.6935
    0.5919    0.1170    0.9728    0.3387
```

（3）利用函数生成数组。

①将一系列数组沿着特定的维连接成 1 个多维数组。

语法：

```
Cat(维,p1,p2,…)
```

说明： 第 1 个参数“维”是指沿着第几维连接数组 p_1、p_2 等。

②按指定行列数放置模块数组生成多维数组。

语法：

```
repmat(p)
repmat(p,行 列 页 …)
```

说明： 第 1 个输入变量 p 是用来放置的模块数组，后面的变量要放在指定的各维。

③在总元素的数目不变的前提下重新确定数组的行列数来重组数组。

语法：

```
reshape(p)
reshape(p,行 列 页 …)
```

说明： 第 1 个变量是待重组的数组 p，后面的变量是重新生成数组的行数、列数和页数。

【例 2.18】 用函数生成多维数组。

```
>> a=[1 2;3 4];
>> b=[1 1;2 2];
>> c= cat(2,a,b)                              %沿着第 2 维连接生成数组 c
c =
```

```
     1     2     1     1
     3     4     2     2
>> cat(3,a,b)                        %沿着第 3 维连接
ans(:,:,1) =
     1     2
     3     4
ans(:,:,2) =
     1     1
     2     2
>> repmat(a,[2 2 2])                 %放置模块数组 a
ans(:,:,1) =
     1     2     1     2      ← 数组
     3     4     3     4
     1     2     1     2
     3     4     3     4
ans(:,:,2) =
     1     2     1     2
     3     4     3     4
     1     2     1     2
     3     4     3     4
>> reshape(c,[2 2 2])                %重组二维数组为 2 行 2 列 2 页的三维数组
ans(:,:,1) =
     1     2
     3     4
ans(:,:,2) =
     1     1
     2     2
```

2. 多维数组的标识

为了能够更好地对多维数组进行操作，MATLAB 提供了对多维数组进行标识的函数。

（1）直接给出数组的维数。

语法：

```
ndims (p)
```

（2）给出数组各维的大小。

语法：

```
[m,n,…]=size(p)                      %得出各维的大小
m=size(p,x)                          %得出某一维的大小
```

说明： p 为需要得出大小的多维数组；m 为行数，n 为列数…；当只有 1 个输出变量时，x=1 返回第 1 维（行数），x=2 返回第 2 维（列数），依此类推。

（3）返回行数或列数的最大值。

语法：

```
length(p)
```

说明： length(p)等价于 max(size(p))。

【例 2.19】 获取矩阵的大小参数。

```
>> a=[1 2;3 4;5 6]
a =
     1     2
     3     4
     5     6
>> ndims(a)                           %得出维数
ans =
     2
>> size(a)                            %得出各维的大小
ans =
     3     2
>> size(a,2)                          %得出列的大小
ans =
     2
>> length(a)                          %得出最大维的大小
ans =
3
```

2.3 日期和时间

在 MATLAB 中没有专门的日期和时间类型，但也可以对日期和时间变量进行处理。

2.3.1 日期和时间的表示格式

MATLAB 的日期和时间以 3 种格式表示：日期字符串、连续的日期数值和日期向量。不同的日期格式可以相互转换。

1. 日期格式

（1）日期字符串。日期字符串是最常用的，有多种输出格式。

例如，“2007 年 1 月 1 日”可以表示为'01-Jan-2007'、'01/01/2007'等。

（2）连续的日期数值。连续的日期数值是以公元元年 1 月 1 日开始的，日期数值表示当前时间到起点的时间距离。

例如，“2011 年 1 月 1 日”可以表示为 734504，即为 2011 年 1 月 1 日到公元元年 1 月 1 日的间隔天数。

（3）日期向量。日期向量格式用一个包括 6 个数字的数组表示日期时间，其元素顺序依次为[year month day hour minute second]，日期向量格式一般不用于运算中，是 MATLAB 的某些内部函数的返回和输入参数。

2. 日期格式转换

MATLAB 提供了函数 datestr、datenum 和 datevec，用于各种日期格式的转换。

（1）datestr：将日期格式转换为日期字符串格式；

（2）datenum：将日期格式转换为连续的日期数值格式；

（3）datevec：将日期格式转换为连续的日期向量格式。

【例 2.20】　日期格式的转换。

```
>> d=datenum('01/01/2011')              %连续的日期数值格式
d =
       734504
>> s=datestr(d)                         %日期字符串格式
s =
01-Jan-2011
>> v=datevec(d)                         %日期向量格式
v =
        2011           1           1           0           0           0
```

2.3.2　日期和时间函数

使用日期和时间函数可以获得系统时间，提取年、月、日、时、分和秒信息，还可以在程序中计时以获知代码执行的实际时间。

1. 获取系统时间

MATLAB 中获取当前系统时间的函数有 date、now 和 clock。

【例 2.20 续】　获取当前系统时间。

```
>> date                                 %按照日期字符串格式获取当前系统时间
ans =
17-Jun-2011
>> clock                                %按照日期向量格式获取当前系统时间
ans =
  1.0e+003 *
    2.0110    0.0060    0.0170    0.0100    0.0240    0.0088
>> now                                  %按照连续的日期数值格式获取当前系统时间
ans =
  7.3467e+005
```

2. 日期和时间的显示格式

可以使用 datestr 函数将日期和时间显示为字符串的样式。

语法：

```
datestr(d,f)                            %将日期按指定格式显示
```

说明： *d* 为日期字符串格式或连续日期数值格式的日期数值；*f* 为指定的格式，可以是数值也可以是字符串，如'dd-mm-yyyy'、'mm/dd/yy'和'dd-mm-yyyy HH:MM:SS'等。

3. 计时函数

在程序的运行过程中，如果需要知道代码运行的实际时间，可以使用计时函数。MATLAB 提供了 cputime、tic/toc 和 etime 三种方法实现计时。

（1）cputime 方法。cputime 返回自 MATLAB 启动以来的 CPU 时间：

程序执行的时间=程序代码执行结束后的 cputime－在程序代码执行前的 cputime

（2）tic/toc 方法。tic 在程序代码开始用于启动一个计时器；toc 放在程序代码的最后，用于终止计时器的运行，返回的计时时间就是程序运行时间。

（3）etime 方法。etime 方法使用 etime 函数获得程序运行时间。

语法：

```
etime(t1,t0)                    %返回 t1-t0 的值
```

说明：t_0 为开始时间，t_1 为终止时间，获取 t_1 和 t_0 之间的秒数。

例如，t_0 和 t_1 可以使用 clock 函数获得，在程序中使用如下命令：

```
>> t0=clock;
……                              %程序段
>> t1=clock;
>> t=etime(t1,t0)               %t 为程序运行时间
```

2.4 稀疏矩阵

1 个矩阵中如果包含的很多元素值为 0，则此矩阵可以只存储少量的非 0 元素，这个矩阵称为稀疏矩阵（Sparse Matrix）。稀疏矩阵在工程上的应用相当广泛，如电路、图学、有限元素法及偏微分方程等，都会用到稀疏矩阵。

2.4.1 稀疏矩阵的建立

在 MATLAB 中，矩阵的存储方式有两种：全元素矩阵和稀疏矩阵。通常，编程时使用的都是全元素矩阵，即矩阵中的每个元素都需要存储，如果每一个元素都是 double 数据类型（占 8 字节），则 1 个 $m \times n$ 的全元素矩阵，所占用的内存空间是 $8 \times m \times n$（字节）。但在稀疏矩阵中，由于大部分元素都是 0，因此只需存储非零元素的下标和元素值，这种特殊的存储方式可以节省大量的存储空间和避免不必要的运算。

全元素矩阵经过计算仍然是全元素矩阵，因此稀疏矩阵的创建需要由用户专门定义。

1. 使用 sparse 函数产生稀疏矩阵

sparse 函数用于创建稀疏矩阵，或将 1 个全元素矩阵直接转换成稀疏矩阵。

语法：

```
sparse(i,j,s,m,n)               %直接创建稀疏矩阵
sparse(P)                       %由全元素矩阵 P 转换为稀疏矩阵
```

说明：*i*、*j* 是非 0 元素的行、列下标；***s*** 是非 0 元素所形成的向量；***m***、***n*** 是 ***s*** 的行、列维数，可省略；***i***、***j***、***s*** 都是长度相同的向量，生成矩阵的元素 ***s***(*k*)下标分别是 ***i***(*k*)和 ***j***(*k*)；***P*** 为全元素矩阵。

【例 2.21】 产生稀疏矩阵。

```
>> a=eye(3);
>> a(4,:)=[ -5-2 -3]
a =
     1     0     0
     0     1     0
     0     0     1
    -5    -2    -3
>> b=sparse(a)                                        %创建稀疏矩阵
b =
   (1,1)        1
```

```
    (4,1)        -5
    (2,2)         1
    (4,2)        -2
    (3,3)         1
    (4,3)        -3
>>c=sparse([1 4 2 4 3 4],[1 1 2 2 3 3],[1 -5 1 -2 1 -3]);     %创建与 b 相同的稀疏矩阵
```

程序说明：sparse 的前两个参数向量分别表示稀疏矩阵元素的行和列下标，第一个元素的下标是(1,1)，第三个参数向量是稀疏矩阵元素，第一个元素为 1。

与 sparse 函数相反，full 函数可将稀疏矩阵转变为全元素矩阵。

语法：

```
full(P)                                  %将稀疏矩阵 P 转变为全元素矩阵
```

2. 用 spdiags 函数创建稀疏矩阵

spdiags 函数用对角线元素构建 1 个稀疏矩阵。

语法：

```
spdiags(D,k,m,n)
```

说明：矩阵 ***D*** 的每一列代表矩阵的对角线向量；*k* 代表对角线的位置（0 代表主对角线，−1 代表向下位移一单位的次对角线，1 代表向上位移一单位的次对角线，依此类推）；*m*、*n* 分别代表矩阵的行、列维数。

【例 2.21 续】 用 spdiags 函数创建稀疏矩阵。

```
>> D=[3 2 9;2 4 9;1 1 4]
D =
      3      2      9
      2      4      9
      1      1      4
>> d=[0 1 2];
>> s=spdiags(D,d,4,3)                    %构成 4 行 3 列的稀疏矩阵
s =
    (1,1)        3
    (1,2)        4
    (2,2)        2
    (1,3)        4
    (2,3)        1
    (3,3)        1
>> full(s)                               %转换成全元素矩阵
ans =
      3      4      4
      0      2      1
      0      0      1
      0      0      0
```

程序分析：可以看出矩阵 s 的 3 个非零对角线向量分别是 D 的 3 个列向量。主对角线为“3 2 1”；向上位移一个单位的次对角线为“2 4 1”，但其中“2”被移掉了；向上位移两个单位的次对角线为“9 9 4”，但其中“9 9”都被移掉了。

2.4.2 稀疏矩阵的存储空间

在 MATLAB 中，稀疏矩阵中只存储每个非零元素的下标和元素值。

可以使用“whos”命令比较【例 2.21】矩阵 a 和 b 所占用的内存大小。

```
>> whos
  Name      Size          Byte  Class
  a         4×3             96  double array
  b         4×3             88  sparse array
Grand total is 18 elements using 184 Byte
```

可以看出，稀疏矩阵 b 占用的内存为 88 字节，比全元素矩阵 a 占用的 96 字节少。如果稀疏矩阵 b 含非 0 元素更少，则占用内存字节数更少。

对于 1 个只包含实数 $m \times n$ 的稀疏矩阵，含有 nnz 个非零元素，MATLAB 使用 3 个内部数组储存此稀疏矩阵的信息。

（1）第 1 个数组：以 double 方式储存 nnz 个非零元素，使用的空间为 8×nnz（Byte）。

（2）第 2 个数组：以整数方式储存 nnz 个非零元素，每个元素的行下标使用的空间为 4×nnz（Byte）。

（3）第 3 个数组：以整数方式储存 n 个列的起始指针，使用的空间为 $4 \times n$（Byte）。

（4）如果是复数稀疏矩阵，则需要第 4 个数组，以 double 方式储存 nnz 个非零元素的虚数部分。

由此可见，整个稀疏矩阵占用的空间为 $8\times\text{nnz}+4\times\text{nnz}+4\times n+4$（Byte），另外 4 Byte 是其他 overheads。对于【例 2.21】中的稀疏矩阵 b 则占用 12×6+4×3+4=88（Byte），而全元素矩阵 a 占用 8×12=96（Byte）。

MATLAB 提供了如下几个返回稀疏矩阵元素个数的函数：

①nnz：可返回稀疏矩阵的非零元素个数。

②nonzeros：返回 1 个包含所有非零元素的列向量。

③nzmax：返回最大的非零元素个数，当 nnz＞nzmax 时，MATLAB 会动态调整以便给 nzmax 增加内存，用于储存新增的非零元素。

【例 2.21 续】 查看稀疏矩阵的非零元素。

```
>> nnz(b)                              %得出非零元素个数
ans =
     6
>> nonzeros(b)                         %得出非零元素
ans =
     1
    -5
     1
    -2
     1
    -3
>> nzmax(b)
ans =
     6
```

2.4.3 稀疏矩阵的运算

MATLAB 适用于针对全元素矩阵设计的运算与函数，也都适用于稀疏矩阵的运算。稀疏矩阵的标准数学运算按照以下原则进行：

（1）如果函数的输入参数是向量或标量，输出的参数为矩阵，则输出参数为全元素矩阵。

（2）如果函数的输入参数是矩阵，输出的参数也为矩阵，则输出参数以输入矩阵的方式表示，即当输入参数为稀疏矩阵时，输出参数也是稀疏矩阵。

（3）如果二元运算的两个操作数中一个是全元素矩阵，另一个是稀疏矩阵，则对于“+”“-”“*”“\”的运算结果为全元素矩阵，而“&”“.*”的运算结果为稀疏矩阵。

（4）用 cat 函数或“[ ]”连接混合矩阵将产生稀疏矩阵。

另外，稀疏矩阵的运算主要有矩阵的排列和重排、矩阵分解、解线性方程组和计算特征值及奇异值。可以在 MATLAB 命令窗口中输入“help sparfun”命令，或使用 MATLAB 的帮助导航/浏览器窗口，以取得稀疏矩阵的帮助信息。

2.5 多　项　式

1 个多项式按降幂排列为：$p(x)=a_nx^n+a_{n-1}x^{n-1}+\cdots+a_1x+a_0$。在 MATLAB 中，多项式可以用长度为 $n+1$ 的行向量表示为：$\boldsymbol{p}=[a_n\ a_{n-1}\cdots a_1\ a_0]$，即把多项式的各项系数按降幂次序排放成行向量，如果多项式中缺某幂次项，则用 0 代替该幂次项的系数。

例如，多项式 $p_1(x)=x^3+21x^2+20x$ 可以表示为：

```
>> p1=[1 21 20 0]                %常数项为 0
```

2.5.1 多项式的求值、求根和部分分式展开

1. 多项式求值

函数 polyval 可以用来计算多项式在给定变量时的值，是按数组运算规则进行计算的。

语法：

```
polyval(p,s)
```

说明：p 为多项式，$\boldsymbol{s}$ 为给定矩阵。

【例 2.22】 计算 $p(x)=x^3+21x^2+20x$ 多项式的值。

```
>> p1=[1 21 20 0];
>> polyval(p1,2)              %计算 x=2 时多项式的值
ans =
   132
>>x=0:0.5:3;
>>polyval(p1,x)               %计算 x 为向量时多项式的值
ans =
  Columns 1 through 6
          0    15.3750    42.0000    80.6250   132.0000   196.8750
  Column 7
  276.0000
```

也可以用 polyvalm(*p*,*s*)函数计算多项式的值，但与 polyval 不同的是，polyvalm 函数按矩阵运算规则计算，*s* 必须为方阵。

2. 多项式求根

多项式求根的方法如下。

（1）roots 用来计算多项式的根。

语法：

```
r=roots(p)
```

说明： *p* 为多项式；*r* 为计算的多项式的根，以列向量的形式保存。

（2）与函数 roots 相反，可以用 poly 函数根据多项式的根计算多项式的系数。

语法：

```
p=poly (r)
```

【例 2.22 续】 计算多项式 $p_1(x)=x^3+21x^2+20x$ 的根，以及由多项式的根得出系数。

```
>> roots(p1)                          %计算多项式的根
ans =
     0
   –20
    –1
>> poly([0; –20; –1])                 %计算多项式的系数
ans =
     1    21    20     0
```

3. 特征多项式

对于 1 个方阵 ***S***，其特征多项式为 det(***S***–***XI***)，可以用函数 poly 计算矩阵的特征多项式的系数。特征多项式的根即为特征值，用 roots 函数计算。

语法：

```
p=poly (s)
```

说明： *s* 必须为方阵；*p* 为特征多项式。

【例 2.22 续】 根据矩阵计算特征多项式系数。

```
>> s=[1 2;3 4]
s =
     1     2
     3     4
>> p2=poly(s)                         %计算特征多项式
p2 =
    1.0000    –5.0000    –2.0000
>> roots(p2)                          %计算特征根
ans =
    5.3723
   –0.3723
```

程序分析： $p_2=x^2-5x-2$ 为矩阵 ***S*** 的特征多项式，5.3723 和–0.3723 为矩阵 ***S*** 的特征根。也可以用 eig 函数计算或用特征向量的方法得出方阵 ***S*** 的特征值。

4. 部分分式展开

在控制系统的分析中，经常需要将由分母多项式和分子多项式构成的传递函数进行部分分式展开。可以用 residue 函数实现将分式表达式进行多项式的部分分式展开。

$$\frac{B(s)}{A(s)}=\frac{r_1}{s-p_1}+\frac{r_2}{s-p_2}+\cdots+\frac{r_n}{s-p_n}+k(s)$$

语法：

```
[r,p,k]=residue(b,a)          %部分分式展开
[b,a]=residue(r,p,k)          %分式合并
```

说明：同一个 residue 可以实现展开和合并，***b*** 和 ***a*** 分别是分子和分母多项式系数行向量；***r*** 为[$r_1\ r_2\ \cdots r_n$]留数行向量；***p*** 为[$p_1\ p_2\ \cdots p_n$]极点行向量；***k*** 为直项行向量。

另外，控制系统中离散时间系统的 Z 变换表达式则使用 residuez 函数实现部分分式展开。

语法：

```
[r,p,k]=residuez(b,a)          %Z 变换部分分式展开
```

【例 2.22 续】 将表达式 $\frac{100(s+2)}{s(s+1)(s+20)}$ 进行部分分式展开。

```
>> p1=[1 21 20 0];
>> p3=[100 200];
>> [r,p,k]=residue(p3,p1)
r =
    -4.7368
    -5.2632
    10.0000
p =
    -20
     -1
      0
k =
     []
```

程序分析：表达式 $\frac{100(s+2)}{s(s+1)(s+20)}$ 展开结果为 $\frac{-4.7368}{s+20}+\frac{-5.2632}{s+1}+\frac{10}{s}$。

2.5.2 多项式的乘除法和微积分

1. 多项式的乘法和除法

多项式的乘法和除法运算分别使用函数 conv 和 deconv 实现，这两个函数也可以对应卷积和解卷运算。

（1）多项式的乘法。

语法：

```
p=conv(p1,p2)
```

说明：p 是多项式 p_1 和 p_2 的乘积多项式。

（2）多项式的除法。

语法：

```
[q,r]=deconv(p1,p2)
```

说明：除法不一定会除尽，可能会有余子式。多项式 p_1 被 p_2 除的商为多项式 q，而余子式是 r。

【例 2.23】 展开表达式 $s(s+1)(s+20)$。

```
>> a1=[1 0];                          %对应多项式 s
>> a2=[1 1];                          %对应多项式 s+1
>> a3=[1 20];                         %对应多项式 s+20
>> p1=conv(a1,a2)
p1 =
     1     1     0
>> p1=conv(p1,a3)                     %计算 s (s+1)( s+20)
p1 =
     1    21    20     0
>> [p2,r]=deconv(p1,a3)               %计算多项式除法的商和余子式
p2 =
     1     1     0
r =
     0     0     0     0
>> conv(p2,a3)+r                      %用商*除式+余子式验算
ans =
     1    21    20     0
```

2. 多项式的微分和积分

多项式的微分和积分运算介绍如下。

（1）多项式的微分由 polyder 函数实现。

（2）MATLAB 没有专门的多项式积分函数，但可以用[p./length(p): −1:1,k]的方法完成积分，k 为常数。

【例 2.22 续】 求多项式的微分和积分。

```
>> p4=polyder(p1)                     %多项式微分
p4 =
     3    42    20
>> s=length(p4):– 1:1
s =
     3     2     1
>> p1=[p4./s,0]                       %多项式积分，常数 k=0
p1 =
     1    21    20     0
```

程序分析：可以看出多项式 $p_4(x)= 3x^2+42x+20$ 的积分是 $p_1(x)= x^3+21x^2+20x$。

2.5.3 多项式拟合和插值

1. 多项式拟合

多项式拟合使用 1 个多项式逼近一组给定的数据，是数据分析上常用的方法，使用

polyfit 函数实现。拟合的准则是最小二乘法，即找出使 $\sum_{i=1}^{n}\left\|f(x_i)-y_i\right\|^2$ 最小的 $f(x)$。

语法：

```
p=polyfit(x,y,n)
```

说明： $\boldsymbol{x}$、$\boldsymbol{y}$ 向量分别为 n 个数据点的横、纵坐标；n 是用来拟合的多项式阶次；p 为拟合的多项式，它是 n+1 个系数构成的行向量。

【例 2.24】　对多项式 $y_1=2x_1^3-x_1^2+5x_1+10$ 曲线拟合。经过一阶、二阶和三阶拟合的曲线如图 2.5 所示。

```
>> x1=1:10
x1 =
     1     2     3     4     5     6     7     8     9    10
>> p=[2 -1 5 10];
>> y0=polyval(p,x1)
y0 =
  Columns 1 through 6
          16          32          70         142         260         436
  Columns 7 through 10
         682        1010        1432        1960
>> p1=polyfit(x1,y0,1)                    %一阶拟合
p1 =
  204.8000 -522.4000
>> p2=polyfit(x1,y0,2)                    %二阶拟合
p2 =
   32.0000 -147.2000   181.6000
>> p3=polyfit(x1,y0,3)                    %三阶拟合
p3 =
    2.0000    -1.0000     5.0000    10.0000
>> plot(x1,y0,'o')                        %绘制(x1,y0)曲线
>> hold on                                %保持图形
>> plot(x1,y1)                            %绘制(x1,y1)曲线
>> plot(x1,y2,'r')                        %绘制(x1,y2)曲线
>> plot(x1,y3)                            %绘制(x1,y3)曲线
```

如图 2.5 所示的圆圈表示原曲线 y_1，可以看出三阶拟合曲线与原函数值重合，阶次越高越精确。

2. 插值运算

插值运算根据数据点的规律，找到 1 个多项式表达式可以连接的 2 个点，插值得出相邻数据点之间的数值。当工程中有一些离散点的数值时，通过插值运算可以得到近似的连续过程。插值运算广泛应用于信号和图像处理领域。

插值运算时有 2 个条件：只能在自变量的取值范围内进行插值；自变量必须是单调的。

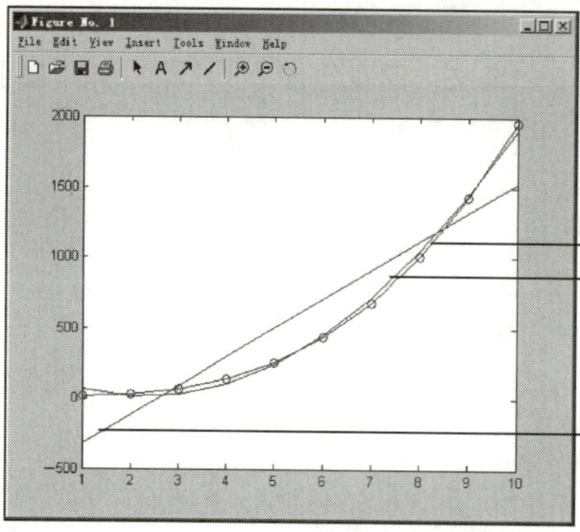

图 2.5　一阶、二阶和三阶拟合曲线

（1）一维插值。一维插值是指对 1 个自变量的插值，interp1 函数是用来进行一维插值的。

语法：

```
yi=interp1(x,y,xi, 'method')
```

说明：*x*、*y* 为行向量；x_i 是插值范围内任意点的 x 坐标，y_i 则是插值运算后的对应 y 坐标。method 是插值函数的类型："linear"为线性插值（默认）；"nearest"为用最接近的相邻点插值；"spline"为三次样条插值；"cubic"为三次插值。

【例 2.24 续】　经过线性插值、三次样条插值计算出横坐标为 9.5 的对应纵坐标，如图 2.6 所示。

```
>> x1
x1 =
     1     2     3     4     5     6     7     8     9    10
>> y0
y1 =
  Columns 1 through 5
          16          32          70         142         260
  Columns 6 through 10
         436         682        1010        1432        1960
>> y01=interp1(x1,y0,9.5)                        %线性插值
y01 =
        1696
>> y02=interp1(x1,y0,9.5,'spline')               %三次样条插值
y02 =
        1682
>> plot(x1,y0)                                   %绘制(x1,y0)曲线
>> hold on                                       %保持图形
>> plot(9.5,y01,'+r')                            %绘制(9.5,y01)点
>> plot(9.5,y02,'+b')                            %绘制(9.5,y02)点
```

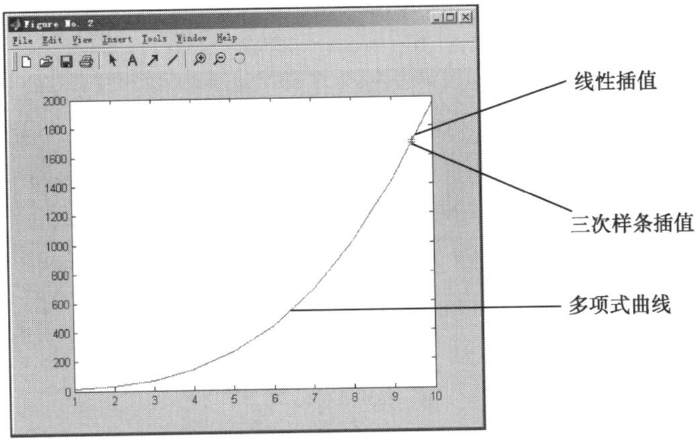

图 2.6 线性插值和三次样条插值

由图 2.6 可以看出，三次样条插值的结果更精确，线性插值是用直线连接两个相邻的点估计出中间的数据取值的，三次样条插值计算较复杂。

（2）二维插值。二维插值是指对两个自变量的插值，可以简单地理解为连续三维空间函数的取值计算。interp2 函数是用来进行二维插值的，常用来计算随平面位置变化的温度、压力和湿度等。

语法：

```
zi=interp2(x,y,z,xi,yi, 'method')
```

说明： method 为插值函数的类型，其中，“linear” 为双线性插值（默认），“nearest” 为用最接近点插值，“cubic” 为三次插值。

2.6 元胞数组和结构数组

MATLAB 的元胞数组（Cell Array）和结构数组（Structure Array）都能够在 1 个数组里存放各种不同类型的数据。

2.6.1 元胞数组

元胞数组中的基本组成是元胞，每一个元胞可以视作 1 个单元（Cell），用来存放各种不同类型的数据，如矩阵、多维数组、字符串、元胞数组及本书 2.6.2 小节要介绍的结构数组。同一元胞数组中各元胞中的内容可以不同。

元胞数组可以是一维、二维或多维，每一个元胞以下标区分，下标的编码方式也与矩阵相同，分为单下标方式和全下标方式。

1. 元胞数组的创建

元胞数组的创建有 3 种方法。

（1）直接使用{}创建。

【例 2.25】 直接使用{}创建元胞数组。

```
>> A={'This is the first Cell.',[1 2;3 4];eye(3),{'Tom','Jane'}}
A =
```

```
        [1×23 char   ]      [2×2 double]
        [3×3    double]      {1×2 cell    }
  >> whos
    Name          Size                  Bytes    Class
    A             2×2                     716    cell array
  Grand total is 49 elements using 716 bytes
```

程序分析：创建的元胞数组中的元胞 A(1,1)是字符串，A(1,2)是矩阵，A(2,1)是矩阵，而 A(2,2)为 1 个元胞数组。

（2）由各元胞创建。

【例 2.25 续】 用创建各元胞的方法创建元胞数组。

```
>> B(1,1)={'This is the second Cell.'}
B =
     'This is the second Cell.'
>> B(1,2)={5+3*i}
B =
     [1×24 char]       [5.0000+ 3.0000i]
>> B(1,3)={[1 2;3 4; 5 6]}
B =
     [1×24 char]      [5.0000+ 3.0000i]      [3×2 double]
```

（3）由各元胞内容创建。由各元胞内容创建的方法与第 2 种方法有些相似，容易混淆，使用时应注意()和{}的用法。在元胞数组中，A(1,2)表示第 1 行第 2 列的元胞元素，而 A{1,2}表示第 1 行第 2 列的元胞元素中存放的内容。

【例 2.25 续】 用创建各元胞内容的方法创建元胞数组。

```
>> C{1,1}='This is the third Cell.';
>> C{2,1}=magic(4)
C =
     'This is the third Cell.'
     [4×4    double]
```

2. 元胞数组的内容显示

在 MATLAB 命令窗口中输入元胞数组的名称，并不直接显示元胞数组的各元素内容值，而是显示各元素的数据类型和维数。

【例 2.25 续】 显示元胞数组 A。

```
>> A
A =
     [1×23 char    ]       [2×2 double]
     [3×3    double]       {1×2 cell    }
```

使用“celldisp”命令显示元胞数组的内容。

```
>> celldisp(A)
A{1,1} =
This is the first Cell.
A{2,1} =
      1        0        0
```

```
    0     1     0
    0     0     1
A{1,2} =
    1     2
    3     4
A{2,2}{1} =
Tom
A{2,2}{2} =
Jane
>> celldisp(B)
B{1} =
This is the second Cell.
B{2} =
   5.0000 + 3.0000i
B{3} =
    1     2
    3     4
    5     6
>> celldisp(C)
C{1} =
This is the third Cell.
C{2} =
   16     2     3    13
    5    11    10     8
    9     7     6    12
    4    14    15     1
```

程序分析：{}表示元胞数组的元胞元素内容，A{2,2}{1}表示第 2 行第 2 列的元胞元素中存放元胞数组的第 1 个元胞元素的内容。

3. 元胞数组的内容获取

在建立了元胞数组后，需要使用其中的元素进行各种 MATLAB 运算，本书介绍过{}可以对元胞数组元素内容进行寻访。

（1）取元胞数组的元素内容。

【例 2.25 续】 取出 A(1,2)元胞元素的内容及矩阵中的元素内容。

```
>> x1=A{1,2}                              %取 A(1,2)元胞元素的内容
x1 =
    1     2
    3     4
>> x2=A{1,2}(2,2)                         %取 A(1,2)元胞元素的矩阵第 2 行第 2 列内容
x2 =
    4
```

程序分析：x1 是矩阵，x2 是标量。

（2）取元胞数组的元素。

```
>> x3=A(1,2)
```

```
x3 =
    [2×2 double]
```

程序分析： x3 是元胞数组。

2.6.2 结构数组

结构数组与元胞数组相比内容更丰富，应用更广泛。例如，一个图形对象属性包含了 Name（标题）、Color（颜色）和 Position（位置）等不同数据类型的属性，每个图形对象都具有这些属性，但属性值不同，可以用结构数组存放图形对象的属性。

结构数组的基本组成是结构（Structure），每一个结构都包含多个域（Fields），结构数组只有划分了域以后才能使用。例如，多个图形对象构成结构数组，1 个图形对象就是 1 个结构，1 个属性（Name、Color、Position）就是 1 个域。数据不能直接存放在结构中，只能存放在域中，域中可以存放任何类型、任何大小的数组。

结构数组可以划分为多维，每个结构以下标区分，下标的编码方式也分为单下标方式和全下标方式。

1. 结构数组的创建

结构数组的创建有 2 种方法。

（1）直接创建。

【例 2.26】 直接创建结构数组，存放图形对象。

```
>> ps(1).name='曲线 1'
ps =
     name: '曲线 1'
>> ps(1).color='red'
ps =
      name: '曲线 1'
      color: 'red'
>> ps(1).position=[0,0,300,300]
ps =
      name: '曲线 1'
      color: 'red'
      position: [0 0 300 300]
>> ps(2).name='曲线 2';
>> ps(2).color='blue';
>> ps(2).position=[100,100,300,300]
ps =
1×2 struct array with fields:
     name
     color
     position
```

程序分析： ps 是结构数组，ps(1)和 ps(2)是结构，name、color 和 position 是域。

（2）利用 struct 函数创建。

【例 2.26 续】 利用 struct 函数创建结构数组。

```
>> ps(1)=struct('name','曲线 1','color','red','position',[0,0,300,300]);
```

```
>> ps(2)=struct('name','曲线 2','color','blue','position',[100,100,300,300])
ps =
1×2 struct array with fields:
    name
    color
    position
```

2. 结构数组数据的获取和设置

结构数组数据的获取和设置有以下方法。

（1）使用点号（.）获取。

【例 2.26 续】 结构数组数据的获取。

```
>> x1=ps(1)
x1 =
    name: '曲线 1'
    color: 'red'
    position: [0 0 300 300]
>> x2=ps(1).position
x2 =
     0     0   300   300
>> x3=ps(1).position(1,3)
x3 =
   300
```

程序分析： x1 是 1 个结构，x2 是矩阵，x3 是标量。

（2）使用 getfield 获取结构数组的数据。

语法：

```
getfield(array,{array_index},field,{field_index})
```

说明： array 是结构数组名；array_index 是结构的下标；field 是域名；field_index 是域中数组元素的下标。

```
>> x4=getfield(ps,{1},'color')
x4 =
red
>> x5=getfield(ps,{1},'color',{1})
x5 =
r
```

（3）使用 setfield 设置结构数组的数据。

语法：

```
new_structure=setfield(array,{array_index},field,{field_index},V)
```

说明： new_structure 是要修改的结构名，*V* 为设置的值。

```
>> ps=setfield(ps,{1},'color','green');
>> ps(1)
ans =
        name: '曲线 1'
        color: 'green'
        position: [0 0 300 300]
```

3. 结构数组域的获取

结构数组域的获取有以下方法。

（1）使用 fieldnames 获取结构数组的所有域。

```
>> x6=fieldnames(ps)
x6 =
    'name'
    'color'
    'position'
```

程序分析： x6 是元胞数组，各个变量在工作空间的数据类型如图 2.7 所示。

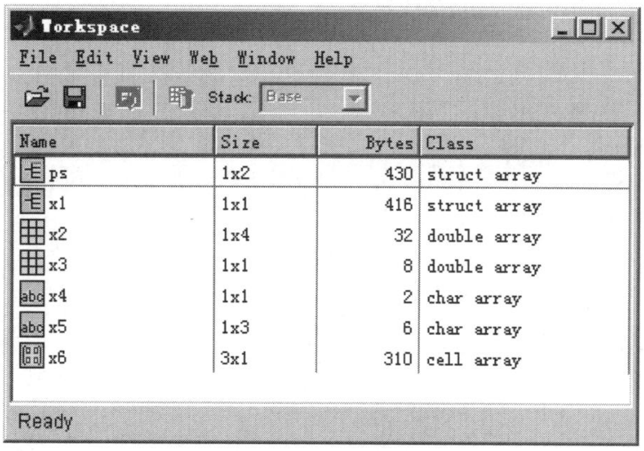

图 2.7　工作空间的数据类型

在图 2.7 中，ps 和 x1 是结构数组，x2 和 x3 是矩阵，x4 和 x5 是字符串，x6 是元胞数组。

（2）获取结构数组域的数据。

①使用“[ ]”合并相同域的数据并排成水平向量。

```
>> all_x=[ps.name]
all_x =
曲线 1 曲线 2
```

②使用 cat 将其变成多维数组。

```
>> cat(1,ps.position)                    %沿第 1 维排列
ans =
     0     0   300   300
   100   100   300   300
>> cat(2,ps.position)                    %沿第 2 维排列
ans =
     0     0   300   300   100   100   300   300
>> cat(3,ps.position)                    %沿第 3 维排列
ans(:,:,1) =
     0     0   300   300
ans(:,:,2) =
   100   100   300   300
```

2.7 表格型和分类型

2.7.1 表格型

表格是应用非常广泛的数据格式，MATLAB 从 R2013b 版开始出现了表格型（Table）变量，对表格数据的操作使用表格型变量非常快捷和方便。表格型变量是二维表格，就像数据库中的表格一样，对应的列是字段（Field），行是记录（Record）。

1. 创建表格型变量

（1）使用 table 函数创建表格型变量。命令格式如下：

```
T = table(变量 1,变量 2,…)              %由变量 1、变量 2 等构成表格数据
```

说明：变量 1 和变量 2 都是字段数组。

【例 2.27】 创建一个 3 个字段 5 个记录的成绩记录表格。

```
>> Name={'ChenHong';'LiJun';'Wendy';'HeKe';'Mike'};
>> Id={'21';'11';'32';'34';'23'};
>> Score=[95;67;85;79;55];
>> T=table(Name,Id,Score)
T =
        Name         Id      Score
    __________     ____     _____
    'ChenHong'     '21'      95
    'LiJun'        '11'      67
    'Wendy'        '32'      85
    'HeKe'         '34'      79
    'Mike'         '23'      55
```

程序分析：使用元胞数组 Name、Id 和 Score 分别表示字段，用分号隔开每个元素。在 Workspace 中双击 T 变量可以查看表格型变量的内容。

（2）读入文件。表格型变量的优势是可以读入很多表格数据文件，可以读入的文件包括文本文件.txt、.dat 和.csv 文件，以及数据表格文件.xls、.xlsb、.xlsm、.xlsx、.xltm、.xltx 和.ods 文件。命令格式如下：

```
T = readtable('文件名')              %读文件名的表格内容
```

【例 2.27 续】 读 Excel 文件 ex2_27_1.xlsx 中的表格数据，Excel 文件内容如图 2.8 所示。

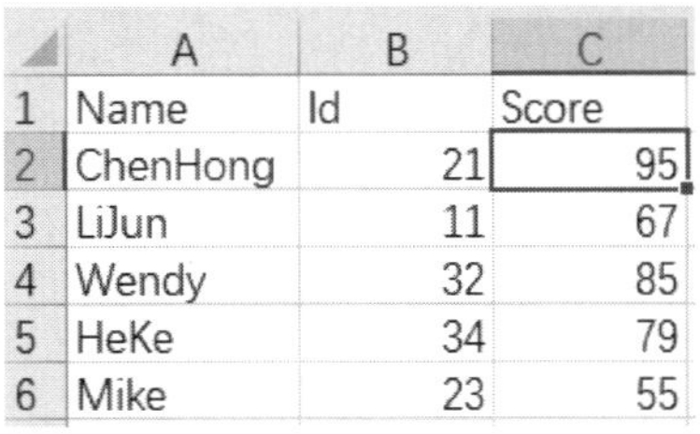

	A	B	C
1	Name	Id	Score
2	ChenHong	21	95
3	LiJun	11	67
4	Wendy	32	85
5	HeKe	34	79
6	Mike	23	55

图 2.8 Excel 文件格式

```
>> T1=readtable('ex2_27_1.xlsx')
T1 =
        Name         Id     Score
    ___________     __     _____
    'ChenHong'      21      95
    'LiJun'         11      67
    'Wendy'         32      85
    'HeKe'          34      79
    'Mike'          23      55
>> T11=readtable('ex2_27_1.xlsx','Range','A1:A6') %读部分表格数据
T11 =
        Name
    ___________
    'ChenHong'
    'LiJun'
    'Wendy'
    'HeKe'
    'Mike'
```

2. 对表格中的元素进行操作

表格型变量是由元胞数组组成的，因此使用"表格变量.字段名"获得的字段是元胞数组，要获得单独的元素则需要使用{}取元胞数组的数据。

【例 2.27 续】 取表格型数据中的元素。

```
>> T21=T1.Name{1}          %取表格中的元素
 T21 =
ChenHong
```

程序分析：可以看到 T21 是字符型变量。

3. 表格型与其他类型的转换

表格型与数值数组可以互相转换，使用函数 array2table 和 table2array 来实现；使用 cell2table、struct2table 函数则可以实现 cell、struct 型数据的相互转换。

【例 2.27 续】 将表格中的字段转换为数组。

```
>> T31=readtable('ex2_27_1.xlsx','Range','C1:C6');
>> n=table2array(T31)
 n =
    95
    67
    85
    79
    55
```

程序分析：可以看到 T31 是 table 型，占 1582 个字节，而 n 是 double 型。

2.7.2 分类型

分类型数据是指限定范围的离散分类，用来高效方便地存放非数值数据，可以用分类型数据对表格中的数据进行分组。

对分类型数据可以采用 categorical 函数进行创建，然后再使用 categories 函数进行分类。

【例 2.28】　创建一个分类型数据。

```
>> a=eye(3);
>> b=categorical(a)                %创建分类型数据
b =
      1      0      0
      0      1      0
      0      0      1
>> c=categories(b)                 %对数据分类
c =
     '0'
     '1'
>> d= countcats(b)                 %计算各列的分类数
d =
      2      2      2
      1      1      1
```

程序分析：在工作空间中可以看出 b 为 categorical 型，占用 343 字节；c 为 cell 型；d 为 double 型，显示每列中 0 和 1 的个数。

2.8 数据分析

MATLAB 提供了数据分析函数，可以对较复杂的向量或矩阵元素进行数据分析。数据分析按照以下原则进行：

（1）如果输入是向量，则按整个向量进行运算。

（2）如果输入是矩阵，则按列进行运算。

因此，可以将需要分析的数据按列进行分类，而用行表示同类数据的不同样本。

2.8.1 数据统计和相关分析

MATLAB 的数据统计分析是按列进行的，包括各列的最大值、最小值等统计和相关分析。相关分析包括计算协方差和相关系数，相关系数越大说明相关性越强。

例如，用某年 1 月份中连续 4 天的温度数据构成 4×3 的矩阵 $\boldsymbol{A}$，包括最高温度、最低温度和平均温度，如表 2.11 所示。列按最高温度、最低温度和平均温度进行分类，而行是每天的温度数据样本。

表 2.11　某年 1 月份中连续 4 天的温度

平均温度（℃）	最高温度（℃）	最低温度（℃）
5.30	13.00	0.40
5.10	11.80	–1.70
3.70	8.10	0.60
1.50	7.70	–4.50

对该矩阵进行简单数据统计分析，MATLAB 数据统计分析函数如表 2.12 所示。

表 2.12　数据统计分析函数

函数名	功能	例子结果
max(*x*)	矩阵中各列的最大值	5.3000　13.0000　0.6000
min(*x*)	矩阵中各列的最小值	1.5000　7.7000　–4.5000
mean(*x*)	矩阵中各列的平均值	3.9000　10.1500　–1.3000
std(*x*)	矩阵中各列的标准差，指各元素与该列平均值（mean）之差的平方和开方	3.9000　10.1500　–1.3000
median(*x*)	矩阵中各列的中间元素	4.4000　9.9500　–0.6500
var(*x*)	矩阵中各列的方差	3.0667　7.0167　5.6333
C=cov(*x*)	矩阵中各列间的协方差	3.0667　4.0867　3.0667 4.0867　7.0167　2.7100 3.0667　2.7100　5.6333
S=corrcoef(*x*)	矩阵中各列间的相关系数矩阵，与协方差 *C* 的关系为：$S(i,j)=C(i,j)/\sqrt{C(i,i)C(j,j)}$。对角线为 *x* 和 *y* 的自相关系数	1.0000　0.8810　0.7378 0.8810　1.0000　0.4310 0.7378　0.4310　1.0000
[*S*,*k*]=sort(*x*,*n*)	沿第 *n* 维按模增大重新排序，*k* 为 *S* 元素的原位置	sort(a,1)= 1.5000　7.7000　–4.5000 3.7000　8.1000　–1.7000 5.1000　11.8000　0.4000 5.3000　13.0000　0.6000

2.8.2　差分和积分

MATLAB 可以通过函数对矩阵的差分和积分等进行方便的运算。常用的差分和积分函数如表 2.13 所示。

其中，矩阵 ***A*** 仍然是前例中的温度数据：

$$\boldsymbol{A}=\begin{bmatrix} 5.3000 & 13.0000 & 0.4000 \\ 5.1000 & 11.8000 & -1.7000 \\ 3.7000 & 8.1000 & 0.6000 \\ 1.5000 & 7.7000 & -4.5000 \end{bmatrix}$$

表 2.13　常用的差分和积分函数

函数名	功能	例子	
		输入	结果
diff(***X***,*m*,*n*)	沿第 *n* 维求第 *m* 阶列向差分。差分是求相邻行之间的差，结果会减少 1 行	diff(a,1,1) %沿第 1 维求一阶差分	–0.2000　–1.2000　–2.1000 –1.4000　–3.7000　2.3000 –2.2000　–0.4000　–5.1000

续表

函数名	功能	例子	
		输入	结果
[fx,fy]=gradient(***Z***)	对 ***Z*** 求 *x*、*y* 方向的数值梯度	gradient(a) %对列求数值梯度	7.7000　−2.4500　−12.6000 6.7000　−3.4000　−13.5000 4.4000　−1.5500　−7.5000 6.2000　−3.0000　−12.2000
sum(***X***)	矩阵各列元素的和	sum(a)	15.6000　40.6000　−5.2000
cumsum(***X***,*n*)	沿第 *n* 维求累计和	cumsum(a,2) %沿列求累计和	5.3000　18.3000　18.7000 5.1000　16.9000　15.2000 3.7000　11.8000　12.4000 1.5000　9.2000　4.7000
cumprod(***X***,*n*)	沿第 *n* 维求累计乘积	cumprod(a,2) %沿列求累计乘积	5.3000　68.9000　27.5600 5.1000　60.1800　−102.3060 3.7000　29.9700　17.9820 1.5000　11.5500　−51.9750
trapz(***X***,*y*)	梯形法求积分，近似于求元素和，把相邻两点数据的平均值乘以步长表示面积。*x* 为自变量，*y* 为函数	trapz(a)	12.2000　30.2500　−3.1500
cumtrapz(***X***,*y*,*n*)	用梯形法沿第 *n* 维求函数 *y* 对自变量 *x* 累计积分	cumtrapz(a) %用梯形法沿列向积分	0　0　0 5.2000　12.4000　−0.6500 9.6000　22.3500　−1.2000 12.2000　30.2500　−3.1500

【例 2.29】 已知 $y=\mathrm{e}^{-0.2}\sin(t)$，其中 t 的范围是[0 10]，计算 y 的微分和积分。y 的微分和积分曲线如图 2.9 所示。

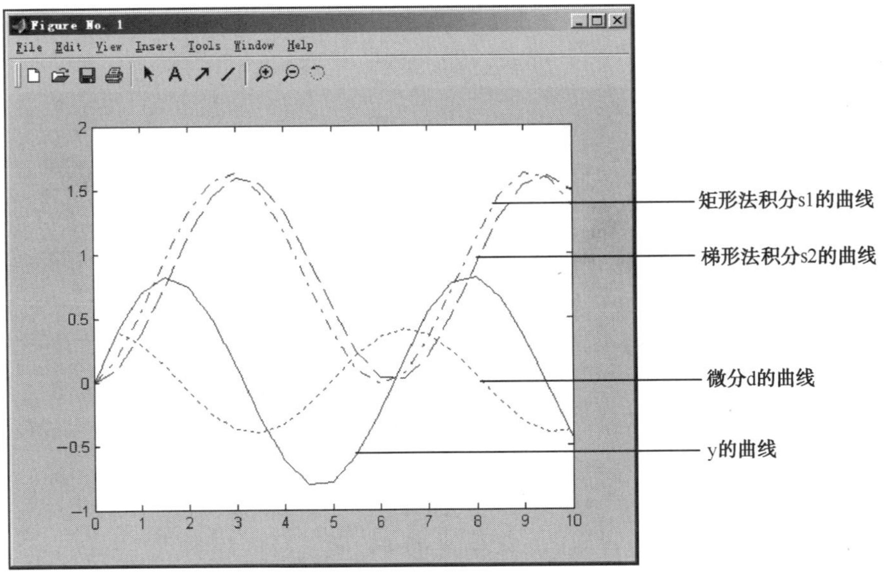

图 2.9　y 的微分和积分曲线图

```
>> t=0:0.5:10;
>> y=exp(-0.2).*sin(t);
>> d=[0 diff(y)]                          %计算微分
d =
  Columns 1 through 6
         0    0.3925    0.2964    0.1277   -0.0722   -0.2545
  Columns 7 through 12
   -0.3744   -0.4027   -0.3324   -0.1807    0.0152    0.2075
  Columns 13 through 18
    0.3489    0.4049    0.3618    0.2301    0.0420   -0.1563
  Columns 19 through 21
   -0.3163   -0.3989   -0.3839
>> plot(t,y)
>> hold on
>> plot(t,d,':')
>> s1=0.5*cumsum(y);                      %用矩形法计算积分，横坐标两点间隔为 0.5
>> s2=cumtrapz(t,y);                      %用梯形法计算积分
>> plot(t,s1,'-.')
>> plot(t,s2,'--')
```

2.8.3 卷积和快速傅里叶变换

1. 卷积

卷积和解卷是信号与系统中常用的数学工具。函数 conv 和 deconv 分别为卷积和解卷函数，同时也是多项式乘法和除法（2.4.2 小节）函数。

离散序列的卷积定义为：

$$A(n)=\begin{cases}0 & n<N_1\\ a(n) & N_1\leqslant n\leqslant N_2\end{cases} \qquad B(n)=\begin{cases}0 & n<N_3\\ b(n) & N_2\leqslant n\leqslant N_4\end{cases}$$

则：

$$C(n)=\sum_{i=-\infty_1}^{\infty_2}A(i)B(n-i)$$

（1）conv：计算向量的卷积。

语法：

```
conv(x,y)
```

如果 x 是输入信号，y 是线性系统的脉冲过渡函数，则 x 和 y 的卷积为系统的输出信号。

（2）deconv：解卷积运算。

语法：

```
[q,r]=deconv(x,y)
```

解卷积和卷积的关系是：x=conv(y,q)+r。

2. 快速傅里叶变换

离散序列 $x(k)$的离散傅里叶（Fourier）变换定义为：

$$X(n)=\sum_{k=0}^{N-1}x(k)\mathrm{e}^{-\mathrm{j}(2\pi/N)nk} \qquad n=0,1,\cdots,N-1$$

离散序列 $X(n)$的离散傅里叶逆变换定义为：

$$x(k)=\frac{1}{N}\sum_{n=0}^{N-1}X(n)\mathrm{e}^{\mathrm{j}(2\pi/N)nk} \qquad k=0,1,\cdots,N-1$$

由于 MATLAB 从软件自身考虑使序列的下标从 1 开始，而不是从 0 开始，因此在 MATLAB 中相应的傅里叶变换和逆变换的表达式为：

$$X(n)=\sum_{k=0}^{N}x(k)\mathrm{e}^{-\mathrm{j}(2\pi/N)(n-1)(k-1)} \qquad n=1,2,\cdots,N-1$$

$$x(k)=\frac{1}{N}\sum_{n=0}^{N}X(n)\mathrm{e}^{\mathrm{j}(2\pi/N)(n-1)(k-1)} \qquad k=1,2,\cdots,N-1$$

（1）fft：一维快速傅里叶变换。

语法：

```
X=fft(x,N)                    %对离散序列进行离散傅里叶变换
```

说明： x 可以是向量、矩阵和多维数组；N 为输入变量 x 的序列长度，可省略，如果 x 的长度小于 N，则会自动补 0；如果 x 的长度大于 N，则会自动截断；当 N 取 2 的整数幂时，傅里叶变换的计算速度最快。通常取大于且又最靠近 x 长度的幂次。

一般情况下，fft 求出的函数为复数，可用 abs 和 angle 函数分别求其幅值和相位。

（2）ifft：一维快速傅里叶逆变换。

语法：

```
X=ifft(x,N)                   %对离散序列进行离散傅里叶逆变换
```

【例 2.30】 利用傅里叶变换和卷积公式求两个离散序列的卷积。

已知：$A(n)=\begin{cases}0 & n=1\\ 1 & n=2,3,\cdots,10\end{cases}$ $\qquad B(n)=\begin{cases}0 & n=1,2,3\\ 1 & n=4,5,\cdots,9\end{cases}$

```
>> A=ones(1,10);
>> A(1)=0
A =
     0     1     1     1     1     1     1     1     1     1
>> B=ones(1,9);
>> B([1 2 3])=0
B =
     0     0     0     1     1     1     1     1     1
>> C=conv(A,B)                        %计算卷积
C =
  Columns 1 through 10
     0     0     0     0     1     2     3     4     5     6
```

```
  Columns 11 through 18
     6     6     6     5     4     3     2     1
>> N=32;                                   %序列长度为 32
>> AF=fft(A,N);                            %傅里叶变换
>> BF=fft(B,N);
>> CF=AF.*BF;
>> CC=real(ifft(CF));                      %过滤掉虚部
CC =
  Columns 1 through 6
         0         0         0    0.0000    1.0000    2.0000
  Columns 7 through 12
    3.0000    4.0000    5.0000    6.0000    6.0000    6.0000
  Columns 13 through 18
    6.0000    5.0000    4.0000    3.0000    2.0000    1.0000
  Columns 19 through 24
         0    0.0000         0    0.0000    0.0000    0.0000
  Columns 25 through 30
   -0.0000         0         0    0.0000   -0.0000   -0.0000
  Columns 31 through 32
   -0.0000    0.0000
```

程序分析：可以看到直接计算的卷积结果 C 和用傅里叶变换求卷积的 CC 结果相同，如图 2.10 所示。其中，序列长度 N 的取值应为 2 的整数幂，必须不小于 length(A)+length(B)−1。

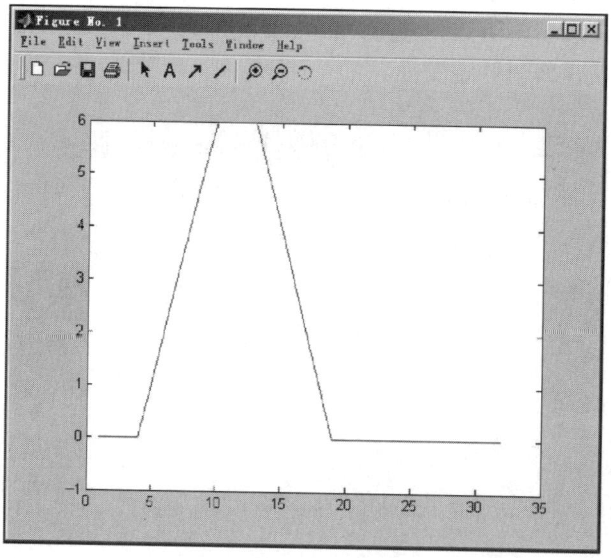

图 2.10　卷积结果

2.8.4　向量函数

向量函数可以用于场论的数据分析。

（1）2 个向量的矢量积（叉乘）。

语法：

```
cross(a,b)
```

（2）2 个向量的数量积（点乘）。

语法：

```
dot(a,b)
```

说明： 通常 $\boldsymbol{a}$、$\boldsymbol{b}$ 为包含 3 个元素的向量。

假设 2 个向量 $\boldsymbol{a}=a_x\boldsymbol{i}+a_y\boldsymbol{j}+a_z\boldsymbol{k}$ 和 $\boldsymbol{b}=b_x\boldsymbol{i}+b_y\boldsymbol{j}+b_z\boldsymbol{k}$，$\boldsymbol{i}$、$\boldsymbol{j}$、$\boldsymbol{k}$ 为沿 x、y、z 方向的单位向量。则：

向量的矢量积为 $\boldsymbol{a}\times\boldsymbol{b}=(a_yb_z-a_zb_y)\boldsymbol{i}+(a_zb_x-a_xb_z)\boldsymbol{j}+(a_xb_y-a_yb_x)\boldsymbol{k}$

向量的数量积为 $\boldsymbol{a}\cdot\boldsymbol{b}=a_xb_x+a_yb_y+a_zb_z$

【例 2.31】 计算向量的叉乘和点乘。

```
>> a=[1 2 3];
>> b=[4 5 6];
>> c=cross(a,b)
c =
    -3     6    -3
>> c=dot(a,b)
c =
    32
```

第3章 MATLAB符号计算

MATLAB 的数学计算分为数值计算和符号计算，本书在第 2 章中介绍了 MATLAB 的数值计算。数值表达式所用的变量必须被事先赋值，而符号计算则可以对未赋值的符号对象（可以是常数、变量、表达式）进行运算和处理。符号计算是 MATLAB 处理数值功能的自然扩展。

MATLAB 具有符号数学工具箱 Symbolic Math Toolbox，将符号运算结合到 MATLAB 的数值运算环境。从 MATLAB R2008b 开始，默认的符号运算引擎就由 MuPAD 代替了原来的 Maple 引擎，在 MATLAB 环境中可以使用符号数学工具箱的函数，也可以调用 MuPAD 的函数，因此符号运算的功能也有了很大的扩展，并提供了 MuPAD Notebook 可以方便地实现符号运算的用户界面（在本书 3.8 节介绍）。

通过本章的学习，可以解决积分变换的所有问题，包括微积分运算、表达式的化简及求解代数方程和微分方程等。

3.1 符号表达式的建立

Symbolic Math Toolbox 规定，在进行符号计算时，首先要定义基本的符号对象，然后才能进行符号运算。符号对象是一种数据结构，包括符号常数、符号变量和符号表达式，用来存储代表符号的字符串。在符号运算中，凡是由符号表达式所生成的对象也都是符号对象。

符号运算与数值运算的区别主要有以下几点：

（1）传统的数值型运算受到计算机保留的有效位数的限制，它的内部表示法采用计算机硬件提供的 8 位浮点表示法，每一次运算都会有一定的截断误差，重复的多次数值运算可能会造成巨大的累积误差。符号运算不需要进行数值运算，不会出现截断误差。由此可见，符号运算是非常准确的。

（2）符号运算可以得出完全的封闭解或任意精度的数值解。

（3）符号运算的时间较长，而数值型运算速度快。

3.1.1 创建符号常量

符号常量是不含变量的符号表达式，用 sym 函数创建符号常量。

语法：

```
Sym('常量')                                    %创建符号常量
```

例如，创建符号常量，这种用 sym 函数的方式可以表示绝对准确的符号数值：

```
>> a=sym('sin(2)')
a =
```

```
sin(2)
```

sym 函数也可以把数值转换成为某种格式的符号常量。

语法：

```
Sym(常量,参数)                          %把常量按某种格式转换为符号常量
```

说明：参数可以选择为'd'、'f'、'e'或'r'等格式，也可省略，其作用如表 3.1 所示。

表 3.1 sym 函数参数的作用

参　数	作　用
d	返回最接近的十进制数（默认位数为 32 位）
f	返回该符号值最接近的浮点表示
r	返回该符号值最接近的有理数型（为系统默认方式），可表示为 p/q、p*q、10^q、pi/q、2^q 和 sqrt(p)形式之一
e	返回最接近的带有机器浮点误差的有理值
real	限定为实型符号变量，conj(s)与 s 相同
rational	限定为有理数型
integral	限定为整型
clear	清除限定
positive	限定为正实型符号变量

【例 3.1】 创建数值常量和符号常量。

```
>> a1=2*sqrt(5)+pi                      %创建数值常量
a1 =
    7.6137
>> a2=sym('2*sqrt(5)+pi')               %创建符号常量
a2 =
pi + 2*5^(1/2)
>> a3=sym(2*sqrt(5)+pi)                 %按最接近的有理数型表示符号常量
a3 =
2143074082783949/281474976710656
>> a4=sym(2*sqrt(5)+pi,'d')             %按最接近的十进制浮点数表示符号常量
a4 =
7.6137286085893727261009189533070
>> a31=a3-a1                            %数值常量和符号常量的计算
a31 =
0
>> a5='2*sqrt(5)+pi'                    %字符串常量
a5 =
2*sqrt(5)+pi
```

可以通过工作空间查看各变量的数据类型和存储空间，工作空间窗口如图 3.1 所示。

由图 3.1 可以看到，a2、a3、a4 及运算结果 a31 都属于符号常量，a1 为双精度型数值，a5 为字符型数值，符号常量占用较大的空间。符号数值 a2 的表示是绝对准确的，建议在产生符号常数时使用这种输入方法，即把常数数值放在单引号内。

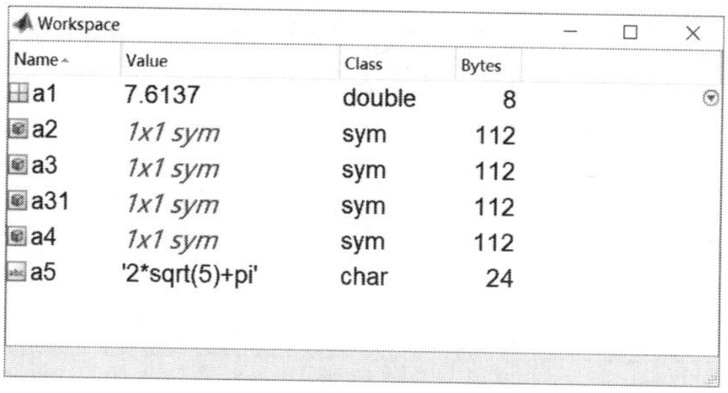

图 3.1 工作空间窗口

3.1.2 创建符号变量和符号表达式

创建符号变量和符号表达式可以使用 sym 和 syms 函数。

1. 使用 sym 函数创建符号变量和表达式

语法：

```
Sym('变量',参数)                          %把变量定义为符号对象
```

说明：参数用来设置限定符号变量的数学特性，可以选择为'positive'、'real'和'unreal'。'positive'表示为“正、实”符号变量；'real'表示为“实”符号变量；'unreal'表示为“非实”符号变量。如果不限定，则参数可省略。

【例 3.2】 创建符号变量，用参数设置其特性。

```
>> syms x y real                          %创建实数符号变量
>> z=x+i*y;                               %创建 z 为复数符号变量
>> real(z)                                %复数 z 的实部是实数 x
ans =
x
>> sym('x','unreal');                     %清除符号变量的实数特性
>> real(z)                                %复数 z 的实部
ans =
x/2 + conj(x)/2
```

程序分析：设置 x、y 为实数型变量，可以确定 z 的实部和虚部。

语法：

```
Sym('表达式')                             %创建符号表达式
```

【例 3.2 续】 创建符号表达式。

```
>> f1=sym('a*x^2+b*x+c')
f1 =
a*x^2+b*x+c
```

上面的语句只创建了 f1 符号表达式，没有创建符号变量。

2. 使用 syms 函数创建符号变量和符号表达式

语法：

```
Syms('arg1', ' arg2',…,参数)              %把字符变量定义为符号变量
syms arg1 arg2 … 参数                     %把字符变量定义为符号变量的简洁形式
```

说明：syms 函数用来创建多个符号变量，以上两种方式创建的符号对象是相同的。参数设置和前面的 sym 函数相同，省略时符号表达式直接由各符号变量组成。

【例 3.2 续】 使用 syms 函数创建符号变量和符号表达式。

```
>> syms a b c x                         %创建多个符号变量
>> f2=a*x^2+b*x+c                       %创建符号表达式
f2 =
a*x^2+b*x+c
>> syms('a','b','c','x')
>> f3=a*x^2+b*x+c;                      %创建符号表达式
```

程序分析：程序既创建了符号变量 a、b、c、x，又创建了符号表达式，f2、f3 和 f1 符号表达式相同。

3.1.3 符号矩阵

用 sym 和 syms 函数也可以创建符号矩阵。

例如，使用 sym 函数创建的符号矩阵：

```
>> A=sym('[a,b;c,d]')
A =
[ a, b]
[ c, d]
```

例如，使用 syms 函数创建相同的符号矩阵：

```
>> syms a b c d
>> A=[a b;c d]
A =
[ a, b]
[ c, d]
```

【例 3.3】 比较符号矩阵与字符串矩阵的不同。

```
>> A=sym('[a,b;c,d]')                   %创建符号矩阵
A =
[ a, b]
[ c, d]
>> B='[a,b;c,d]'                        %创建字符串矩阵
B =
[a,b;c,d]
>> C=[a,b;c,d]                          %创建数值矩阵
??? Undefined function or variable 'a'.
```

程序分析：由于数值变量 a、b、c、d 未事先赋值，MATLAB 给出错误信息。

```
>> C=sym(B)                             %转换为符号矩阵
C =
[ a, b]
[ c, d]
>> whos
  Name      Size            Byte   Class
  A         2x2              60    sym
  B         1x9              18    char
  C         2x2              60    sym
 Grand total is 25 elements using 642 Byte
```

程序分析：查看符号矩阵 A，可以看到 2×2 的符号矩阵，占用较多的字节。

【例 3.3 续】 符号矩阵运算。

```
>> B1= [1 2;3 4];
>> C1=A+B1
C1 =
[ a+1, b+2]
[ c+3, d+4]
>> D=A+B1*i;
>> D1=conj(D)                    %计算共轭复数
D1 =
D1 =
[ conj(a) - 1i, conj(b) - 2i]
[ conj(c) - 3i, conj(d) - 4i]
>> b1=det(B1)                    %计算行列式
b1 =
-2
>> E=A==B1                       %比较符号矩阵是否相等
[ a == 1, b == 2]
[ c == 3, d == 4]
>> logical(E)                    %转换成逻辑型
ans =
     0     0
     0     0
```

程序分析：E 是比较的结果，也是 sym 型，因此需要使用 logical 转换成逻辑型。

3.2 符号表达式的代数运算

3.2.1 符号表达式的运算符和函数

由于 MATLAB 采用了重载技术，使得符号表达式的运算符和基本函数都与数值计算中的几乎完全相同，因此符号运算的编程很方便实现。

1. 符号运算中的运算符

符号运算中的运算符有以下 2 种。

（1）基本运算符。

①运算符"+""−""*""\""/""^"分别实现符号矩阵的加、减、乘、左除、右除、求幂运算。

②运算符".*""./"".\"".^"分别实现符号数组的乘、左除、右除、求幂，即数组间元素与元素的运算。

③运算符" ' "".' "分别实现符号矩阵的共轭转置、非共轭转置。

（2）关系运算符。

①在符号对象的比较中，没有"大于""大于等于""小于""小于等于"的概念，只有是否"等于"的概念。

②运算符“= =”“~=”分别对运算符两边的符号对象进行“相等”“不等”的比较。当为“真”时，比较结果用 1 表示；当为“假”时，比较结果则用 0 表示。

2. 函数运算

函数运算有以下几种：

（1）三角函数和双曲函数。三角函数包括 sin、cos、tan；双曲函数包括 sinh、cosh、tanh；三角反函数除了 atan2 函数仅能用于数值计算外，其余的 asin、acos、atan 函数在符号运算中与数值计算的使用方法相同。

（2）指数和对数函数。在符号计算中，指数函数 sqrt、exp、expm 的使用方法与数值计算的使用方法完全相同；对数函数在符号计算中只有自然对数 log（表示 ln），而没有数值计算中的 log2 和 log10。

（3）复数函数。在符号计算中，复数的共轭 conj、求实部 real、求虚部 imag 和求模 abs 函数与数值计算中的使用方法相同。但要注意，在符号计算中，MATLAB 没有提供求相角的命令。

（4）矩阵代数命令。在符号计算中，MATLAB 提供的常用矩阵代数命令有 diag、triu、tril、inv、det、rank、poly、expm 和 eig 等，它们的用法几乎与数值计算中的情况完全一样。

【例 3.4】　求矩阵 $\boldsymbol{A}=\begin{bmatrix} a_{11} & a_{12} \\ a_{21} & a_{22} \end{bmatrix}$ 的行列式值、非共轭转置和特征值。

```
>> syms a11 a12 a21 a22
>> A=[a11 a12;a21 a22]                    %创建符号矩阵
A =
[ a11, a12]
[ a21, a22]
>> det(A)                                 %计算行列式
ans =
a11*a22–a12*a21
>> A.'                                    %计算非共轭转置
ans =
[ a11, a21]
[ a12, a22]
>> eig(A)                                 %计算特征值
ans =
[ 1/2*a22+1/2*a11+1/2*(a22^2–2*a11*a22+a11^2+4*a12*a21)^(1/2)]
[ 1/2*a22+1/2*a11–1/2*(a22^2–2*a11*a22+a11^2+4*a12*a21)^(1/2)]
```

【例 3.5】　符号表达式 $f=2x^2+3x+4$ 与 $g=5x+6$ 的代数运算。

```
>> f=sym('2*x^2+3*x+4')
f =
2*x^2+3*x+4
>> g=sym('5*x+6')
g =
5*x+6
```

```
>> f+g                          %符号表达式相加
ans =
2*x^2+8*x+10
>> f*g                          %符号表达式相乘
ans =
(5*x+6)*(2*x^2+3*x+4)
```

3.2.2 符号数值任意精度控制和运算

1. Symbolic Math Toolbox 中的算术运算方式

在 Symbolic Math Toolbox 中有以下 3 种不同的算术运算。

（1）数值型：MATLAB 的浮点运算。

（2）有理数型：精确符号运算。

（3）VPA 型：任意精度运算。

2. 任意精度控制

任意精度的 VPA 型运算可以使用 digits 和 vpa 函数来实现。

语法：

```
digits(n)                       %设定默认的精度
```

说明： *n* 为所期望的有效位数。digits 函数可以通过改变默认的有效位数来改变精度，随后，每次进行 Maple 函数计算时都以新精度为准。当有效位数增加时，计算时间和占用的内存也相应增加。Digits 函数用来显示默认的有效位数，默认为 32 位。

语法：

```
S=vpa(s,n)                      %将 s 表示为 n 位有效位数的符号对象
```

说明： *s* 可以是数值对象或符号对象，但计算的结果 *S* 一定是符号对象；当参数 *n* 省略时则以给定的 digits 指定精度。vpa 函数只对指定的符号对象 *s* 按新精度进行计算，并以同样的精度显示计算结果，但并不改变全局的 digits 参数。

【例 3.6】 对表达式 $2\sqrt{5}+\pi$ 进行任意精度控制的比较。

```
>> a=sym('2*sqrt(5)+pi')
a =
pi + 2*5^(1/2)
>> digits                       %显示默认的有效位数
 Digits = 32
>> vpa(a)                       %用默认的位数计算并显示
ans =
7.6137286085893726312809907207421
>> vpa(a,20)                    %按指定的精度计算并显示
ans =
7.6137286085893726313
>> digits(15)                   %改变默认的有效位数
>> vpa(a)                       %按 digits 指定的精度计算并显示
ans =
7.61372860858937
```

3. Symbolic Math Toolbox 中的 3 种运算方式的比较

【例 3.6 续】 用 3 种运算方式表达式比较 2/3 的结果。

```
>>a1 =2/3                              %数值型
a1 =
    0.6667
>>a2 = sym(2/3)                        %有理数型
a2 =
2/3
>> digits
Digits = 32
>> a3 =vpa('2/3',32)                   %VPA 型
a3 =
.66666666666666666666666666666667
```

程序分析：

（1）3 种运算方式中，数值型运算的速度最快。

（2）有理数型符号运算的计算时间最长和占用内存最大，产生的结果非常准确。

（3）VPA 型的任意精度符号运算比较灵活，可以设置任意有效精度，当保留的有效位数增加时，每次运算的时间和使用的内存也会相应增加。

（4）数值型变量 a1 结果显示的有效位数并不是存储的有效位数，在本书第 1 章中曾介绍显示的有效位数由“format”命令控制，如下面修改的“format”命令就改变了显示的有效位数：

```
>> format long
>> a1
a1 =
   0.66666666666667
```

3.2.3 符号对象与数值对象的转换

在前面介绍了 Symbolic Math Toolbox 有 3 种不同的算术运算：数值型、有理数型和 VPA 型。MATLAB 提供了一系列的转换命令，可以实现不同类型对象的转换。

1. 将数值对象转换为符号对象

前面已经介绍了“sym”命令可以把数值型对象转换成有理数型符号对象，vpa 函数可以将数值型对象转换为任意精度的 VPA 型符号对象。

2. 将符号对象转换为数值对象

使用 double 函数可以将有理数型和 VPA 型符号对象转换成数值对象。

语法：

```
N=double(S)                            %将符号变量 S 转换为数值变量 N
```

【例 3.7】 将符号变量 $2\sqrt{5}+\pi$ 与数值变量进行转换。

```
>> a1=sym('2*sqrt(5)+pi')
a =
pi + 2*5^(1/2)
>> b1=double(a1)                       %转换为数值变量
b1 =
```

```
    7.6137
>> a2=vpa(sym('2*sqrt(5)+pi'),32)
a2 =
7.6137286085893726312809907207421
>> b2=double(a2)                          %转换为数值变量
b2 =
    7.6137
```

另外，也可以通过执行字符串命令“eval”，直接得出符号对象的数值结果。

【例 3.7 续】 由符号变量得出数值结果。

```
>> b3=eval(a1)
b3 =
    7.6137
```

用“whos”命令查看变量的类型，可以看到 b1、b2、b3 都可以转换为双精度型。

```
>> whos
  Name        Size              Byte   Class
    a1        1x1                 60   sym
    a2        1x1                 60   sym
    b1        1x1                  8   double
    b2        1x1                  8   double
    b3        1x1                  8   double
```

3.3 符号表达式的操作和转换

3.3.1 符号表达式中自由变量的确定

1. 自由变量的确定原则

当符号表达式中含有多于 1 个的符号变量时，如 $f=ax^2+bx+c$ 和 $f=x^2+y^2$，则只有 1 个变量是独立变量，其余的符号变量当作常量处理。

如果不指定哪一个变量是自由变量，MATLAB 将基于以下几个原则选择一个自由变量：

（1）小写字母 i 和 j 不能作为自由变量。

（2）符号表达式中如果有多个符号变量，则按照以下顺序选择自由变量：首先选择 x 作为自由变量；如果没有 x，则选择在字母顺序中最接近 x 的字符变量；如果与 x 相同距离，则在 x 后面的优先。

（3）大写字母比所有小写字母都靠后。

例如：

x^2+a*x+b 的自由符号变量是 x；

a*(sin(t)+b*cos(w*t))的自由符号变量是 w；

a*theta 的自由符号变量是 theta；

i+a*j 的自由符号变量是 a。

2. symvar 函数

symvar 函数用来决定表达式中的符号变量。

语法：

```
Symvar(EXPR)                                %确定自由符号变量
```

symvar 函数列出表达式中除 i、j、pi、inf、nan、eps 和函数名之外的符号变量，返回值是元胞数组。

【例 3.8】　得出符号表达式中的符号变量。

```
>> f=sym('a*x^2+b*x+c')
f =
a*x^2+b*x+c
>> s=symvar(f)                              %得出所有的符号变量
s =
[ a, b, c, x]
>>s1=symvar(f,1)                            %得出第 1 个符号变量
s1 =
x
>>symvar 'cos(pi*x - beta1)'
ans =
    'beta1'
'x'
```

3. findsym 函数

如果不确定符号表达式中的自由符号变量，则可以用 findsym 函数自动确定。

语法：

```
findsym(EXPR,n)
```

说明： EXPR 可以是符号表达式或符号矩阵；*n* 为按顺序得出符号变量的个数，当 *n* 省略时则不按顺序得出 EXPR 中所有的符号变量。

```
>> g=sym('sin(z)+cos(v)');
>> findsym(g,1)                             %得出第 1 个符号变量
ans =
z
```

程序说明： 符号变量 z 和 v 距离 x 相同，所以在 x 后面的 z 为自由符号变量。

3.3.2　符号表达式的化简

符号表达式的书写有多种形式，MATLAB 提供了一系列函数，可以化简得出简单的符号表达式。

同一个数学函数的符号表达式可以表示为 3 种形式，如以下的 $f(x)$ 可以分别表示如下：

（1）多项式形式的表达方式：$f(x)=x^3+6x^2+11x-6$

（2）因式形式的表达方式：$f(x)=(x-1)(x-2)(x-3)$

（3）嵌套形式的表达方式：$f(x)=x(x(x-6)+11)-6$

【例 3.9】　3 种形式的符号表达式的表示方式。

```
>> f=sym('x^3-6*x^2+11*x-6')                %多项式形式
f =
```

```
x^3-6*x^2+11*x-6
>> g= sym('(x-1)*(x-2)*(x-3)')                    %因式形式
g =
(x-1)*(x-2)*(x-3)
>> h= sym(' x*(x*(x-6)+11) -6')                   %嵌套形式
h =
x*(x*(x-6)+11) -6
```

MATLAB 提供了 pretty、collect、expand、horner 和 factor 函数，可以对符号表达式进行化简，如表 3.2 所示。

表 3.2　多项式化简函数表

函数名	变换前	变换后	备注
pretty	x^3-6*x^2+11*x-6	3　　2 x　+6 x　+11 x - 6	给出排版形式的输出结果
collect	(x-1)*(x-2)*(x-3)	x^3-6*x^2+11*x-6	表示为合并同类项多项式
expand	(x-1)*(x-2)*(x-3)	x^3-6*x^2+11*x-6	表示为多项式形式
horner	x^3-6*x^2+11*x-6	x*(x*(x-6)+11) -6	表示为嵌套的形式
factor	x^3-6*x^2+11*x-6	(x-1)*(x-2)*(x-3)	表示为因式的形式

另外，对符号表达式进行化简的函数还有 simplify 和 simple。

simplify 函数功能强大，利用各种形式的代数恒等式对符号表达式进行化简，包括求和、分解、积分、幂、三角、指数和对数函数等。

【例 3.10】　利用三角函数简化符号表达式 $\cos^2 x-\sin^2 x$。

```
>> y=sym('cos(x)^2-sin(x)^2')
y =
cos(x)^2-sin(x)^2
>> simplify(y)
ans =
2*cos(x)^2-1
```

3.3.3　符号表达式的替换

可以通过符号替换实现符号表达式的化简，MATLAB 提供了 subexpr 函数，用于替换子表达式，并使用 subs 替换符号变量，使表达式简洁易读。

1. subexpr 函数

符号表达式有时因为子表达式多次出现而显得烦冗，可以通过使用 subexpr 函数替换子表达式的方法来化简。

语法：

```
subexpr(s,s1)                           %用符号变量 s1 置换 s 中的子表达式
```

subexpr 函数对子表达式是自动寻找的，只有比较长的子表达式才被置换，比较短的子表达式，即使重复出现多次，也不被置换。

2. subs 函数

subs 函数可用来进行对符号表达式中符号变量的替换操作。

语法：

```
subs(s)                           %用给定值替换符号表达式 s 中的所有变量
subs(s,new)                       %用 new 替换符号表达式 s 中的自由变量
subs(s,old,new)                   %用 new 替换符号表达式 s 中的 old 变量
```

【例 3.11】 用 subs 函数对符号表达式$(x+y)^2+3(x+y)+5$进行替换。

```
>> syms a b c d x
>> f=sym('(x+y)^2+3*(x+y)+5')            %创建符号表达式
f =
3*x + 3*y + (x + y)^2 + 5
>> x=5;
>> f1=subs(f)                           %用 5 替换 x
f1 =
3*y + (y + 5)^2 + 20
>> f2=subs(f,'x+y','s')                 %用 s 替换 x+y
f2 =
s^2 + 3*x + 3*y + 5
>> f3=subs(f,'x+y',5)                   %用常数 5 替换 x+y
f3 =
3*x + 3*y + 30
>> f4=subs(f,'x','z')                   %用 z 替换 x
f4 =
3*y + 3*z + (y + z)^2 + 5
```

3.3.4 求反函数和复合函数

1. 求反函数

对于函数 $f(x)$，若存在另一个函数 $g(.)$，使得 $g(f(x))=x$ 成立，则函数 $g(.)$称为函数 $f(x)$的反函数。在 MATLAB 中，finverse 函数可以求得符号函数的反函数。

语法：

```
finverse(f,v)                     %对指定自变量 v 的函数 f(v)求反函数
```

说明：若 v 省略，则对默认的自由符号变量求反函数。

【例 3.12】 求 te^x 的反函数。

```
>> f=sym('t*e^x')                       %原函数
f =
t*e^x
>> g=finverse(f)                        %对默认自由变量求反函数
g =
log(x/t)/log(e)
>> g=finverse(f,'t')                    %对 t 求反函数
g =
t/(e^x)
```

程序分析：如果先定义 t 为符号变量，则参数't'的单引号可去掉。

```
>> syms t
>> g=finverse(f,t)
```

2. 求复合函数

运用函数 compose 可以求符号函数 $f(x)$和 $g(y)$的复合函数。

语法：

```
compose(f,g)            %求f(x)和g(y)的复合函数f(g(y))
compose(f,g,z)          %求f(x)和g(y)的复合函数f(g(z))
```

【例 3.12 续】 计算 te^x 与 ay^2+by+c 的复合函数。

```
>> f=sym('t*e^x');                %创建符号表达式
>> g=sym('a*y^2+b*y+c');          %创建符号表达式
>> h1=compose(f,g)                %计算 f(g(x))
h1 =
t*e^(a*y^2+b*y+c)
>> h2=compose(g,f)                %计算 g(f(x))
h2 =
a*t^2*(e^x)^2+b*e^x+c
>> h3=compose(f,g,'z')            %计算 f(g(z))
h3 =
t*e^(a*z^2+b*z+c)
```

语法：

```
compose(f,g,x,z)        %以 x 为自变量构成复合函数 f(g(z))
compose(f,g,x,y,z)      %以 x 为自变量构成复合函数 f(g(z))，并用 z 替换 y
```

说明： x 是 f 的自变量，y 是 g 的自变量；当函数 f 有多个自变量时，可以通过设置以选择某个自变量构成复合函数。

【例 3.12 续】 计算得出 te^x 与 y^2 的复合函数。

```
>> f1=sym('t*e^x');
>> g1=sym('y^2');
>> h1=compose(f1,g1)
h1 =
t*e^(y^2)
>> h2=compose(f1,g1,'z')                 %计算 f(g(z))
h2 =
t*e^(z^2)
>> h3=compose(f1,g1,'t','y')             %以 t 为自变量计算 f(g(z))
h3 =
y^2*e^x
>> h4=compose(f1,g1,'t','y','z')         %以 t 为自变量计算 f(g(z))，并用 z 替换 y
h4 =
z^2*e^x
>> h5=subs(h3,'y','z')                   %用替换的方法实现 h5 与 h4 有相同结果
h5 =
(z)^2*e^x
```

3.3.5 符号表达式的转换

1. 符号表达式与多项式的转换

构成多项式的符号表达式 $f(x)$ 可以与多项式系数构成的行向量进行相互转换，MATLAB 提供了函数 sym2poly 和 poly2sym 用于实现相互转换。

（1）sym2poly 函数。sym2poly 函数用来将构成多项式的符号表达式转换为按降幂排列的行向量。

【例 3.13】 将符号表达式 $2x+3x^2+1$ 转换为行向量。

```
>> f=sym('2*x+3*x^2+1')
f =
2*x+3*x^2+1
>> sym2poly(f)                          %转换为按降幂排列的行向量
ans =
     3     2     1
>> f1=sym('a*x^2+b*x+c')
f1 =
a*x^2+b*x+c
>> sym2poly(f1)
??? Error using ==> sym/sym2poly
Input has more than one symbolic variable.
```

程序分析： 只能对含有 1 个变量的符号表达式进行转换。

（2）poly2sym 函数。poly2sym 函数与 sym2poly 函数相反，用来将按降幂排列的行向量转换为符号表达式。

【例 3.13 续】 将行向量转换为符号表达式。

```
>> g=poly2sym([1 3 2])                  %默认 x 为符号变量的符号表达式
g =
x^2+3*x+2
>> g=poly2sym([1 3 2],sym('y'))         %y 为符号变量的符号表达式
g =
y^2+3*y+2
```

2. 提取分子和分母

如果符号表达式是 1 个有理分式（两个多项式之比），可以利用 numden 函数提取分子或分母，还可以进行通分。

语法：

```
[n,d]=numden(f)
```

说明： n 为分子；d 为分母；f 为有理分式。

【例 3.14】 用 numden 函数提取符号表达式 $\frac{1}{s^2+3s+2}$ 和 $\frac{1}{s^2}+3s+2$ 的分子、分母。

```
>> f1=sym('1/(s^2+3*s+2)')
f1 =
1/(s^2+3*s+2)
>> f2=sym('1/s^2+3*s+2')
```

```
f2 =
1/s^2+3*s+2
>> [n1,d1]=numden(f1)
n1 =
1
d1 =
s^2+3*s+2
>> [n2,d2]=numden(f2)
n2 =
1+3*s^3+2*s^2
d2 =
s^2
```

3.4 符号极限、微积分和级数求和

3.4.1 符号极限

假定符号表达式的极限存在，Symbolic Math Toolbox 提供了直接求表达式极限的函数 limit。函数 limit 的基本用法如表 3.3 所示。

表 3.3 函数 limit 的基本用法

表 达 式	函 数 格 式	说 明
$\lim_{x\to 0} f(x)$	limt(*f*)	对 *x* 求趋近于 0 的极限
$\lim_{x\to a} f(x)$	limt(*f*,*x*,*a*)	对 *x* 求趋近于 *a* 的极限，当左、右极限不相等时极限不存在
$\lim_{x\to a^-} f(x)$	limt(*f*,*x*,*a*, ‘left’)	对 *x* 求左趋近于 *a* 的极限
$\lim_{x\to a^+} f(x)$	limt(*f*,*x*,*a*, ‘right’)	对 *x* 求右趋近于 *a* 的极限

【例 3.15】 分别求 1/*x* 在 0 处从两边趋近、从左边趋近和从右边趋近的 3 个极限值。

```
>> f=sym('1/x')
f =
1/x
>> limit(f)                    %对 x 求趋近于 0 的极限
ans =
NaN
>> limit(f,'x',0)              %对 x 求趋近于 0 的极限
ans =
NaN
>> limit(f,'x',0,'left')       %左趋近于 0
ans =
-inf
>> limit(f,'x',0,'right')      %右趋近于 0
ans =
inf
```

程序分析： 当左、右极限不相等时，表达式的极限不存在，为 NaN。

采用极限方法也可以求函数的导数：$f'(x)=\lim_{t\to 0}\dfrac{f(x+t)-f(x)}{t}$。

【例 3.15 续】 求函数 cos(x)的导数。

```
>> syms t x
>> limit((cos(x+t) –cos(x))/t,t,0)
ans =
–sin(x)
```

3.4.2 符号微分

函数 diff 用来求符号表达式的微分。

语法：

```
diff(f)                         %求f对自由变量的一阶微分
diff(f,t)                       %求f对符号变量t的一阶微分
diff(f,n)                       %求f对自由变量的n阶微分
diff(f,t,n)                     %求f对符号变量t的n阶微分
```

【例 3.16】 已知 $f(x)=ax^2+bx+c$，求 $f(x)$的微分。

```
>> f=sym('a*x^2+b*x+c')
f =
a*x^2+b*x+c
>> diff(f)                      %对默认自由变量x求一阶微分
ans =
2*a*x+b
>> diff(f,'a')                  %对符号变量a求一阶微分
ans =
x^2
>> diff(f,'x',2)                %对符号变量x求二阶微分
ans =
2*a
>> diff(f,3)                    %对默认自由变量x求三阶微分
ans =
0
```

微分函数 diff 也可以用于符号矩阵，其结果是对矩阵的每一个元素进行微分运算。

【例 3.16 续】 对符号矩阵$\begin{bmatrix} 2x & t^2 \\ t\sin(x) & \mathrm{e}^x \end{bmatrix}$求微分。

```
>> syms t x
>> g=[2*x t^2;t*sin(x) exp(x)]        %创建符号矩阵
g =
[          2*x,          t^2]
[ t*sin(x),     exp(x)]
>> diff(g)                            %对默认自由变量x求一阶微分
ans =
```

```
[          2,          0]
[ t*cos(x),     exp(x)]
>> diff(g,'t')                                %对符号变量 t 求一阶微分
ans =
[        0,     2*t]
[ sin(x),         0]
>> diff(g,2)                                  %对默认自由变量 x 求二阶微分
ans =
[             0,          0]
[-t*sin(x),     exp(x)]
```

diff 还可以用于对数组中的元素进行逐项求差值。

【例 3.16 续】 可以使用 diff 计算向量间元素的差值。

```
>> x1=0:0.5:2;
>> y1=sin(x1)
y1 =
     0     0.4794     0.8415     0.9975     0.9093
>> diff(y1)                                   %计算元素差
ans =
     0.4794     0.3620     0.1560     -0.0882
```

程序分析：计算出的差值比原来的向量少 1 列。

3.4.3 符号积分

积分分为定积分和不定积分。运用函数 int 可以求得符号表达式的积分，即找出一个符号表达式 *F*，使得 diff(*F*)=*f*，也可以说是求微分的逆运算。

语法：

```
int(f, 't')                                   %求符号变量 t 的不定积分
int(f, 't',a,b)                               %求符号变量 t 的积分
int(f, 't', 'm', 'n')                         %求符号变量 t 的积分
```

说明：*t* 为符号变量，若 *t* 省略则为默认自由变量；*a* 和 *b* 为数值，[*a*,*b*]为积分区间；*m* 和 *n* 为符号对象，[*m*,*n*]为积分区间。与符号微分相比，符号积分复杂得多。函数的积分有时可能不存在，即使存在，也可能因为限于很多条件，MATLAB 无法顺利得出。当 MATLAB 不能找到积分时，它将给出警告提示并返回该函数的原表达式。

【例 3.17】 求 $\int \cos(x)$ 和 $\int\int \cos(x)$ 的积分。

```
>> f=sym('cos(x)');
>> int(f)                                     %求不定积分
ans =
sin(x)
>> int(f,0,pi/3)                              %求定积分
ans =
1/2*3^(1/2)
>> int(f,'a','b')                             %求定积分
ans =
```

```
sin(b) –sin(a)
>> int(int(f))                                  %求多重积分
ans =
–cos(x)
```

diff 和 int 函数也可以直接对字符串 f 进行运算。

```
>> f='cos(x)';
```

则微积分计算的结果是一样的。

和符号微分 diff 一样，对符号矩阵的积分也是将各个元素逐个进行积分。

【例 3.17 续】 求符号矩阵 $\begin{bmatrix} 2x & t^2 \\ t\sin(x) & \mathrm{e}^x \end{bmatrix}$ 的积分。

```
>> syms t x
>> g=[2*x t^2;t*sin(x) exp(x)]                  %创建符号矩阵
g =
[        2*x,          t^2]
[ t*sin(x),     exp(x)]
>> int(g)                                       %对 x 求不定积分
ans =
[          x^2,         t^2*x]
[–t*cos(x),        exp(x)]
>> int(g,'t')                                   %对 t 求不定积分
ans =
[                 2*x*t,               1/3*t^3]
[ 1/2*t^2*sin(x),            exp(x)*t]
>> int(g,sym('a'),sym('b'))                     %对 x 求定积分
ans =
[                  b^2 - a^2,       -t^2*(a - b)]
[ t*(cos(a) - cos(b)), exp(b) - exp(a)]
```

3.4.4 符号级数

当符号表达式的级数和存在时，在 MATLAB 中可以使用 symsum 和 taylor 函数进行求级数的运算。

1. symsum 函数

语法：

```
symsum(s,x,a,b)                                 %计算表达式 s 的级数和
```

说明： x 为自变量，若 x 省略则默认为对自由变量求和；s 为符号表达式；$[a,b]$ 为参数 x 的取值范围。

【例 3.18】 求级数 $1+\frac{1}{2^2}+\frac{1}{3^2}+\cdots+\frac{1}{k^2}+\cdots$ 和 $1+x+x^2+\cdots+x^k+\cdots$ 的和。

```
>> syms x k
>> s1=symsum(1/k^2,1,10)                        %计算级数的前 10 项和
s1 =
1968329/1270080
```

```
>> s2=symsum(1/k^2,1,inf)              %计算级数和
s2 =
1/6*pi^2
>> s3=symsum(x^k,'k',0,inf)            %计算对 k 为自变量的级数和
s3 =
-1/(x-1)
```

2. taylor 函数

泰勒级数的计算使用 taylor 函数。

语法：

```
taylor(f,x,x0)                  %求泰勒级数以符号变量 x 在 x0 点展开
taylor(f,x,'Order',n)           %求泰勒级数以符号变量 x 展开 n 阶
```

说明：f 为符号表达式；x 为符号变量，可省略，省略时使用默认自由变量；n 是指 f 进行泰勒级数展开的阶次，默认展开前 5 项；x_0 是泰勒级数的展开点。

【例 3.18 续】 求 e^x 的泰勒展开式为：$1+x+\frac{1}{2}\cdot x^2+\frac{1}{2\times 3}\cdot x^3+\cdots+\frac{1}{k!}\cdot x^{k-1}+\cdots$。

```
>> syms x
>> s1=taylor(exp(x),8)                 %展开前 8 项
s1 =
1+x+1/2*x^2+1/6*x^3+1/24*x^4+1/120*x^5+1/720*x^6+1/5040*x^7
>> s2=taylor(exp(x))                   %默认展开前 5 项
s2 =
1+x+1/2*x^2+1/6*x^3+1/24*x^4+1/120*x^5
```

泰勒级数还可以使用可视化的泰勒级数计算器，在命令窗口中输入命令“taylortool”，就会出现泰勒级数计算器窗口，如图 3.2 所示。

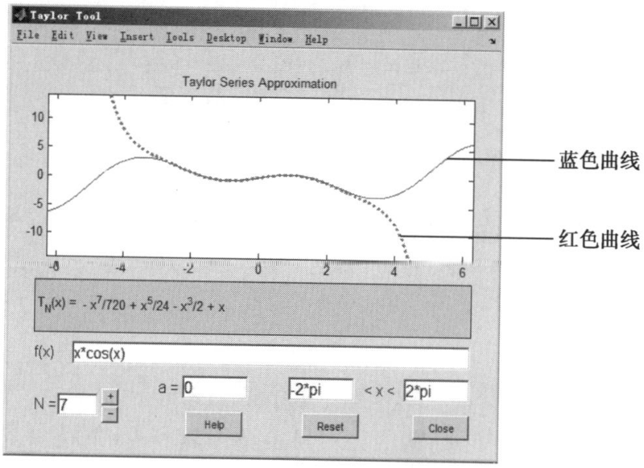

图 3.2 泰勒级数计算器窗口

图中蓝色的曲线为 f(x)的曲线，红色的点线为泰勒级数 TN(x)的曲线。在泰勒级数计算器图形窗口中，各参数的说明如下。

f(x)：需要使用泰勒级数逼近的函数，可以在命令窗口中直接输入“taylortool('f(x)')”命令，也可以在图 3.2 窗口中输入 f(x)表达式；

N：泰勒级数展开的阶次，默认为 7；

a：泰勒级数的展开点，默认为 0；

x 的范围：默认为-2*pi～2*pi。

图 3.2 中显示的是“x*cos(x)”的泰勒级数曲线，可以修改级数 N 和 x 的范围。

3.5 符号积分变换

积分变换在工程、应用数学等方面都具有重要的作用。傅里叶变换可应用于连续系统，其快速离散傅里叶变换 FFT 应用于离散系统；拉普拉斯（Laplace）变换可应用于连续系统（微分方程），Z 变换是其离散模式，应用于离散系统（差分方程）。

3.5.1 傅里叶变换及其反变换

时域中的 $f(t)$ 与频域中的傅里叶变换 $F(\omega)$ 之间的关系如下：

$$F(\omega)=\int_{-\infty}^{\infty} f(t)\mathrm{e}^{-\mathrm{j}\omega t}\mathrm{d}t$$

$$f(t)=\frac{1}{2\pi}\int_{-\infty}^{\infty} F(\omega)\mathrm{e}^{-\mathrm{j}\omega t}\mathrm{d}\omega$$

傅里叶变换和反变换可以利用积分函数 int 实现，也可以直接使用 fourier 或 ifourier 函数实现。

1. 傅里叶变换

语法：

```
F=fourier(f,t ,ω)                    %求时域函数f(t)的傅里叶变换F
```

说明： 返回结果 F 是符号变量 ω 的函数，若参数 ω 省略，则默认返回结果为 ω 的函数；f 为 t 的函数，若参数 t 省略，则默认自由变量为 x。

2. 傅里叶反变换

语法：

```
f=ifourier (F,ω ,t)                  %求频域函数F的傅里叶反变换f(t)
```

说明： ifourier 函数的用法与 fourier 函数相同。

【例 3.19】 计算 $f(t)=\dfrac{1}{t}$ 的傅里叶变换 F 及 F 的傅里叶反变换。

```
>> syms t w
>> F=fourier(1/t,t,w)                %傅里叶变换
F =
pi*(2*heaviside(-w) - 1)*i
>> f=ifourier(F,t)                   %傅里叶反变换
f =
1/t
>> f=ifourier(F)                     %傅里叶反变换默认 x 为自变量
```

```
f =
1/x
```

程序分析： heaviside(t)=$\begin{cases}1 & t \geqslant 0\\ 0 & t<0\end{cases}$是单位阶跃函数，函数名为数学家 Heaviside 的名字。

【例 3.19 续】 单位阶跃函数的傅里叶变换。

```
>> fourier(sym('1'))
ans =
2*pi*dirac(-w)
```

程序分析： dirac 函数为单位脉冲函数。

3.5.2 拉普拉斯变换及其反变换

拉普拉斯变换和反变换的定义为：

$$F(s)=\int_{0}^{\infty} f(t)\mathrm{e}^{-st}\mathrm{d}t$$

$$f(t)=\frac{1}{2\pi t}\int_{\mathrm{c}-\mathrm{j}\infty}^{\mathrm{c}+\mathrm{j}\infty} F(s)\mathrm{d}s$$

与傅里叶变换相同，拉普拉斯变换和反变换可以利用积分函数 int 实现，也可以直接使用 laplace 和 ilaplace 函数实现。

1. 拉普拉斯变换

语法：

```
F=laplace(f,t,s)                    %求时域函数f的拉普拉斯变换F
```

说明： 返回结果 F 为 s 的函数，若参数 s 省略，则返回结果 F 默认为 s 的函数；f 为 t 的函数，若参数 t 省略，则默认自由变量为 t。

【例 3.20】 求 sin(at)和阶跃函数的拉普拉斯变换。

```
>> syms a t s
>> F1=laplace(sin(a*t),t,s)          %求 sin(at)的拉普拉斯变换
F1 =
a/(s^2+a^2)
>> F2=laplace(sym(1))                %求阶跃函数的拉普拉斯变换
F2 =
1/s
```

2. 拉普拉斯反变换

语法：

```
f=ilaplace(F,s,t)                   %求F的拉普拉斯反变换f
```

【例 3.21】 输入信号 $r(t)$=1，系统传递函数$G(s)=\dfrac{1}{s+1}+\dfrac{2}{s+3}$，$C(s)$=$R(s)$*$G(s)$，求输出波形 $c(t)$，输出波形如图 3.3 所示。

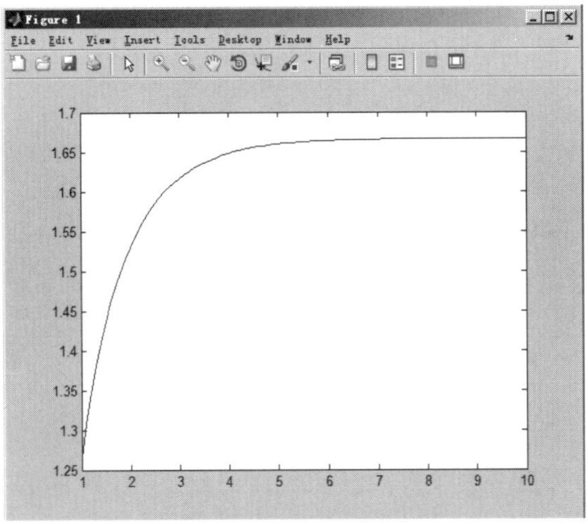

图 3.3 输出波形 $c(t)$

首先计算 $C(s)$，然后经过拉普拉斯反变换得出输出 $c(t)$。

```
>>syms t s y G R c;
>>R=laplace(sym(1))                    %写出 r(t)拉普拉斯变换
R =
1/s
>>G=1/(s+1)+2/(s+3);
>>C=R*G;
>>c=ilaplace(C)                        %拉普拉斯反变换得出 c(t)的表达式
c =
5/3 - 2/(3*exp(3*t)) - 1/exp(t)
>>t=1:0.1:10;
>>y=subs(c,t);                         %得出 t 对应的 y 值
>>plot(t,y)
```

3.5.3 Z 变换及其反变换

1 个离散信号的 Z 变换和 Z 反变换的定义为：

$$F(z)=\sum_{n=0}^{\infty} f(n)z^{-n}$$

$$f(n)=Z^{-1}\left|F(z)\right|$$

可以通过 ztrans 和 iztrans 函数进行 Z 变换和 Z 反变换。

1. ztrans 函数

语法：

```
F=ztrans(f,n, z)                       %求时域序列 f 的 Z 变换 F
```

说明： 返回结果 F 以符号变量 z 为自变量；若参数 n 省略，则默认自变量为 n；若参数 z 省略，则返回结果默认为 z 的函数。

【例 3.22】 求阶跃函数、脉冲函数和 e^{-at} 的 Z 变换。

```
>> syms a n z t
>> Fz1=ztrans(sym('1'),n,z)            %求阶跃函数的 Z 变换
```

```
Fz1 =
z/(z–1)
>> Fz2=ztrans(sym('a^n'),n,z)
Fz2 =
-z/(a - z)
>> Fz3=ztrans(exp(–a*t),n,z)              %求e^(-at)的Z变换
Fz3 =
z/(exp(a*t)*(z - 1))
```

2. iztrans 函数

语法：

```
f=iztrans(F,z,n)                          %求F的Z反变换f
```

【例 3.22 续】 用 Z 反变换验算阶跃函数、$\frac{2z}{(z-2)^2}$ 和 e^{-at} 的 Z 变换。

```
>> syms n z t
>> f1=iztrans(Fz1,z,n)
f1 =
1
>> f2=iztrans(2*z/(z-2)^2)
f2 =
2^n + 2^n*(n - 1)
>> f3=iztrans(Fz3,z,n)
f3 =
exp(–a*t)
```

3.6 符号方程的求解

3.6.1 代数方程

通常，代数方程包括线性（Linear）方程、非线性（Nonlinear）方程和超越方程（Transcedental equation）。当方程不存在解析解又无其他自由参数时，MATLAB 可以用 solve 函数给出方程的数值解。

语法：

```
solve('eq', 'v')                          %求方程关于指定变量的解
solve('eq1', 'eq2', 'v1', 'v2',…)         %求方程组关于指定变量的解
```

说明： eq 可以是含等号的符号表达式的方程，也可以是不含等号的符号表达式，但所指的仍是令 eq=0 的方程；若参数 v 省略，则默认为方程中的自由变量；输出结果为结构数组类型。

【例 3.23】 求方程 $ax^2+bx+c=0$ 和 $\sin x=0$ 的解。

```
>> f1=sym('a*x^2+b*x+c')                  %无等号
f1 =
a*x^2+b*x+c
>> solve(f1)                              %求方程的解 x
```

```
ans =
 -(b + (b^2 - 4*a*c)^(1/2))/(2*a)
 -(b - (b^2 - 4*a*c)^(1/2))/(2*a)
>> f2=sym('sin(x)')
f2 =
sin(x)
>> solve(f2,'x')
ans =
0
```

程序分析： 当 sin(x)=0 有多个解时，只能得出 0 附近的有限几个解。

【例 3.24】　求三元非线性方程组 $\begin{cases} x^2+2x+1=0 \\ x+3z=4 \\ yz=-1 \end{cases}$ 的解。

```
>> eq1=sym('x^2+2*x+1');
>> eq2=sym('x+3*z=4');
>> eq3=sym('y*z=-1');
>> [x,y,z]=solve(eq1,eq2,eq3)                    %解方程组并赋值给 x、y、z
x =
-1
y =
-3/5
z =
5/3
```

程序分析： 输出结果为结构对象。如果最后一句为“S=solve(eq1,eq2,eq3) ”，则结果如下。

```
S =
     x: [1x1 sym]
     y: [1x1 sym]
     z: [1x1 sym]
```

3.6.2　符号常微分方程

MATLAB 提供了 dsolve 函数，可以用于对符号常微分方程进行求解。

语法：

```
dsolve('eq', 'con', 'v')                          %求解微分方程
dsolve('eq1,eq2,…', 'con1,con2,…', 'v1,v2…')      %求解微分方程组
```

说明： eq 为微分方程；con 是微分初始条件，可省略；*v* 为指定自由变量，若省略则默认为 *x* 或 *t* 为自由变量；输出结果为结构数组类型。

（1）当 *y* 是因变量时，微分方程 eq 的表述规定为：

y 的一阶导数 $\frac{dy}{dx}$ 或 $\frac{dy}{dt}$ 表示为 Dy；

y 的 n 阶导数 $\dfrac{d^n y}{dx^n}$ 或 $\dfrac{d^n y}{dt^n}$ 表示为 Dny。

（2）微分初始条件 con 应写成'y(a)=b，Dy(c)=d'的格式；当初始条件少于微分方程数时，在所得解中将出现任意常数符 C1、C2……解中任意常数符的数目等于所缺少的初始条件数。

【例 3.25】 求微分方程 $x\dfrac{d^2 y}{dx^2}-3\dfrac{dy}{dx}=x^2$，$y(1)=0$，$y(0)=0$ 的解。

```
>> y=dsolve('x*D2y-3*Dy=x^2','x')                          %求微分方程的通解
y =
C3*x^4 - x^3/3 + C2
>> y=dsolve('x*D2y-3*Dy=x^2','y(1)=0,y(0)=0','x')          %求微分方程的特解
y =
x^4/3 - x^3/3
```

【例 3.26】 求微分方程组 $\dfrac{dx}{dt}=y$，$\dfrac{dy}{dt}=-x$ 的解。

```
>> [x,y]=dsolve('Dx=y,Dy=-x')
x =
C8*cos(t) + C7*sin(t)
y =
C7*cos(t) - C8*sin(t)
```

程序分析： 默认的自由变量是 t，C7、C8 为任意常数，程序也可指定自由变量，结果相同。

```
>> [x,y]=dsolve('Dx=y,Dy=-x','t')
```

3.7 符号函数的可视化

3.7.1 符号函数的绘图命令

为了将符号函数的数值计算结果可视化，MATLAB 提供了十多个绘图命令，可以很容易地将符号表达式图形化，这些命令的开头都是“ez”。同样，这些命令也可以用于字符串函数的绘图。

1. ezplot 和 ezplot3 命令

ezplot 命令用于绘制符号表达式的自变量和对应各函数值的二维曲线，ezplot3 命令用于绘制三维曲线。

语法：

```
ezplot(F,[xmin,xmax],fig)                  %画符号表达式的图形
```

说明： F 是将要画的符号函数；[xmin,xmax]是绘图的自变量范围，省略时默认值为 [-2π,2π]；fig 是指定的图形窗口，省略时默认为当前图形窗口。

【例 3.27】 绘制线性系统 $\ddot{x}+0.25x=0$ 的相平面图，如图 3.4 所示。

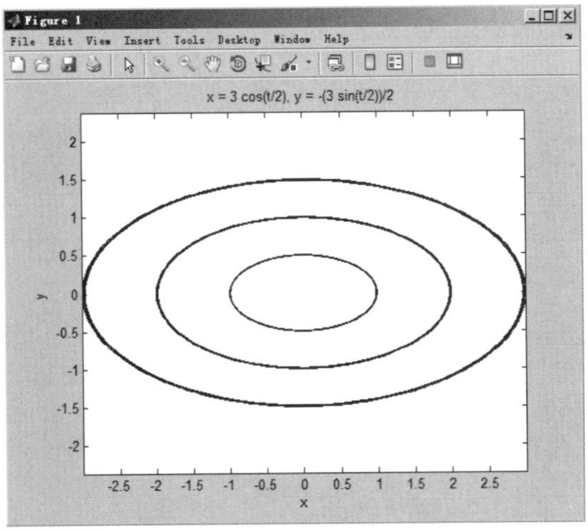

图 3.4　相平面图

相平面图以 x 和导数 $\dot{x}$ 为坐标轴，在每个时刻 t，状态 x 和导数 $\dot{x}$ 按时间先后顺序绘制系统状态运动轨迹。

```
>> syms x;
>> x1=dsolve('D2x+0.25*x=0','x(0)=1','Dx(0)=0')           %初始值为 1
x1 =
cos(t/2)
>> dx1=diff(x1)
dx1 =
-sin(t/2)/2
>> ezplot(x1,dx1,[-100,100]);hold on                       %绘制相平面图
>> x2=dsolve('D2x+0.25*x=0','x(0)=2','Dx(0)=0');           %初始值为 2
>> dx2=diff(x2);
>> ezplot(x2,dx2,[-100,100]);
>> x3=dsolve('D2x+0.25*x=0','x(0)=3','Dx(0)=0');           %初始值为 3
>> dx3=diff(x3);
>> ezplot(x3,dx3,[-100,100]);
```

语法：

```
ezplot3(x,y,z,[tmin,tmax],'animate')                        %绘制三维曲线
```

说明：x、y、z 分别为符号表达式 $x(t)$、$y(t)$和 $z(t)$；[tmin,tmax]为 t 的范围，可省略；animate 用来设置动画的绘制曲线过程，可省略。

【例 3.28】　用 ezplot3 绘制三维符号表达式曲线，如图 3.5 所示。

```
>> x=sym('sin(t)');
>> z=sym('t');
>> y=sym('cos(t)');
>> ezplot3(x,y,z,[0,10*pi],'animate')
%绘制 t 在[0,10*pi]范围的三维曲线
```

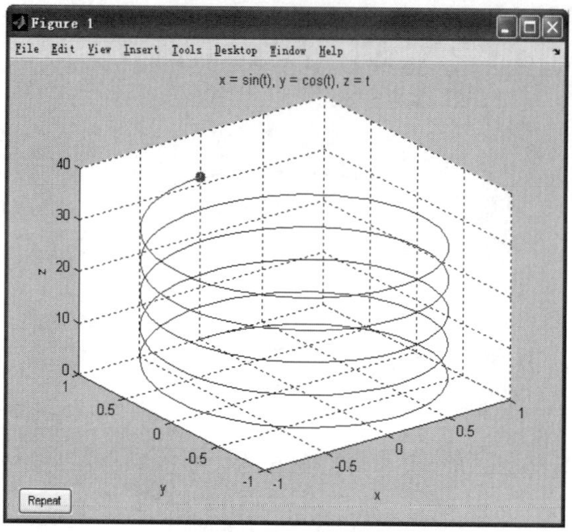

图 3.5　用符号表达式绘制三维曲线

程序分析：ezplot3 使用参数 animate 可以绘制动画。

2. 其他绘图命令

MATLAB 提供的较常用绘图命令如表 3.4 所示。

表 3.4　符号表达式和字符串的绘图命令

命 令 名	含　义	举　例
ezcontour	画等高线	ezcontour('x*sin(t)',[–4,4])
ezcontourf	画带填充颜色的等高线	ezcontourf('x*sin(t)',[–4,4])
ezmesh	画三维网线图	ezmesh('sin(x)*exp(–t)','cos(x)*exp(–t)','x',[0,2*pi])
ezmeshc	画带等高线的三维网线图	ezmeshc('sin(x)*t',[–pi,pi])
ezpolar	画极坐标图	ezpolar('sin(t)',[0,pi/2])
ezsurf	画三维曲面图	ezsurf('x*sin(t)','x*cos(t)','t',[0,10*pi])
ezsurfc	画带等高线的三维曲面图	ezsurfc('x*sin(t)','x*cos(t)','t',[0,pi,0,2*pi])

说明：这些命令的举例都是对字符串函数进行绘图，同样也可用于符号表达式绘图。

3.7.2　图形化的符号函数计算器

Symbolic Math Toolbox 还提供了另一种符号计算方式，即图形化的符号函数计算器，由 funtool.m 文件生成。在 MATLAB 命令窗口输入命令“funtool”，就会出现该图形化函数计算器，如图 3.6 所示。

在图 3.6 中的 Figure No. 3 窗口是计算器，Figure No. 1 窗口显示的是 f 表达式曲线，Figure No. 2 窗口显示的是 g 表达式曲线。可以在 Figure No. 3 窗口中修改 f、g、x、a 函数表达式和参数值。图 3.6（c）中的按钮可提供各种运算：第 1 排用于单函数运算；第 2 排用于函数和参数 a 的运算；第 3 排用于两个函数间的运算；最下面一排是辅助操作键。在图形化函数计算器中可以方便地查看函数的计算结果和显示的曲线。

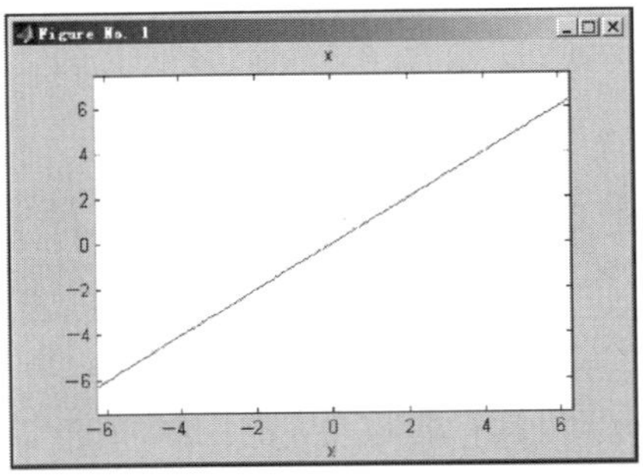

（a）Figure No.1窗口

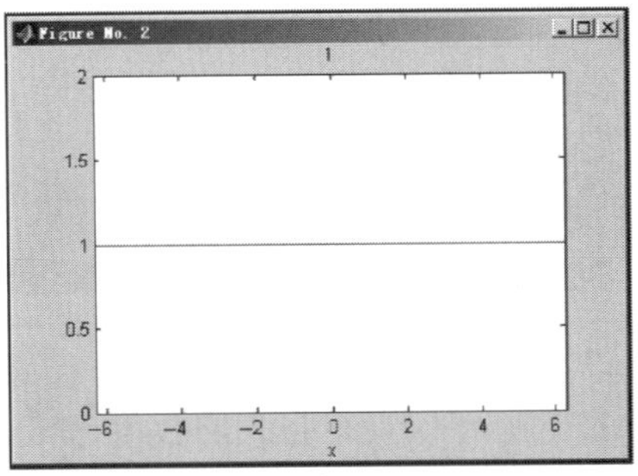

（b）Figure No.2窗口

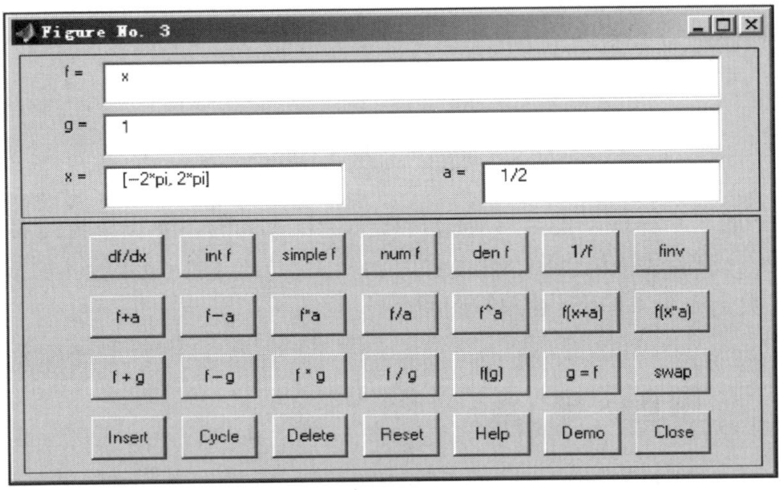

（c）Figure No.3窗口

图 3.6 图形化函数计算器

第4章 MATLAB计算的可视化和GUI设计

MATLAB 不仅具有强大的数值运算功能，还同样具有非常强大的二维和三维绘图功能，尤其擅长各种科学运算结果的可视化。计算的可视化可以将杂乱的数据通过图形表示出来，从中观察出其内在的关系。MATLAB 的绘图函数格式简单，可以使用不同线型、色彩、数据点标记和标注等修饰图形，也可以设计出图形用户界面，方便进行人机交互。

4.1 二维曲线的绘制

MATLAB 的二维曲线功能非常强大，在 MATLAB 的主界面中专门有绘制图形的“PLOTS”面板，主要包括线型图、柱状图、面积图、方向图、极坐标图和散点图等，单击下拉箭头可见到如图 4.1 所示的二维图类型。

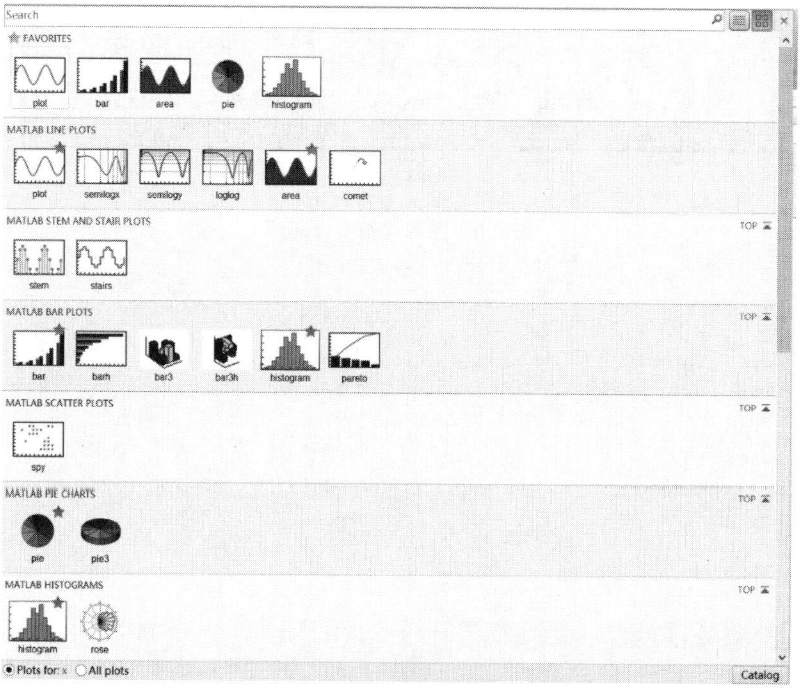

图 4.1 二维图的类型

4.1.1 基本绘图函数

plot 是 MATLAB 中最简单而且使用最广泛的 1 个绘图函数，用来绘制二维曲线。

语法：

```
plot(x)                    %绘制以 x 为纵坐标的二维曲线
plot(x,y)                  %绘制以 x 为横坐标，y 为纵坐标的二维曲线
```

说明： ***x*** 和 ***y*** 可以是向量或矩阵。

1. 用 plot(*x*) 绘制 *x* 向量曲线

若 ***x*** 是长度为 *n* 的数值向量，则坐标系的纵坐标为向量 ***x***，横坐标为 MATLAB 系统根据 ***x*** 向量的元素序号自动生成的从 1 开始的向量。

plot(***x***)函数用于坐标系中顺序地用直线段连接各点，生成 1 条折线，当向量的元素充分多时，可以得到 1 条光滑的曲线。

【例 4.1】 用 plot(*x*)函数画直线，如图 4.2 所示。

```
>> x1=[1 2 3]
x1 =
     1     2     3
>> plot(x1)
>> x2=[0 1 0]
x2 =
     0     1     0
>> plot(x2)
```

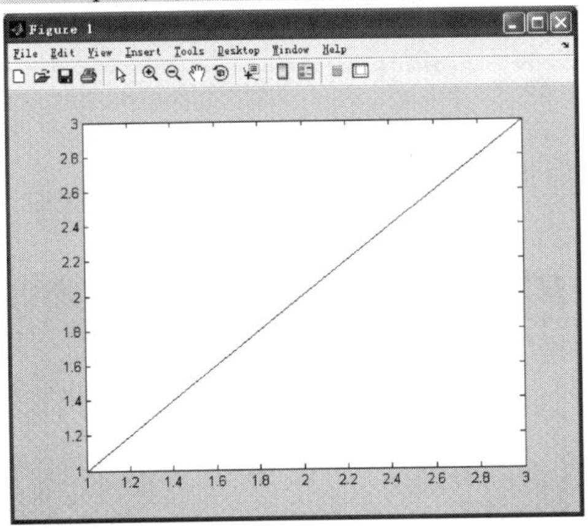

（a）x1 曲线

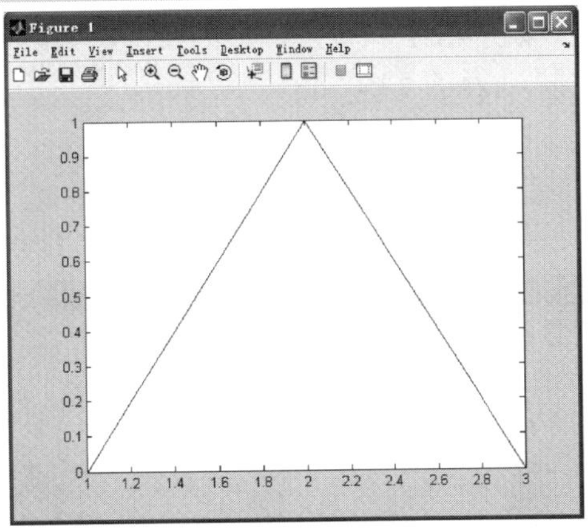

（b）x2 曲线

图 4.2 用 plot(***x***)函数画直线

2. 用 plot(*x*,*y*)函数绘制向量 *x* 和 *y* 的曲线

若参数 ***x*** 和 ***y*** 都是长度为 *n* 的向量，则 ***x***、***y*** 的长度必须相等，用 plot(***x***, ***y***)函数绘制纵坐标为向量 ***y***、横坐标为向量 ***x*** 的曲线。

【例 4.2】 绘制正弦曲线 *y*=sin(*x*)和方波曲线，如图 4.3 所示。

```
>> x1=0:0.1:2*pi;
>> y1=sin(x1);                     %y1 为 x1 的正弦函数
>> plot(x1,y1)
>> x2=[0 1 1 2 2 3 ];
>> y2=[1 1 0 0 1 1 ];
>> plot(x2,y2)
>> axis([0 4 0 2])                 %将坐标轴范围设定为 0～4 和 0～2
```

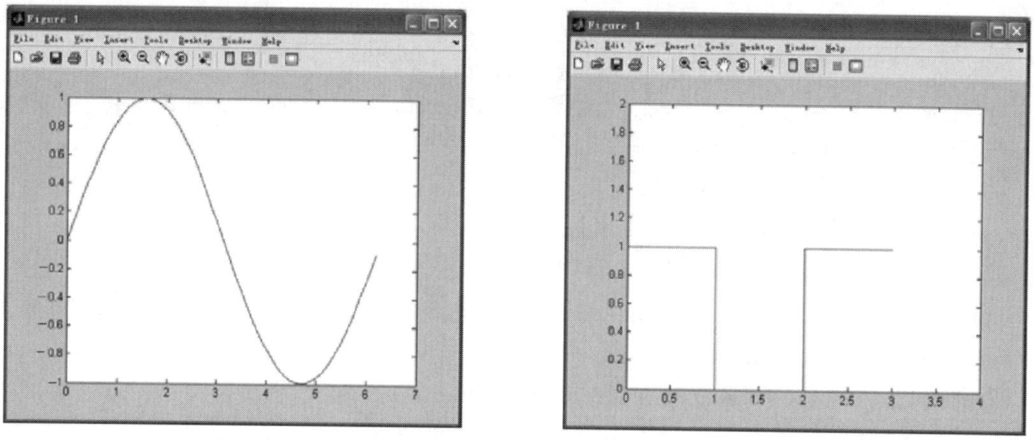

（a）正弦曲线　　（b）方波曲线

图 4.3　绘制正弦曲线和方波曲线

3. 用 plot(*x*)函数绘制矩阵 *x* 的曲线

若 ***x*** 是 1 个 *m*×*n* 的矩阵，则 plot(***x***)函数为矩阵的每一列画出 1 条线，共 *n* 条曲线，各曲线自动地用不同颜色表示；每条线的横坐标为向量 1:*m*，*m* 是矩阵的行数，绘制方法与向量相同。

【例 4.3】　矩阵图形的绘制，如图 4.4 所示。

```
>> x1=[1 2 3;4 5 6];
>> plot(x1)
>> x2=peaks;                              %产生 1 个 49×49 的矩阵
>> plot(x2)
```

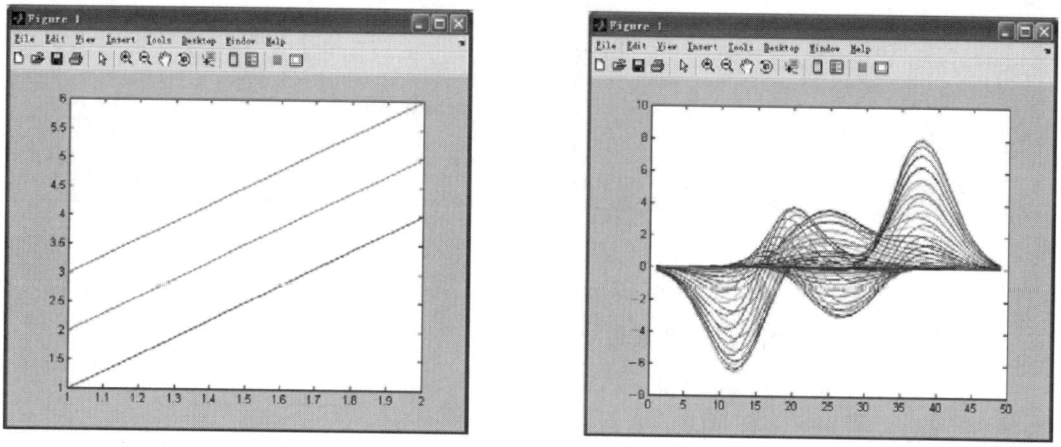

（a）x1 曲线　　（b）x2 曲线

图 4.4　绘制矩阵图形

程序分析：图 4.4（a）中有 3 条曲线而不是 2 条曲线，矩阵有 3 列，每列向量画 1 条曲线；图 4.4（b）为由 peaks 函数生成的 1 个 49×49 的二维矩阵，产生 49 条曲线。

4. 用 plot(*x*,*y*)函数绘制混合式曲线

当 plot(***x***,***y***)函数中的参数 ***x*** 和 ***y*** 是向量或矩阵时，分别有以下几种情况：

（1）如果 ***x*** 是向量，而 ***y*** 是矩阵，则 ***x*** 的长度与矩阵 ***y*** 的行数或列数必须相等。如果 ***x*** 的长度与 ***y*** 的行数相等，则向量 ***x*** 与矩阵 ***y*** 的每列向量对应画 1 条曲线；如果 ***x*** 的长度与 ***y*** 的列数相等，向量 ***x*** 与 ***y*** 的每行向量画 1 条曲线；如果 ***y*** 是方阵，则 ***x*** 和 ***y*** 的行数和列数都相等，将向量 ***x*** 与矩阵 ***y*** 的每列向量画 1 条曲线。

（2）如果 ***x*** 是矩阵，而 ***y*** 是向量，则 ***y*** 的长度必须等于 ***x*** 的行数或列数，绘制的方法与前一种相似。

（3）如果 ***x*** 和 ***y*** 都是矩阵，则大小必须相同，将矩阵 ***x*** 的每列和 ***y*** 的每列画 1 条曲线。

【例 4.4】　混合式图形的绘制，如图 4.5 所示。

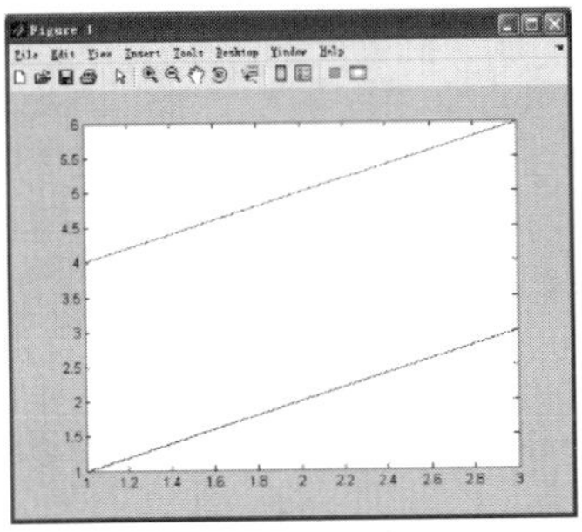

（a）(x1,y1)曲线

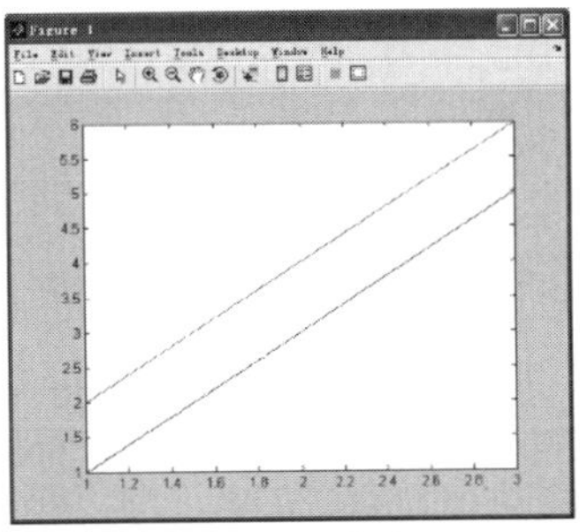

（b）(x2,y1)曲线

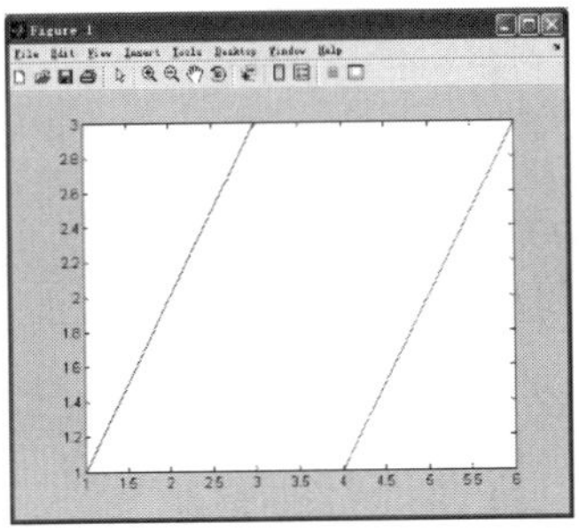

（c）(y1,x1)曲线

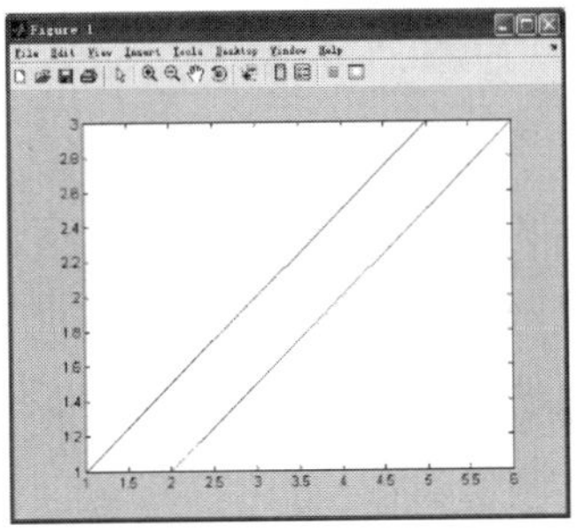

（d）(y2,x1)曲线

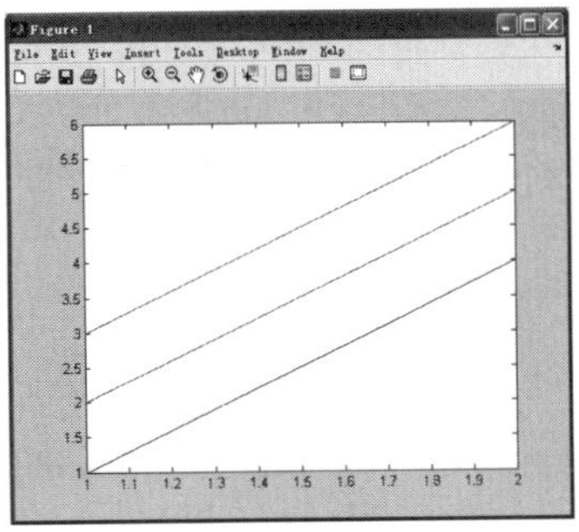

（e）(x2,y2)曲线

图 4.5　绘制混合式图形

```
>> x1=[1 2 3];
>> y1=[1 2 3;4 5 6]
y1 =
      1      2      3
```

```
    4     5     6
>> plot(x1,y1)                  %x1 和 y1 的列数个数相同，x1 为横坐标，y1 每行为纵坐标
>> y2=y1'
y2 =
    1     2
    3     4
    5     6
>> plot(x1,y2)                  %x1 和 y2 的行数个数相同，x1 为横坐标，y2 每列为纵坐标
>> plot(y1,x1)                  %y1 是矩阵，x1 是向量，y1 每行为横坐标，x1 为纵坐标
>> plot(y2,x1)                  %y2 是矩阵，x1 是向量，y2 每列为横坐标，x1 为纵坐标
>> x2=[1 1 1;2 2 2]
x2 =
    1     1     1
    2     2     2
>> plot(x2,y1)                  %x2 和 y1 都是矩阵，x2 每列为横坐标，y1 每列为纵坐标
```

5. 用 plot(*z*)函数绘制复向量曲线

plot(*z*)中的参数 *z* 为复向量时，plot(*z*)和 plot(real(*z*),imag(*z*))是等效的，以实部作为横坐标，以虚部作为纵坐标。

【例 4.4 续】 以下程序画出如图 4.5（e）所示的曲线。

```
>> z1=x2+i*y1
z1 =
   1.0000 + 1.0000i   1.0000 + 2.0000i   1.0000 + 3.0000i
   2.0000 + 4.0000i   2.0000 + 5.0000i   2.0000 + 6.0000i
>> plot(z1)          %以实部作为横坐标，以虚部作为纵坐标
```

注意

若 plot(*x*,*y*)的参数 *x* 或 *y* 中只有 1 个是复变量，另一个是实数变量，则 MATLAB 会忽略复变量的虚部。

6. 用 plot(x_1,y_1,x_2,y_2,…)函数绘制多条曲线

plot 函数还可以同时绘制多条曲线，用多个矩阵对作为参数，MATLAB 自动以不同的颜色绘制不同曲线。每一对矩阵（x_i,y_i）均按照前面的方式解释，不同的矩阵对之间，其维数可以不同。

【例 4.5】 绘制 3 条曲线，如图 4.6 所示。

```
>>x = 0:pi/100:2*pi;
>>y1 = sin(x);
>>y2 = sin(x+.5);
>>y3 = sin(x+1);
>>plot(x,y1,x,y2,x,y3);                %画 3 条曲线
```

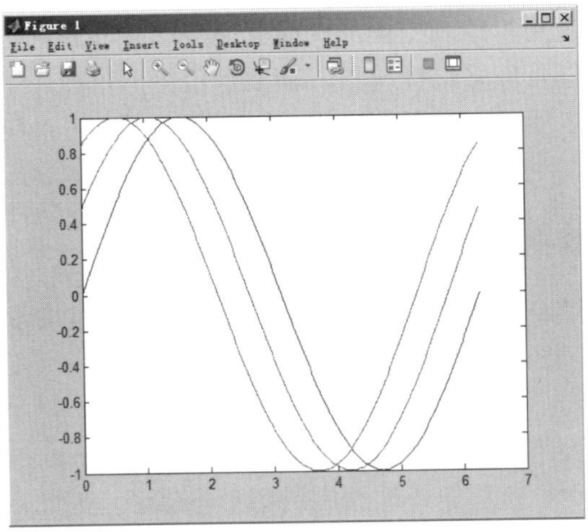

图 4.6　3 条曲线

4.1.2　绘制曲线的一般步骤

在 MATLAB 中，无论是绘制二维还是三维图形，如果要画出相当满意的彩色图形，就要对图形进行各种修饰，如表 4.1 所示为绘制二维、三维图形一般步骤的归纳。

表 4.1　绘制二维、三维图形的一般步骤

步　骤	内　容
1	曲线数据准备： 对于二维曲线，准备横坐标和纵坐标数据变量； 对于三维曲面，准备矩阵参变量和对应的函数值
2	指定图形窗口和子图位置： 默认时，打开 Figure No.1 窗口或当前窗口、当前子图； 也可以打开指定的图形窗口和子图
3	设置曲线的绘制方式： 线型、色彩、数据点形
4	设置坐标轴： 坐标的范围、刻度和坐标分格
5	图形注释： 图名、坐标名、图例、文字说明
6	着色、明暗、灯光、材质处理（仅对三维图形使用）
7	视点、三度（横、纵、高）比（仅对三维图形使用）
8	图形的精细修饰（图形句柄操作）： 利用对象属性值进行设置； 利用图形窗口工具条进行设置

说明：

（1）步骤 1 和步骤 3 是最基本的绘图步骤，如果利用 MATLAB 的默认设置，则通常

只需要这两个基本步骤就可以绘制出图形，而其他步骤并非完全必需。

（2）步骤 2 一般在图形较多的情况下，需要指定图形窗口、子图时使用。

（3）除了步骤 1、步骤 2、步骤 3 外的其他步骤，用户可以根据自己的需要改变前后次序。

4.1.3 多个图形绘制的方法

在表 4.1 的步骤 2 中，当需要绘制多个图形时，需要指定图形窗口和子图，或者在同一个图形窗口中层叠绘制图形。

1. 指定图形窗口

本书 4.1.1 小节中介绍的 plot 函数都是在默认的“Figure No.1”窗口中绘制图形的，当第 2 次使用 plot 函数时，就将第 1 次绘制的图形覆盖了。因此，如果需要同时打开多个图形窗口时，可以使用 figurc 语句。

语法：

```
figure(n)                    %产生新图形窗口
```

说明：如果该窗口不存在，则产生新图形窗口并设置为当前图形窗口，该窗口名为“Figure No.*n*”，而不关闭其他窗口。

例如，可以使用“figure(1)”“figure(2)”等语句同时打开多个图形窗口。

2. 同一窗口多个子图

如果需要在同一图形窗口中布置几幅独立的子图，则可以在 plot 函数前加上 subplot 函数，以便将 1 个图形窗口划分为多个区域，每个区域 1 幅子图。

语法：

```
subplot(m,n,k)               %使 m×n 幅子图中的第 k 幅成为当前图
```

说明：将图形窗口划分为 $m \times n$ 幅子图，k 是当前子图的编号，“,”可以省略。子图的序号编排原则是：左上方为第 1 幅，先向右、后向下依次排列，子图彼此之间独立。

【例 4.6】 用 subplot 函数画 4 个子图，如图 4.7 所示。

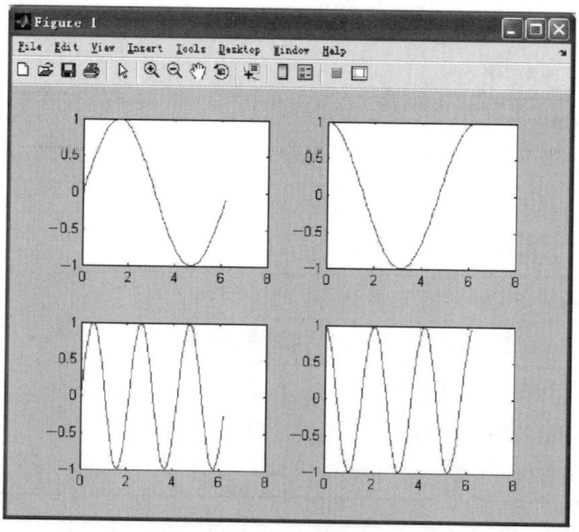

图 4.7 4 个子图

```
>> x=0:0.1:2*pi;
>> subplot(2,2,1)                     %分割为 2×2 个子图，左上方为当前图
>> plot(x,sin(x))
>> subplot(2,2,2)                     %右上方为当前图
>> plot(x,cos(x))
>> subplot(2,2,3)                     %左下方为当前图
>> plot(x,sin(3*x))
>> subplot(224)                       %右下方为当前图，省略逗号
>> plot(x,cos(3*x))
```

如果在使用绘图函数之后，想清除图形窗口以绘制其他图形，应使用“clf”命令清除图形窗口。

```
>> clf                                %清除子图
```

3. 同一窗口多次叠绘

在当前坐标系中绘图时，每调用 1 次 plot 函数，会擦掉图形窗口中已有的图形。为了在 1 个坐标系中增加新的图形对象，可以用“hold”命令保留原图形对象。

语法：

```
hold on                               %使当前坐标系和图形保留
hold off                              %使当前坐标系和图形不保留
hold                                  %在以上 2 个命令中切换
```

说明：在设置了“hold on”后，如果绘制多个图形对象，则在生成新的图形时保留当前坐标系中已存在的图形对象，MATLAB 会根据新图形的大小，重新改变坐标系的比例。

【例 4.7】 在同一窗口画出函数 sin*x* 在区间[0，2π]的曲线和 cos*x* 在区间[−π，π]的曲线，如图 4.8（a）所示。

```
>> x1=0:0.1:2*pi;
>> plot(x1,sin(x1))
>> hold on
>> x2=-pi:.1:pi;
>> plot(x2,cos(x2))
```

程序分析：坐标系的范围由 0～2π转变为−π～2π。

4. 双纵坐标图

在实际应用中常常需要把同一自变量的 2 个不同量纲，以及不同数量级的函数量的变化绘制在同一张图上。例如，在同一张图上画出放大器输入、输出电流的时间变化曲线，电压、电流的时间变化曲线，温度、压力的时间响应曲线等。MATLAB 使用 plotyy 函数可以实现在同一图形中使用左、右双纵坐标绘制曲线。

语法：

```
plotyy(x1,y1,x2,y2)                   %以左、右不同纵轴绘制 2 条曲线
```

说明：左纵轴用于(x_1,y_1)数据，右纵轴用于(x_2,y_2)数据，以绘制 2 条曲线。坐标轴的范围、刻度都自动产生。

【例 4.7 续】 用 plotyy 函数实现在同一图形窗口绘制 2 条曲线，如图 4.8（b）所示。

```
>> plotyy(x1,sin(x1),x2,cos(x2))
```

程序分析：plotyy 函数用不同颜色绘制 2 条曲线，纵坐标轴在左、右两边，横坐标为−π～2π。

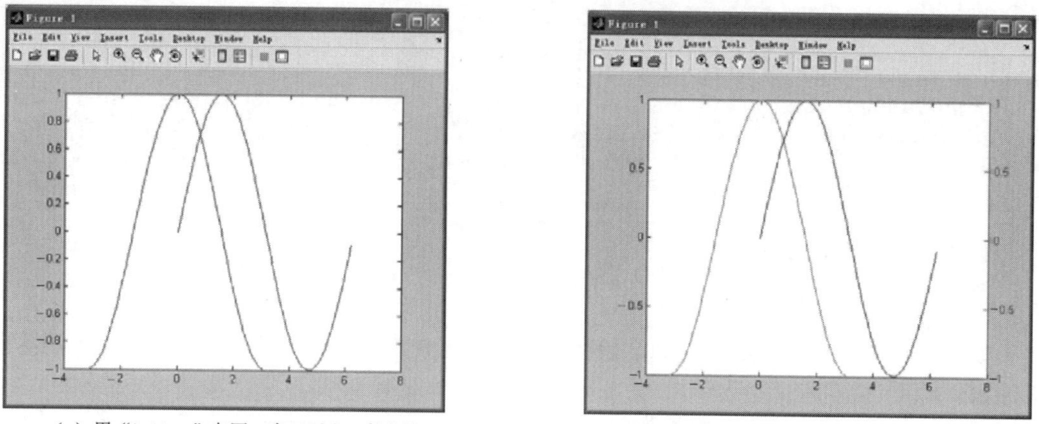

（a）用“hold on”在同一窗口画出 2 条曲线　　（b）用 plotyy 在同一窗口画出 2 条曲线

图 4.8　在同一窗口多次叠绘

4.1.4　曲线的线形、颜色和数据点形

使用 plot 函数运行多种调用方式时，MATLAB 自动以默认方式设置各曲线的线形、线段的颜色和数据点形等。实际上，plot 函数还可以设置曲线的线段类型、颜色和数据点形等，如表 4.2 所示。

表 4.2　线段、颜色与数据点形

颜色		数据点间连线		数据点形	
类型	符号	类型	符号	类型	符号
黄色	y（Yellow）	实线（默认）	–	实点标记	.
品红色（紫色）	m（Magenta）	点线	:	圆圈标记	o
青色	c（Cyan）	点画线	–.	叉号形×	×
红色	r（Red）	虚线	––	十字形＋	＋
绿色	g（Green）			星号标记＊	*
蓝色	b（Blue）			方块标记□	s
白色	w（White）			钻石形标记◇	d
黑色	k（Black）			向下的三角形标记	v
				向上的三角形标记	^
				向左的三角形标记	<
				向右的三角形标记	>
				五角星标记☆	p
				六连形标记	h

在 plot 函数中可以通过使用表 4.2 中由符号组成的字符串，控制所画线的线段类型、颜色和数据点形。

语法：

```
plot(x,y,s)
```

说明： x 为横坐标矩阵，y 为纵坐标矩阵，s 为类型说明字符串参数；s 字符串可以是线段类型、颜色和数据点形 3 种类型的符号之一，也可以是 3 种类型符号的组合。

【例 4.8】　用不同的线段类型、颜色和数据点形在同一窗口中画出 sin*x* 和 cos*x* 曲线，如图 4.9 所示。

```
>> x=0:0.1:2*pi;
>> plot(x,sin(x),'r–.')                %用红色点画线画出曲线
>> hold on
>> plot(x,cos(x),'b:o')                %用蓝色圆圈画出曲线，用点线连接
```

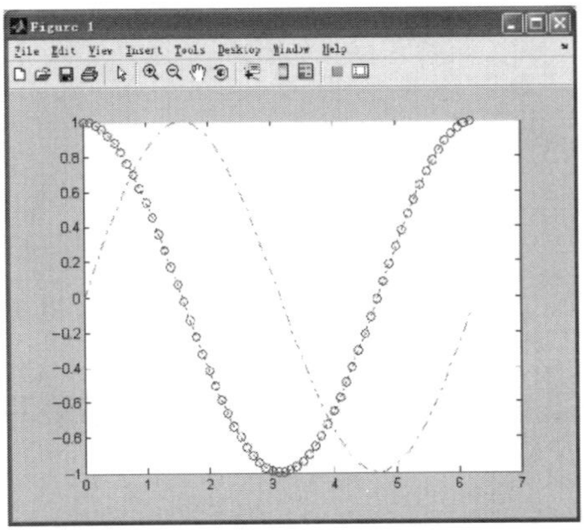

图 4.9　在同一窗口中画出 2 条曲线

4.1.5　设置坐标轴和文字标注

1. 坐标轴的控制

plot 函数根据所给的坐标点自动确定坐标轴的范围，用坐标控制命令 axis 控制坐标轴的特性，表 4.3 列出了其常用的坐标控制命令。

表 4.3　plot 函数常用的坐标控制命令

命　令	含　义	命　令	含　义
axis auto	使用默认设置	axis equal	纵、横轴采用等长刻度
axis manual	使当前坐标范围不变	axis fill	在 manual 方式下起作用，使坐标充满整个绘图区
axis off	取消轴背景	axis image	纵、横轴采用等长刻度，且坐标框紧贴数据范围
axis on	使用轴背景	axis normal	默认矩形坐标系
axis ij	矩阵式坐标，原点在左上方	axis square	产生正方形坐标系
axis xy	普通直角坐标，原点在左下方	axis tight	把数据范围直接设为坐标范围
axis([xmin,xmax,ymin,ymax])	设定坐标范围，必须满足 xmin<xmax，ymin<ymax，可以取 inf 或–inf	axis vis3d	保持高、宽比不变，用于三维旋转时避免图形大小变化

2. 分格线

使用 grid 命令显示分格线。

语法：

```
grid on                          %显示分格线
grid off                         %不显示分格线
grid                             %在以上2个命令间切换
```

说明： MATLAB 的默认设置是不显示分格线。分格线的疏密取决于坐标刻度，如果要改变分格线的疏密，则必须先定义坐标刻度。

【例 4.9】 在 2 个子图中使用坐标轴、分格线和坐标框控制，如图 4.10 所示。

```
>> x=0:0.1:2*pi;
>> subplot(2,1,1)
>> plot(sin(x),cos(x))
>> axis equal                    %纵、横轴采用等长刻度
>> grid on                       %加分格线
>> subplot(2,1,2)
>> plot(x,exp(-x))
>> axis([0,3,0,2])               %改变坐标轴范围
```

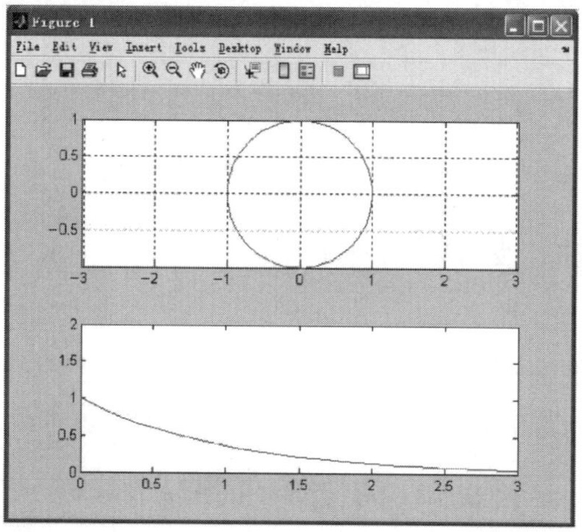

图 4.10 用坐标轴、分格线和坐标框控制

3. 文字标注

图形的文字标注是指在图形中添加标志性的注释，文字标注包括图名（Title）、坐标轴名（Label）、文字注释（Text）和图例（Legend）。

（1）添加图名。

语法：

```
title(s)                         %书写图名
```

说明： *s* 为图名，类型为字符串，可以是英文或中文。

（2）添加坐标轴名。

语法：

```
xlabel(s)                        %横坐标轴名
ylabel(s)                        %纵坐标轴名
```

（3）添加图例。

语法：

```
legend(s,pos)                %在指定位置建立图例
legend off                   %擦除当前图中的图例
```

说明：参数 *s* 是图例中的文字注释，如果有多个注释则可以用's1', 's2',…的方式；参数 pos 是图例在图上位置的指定符，它的取值如表 4.4 所示。

表 4.4 pos 取值所对应的图例位置

pos 取值	0	1	2	3	4	−1
图例位置	自动取最佳位置	右上角（默认）	左上角	左下角	右下角	图右侧

用 legend 函数在图形窗口中产生图例后，还可以用鼠标对其进行拖曳操作，将图例拖到满意的位置。

（4）添加文字注释。

语法：

```
text(xt,yt,s)                %在图形的(xt,yt)坐标处书写文字注释
```

【例 4.10】 在图形窗口中添加文字注释，如图 4.11 所示。

```
>> x=0:0.1:2*pi;
>> plot(x,sin(x))
>> hold on
>> plot(x,cos(x),'ro')
>> title('y1=sin(x),y2=cos(x)')           %添加标题
>> xlabel('x')                            %添加横坐标名
>> legend('sin(x)','cos(x)',4)            %在右下角添加图例
>> text(pi,sin(pi),'x=\pi')               %在(pi,sin(pi))处添加文字注释
```

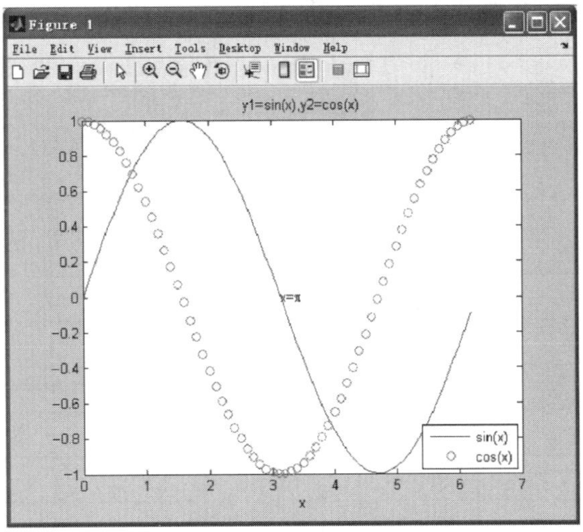

图 4.11 添加图形文字注释

4. 坐标刻度

在坐标轴上默认的刻度是自动等距离分隔的，但有些刻度需要特别标注出来，因此需

要使用坐标刻度专门标注。

通过设置 xtick 和 ytick 属性可以划分坐标刻度。通过设置 xticklabel 和 yticklabel 属性可以标注坐标刻度。

【例 4.10 续】 在图 4.11 中将横坐标按照每隔π/2 进行标识，则图形显示如图 4.12 所示。

```
>>axis([0,2*pi,-2,2])
>>set(gca,'XTick',0:pi/2:2*pi)                     %横坐标刻度
>>set(gca,'XTickLabel',{'0','pi/2','pi','pi3/2','2pi'})  %横坐标标识
```

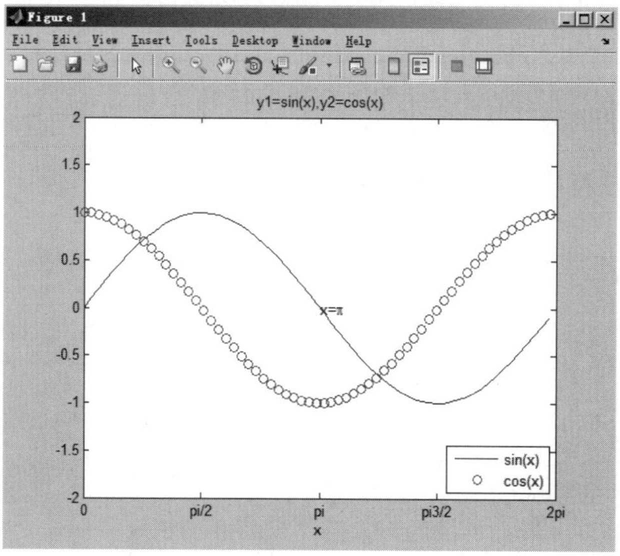

图 4.12 修改横坐标刻度

横坐标刻度 0～2π，标志使用元胞数组表示。

5. 特殊符号

如果需要对图形中的文字标志使用特殊字符，如希腊字母、数学符号等，则可以使用如表 4.5 所示的对应字符，如例 4.10 中的“text(pi,sin(pi),'x=\pi')”显示了希腊字符“π”。

表 4.5 图形标志使用的希腊字母、数学符号和特殊字符

类别	命令	字符	命令	字符	命令	字符	命令	字符
希腊字母	\alpha	α	\eta	η	\nu	ν	\upsilon	μ
	\beta	β	\theta	θ	\xi	ξ	\Upsilon	T
	\epsilon	ε	\Theta	Θ	\Xi	Ε	\phi	ϕ
	\gamma	γ	\iota	ι	\pi	π	\Phi	Φ
	\Gamma	Γ	\zeta	ζ	\Pi	π	\chi	X
	\delta	δ	\kappa	κ	\rho	ρ	\psi	ψ
	\Delta	Δ	\mu	μ	\tau	τ	\Psi	Ψ
	\omega	ω	\lambda	λ	\sigma	σ		
	\Omega	Ω	\Lambda	Λ	\Sigma	Σ		

续表

类别	命令	字符	命令	字符	命令	字符	命令	字符
数学符号	\approx	≈	\oplus	≡	\neq	≠	\leq	⩽
	\geq	⩾	\pm	±	\times	×	\div	÷
	\int	∫	\exists	∝	\infty	∞	\in	∈
	\sim	≌	\forall	～	\angle	∠	\perp	⊥
	\cup	∪	\cap	∩	\vee	∨	\wedge	∧
	\surd	√	\otimes	⊗	\oplus	⊕		
箭头	\uparrow	↑	\downarrow	↓	\rightarrow	→	\leftarrow	←
	\leftrightarrow	↔	\updownarrow	↕				

如果需要对文字进行上、下标设置，或设置字体大小，则必须在文字标志前先使用如表 4.6 所示的文字设置值。

表 4.6　文字设置值

命令	含义
\fontname{*s*}	字体的名称，*s* 为 Times New Roman 、Courier、宋体等
\fontsize{*n*}	字号大小，*n* 为正整数，默认为 10（points）
\s	字体风格，*s* 可以为 bf（黑体）、it（斜体一）、sl（斜体二）、rm（正体）等
^{*s*}	将 *s* 变为上标
_{*s*}	将 *s* 变为下标

【例 4.11】　在 MATLAB 的图形窗口中写出标题为表达式 $y(\omega)=\int_0^{\infty} y(t)\mathrm{e}^{-\mathrm{j}\omega t}\mathrm{d}t$，字体大小为 16 号，其特殊字符显示如图 4.13 所示。

```
>> figure（1）
>> title('\fontsize{16}y(\omega)=\int^{\infty}_{0}y(t)e^{-j\omegat}dt')
```

图 4.13　特殊字符

4.1.6　交互式图形函数

在 MATLAB 中还可以通过鼠标进行图形操作，主要有 ginput 和 gtext 函数。

1. ginput 函数

ginput 函数与其他图形函数的原理不同，不是把数据表现在图上，而是从图上获取数据。ginput 函数在数值优化和工程设计中都十分有用，仅适用于二维图形。

语法：

```
[x,y]=ginput(n)                    %用鼠标从图形上获取 n 个点的坐标(x,y)
```

说明： *n* 应为正整数，是通过鼠标从图上获得数据点的个数；*x*、*y* 用来存放所取点的坐标。

操作方法： 当 ginput 函数运行后，会把当前图形从后台调到前台，同时鼠标光标变为十字叉，用户移动鼠标将十字叉移到待取坐标点，单击鼠标左键便获得该点坐标；此后，用同样的方法获取其余点的坐标；当 *n* 个点的数据全部取到后，图形窗口便退回后台，回到 ginput 执行前的环境。为了使 ginput 函数能准确选点，可以先对图形进行局部放大处理。

2. gtext 函数

gtext 函数是把字符串放置到图形中鼠标所指定的位置上，该函数对二维、三维图形都适用。

语法：

```
gtext('s')                    %用鼠标把字符串放置到图形上
```

说明：如果参数 ***s*** 是单个字符串或单行字符串矩阵，那么 1 次鼠标操作就可把全部字符以单行形式放置在图上；如果参数 ***s*** 是多行字符串矩阵，那么每操作一次鼠标只能放置 1 行字符串，需要通过多次鼠标操作，把一行一行字符串放在图形的不同位置。

操作方法：运行 gtext 函数后，当前图形窗口自动由后台转为前台，鼠标光标变为十字形；移动鼠标到希望的位置，单击鼠标右键，将字符串 *s* 放在紧靠十字叉点的第 1 象限位置上。

【例 4.12】 在 *y*=sin(*x*)的图形中将(π,0)和(2π,0)点的坐标取出，并在(2π,0)点写“2π”字符串。

```
>> x=0:0.1:2*pi;
>> plot(x,sin(x))
>> [m,n]=ginput(2)            %取 2 点坐标
m =
     3.1532
     6.2984
n =
    -0.0029
    -0.0088
>> gtext('2\pi')              %写 2π
```

程序分析：由于鼠标所取点的位置有些偏差，因此 ginput 函数获取的坐标并不是精确在(π,0)和(2π,0)点上；gtext 函数在图中鼠标单击处写了“2π”字符串。

4.2 图形对象

4.2.1 句柄图形体系

句柄图形的概念很简单，就是将 1 个图形的每个组件都视作 1 个对象，每个对象都有 1 个独一无二的句柄（Handle）。句柄是存取图形对象的唯一识别标志，不同对象的句柄不能重复。

句柄图形是一种面向对象的绘图系统，又称为低层图形。低层命令能够直接操作基本绘图要素，如线、文字、面和图形控件等基本绘图要素，能够更细致、更个性地表现图形。但低层命令使用起来较难，不像高层命令那样简明易懂。

句柄图形体系由若干个图形对象组成，如图 4.14 所示。

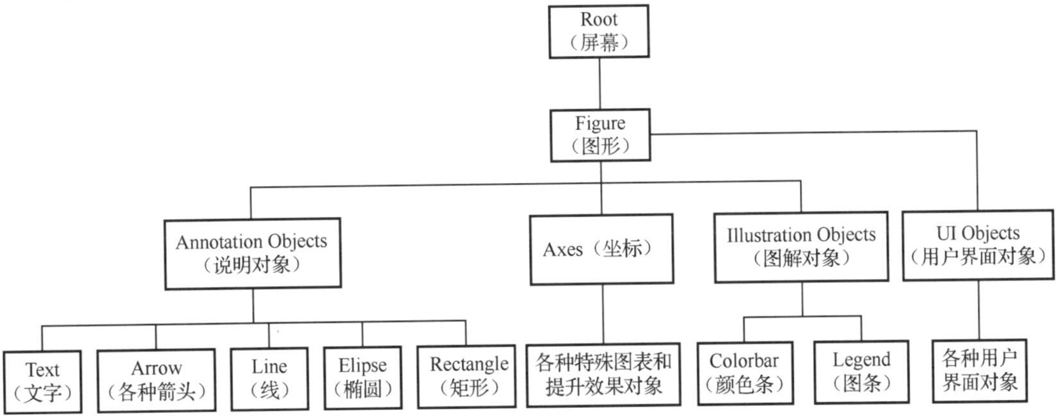

图 4.14　句柄图形体系

在图 4.14 中，对象按父对象和子对象组成层次结构。每个计算机的根对象只有 1 个即屏幕，是其他对象的父对象，它的句柄总是为 0；Figure（图）的句柄总是正整数，用来标志图形窗口的序号，一般在图形窗口标题栏中的“Figure No.”之后的数值就是该图形窗口的句柄；其余对象的句柄都是双精度型浮点数。Axes 坐标包括各种柱状图、散点图等图表以及图片、光线等提升效果对象，UI Objects 包括按钮、滚动条等各种用户界面设计对象。

4.2.2　图形对象的操作

1. 图形对象的创建

每次创建 1 个对象时，MATLAB 为该对象建立 1 个唯一的句柄。除了根屏幕外，所有的图形对象都由与之同名的函数创建，每个函数的格式及功能如表 4.7 所示，表中的每个函数在创建对象的同时，等式的左边为该对象的句柄。当创建子对象时，如果父对象不存在，则 MATLAB 会自动创建父对象，并将子对象置于父对象中，如当创建“axes”时，会自动创建图形窗口“Figure”。

创建图形对象时，为了提高可读性，在给对象句柄取名时应统一使用“h_对象名”，如创建坐标轴对象取名为“h_axes”。

表 4.7　创建图形对象函数的格式及功能

命　令	功　能	说　明
h =figure(*n*)	创建第 *n* 个图形窗口	*n* 为正整数
h =axes('position',[left,bottom,width,height])	创建坐标轴	定义轴的位置和大小
h =line(*x*,*y*,*z*)	创建直线	若 *z* 省略则在二维平面上
h =surface(*x*,*y*,*z*,*c*)	创建面	*x*、*y*、*z* 定义三维曲面，*c* 是颜色参数
h=rectangle ('position',[*x*,*y*,*w*,*h*], 'curvature',[xc,yc])	创建矩形	*x*、*y* 为左下顶点坐标，*w*、*h* 为长方形的宽和高，xc、yc 为曲率

续表

命　令	功　能	说　明
h =patch('faces',fac, 'veitices',vert)	创建贴片	fac 为多边形顶点的序号矩阵，vert 为顶点矩阵
h =image(*x*)	创建图像	***x*** 为图像数据矩阵
h =text(*x*,*y*, 'string')	创建文字	*x*、*y* 为字符串 string 的标注位置
h =light('PropertyName',PropertyValue)	创建光源	设置光的入射方向
h =uicontrol('PropertyName',PropertyValue)	创建用户界面控件	PropertyName 和 PropertyValue 指定控件的类型
h = uimenu ('PropertyName', PropertyValue)	创建用户界面菜单	PropertyName 和 PropertyValue 指定菜单的形式
h = animatedline ('PropertyName', PropertyValue)	创建动画曲线	动画曲线需要 addpoints 函数绘制点

2. 创建对象时设置属性

所有的图形对象都有属性（property），通过设置属性来定义或修改对象的特征。每个不同的对象都有和它相关的属性，对象属性包括对象的位置、颜色、类型、父对象和子对象等。

对象属性由属性名和相应的属性值组成。属性名是字符串，通常第 1 个字母大写，没有空格。为了方便对属性名的使用，MATLAB 不区分大小写，只要不产生歧义甚至可以不必写全，如坐标轴对象的位置属性用“Position”“position”“pos”属性名都可以。

【例 4.13】 创建图形对象。

```
>> h_fig=figure('color','red','menubar','none','position',[0,0,300,300])
h_fig =
     1
```

或者使用结构数组创建图形对象：

```
>> ps.color='red';
>> ps.position=[0,0,300,300];
>> ps.menubar='none';
>> h_fig=figure(ps)
h_fig =
     1
```

程序分析： 创建 1 个窗口，背景为红色，没有菜单条，在屏幕的(0,0)位置，宽度、高度为 300。

3. 对象句柄的获取

对象句柄的获取有以下 3 种方法。

（1）当前对象句柄的获取。MATLAB 提供了 3 个获取当前对象句柄的命令，分别是“gcf”“gca”“gco”。

语法：

```
gcf                    %获取当前图形窗口句柄
gca                    %获取当前坐标轴句柄
gco                    %获取被鼠标最近单击的对象的句柄
```

【例 4.14】　使用命令获取图形对象的句柄，如图 4.15 所示。

```
>> x=0:0.1:2*pi;
>> y=sin(x).*exp(-x);
>> plot(x,y)
>> text(pi,0,'\leftarrowexp(-x)*sin(x)=0')
>> h_fig=gcf                                    %获取图形窗口的句柄
h_fig =
     1
>> h_axes=gca                                   %获取坐标轴的句柄
h_axes =
   100.0013
>> h_obj=gco                                    %获取最近单击的对象的句柄
h_obj =
     3.0017
```

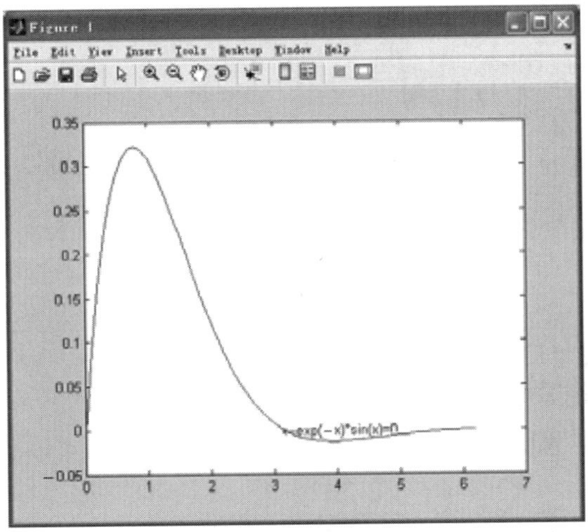

图 4.15　图形对象

程序分析：用 plot(x,y)画线，因为没有图形窗口，所以自动产生图形窗口；图形窗口句柄为 1；坐标轴句柄为 100.0013；鼠标最近单击的对象是曲线，句柄为 3.0017。

（2）查找对象。用 findobj 函数可以快速查找所有对象，以及获取指定属性值的对象句柄。

语法：

```
h=findobj                                       %返回根对象和所有子对象的句柄
h=findobj(h_obj)                                %返回指定对象的句柄
h=findobj('PropertyName',PropertyValue)         %返回符合指定属性值的对象句柄
h=findobj(h_obj, 'PropertyName', PropertyValue) %在指定对象及子对象中查找符合指定属性
                                                %值的对象句柄
```

说明：h_obj 为指定对象句柄；PropertyName 为属性名；PropertyValue 为属性值。

【例 4.14 续】　使用 findobj 函数获取图 4.15 中图形对象的句柄。

```
>> findobj                                      %返回根对象和所有子对象的句柄
ans =
          0
```

```
    1.0000
  100.0013
  101.0038
    3.0017
>> h_text=findobj(h_fig,'string','\leftarrowexp(-x)*sin(x)=0')   %查找符合属性值的文字对象句柄
h_text =
  101.0038
```

程序分析：根对象句柄为 0；其子对象图形窗口句柄为 1；图形窗口子对象坐标轴句柄为 100.0013；坐标轴子对象文字句柄为 101.0038；坐标轴子对象曲线句柄为 3.0017；文字对象的文字属性名为 string。

4. 用 get 函数获取属性值

get 函数用于获取指定对象的属性值。

语法：

```
get(h_obj)                                  %获取句柄对象所有属性的当前值
get(h_obj, 'PropertyName')                  %获取句柄对象指定属性的当前值
```

【例 4.14 续】 获取图形对象属性。

```
>> p=get(h_fig,'position')
p =
     0     0   300   300
>> c=get(h_fig,'color')
c =
     1     0     0
```

程序分析：图形对象的颜色为红色，用 RGB 三元组表示。

5. 用 set 函数设置属性值

set 函数用来设置对象的属性值。

语法：

```
set(h_obj)                                  %设置句柄对象所有属性和属性值
set(h_obj, 'PropertyName')                  %设置句柄对象指定属性名的属性值
set(h_obj, 'PropertyName', ' PropertyValue ')  %设置句柄对象指定属性的属性值
set(h_obj, 'PropertyStructure')             %用结构数组设置句柄对象指定属性的属性值
```

【例 4.15】 使用 set 函数设置双纵坐标的曲线属性。

```
>> x=-pi:0.01:pi;
>> [AX,H1,H2]=plotyy(x,sin(x),x,cos(x))
>> set(H1,'Linestyle','-');                 %设置线型
>> set(H2,'Linestyle','--');
>> set(H2,'color','g');                     %设置颜色
>> set(H1,'color','r');
```

程序分析：获取两条曲线的句柄，通过 set 函数可以为两条曲线设置线型和颜色。

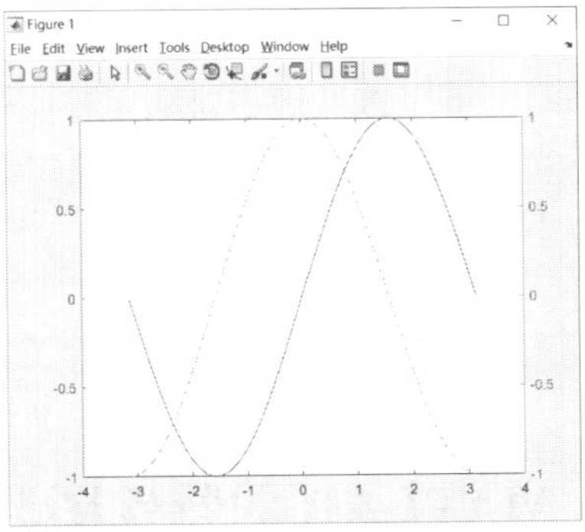

图 4.16　双纵坐标曲线图

【例 4.16】　使用低层函数画图，并设置各对象的属性，图形对象如图 4.17 所示。

```
>> h_fig=figure('color','red','menubar','none','position',[0,0,300,300]);
>> x=0:0.1:2*pi;
>> y=sin(x).*exp(-x);
>> h_line1=plot(x,y,'b');
>> title('y=exp(-x)*sin(x)')
>> set(gca,'ygrid','on')                                          %获取曲线宽度
line1width =
      0.5000
>> set(h_line1,'linewidth',3)                                     %设置曲线宽度
>> h_title =get(gca,'title')                                      %获取标题句柄
h_title =
    3.0028
>> titlefontsize=get(h_title_fontsize,'fontsize')                 %获取字体大小
titlefontsize =
    10
>> set(h_title_fontsize,'fontsize',13)                            %设置标题字体大小
>> h_text1=text(pi,0,'\downarrow');                               %画向下箭头
>> text1pos=get(h_text1,'position')                               %获取文字位置
text1pos =
    3.1416         0         0
>> h_text2=text(text1pos(1,1),text1pos(1,2)+0.025,'exp(-x)*sin(x)=0');   %设置文字位置
>> set(h_text1,'fontsize',13,'color','red')                       %设置字体大小、颜色
>> set(h_text2,'fontsize',13,'color','red')
```

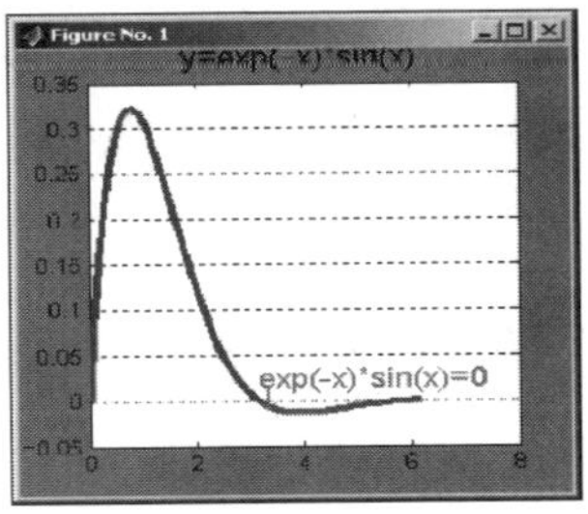

图 4.17　图形对象

6. 对象句柄的删除

在获取了图形对象的句柄后，就可以对图形对象进行操作。

删除图形对象使用 delete(h_obj)函数，该命令将删除句柄所指对象和所有子对象，而且不提示确认，因此使用时要小心。

【例 4.16 续】 删除曲线。

```
>> delete(h_line1)
```

4.3 MATLAB 的特殊图形绘制

在本章的图 4.1 中列出了二维图形，包括线型图、柱状图、面积图、方向图、极坐标图和散点图，这些特殊图形可以适应不同的应用。在 MATLAB 主界面中的 Workspace 窗口中，选择某个向量或矩阵，然后单击工具栏中的“Plot”按钮，则会出现 Plot 下拉菜单，菜单中列出了可以绘制的各种特殊图形。

4.3.1 条形图

条形图常用于对统计的数据进行作图，特别适用于少量且离散的数据。绘制条形图的函数如表 4.8 所示。

表 4.8 绘制条形图的函数

函　数	功　能	函　数	功　能
bar	垂直条形图	bar3	三维垂直条形图
barh	水平条形图	bar3h	三维水平条形图

语法：

```
bar(x,y,width,'参数')          %画条形图
bar3(y,z,width,'参数')         %画三维条形图
```

说明： x 是横坐标向量，省略时默认值是 1:m，m 为 y 的向量长度。y 是纵坐标，可以是向量或矩阵，当 y 是向量时每个元素对应 1 个竖条；当 y 是 $m \times n$ 的矩阵时，将画出 m 组竖条，每组包含 n 条。width 是竖条的宽度，省略时默认宽度是 0.8，如果宽度大于 1，则条与条之间将重叠。'参数'可以为 grouped（分组式）或 stacked（累加式），省略时默认为 grouped。bar3 函数的格式也相同，y 必须是单调增加或减小，省略时为 1:m；'参数'除 grouped 和 stacked 外，还有 detached（分离式）。

bar 函数与 plot 函数一样，可以选择线型、颜色，并可以添加文字标志。

【例 4.17】 用条形图表示某年 1 月份中 3 日至 6 日连续 4 天的温度数据，Y 矩阵的各列分别表示平均温度、最高温度和最低温度，如图 4.18 所示，用条形图和三维条形图分别表示。

```
>> x=3:6;
>> y=[5.3000    13.0000    0.4000
      5.1000    11.8000    -1.7000
      3.7000    8.1000     0.6000
      1.5000    7.7000     -4.5000]
```

```
>> bar(x,y,'barwidth',0.2)              %画条形图并设置宽度
>> bar3(x,y)                            %画三维条形图
```

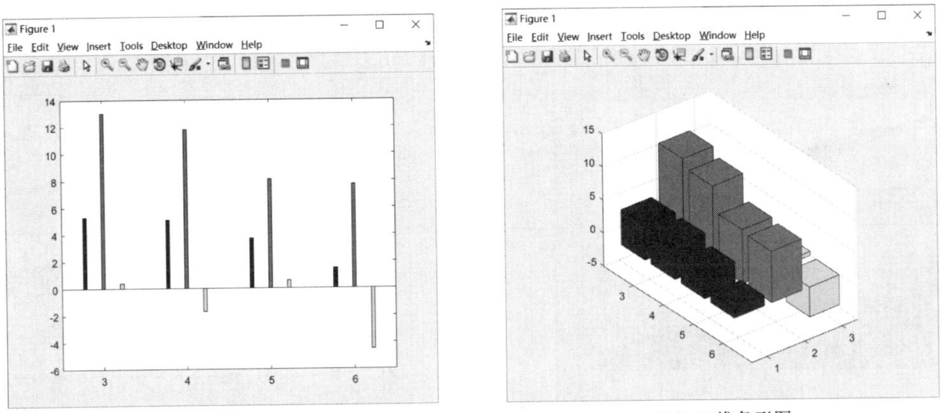

（a）条形图　　（b）三维条形图

图 4.18　条形图和三维条形图

程序分析： 由图 4.18 可以看出，条形图是按行分组的，每组分别为每天的平均温度、最高温度和最低温度。

【例 4.17 续】 使用图形对象句柄也可以设置图形的属性。

```
>> h_b=bar(x,y)                 %使用句柄对象创建柱状图
>> set(h_b(1),'barwidth',0.2)
```

程序分析： 在工作空间可以看到，h_b 变量是 1×3 的数组，每个元素为一组柱状图，因此 h_b(1)表示第一个元素。

4.3.2　面积图和实心图

1. 面积图

面积图在曲线与横轴之间填充颜色，用于绘制面积图的函数为 area，只能用于二维绘图。

语法：

```
area(y)                    %画面积图
area(x,y)
```

说明： ***y*** 可以是向量或矩阵，如果 ***y*** 是向量，则绘制的曲线和 plot 函数相同，只是在曲线和横轴之间填充颜色；如果 ***y*** 是矩阵，则将每列向量的数据构成面积叠加起来；*x* 是横坐标，若 *x* 省略则横坐标为 1:size(*y*,1)。

2. 实心图

实心图是将数据的起点和终点连成多边形，并填充颜色，绘制实心图的函数为 fill。

语法：

```
fill(x,y,c)                %画实心图
```

说明： *c* 为实心图的颜色，可以用'r'、'g'、'b'、 'c'、'm'、'y'、'w'和'k'，或 RGB 三元组行向量表示，也可以省略。

【例 4.17 续】 绘制面积图和实心图，并比较其区别，如图 4.19 所示。

```
>> area(x,y)                    %面积图
>> fill(x,y,'r')                %红色的实心图
```

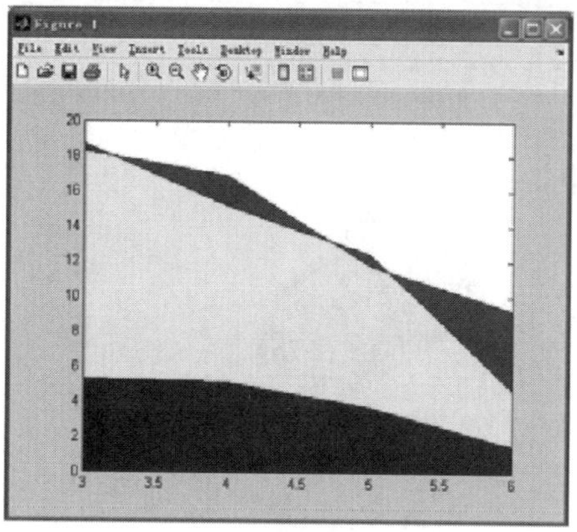

（a）面积图

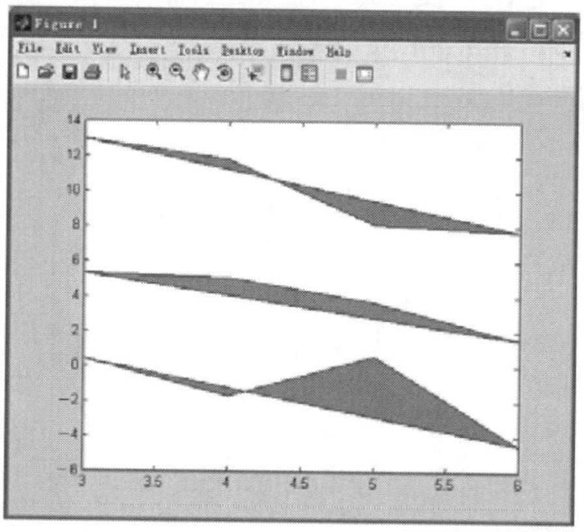

（b）实心图

图 4.19　面积图和实心图

程序分析：由图 4.19 可知，面积图是绘制曲线和横轴间的面积，y 的各列是叠加在一起的；而实心图是将起点和终点连接并填充颜色的多边形。

4.3.3　直方图

用于建立直方图的函数为 hist，直方图和条形图的形状相似，但直方图用于显示数据的分布规律，并具有统计的功能。

语法：

```
hist(y,m)                       %统计每段的元素个数并画出直方图
hist(y,x)
```

说明：m 是分段的个数，省略时默认为 10；$\boldsymbol{x}$ 是向量，用于指定每个所分数据段的中间值；$\boldsymbol{y}$ 可以是向量或矩阵，如果是矩阵则按列分段。

【例 4.18】　用直方图绘制 Excel 文件中的温度，Excel 文件数据如图 4.20 所示。使用直方图统计出相同温度天数，并绘制直方图和曲线图，如图 4.21 所示。

```
>> T1=readtable('ex4_15.xlsx');                 %读取 Excel 文件数据
T1 =
    date    temperature
    ____    ___________
     1           1
     2           0
     3           2
     4          -2
     5           0
     6           1
     7          -1
     8          -2
     9          -3
    10          -4
```

```
    11        -5
    12        -3
    13        -1
    14         0
    15        -5
>> n=max(T1.temperature)-min(T1.temperature)+1          %根据温度计算直方图分段数
n =
    8
>> subplot(2,1,1)
>> hist(T1.temperature,n)                               %绘制直方图
>> subplot(2,1,2)
>> plot(T1.date,T1.temperature)                         %绘制日期温度曲线
```

date	temperature
1	1
2	0
3	2
4	-2
5	0
6	1
7	-1
8	-2
9	-3
10	-4
11	-5
12	-3
13	-1
14	0
15	-5

图 4.20　温度数据

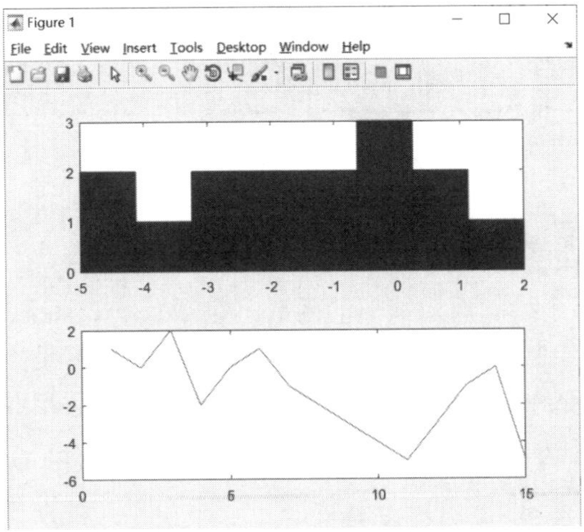

图 4.21　直方图和曲线图

程序分析：直方图显示的是每段温度的个数，先统计、后绘图。如果要得出直方图的统计个数，可以运行以下程序：

```
>> m=hist(T1.temperature,n)
m =
     2     1     2     2     2     3     2     1
```

4.3.4 饼形图

饼形图用于显示向量中的每个元素占向量元素总和的百分比，可以用 pie 和 pie3 函数分别绘制二维和三维饼形图。

语法：

```
pie(x,explode, 'label')                    %画二维饼形图
pie3(x,explode, 'label')                   %画三维饼形图
```

说明： x 是向量；explode 是与 x 同长度的向量，用来决定是否从饼形图中分离对应的一部分块，非零元素表示该部分需要分离；'label'是用来标注饼形图的字符串数组。

【例 4.19】 绘制 4 个季度支出额的饼形图，如图 4.22 所示。

```
>> y=[200 100 250 400];                    %4 个季度支出额
>> explode=[0 0 1 0];
>> pie(y,explode,{'第 1 季度','第 2 季度','第 3 季度','第 4 季度'})
```

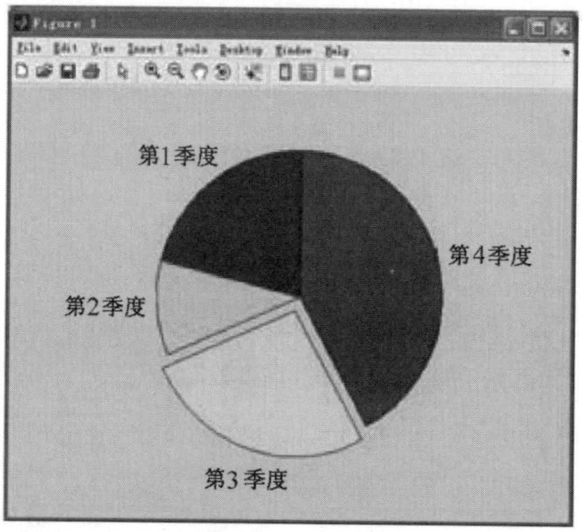

图 4.22 饼形图

4.3.5 离散数据图

MATLAB 提供了多个绘制离散数据的函数，包括 stem、stem3、stairs 和 scatter 等。

stem 和 stem3 函数绘制的方法和 plot 函数相似，但绘制的是离散点的火柴杆图；stairs 函数用于绘制阶梯图；scatter 函数用于绘制点图，与 plot 函数相似，但只有数据点。

【例 4.20】 使用几种绘制离散数据的函数显示 $y = e^{-2x}\sin(x)$ 的离散数据，如图 4.23 所示。

```
>> x=0:0.1:2*pi;
>> y=sin(x).*exp(-2*x);
>> subplot(3,1,1)
>> stem(x,y,'filled')                %画火柴杆图
>> subplot(3,1,2)
>> stairs(x,y)                       %画阶梯图
>> subplot(3,1,3)
>> scatter(x,y)                      %画点图
```

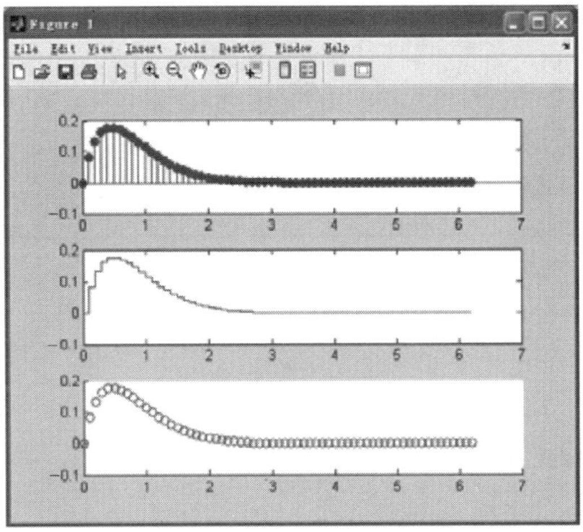

图 4.23　离散数据图

程序分析：'filled'参数用来填充火柴杆图的点标记。

4.3.6　对数坐标和极坐标图

MATLAB 还提供了一些特殊的坐标图形函数，如绘制对数坐标和极坐标图，可以方便地显示和分析各种数学运算的结果。

1. 对数坐标图形

对数坐标图形由 semilogx、semilogy 和 loglog 函数实现。

语法：

```
semilogx(x,y,'参数')                    %绘制 x 为对数坐标的曲线
semilogy(x,y,'参数')                    %绘制 y 为对数坐标的曲线
loglog(x,y,'参数')                      %绘制 x、y 都为对数坐标的曲线
```

说明：参数和 plot 函数一样，只是坐标不同。

【例 4.21】　求传递函数为 $G(s)=\dfrac{1}{s(0.5s+1)}$ 的对数幅频特性曲线，如图 4.24 所示，横坐标为 w，是对数坐标。

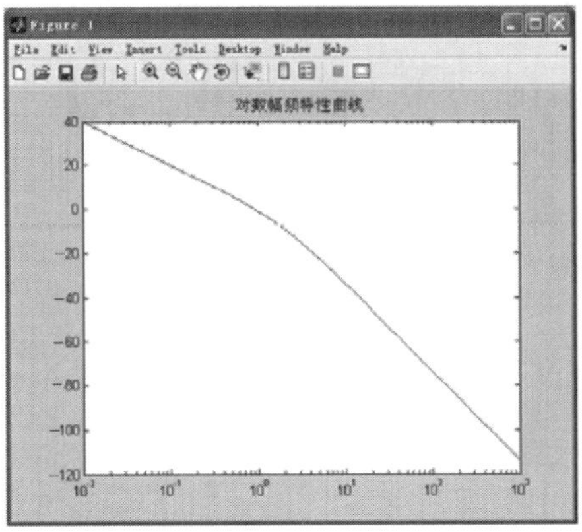

图 4.24　对数幅频特性曲线

```
>> w=logspace(-2,3,20);               %频率 w 为 0.01～1 000
>> Aw=1./(w.*sqrt((0.5*w).^2+1));     %计算幅频
>> Lw=20*log10(Aw);                   %计算对数幅频
>> semilogx(w,Lw)
>> title('对数幅频特性曲线')
```

2. 极坐标图

极坐标图由 polar 函数实现。

语法：

```
polar(theta,radius,'参数')            %绘制极坐标图
```

说明： theta 为相角，radius 为离原点的距离。

【例 4.21 续】 用极坐标图表示 r=2sinθ，θ 在−π～π之间，如图 4.25 所示。

```
>> theta=-pi:0.01:pi;
>> r=2*sin(5*theta).^2;
>> polar(theta,r)
```

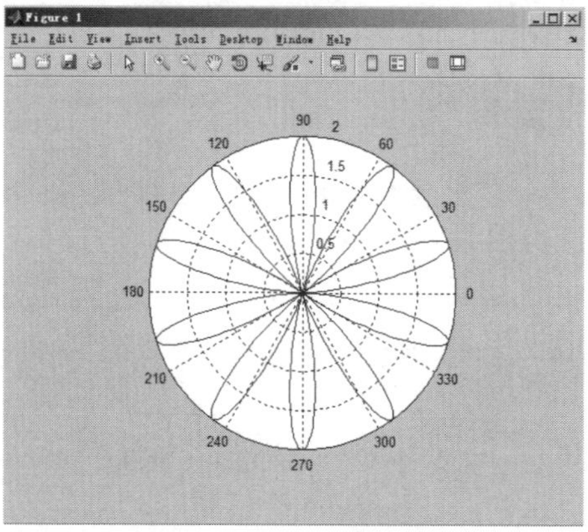

图 4.25　极坐标图

4.3.7 等高线图

使用 contour 和 contour3 函数可以直接绘制等高线图，在本章后面 4.4 节三维图形绘制中还可以使用 meshc 和 surfc 函数绘制带有等高线的三维网线和曲面图。

语法：

```
contour(Z,n)                          %绘制 Z 矩阵的等高线
contour(x,y,z,n)                      %绘制以 x 和 y 指定 x、y 坐标的等高线
```

说明： n 为等高线的条数，省略时为自动条数。

【例 4.22】 绘制 peaks 函数的等高线，如图 4.26 所示。

```
>> [x,y,z]=peaks;
>> contour(x,y,z)          %画二维等高线
>> contour3(z,30)          %画 30 条三维等高线
```

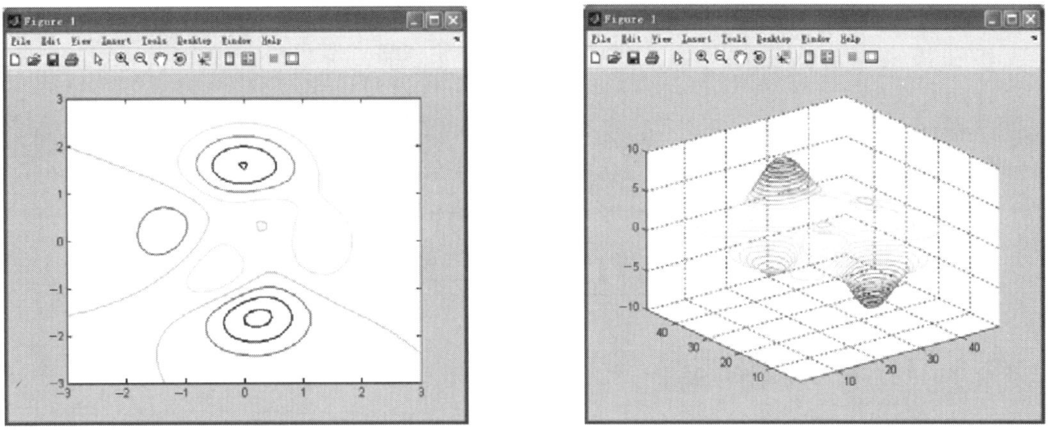

（a）二维等高线　　（b）三维等高线

图 4.26　peaks 函数的等高线

4.3.8　复向量图

compass 函数和 feather 函数都可以绘制复向量图。

1. compass 函数

compass 函数绘制的是以原点为起点的 1 组复向量，又称为罗盘图。

语法：

```
compass(u,v)                          %画罗盘图
compass(z)
```

说明： *u*、*v* 分别为复向量的实部和虚部；若只有 1 个参数 *z*，则相当于 compass(real(*z*), imag(*z*))。

2. feather 函数

feather 函数绘制的是起点为(*k*,0)的复向量图，又称为羽毛图。

语法：

```
feather(u,v)                          %画羽毛图
feather (z)
```

【例 4.23】　用罗盘图和羽毛图绘制复向量，如图 4.27 所示。

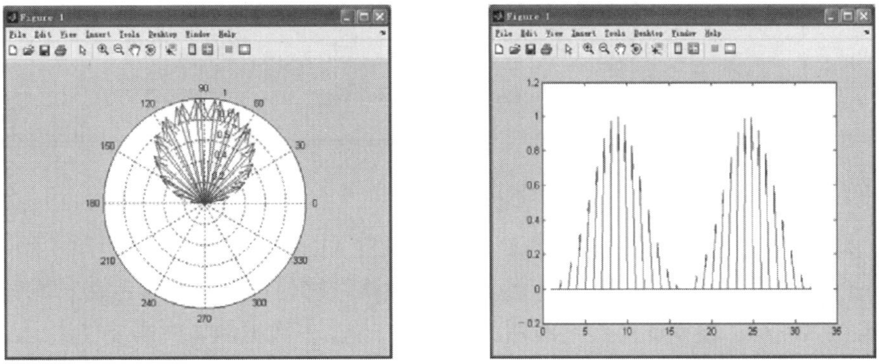

（a）罗盘图　　（b）羽毛图

图 4.27　绘制复向量

```
>> theta=0:0.2:2*pi;
>> z=sin(theta).*exp(j*theta);
>> compass(z)
>> feather(z)
```

程序分析：羽毛图的绘制起点是(*k*,0)，*k* 从 1～*n*，*n* 是 *z* 向量的元素序号。

4.4 MATLAB 的三维图形绘制

4.4.1 绘制三维线图函数

在 MATLAB 的三维图形函数中，plot3 最易于理解。plot3 是用来绘制三维曲线的函数，它的使用格式与绘制二维图的 plot 函数很相似。

语法：

```
plot3(x,y,z, 's')                          %绘制三维曲线
plot3(x1,y1,z1, 's1',x2,y2,z2, 's2',…)     %绘制多条三维曲线
```

说明：若 ***x***、***y***、***z*** 是同维向量，则绘制以 ***x***、***y***、***z*** 元素为坐标的三维曲线；若 ***x***、***y***、***z*** 是同维矩阵，则绘制三维曲线的条数等于矩阵的列数。*s* 是指定线型、色彩或数据点形的字符串。

【例 4.24】 三维曲线绘图，如图 4.28 所示。

```
>> x=0:0.1:20*pi;
>> plot3(x,sin(x),cos(x))          %按系统默认设置绘图
```

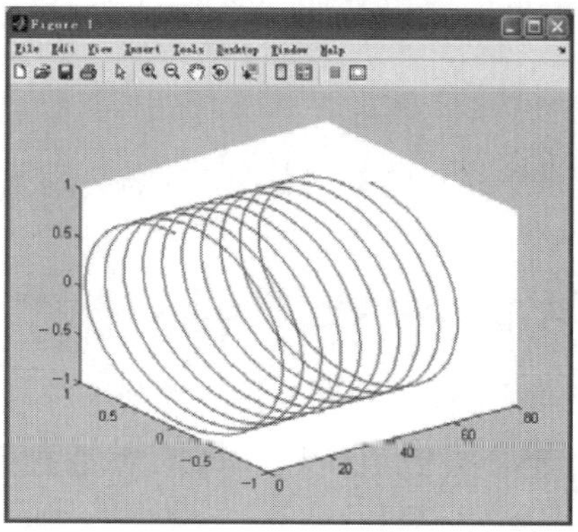

图 4.28 三维曲线绘图

4.4.2 绘制三维网线图和曲面图

三维网线图和曲面图都是三维立体图形，MATLAB 提供了 mesh 函数用于绘制三维网线图，surf 函数用于绘制三维曲面图，这两个函数都能够使用不同的颜色表示不同的高度。

三维立体图形的绘制比三维网线图稍微复杂一些，在数据准备时需要使用 meshgrid 函数构成 *x*–*y* 平面上的自变量栅格点矩阵。另外，对绘制的立体图形，还可以进行色彩、明暗、光照和视点的处理。

1. meshgrid 函数

为了绘制三维立体图形，MATLAB 的方法是将 *x* 方向划分为 *m* 份，将 *y* 方向划分为 *n* 份，由各划分点分别绘制出平行于坐标轴的直线，则划分出 $m \times n$ 个栅格，然后计算出各栅格点对应的 $f(x,y)$，绘制出立体曲面和网线图。如果不清楚 meshgrid 函数产生的输出，则可以用 mesh 函数查看。

meshgrid 函数以 ***x***、***y*** 向量为基准，产生在 *x*–*y* 平面的各栅格点坐标值的矩阵。

语法：

```
[X,Y]=meshgrid(x,y)
```

说明：*X*、*Y* 是栅格点的坐标，为矩阵；***x***、***y*** 为向量。

例如，将 ***x***(1×*m*)向量和 ***y***(1×*n*)向量转换为 *n*×*m* 的矩阵：

```
>> x=[1 2 3 4];
>> y=[5 6 7];
>> [xx,yy]=meshgrid(x,y)
xx =
     1     2     3     4
     1     2     3     4
     1     2     3     4
yy =
     5     5     5     5
     6     6     6     6
     7     7     7     7
```

2. 三维网线图

语法：

```
mesh(z)                                    %画三维网线图
mesh(x,y,z,c)
```

说明： 若只有参数 *z*，则以 ***z*** 矩阵的行下标作为 *x* 坐标轴，以 ***z*** 的列下标作为 *y* 坐标轴；*x*、*y* 分别为 *x*、*y* 坐标轴的自变量；当有 *x*、*y*、*z* 参数时，***c*** 是指定各点的用色矩阵，当 ***c*** 省略时默认用色矩阵是 *z* 的数据。如果 *x*、*y*、*z*、*c* 4 个参数都存在，则这 4 个参数应都是维数相同的矩阵。

【例 4.24 续】　用 mesh 查看 peaks 函数的三维网线图，如图 4.29 所示。

```
>> mesh(xx,yy,zz)
```

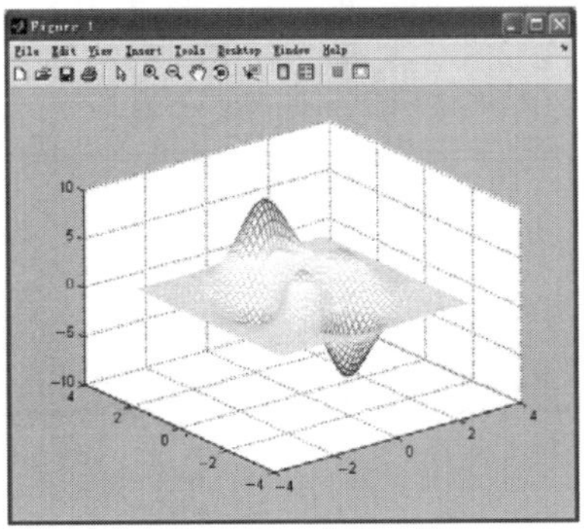

图 4.29　peaks 函数的三维网线图

3. 三维曲面图

语法：

```
surf (z)                                    %画三维曲面图
surf (x,y,z,c)
```

说明：参数设置与 mesh 函数相同，c 也可以省略。

【例 4.24 续】 用 surf 查看 peaks 函数的三维曲面图，如图 4.30 所示。

```
>> surf (xx,yy,zz)
```

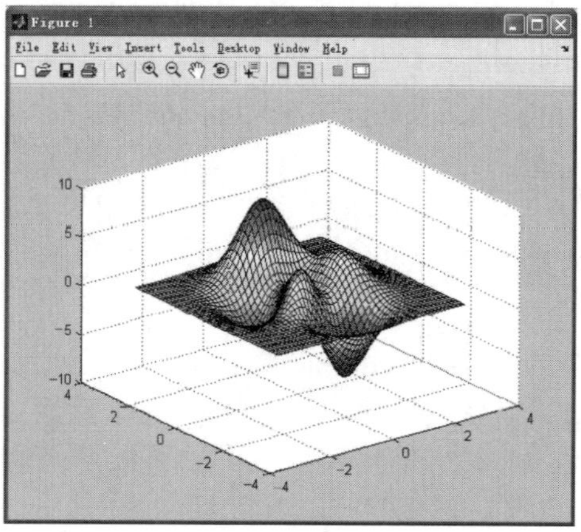

图 4.30 peaks 函数的三维曲面图

4. 其他立体网线图和曲面图

立体网线图 mesh 函数还有几种格式，如 meshc 函数为立体网状图加等高线；meshz 函数为立体网状图加“围裙”。

【例 4.24 续】 用 meshz 和 meshc 观察 peaks 函数的三维曲面图，如图 4.31 所示。

```
>> meshz(xx,yy,zz)
>> meshc(xx,yy,zz)
```

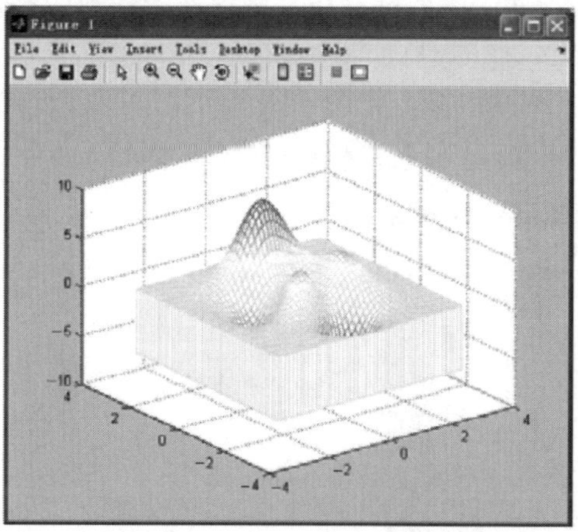

（a）peaks 函数的曲面加“围裙”图

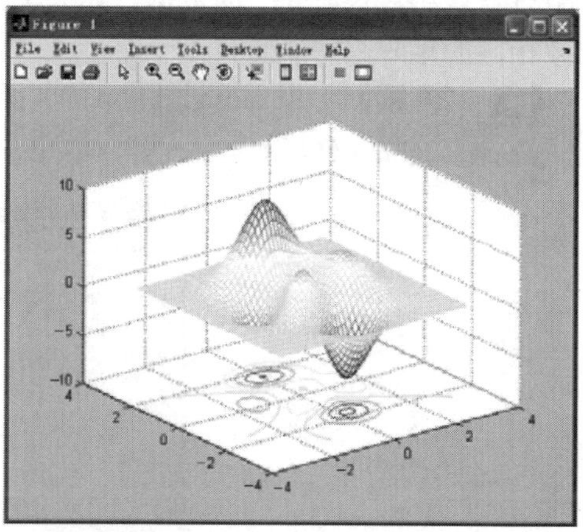

（b）peaks 函数的曲面图加等高线

图 4.31 peaks 函数的三维曲面图

立体曲面图 surf 函数也还有几种格式，如 surfc 函数为三维网线图加等高线；surfl 函数为三维网线图加光源，语法格式为 surf l(*x*,*y*,*z*,*c*,*S*)，*S* 为确定光源方向的三维数组(S_x,S_y,S_z)。

4.4.3　立体图形与图轴的控制

MATLAB 为绘制三维立体图提供了对图形和图轴的多种精细控制。

1. 网格的隐藏

默认方式下，MATLAB 在绘制图形时前面的图形会遮盖后面的图形，即后面的网格会隐藏。如果要使被遮盖的网格也能呈现出来，可用“hidden off”命令，隐藏则使用“hidden on”命令。

2. 改变视角

立体图形的观测角度是由方位角和俯仰角决定的，与 *x* 平面所成的夹角称为方位角（Azimuth），与 *z* 平面所成的夹角称为俯仰角（Elevation）。绘制二维图形时，系统默认方位角=0°，俯仰角=90°；绘制三维图形时，系统默认方位角= –37.5°，俯仰角=30°。

若对三维图形的观测角度不同，则显示也不同，如果要改变观测角度，可用 view 函数。

语法：

```
view([az,el])                    %通过方位角和俯仰角改变视角
view([vx,vy,vz])                 %通过直角坐标改变视角
```

说明：az 表示方位角；el 表示俯仰角；vx、vy 和 vz 表示直角坐标。

【例 4.25】　显示 peaks 函数的网线，并改变该函数的视角，如图 4.32 所示。

```
>> [x,y,z]=peaks;                %peaks 函数
>> mesh(x,y,z)                   %绘制曲面图
>> hidden off                    %显示网格
>> view(0,0)
>> view(0,90)
>> view(-37.5,30)                %恢复原视角
```

程序分析：视角为(0,0)，得到 1 个(x,z)的二维图形效果；视角为(0,90)，得到 1 个(x,y)的二维图形效果。

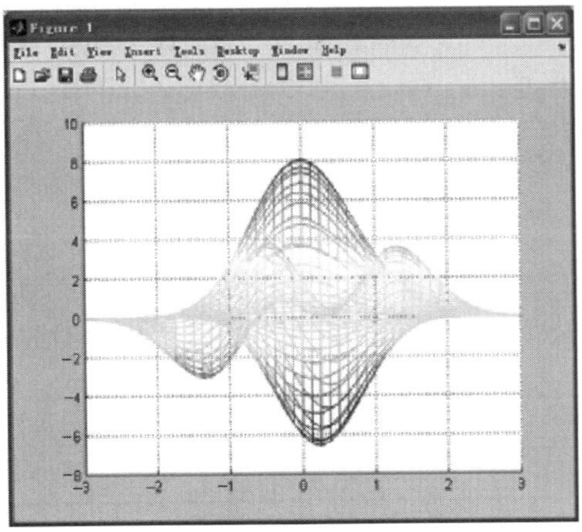

（a）视角为(0,0)的二维图形效果

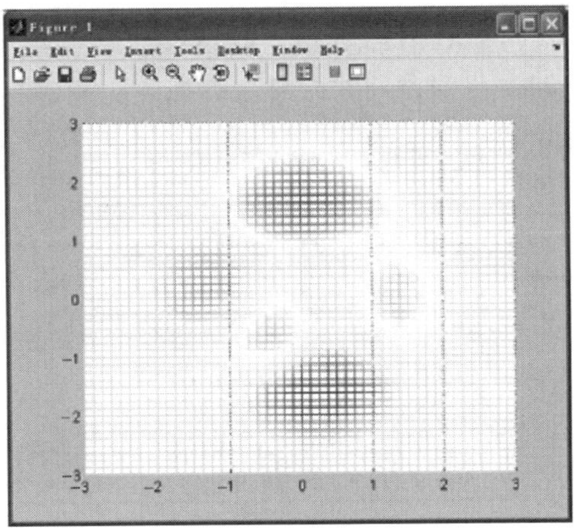

（b）视角为(0,90)的二维图形效果

图 4.32　改变 peaks 函数的视角

3. 曲面的镂空

MATLAB 默认绘制的曲面不透明，若希望看到曲面图下面的部分，则可以将曲面镂空。在 MATLAB 中可以在希望镂空的位置用 nan 取代矩阵在该部分的数值，所有的 MATLAB 作图函数都会忽略 nan 数据点，实现“镂空”效果。

【例 4.25 续】 对 peaks 函数曲面实现镂空效果，如图 4.33 所示。

```
>> z(10:20,10:20)=nan;                %将一部分数值用 nan 替换
>> surf(x,y,z)                        %画曲面图
```

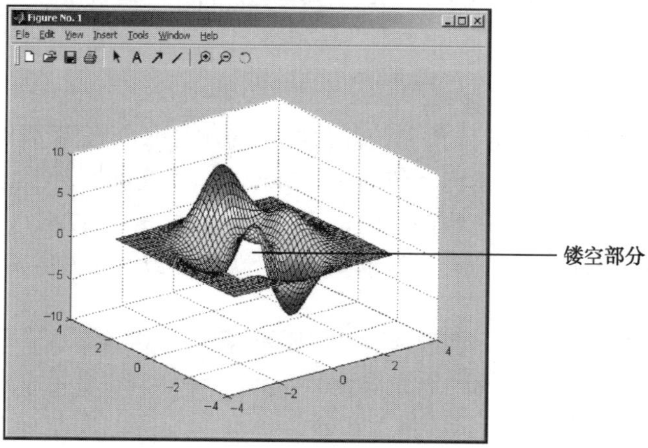

图 4.33 peaks 函数曲面的镂空效果

4.4.4 色彩的控制

色彩在表现图形中非常重要，MATLAB 特别重视色彩的处理，具有丰富的色彩控制命令。

1. 色图（colormap）

色图是 MATLAB 着色的基础，每个图形窗口只能有 1 个色图。色图是 1 个 $m\times 3$ 的矩阵，m 的值通常是 64，代表真正用到的颜色个数，而每一行的 3 列组成 1 种颜色的 RGB 三元色组。

（1）RGB 三元组。RGB 三元行数组表示 1 种色彩，数组元素 R、G、B 的值在 0～1 之间，分别表示红、绿、蓝基色的相对亮度。通过三色的设置可以调制出不同颜色，如表 4.9 所示。

表 4.9 常用颜色的 RGB 成分

颜　色	RGB 成分		
	Red（红色）	Green（绿色）	Blue（蓝色）
Black（黑）	0	0	0
White（白）	1	1	1
Red（红）	1	0	0
Green（绿）	0	1	0
Blue（蓝）	0	0	1
Yellow（黄）	1	1	0

续表

颜　色	RGB 成分		
	Red（红色）	Green（绿色）	Blue（蓝色）
Magenta（品红）	1	0	1
Cyan（青）	0	1	1
Gray（灰）	0.5	0.5	0.5
Dark Red（暗红）	0.5	0	0
Copper（铜色）	1	0.62	0.4
Aquamarine（碧绿）	0.49	1	0.83

（2）预定义色图函数。MATLAB 系统提供了现成的可以预定义色图的函数，如表 4.10 所示为预定义色图的函数表。

表 4.10　预定义色图的函数表

命　令	说　明
hsv	HSV 的颜色对照表（默认值），以红色开始和结束
hot	代表暖色对照表，黑、红、黄、白浓淡色
cool	代表冷色对照表，青、品红浓淡色
summer	代表夏天色对照表，绿、黄浓淡色
gray	代表灰色对照表，灰色线性浓淡色
copper	代表铜色对照表，铜色线性浓淡色
autumn	代表秋天色对照表，红、黄浓淡色
winter	代表冬天色对照表，蓝、绿浓淡色
spring	代表春天色对照表，青、黄浓淡色
bone	代表“X 光片”的颜色对照表
pink	代表粉红色对照表，粉红色线性浓淡色
flag	代表“旗帜”的颜色对照表，红、白、蓝、黑交错色
jet	HSV 的变形，以蓝色开始和结束
prim	代表三棱镜对照表，红、橘黄、黄、绿、蓝交错色

表 4.10 中每行的函数默认产生 1 个 64×3 的色图矩阵，可以改变函数的参数产生 1 个 m×3 的色图矩阵，如 hot(8)产生 8×3 的矩阵。可以通过使用“colormap”命令改变色图以得到不同颜色的曲面。

【例 4.25 续】　查看暖色色图。

```
>> colormap hot(8)                %产生暖色 peaks 函数曲面
>> colormap
ans =
    0.3333         0         0
    0.6667         0         0
    1.0000         0         0
    1.0000    0.3333         0
```

```
    1.0000    0.6667         0
    1.0000    1.0000         0
    1.0000    1.0000    0.5000
    1.0000    1.0000    1.0000
```

程序分析： hot(8)函数产生 8×3 的矩阵，表示黑、红、黄、白的浓淡色，在此图略，大家可以对比该图与前面图形的不同颜色。

2. 色图的显示和处理

（1）可以利用"colorbar"命令显示色图。"colorbar"命令以不同颜色代表曲面的高度，并显示 1 个水平或垂直的颜色标尺。

【例 4.26】 用"colorbar"命令显示色图，如图 4.34 所示。

```
>> peaks;
>> colormap cool                    %产生冷色 peaks 函数曲面
>> colorbar                         %显示颜色标尺
```

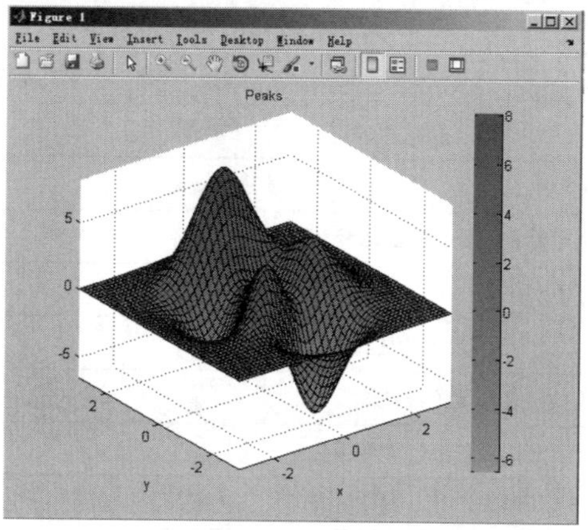

图 4.34 用"colorbar"命令显示色图

程序分析："colorbar"命令显示高度与颜色的对照长条标尺，曲面上每一个小方块的颜色就是根据此对照图而得出的。

（2）浓淡处理命令"shading"。在前面的例子中，每一个曲面都可以视作由一块块的四方小片拼成，而且每一小片表面的颜色是均匀一致的，其颜色值由小片所在的曲面高度决定。如果要使小片表面的颜色产生连续性的变化，则可使用"shading"命令。"shading"命令的用法如表 4.11 所示。

表 4.11 "shading"命令的用法

命　令	功　能
shading interp	使小片根据 4 个顶点的颜色产生连续的变化，或根据网线的线段两端产生连续的变化，这种方式着色细腻但最费时
shading flat	小片或整段网线的颜色是一种颜色
shading faceted	在 flat 着色的基础上，同时在小片交接的边勾画黑色，这种方式立体表现力最强（默认方式）

mesh、surf 函数所创建的图形中非数据点处的着色可由"shading"命令决定。

【例 4.27】　使用“shading”命令的 interp 和 faceted 方式进行浓淡处理的 peaks 函数曲面图，如图 4.35 所示。

```
>> subplot(1,2,1)
>> peaks;
>> shading interp
>> subplot(1,2,2)
>> peaks;
>> shading faceted
```

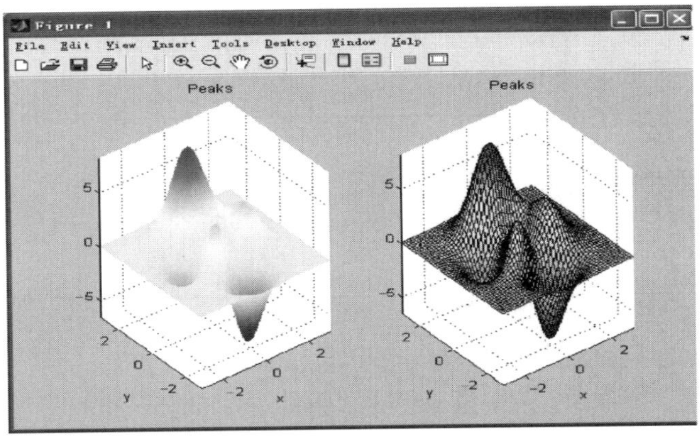

图 4.35　用 interp 和 faceted 方式进行浓淡处理的 peaks 函数曲面图

（3）亮度处理函数 brighten。可以用 brighten 函数使色图变亮或变暗。

语法：

```
brighten(a)
```

说明：当 $0 \leq a \leq 1$ 时，色图加亮；当 $-1 \leq a < 0$ 时，色图变暗。

4.5 图形绘制工具

4.5.1 图形窗口

在 MATLAB 的命令窗口中输入“plottools”，就可以打开图形窗口，如图 4.36 所示。在图 4.36 中左侧 New Subplots 面板上可以增加子图窗口；Variables 面板显示工作空间的所有变量，双击该变量则可以在子图窗口中显示图形；Annotations 面板可以用来在图中添加线、箭头等。

当选择图形中的坐标轴时，就会出现如图 4.37 所示的坐标轴属性面板，可用于设置标题、坐标刻度和坐标轴标签等。

当选择图形中的曲线时，就出现如图 4.38 所示的线型属性面板，可用于设置线型、曲线类型和曲线点等。

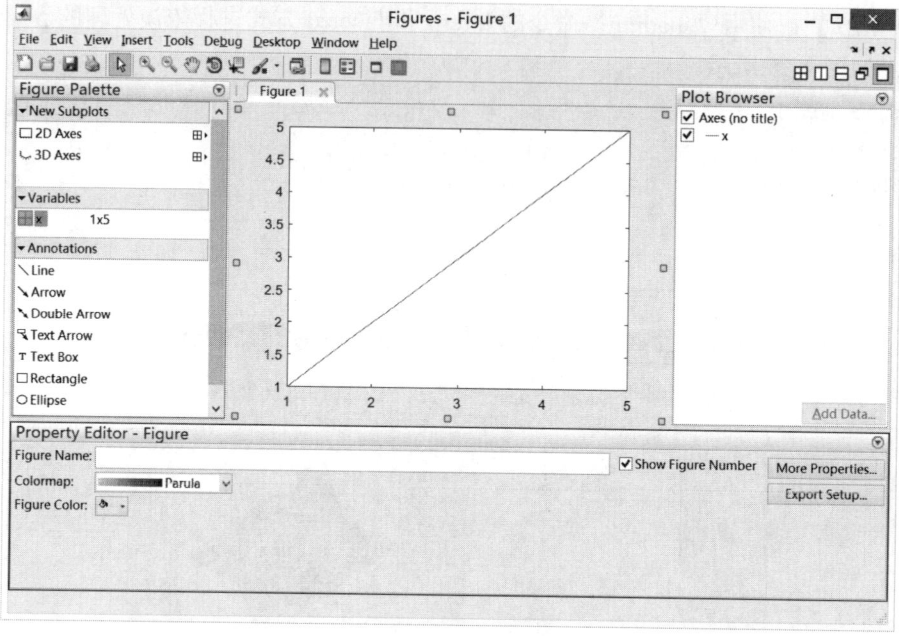

图 4.36　图形窗口

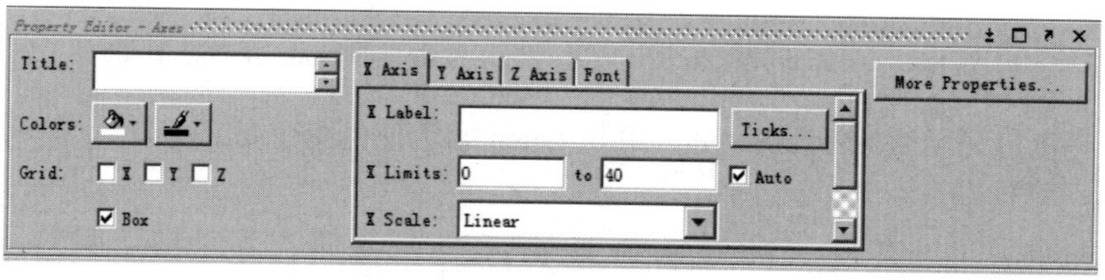

图 4.37　坐标轴属性面板

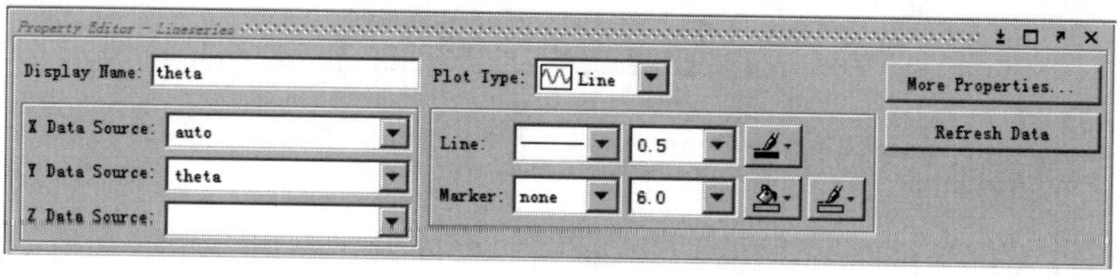

图 4.38　线型属性面板

4.5.2　图形文件转储

MATLAB 生成的图形文件为.fig 文件格式，若需要用其他图形软件进行编辑处理，则需要将图形文件转储为多种常用的标准格式，如 TIF、BMP、JPG 等。

通常在 MATLAB 的图形窗口中，选择菜单“File”→“Export Setup…”命令，则出现如图 4.39 所示的输出设置窗口。

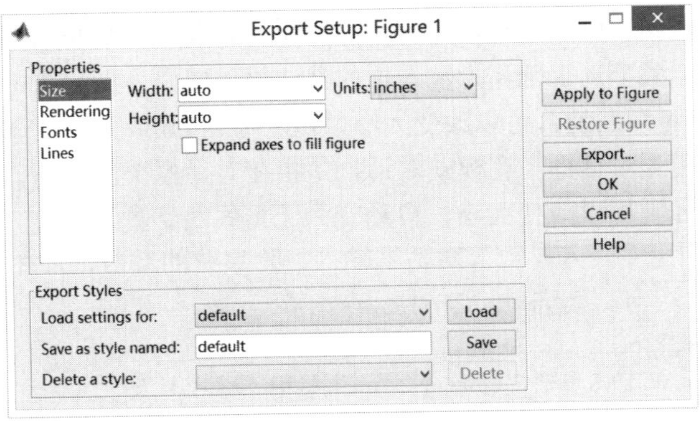

图 4.39　输出设置窗口

在出现的“Save As”对话框中的“保存类型”栏选择需要转储的图形文件类型以完成图形文件的转储，如图 4.40 所示。

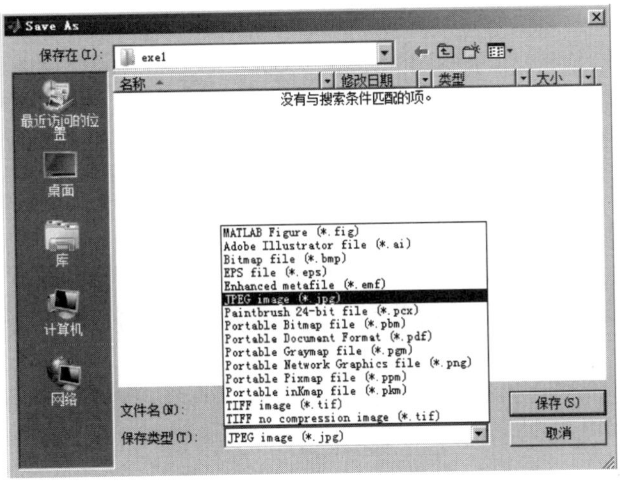

图 4.40　“Save As”对话框

4.6　对　话　框

对话框是计算机与用户进行交互的界面，几乎所有的 Windows 应用程序都需要借助对话框实现简单的人机交互，即将用户的输入传递给计算机，将计算机的提示信息反馈给用户。

对话框带有提示信息和按钮等控件，在 MATLAB 中包含了多种创建专用对话框的命令。

1. “输入参数”对话框

使用 inputdlg 函数创建“输入参数”对话框，该对话框为用户提供了输入信息的界面。“输入参数”对话框中有 2 个按钮，分别为“OK”和“Cancel”。

语法：

```
answer = inputdlg(prompt,title,lineno,defans,adopts)    %创建“输入参数”对话框
```

说明： answer 返回用户的输入信息，为元胞数组；prompt 为提示信息字符串，用引

号括起来，为元胞数组；title 为标题字符串，用引号括起来，可以省略；lineno 用于指定输入值的行数，可以省略；defans 为输入项的默认值，用引号括起来，是元胞数组，可以省略；addopts 指定对话框是否可以改变大小，可取值为 on 或 off，省略时值为 off 表示不能改变大小，为有模式对话框（有模式对话框是指在对话框关闭之前，用户无法运行其他程序），如果值为 on 则可以改变大小，自动变为无模式对话框。

【例 4.28】 利用“输入参数”对话框输入二阶系统的系数，如图 4.41 所示。

```
>> prompt={'请输入阻尼系数','请输入无阻尼振荡频率'};
>> defans={'0.707','1'};
>> p=inputdlg(prompt,'输入参数',1,defans)
```

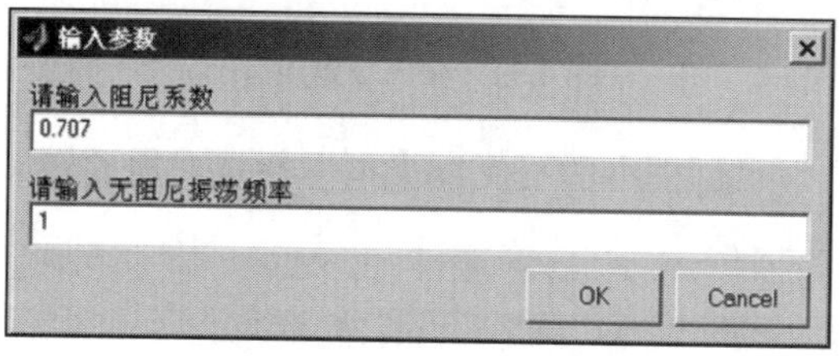

图 4.41 “输入参数”对话框

程序分析： prompt、defans 和 p 都是元胞数组。如果单击“Cancel”按钮，则返回空的元胞数组。

2. 输出信息对话框

MATLAB 提供了几种专用的对话框，用于显示不同的输出信息。

（1）消息框函数 msgbox。消息框是用来显示输出信息的，有 1 个“OK”按钮。

语法：

```
msgbox(message,title,icon,icondata,iconcmap,CreateMode)  %创建消息框
```

说明： message 为显示的信息，可以是字符串或数组；title 为标题，是字符串，可省略；icon 为显示的图标，可取值为“none”（无图标）、“error”（出错图标）、“help”（帮助图标）、“warn”（警告图标）或“custom”（自定义图标），也可省略；当 icon 取值为“custom”时，用 icondata 定义图标的数据，用 iconcmap 定义图标的颜色映像；CreateMode 为对话框的产生模式，可省略，取值为“modal”（有模式）、“replace”（无模式可代替同名的对话框）、“non-modal”（默认为无模式）。

【例 4.28 续】 使用消息框显示当阻尼系数大于 1 时的警告信息，如图 4.42 所示。

```
>> msgbox('阻尼系数输入范围出错','警告','warn')
```

图 4.42 消息框

程序分析： 消息框函数 msgbox 没有返回值。

（2）其他输出对话框函数。MATLAB 还提供了专门的对话框，包括警告对话框、错误提示对话框、帮助对话框和提问对话框，如表 4.12 所示提供了对话框函数语法、例句和图形窗口。

表 4.12 输出对话框函数使用表

警告对话框函数 warndlg	错误提示对话框函数 errordlg	帮助对话框函数 helpdlg	提问对话框函数 questdlg
Warndlg(WarnString,DlgName,CreateMode)	errordlg(ErrorString,DlgName,CreateMode)	helpdlg(HelpString,DlgName)	questdlg(Question,Title,Btn1,Btn2,Btn3,DEFAULT)
warndlg('阻尼系数输入范围出错','警告')	errordlg('阻尼系数输入出错','出错')	helpdlg('欠阻尼系数应大于 0 小于 1','帮助')	questdlg('是否确认？','Are you sure?','Yes','No','Yes')
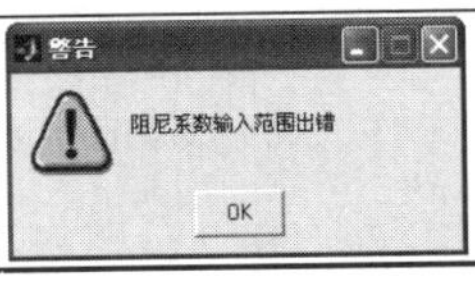	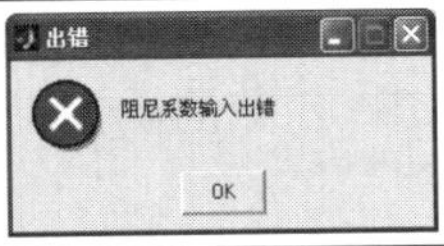	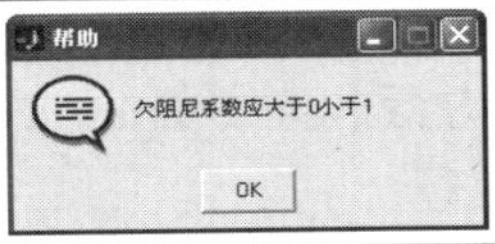	

3. 文件管理对话框

操作文件时，经常要对文件进行打开和保存等操作。在各种应用软件中都可以通过“File”菜单中的“Open”和“Save”命令打开相应的对话框，进行文件管理，MATLAB 也提供了标准的对话框用于进行文件操作。

（1）“打开文件”对话框函数 uigetfile。uigetfile 函数用于提供“打开文件”对话框，可以选择文件类型和路径。

语法：

```
[FileName, PathName] = uigetfile(FiltrEspec, Title,x,y)
```

说明： FileName 和 PathName 分别为返回的文件名和路径，可省略，如果单击“取消”按钮或发生错误，则命令都返回 0；FiltrEspec 指定初始时显示的文件名，可以用通配符“*”表示，若省略则自动列出当前路径下的所有“*.m”文件和目录；Title 为对话框标题，可省略；*x*、*y* 分别指定对话框在屏幕上的位置（到屏幕左上角的距离），单位是像素，可省略。

【例 4.29】 利用“打开文件”对话框选择 MATLAB 目录下的文件“license.txt”，如图 4.43 所示。

```
>> [fname,pname]=uigetfile('*.*','打开文件',100,100)
fname =
license.txt
pname =
D:\MATLAB6p1\
```

程序分析： 在屏幕的(100,100)位置显示“打开文件”对话框，单击“打开”按钮，返回文件名和路径名到 fname 和 pname 变量。

实际上，在“打开文件”对话框中选择了文件名并单击“打开”按钮后，并没有真正地打开文件，只是得出了文件和路径名。如果要打开文件，则还应使用本书第 8 章将要介绍的文件输入/输出命令。

图 4.43 “打开文件”对话框

（2）“保存文件”对话框函数 uiputfile。uiputfile 函数用于提供“保存文件”对话框，可以选择文件类型和路径。

语法：

```
[FileName, PathName] = uiputfile(FiltrEspec, Title,x,y)
```

说明： 参数定义与 uigetfile 函数相同。

【例 4.29 续】 利用“保存文件”对话框选择文件。

```
>> [fname1,pname1]=uiputfile('Ex0431.mat','保存文件')
```

运行该命令会出现“保存文件”对话框。如果要保存文件，则要在该语句后添加本书第 8 章将要介绍的文件输入/输出命令。

4.7 用户图形界面设计

现在制作的软件图形界面，即图形用户界面（Graphical User Interface，GUI），就是通过窗口、菜单、按钮和文字说明等对象构成的 1 个美观的界面，可供用户利用鼠标或键盘方便地实现操作。MATLAB 提供的 Demo 演示程序是图形界面很好的范例。

MATLAB 设计图形用户界面有 2 种方法：使用可视化的界面环境和通过编写程序。下面主要介绍使用可视化的界面环境设计图形用户界面。

4.7.1 可视化的界面环境

MATLAB 提供了可视化的界面环境 GUIDE，其功能与微软的软件如 VB 等比较相似，可以很方便地创建界面。

打开可视化界面环境的方法有以下几种。

（1）单击工具栏上的按钮“New”→“Graphical User Interface”命令。

（2）在命令窗口输入“guide”命令或输入“guide Filename”命令，就会出现“GUIDE Quick Start”界面，如图 4.44 所示。

在“GUIDE Quick Start”界面中有“Create New GUI”和“Open Existing GUI”2 个选项卡。如果要创建空白的可视化图形文件，则在“Create New GUI”选项卡中选择“Blank GUI（Default）”选项，然后单击“OK”按钮，就会出现空白的可视化界面，如图 4.45 所示。

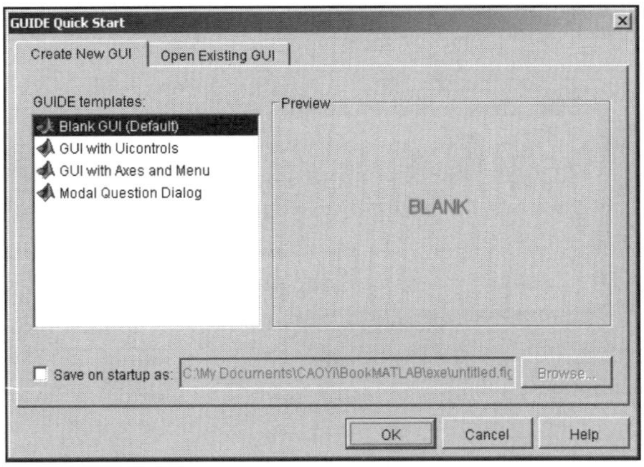

图 4.44　“GUIDE Quick Start”界面

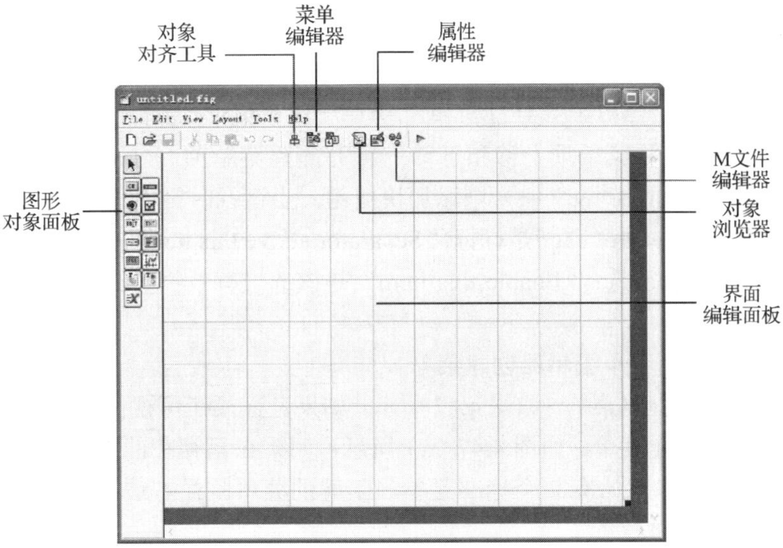

图 4.45　空白的可视化界面

如果需要创建具有控件、坐标轴或菜单等内容的界面，则可以单击如图 4.44 所示中“Blank GUI（Default)”下面的“GUI with Uicontrols”等选项。

可视化界面环境在工具栏主要提供了 4 个工具：对象对齐工具（Align Objects)、菜单编辑器（Menu Editor)、属性编辑器（Property Inspector）和对象浏览器（Object Browser)，单击这 4 个按钮就会出现相应的窗口。在可视化界面环境的左边是图形对象面板，面板上有各种控件，可以通过拖曳到空白的界面编辑面板来创建新控件。

4.7.2　菜单

在 Windows 环境中，几乎所有应用程序都有自己的菜单系统。菜单可以方便用户的操作，几乎是必不可少的工具。

在可视化界面环境选择菜单“Tools”→“Menu Editor”命令，或单击工具栏上的“Menu Editor”按钮，就会出现菜单编辑器窗口，如图 4.46 所示。

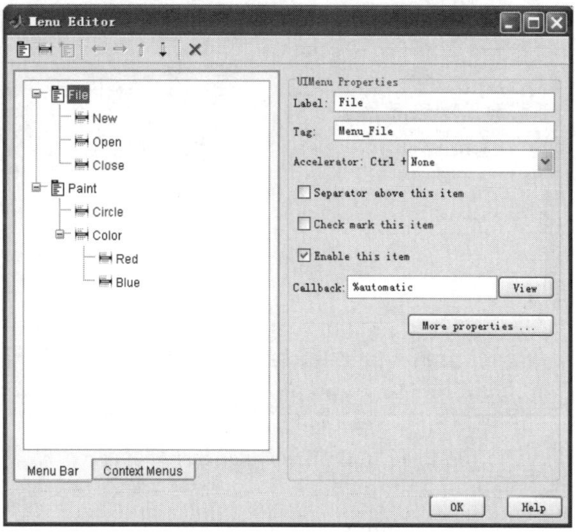

图 4.46　菜单编辑器窗口

在菜单编辑器中：图标是新建菜单；是新建子菜单；和用来将菜单项向左移和右移；和是将菜单项上移和下移；是删除菜单项。“Label”栏用来填写菜单项的名称，如果在前面加“&”符号则添加快捷键，当运行时第 1 个字母会加下画线，以方便用户快速激活菜单项；“Tag”是标记；“Separator above this item”是分隔符；“Check mark this item”是初值是否已选；“Enable this item”是该选项有效；“Callback”栏用于输入回调函数。

【例 4.30】　使用菜单编辑器创建菜单。

在菜单编辑器中创建菜单，如图 4.47 所示。如果是直接在可视化界面环境中新建图形窗口，则从头开始新建菜单，如图 4.47（a）所示；如果在已存在的图形窗口中创建菜单，则 MATLAB 图形窗口默认有 7 个标准菜单，新建的菜单从最右边添加，如图 4.47（b）所示。

（a）在新窗口创建菜单　　（b）在已建的窗口创建菜单

图 4.47　在菜单编辑器中创建菜单

在图 4.47（a）中创建了 2 个菜单“File”和“Paint”。在图 4.47（b）中创建了 1 个菜单“Paint”，并具有 2 级下拉子菜单，“Circle”和“Color”为第 1 级下拉菜单，“Red”和“Blue”为第 2 级下拉子菜单。

4.7.3　控件

除了菜单外，控件也是很重要的界面组成部分，在图 4.45 所示的图形对象面板中有各种控件，包括按钮、切换按钮、单选按钮、复选框、文本框、静态文本框、滚动条、框架、列表框、弹出式菜单和坐标轴。

1. 常用控件

常用控件的功能如表 4.13 所示。

表 4.13　常用控件的功能

控件名	属性名	功能
按钮	PushButton	最常用的控件，用于响应用户鼠标的单击，按钮上有说明文字说明其作用
切换按钮	ToggleButton	当单击时会进行凹凸状态切换
单选按钮	RadioButton	当单击时会用黑白点切换，总是成组出现，多个单选按钮互斥，一组中只有 1 个被选中
复选框	CheckBox	当单击时会用“√”切换，有选中、不选中和不确定等状态，总是成组出现，多个复选框可同时选用
文本框	EditText	凹形方框，可随意输入和编辑单行或多行文字并显示出来
静态文本框	StaticText	用于显示文字信息，但不接受输入
滚动条	Slider	可以用图示的方式显示在 1 个范围内数值的大概值范围，用户可以移动滚动条改变数值
框架	Frame	将 1 组控件围在框架中，用于装饰界面
列表框	ListBox	显示下拉文字列表，用户可以从列表中选择 1 项或多项
弹出式菜单	PopupMenu	相当于文本框和列表框的组合，用户可以从下拉列表中选择
表格	Table	用于绘制表格，可以填写数据
坐标轴	Axes	用于绘制坐标轴
面板	Panel	面板可作为放置其他控件的容器
按钮组	ButtonGroup	用于将 RadioButton、CheckBox 等分组作为容器
ActiveX 控件	ActiveXControl	可以用于添加其他应用程序的 ActiveX 控件

2. 控件的创建

控件可以在可视化界面环境中创建，也可以使用 MATLAB 命令用创建句柄对象的方法创建。

在可视化界面环境中创建控件很简单，就是在图形对象面板中选中控件，然后拖曳至空白的界面进行编辑即可。如图 4.48 所示为各种控件的名称。

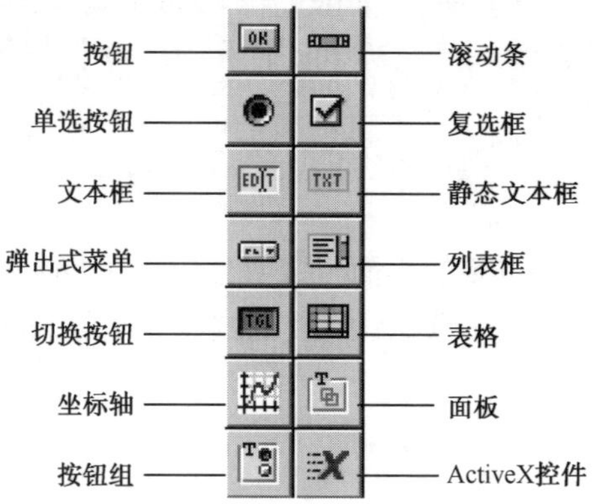

图 4.48　各种控件的名称

3. 控件的常用属性

创建控件以后，需要对控件的各种属性进行设置，大部分控件都具有以下属性。

（1）string 属性：用于在控件上显示的字符串，起说明或提示作用。

（2）callback 属性：用于回调函数，和菜单中的一样。

（3）enable 属性：表示该控件是否有效，如果值为“on”则表示有效，如果值为“off”则表示无效。

（4）tooltipstring 属性：当鼠标放在控件上时显示提示信息，为字符串类型。

（5）字体属性：包括 fontname、fontsize 等。

（6）interruptible 属性：指定当前回调函数在执行时是否允许中断而去执行其他函数。

【例 4.31】　在界面中显示正弦波形，放置控件并修改其属性。

在界面中放置的控件如表 4.14 所示，在界面中控件显示效果如图 4.49（a）所示，修改属性后如图 4.49（b）所示。

表 4.14　界面控件表

控件类型	控件名	属性名	属性值
StaticText	text1	String	Sine Wave
		FoneSize	20
	text1	String	Frequency
ButtonGroup	uipanel1	Title	Amplitude
RadioButton	radiobutton1	String	5
	radiobutton2	String	10
ListBox	listbox1	String	0.1|0.2|0.5|1||5|10|20|100（|表示各列表项分隔符）
PushButton	pushbutton1	String	Draw
	pushbutton2	String	Close

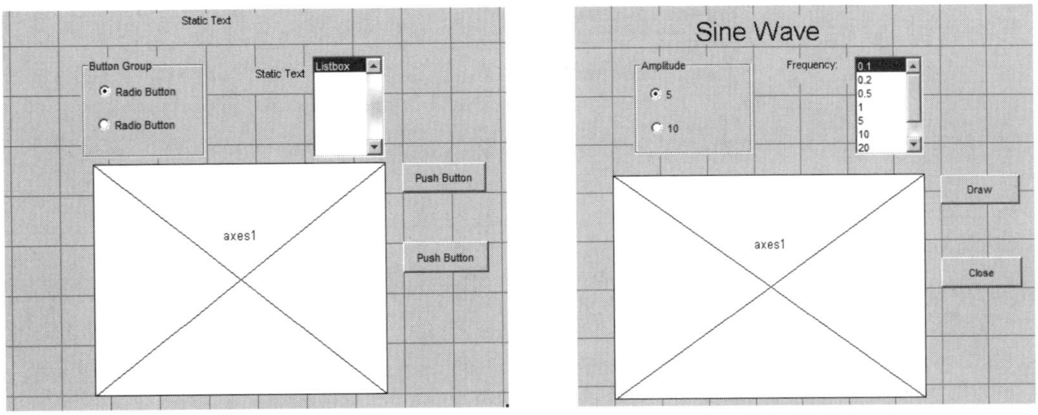

（a）控件未设置界面　　（b）控件属性修改后界面

图 4.49　GUI 界面设计图

4.7.4　对象对齐工具、属性编辑器和对象浏览器

在可视化界面环境中较重要的工具还有对象对齐工具、属性编辑器和对象浏览器。本书前面已介绍过，在工具栏中可以通过单击按钮分别打开对象对齐工具，也可以选择菜单“Tools”→“Align Objects”命令打开对象对齐工具。对象对齐工具的作用是将用户界面的多个控件对齐，如图 4.50（a）所示，选择【例 4.31】中的 pushbutton1 和 pushbutton2，选择进行左对齐。

选择菜单“View”→“Object Browser”命令可以打开对象浏览器，查看图 4.50（a）中的所有对象，如图 4.50（b）所示。

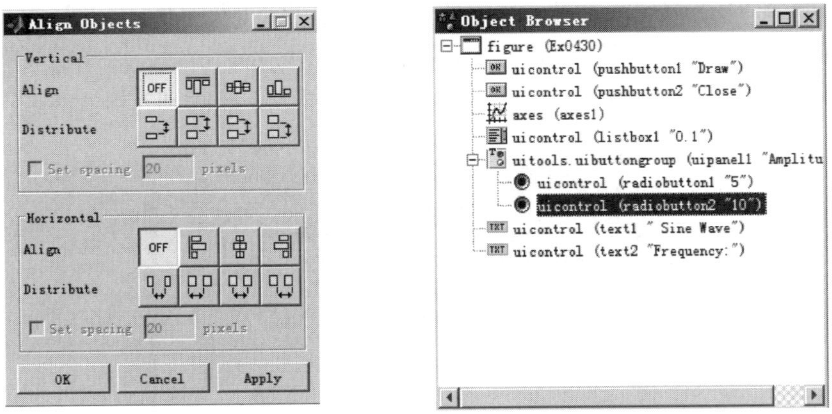

（a）对象对齐工具　　（b）对象浏览器

图 4.50　对象对齐工具和对象浏览器

属性编辑器可以通过选择菜单“View”→“Property Inspector”命令打开。在【例 4.31】中当选择 PushButton 选项卡时，打开属性编辑器，如图 4.51 所示，在属性编辑器中可以设置和查看各属性。

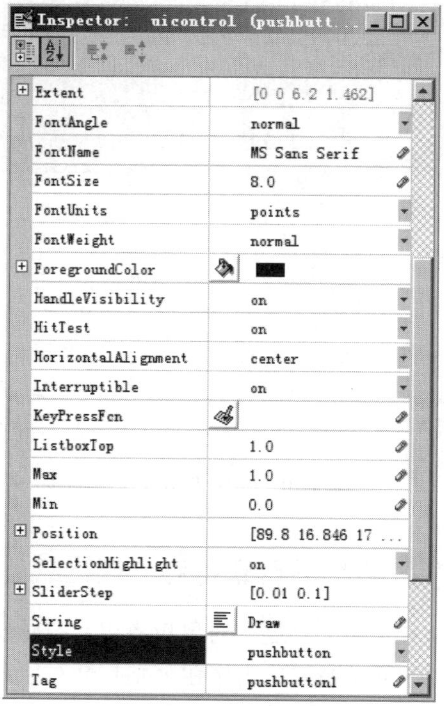

图 4.51 属性编辑器图

4.7.5 回调函数

实现 GUI 的基本机制是对控件的 Callback 属性进行编程，单击鼠标右键后，在弹出的快捷菜单中选择“View Callbacks”命令，就会出现“Callback”、“CreateFcn”、“DeleteFcn”、“ButtonDownFcn”和“KeyPressFcn”等子菜单项，如图 4.52 所示。这些子菜单项都是用来编写回调函数的。函数的编程将在本书第 5 章【例 5.18】中详细介绍。

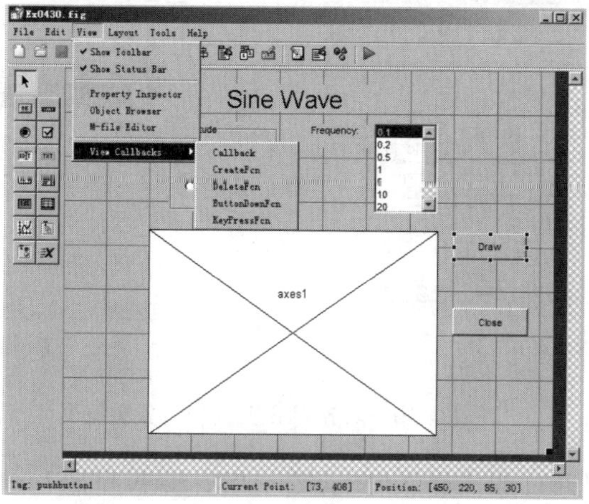

图 4.52 回调函数菜单项

（1）Callback：与控件相关的标准回调函数，当用户激活该控件（如单击按钮）时执行。

（2）CreateFcn：当创建对象时执行。

（3）DeleteFcn：在删除对象之前执行。

（4）ButtonDownFcn：当鼠标左键单击控件时执行。

（5）KeyPressFcn：当按下按钮时执行。

当选择各子菜单项时，就会打开 M 文件编辑器/调试器窗口，会自动出现多个函数。这些函数都是 MATLAB 预先设置好的，编程时只要找到对应的函数名，以及编写函数内容即可。或者双击需要编写程序的控件，如双击按钮 pushbutton1，同样会打开 M 文件编辑器/调试器窗口。

【例 4.31 续】 编写简单功能，当单击按钮 pushbutton1 时在坐标轴中绘制正弦曲线，在单击按钮 pushbutton2 时关闭窗口。

若绘图按钮 pushbutton1 的 Callback 函数如下所示，则在坐标轴中绘制出正弦曲线。

```
% --------------------------------------------------------------------
function pushbutton1_Callback(hObject, eventdata, handles)
% hObject      handle to pushbutton1 (see GCBO)
% eventdata    reserved - to be defined in a future version of MATLAB
% handles      structure with handles and user data (see GUIDATA)
x=0:0.1:10;
plot(sin(x));
```

若关闭按钮 pushbutton2 的 Callback 函数如下所示，则关闭该窗口。

```
% --- Executes on button press in pushbutton2.
function pushbutton2_Callback(hObject, eventdata, handles)
% hObject      handle to pushbutton2 (see GCBO)
% eventdata    reserved - to be defined in a future version of MATLAB
% handles      structure with handles and user data (see GUIDATA)
close
```

第 5 章 MATLAB 程序设计

MATLAB 除了可以在命令窗口中编写行命令外，作为一种高级应用软件还可以生成自己的程序文件。要充分发挥 MATLAB 的功能，必须掌握 MATLAB 的程序设计。

5.1 程序流程控制

与大多数计算机语言一样，MATLAB 支持各种流程控制结构，如顺序结构、循环结构和条件结构（又称为分支结构）。另外，MATLAB 还支持一种新的结构——试探结构。

5.1.1 for…end 循环结构

MATLAB 的循环结构有 2 种：for…end 结构和 while…end 结构。这 2 种语句结构不完全相同，各有各的特点。

语法：

```
for 循环变量=array
    循环体
end
```

说明：循环体被循环执行，执行的次数就是 array 的列数，array 可以是向量也可以是矩阵，循环变量依次取 array 的各列，每取 1 次循环体执行 1 次。

【例 5.1】 使用 for…end 循环编程求出 1+3+5…+99 的值。

```
sum=0;
for n=1:2:100
      sum=sum+n
end
```

计算的结果为：sum=2500。

程序分析：循环变量为 n，n 对应为向量 1:2:100，循环次数为向量的列数，每次循环 n 取 1 个元素。

【例 5.2】 使用 for…end 循环将单位阵转换为列向量。

```
sum=zeros(6,1);
for n=eye(6,6)
        sum=sum+n
end
```

计算结果如下：

```
sum=
1
1
```

```
1
1
1
1
```

程序分析：循环变量 n 对应为矩阵 eye(6,6)的每一列，即第 1 次 n 为[1;0;0;0;0;0]，第 2 次 n 为[0;1;0;0;0;0]；循环次数为矩阵的列数 6。

5.1.2 while…end 循环结构

for…end 循环的循环次数确定，而 while…end 循环的循环次数不确定。

语法：

```
while 表达式
    循环体
end
```

说明：只要表达式为逻辑真，就执行循环体；一旦表达式为逻辑假，就结束循环。表达式可以是向量也可以是矩阵。如果表达式为矩阵，则当所有的元素都为真时才执行循环体；如果表达式为 nan，MATLAB 认为是假，就不执行循环体。

【例 5.3】 根据 $y=1+\frac{1}{3}+\frac{1}{5}+\cdots+\frac{1}{2n-1}$，求 $y<3$ 时的最大 n 值和 y 值。

```
y=0;
n=1;
while y<3
    y=y+1/(2*n-1);
    n=n+1;
    z(n)=y;
end
mn=n-2                              %y<3 之前的 n
my=z(n-1)
```

计算结果如下。

```
mn =
    56
my =
    2.9944
```

程序分析：可以看出，while…end 循环的循环次数由表达式决定，当 y>=3 时就停止循环。

5.1.3 if…else…end 条件转移结构

if…else…end 结构是最常见的条件转移结构。

语法：

```
if 条件式 1
    语句段 1
elseif 条件式 2
    语句段 2
```

```
    …
else
    语句段（n+1）
end
```

说明：当有多个条件时，条件式 1 为假再判断 elseif 的条件式 2，如果所有的条件式都不满足，则执行 else 的语句段（*n*+1）；当某个条件式为真时则执行相应的语句段。if…else…end 结构也可以是没有 elseif 和 else 的简单结构。

【例 5.4】 根据不同的分段表达式 $f(x)=\begin{cases}\sqrt{x} & 0\leqslant x<4\\ 2 & 4\leqslant x<6\\ 5-x/2 & 6\leqslant x<8\\ 1 & x\geqslant 8\end{cases}$，绘制分段函数曲线，曲线如图 5.1 所示。

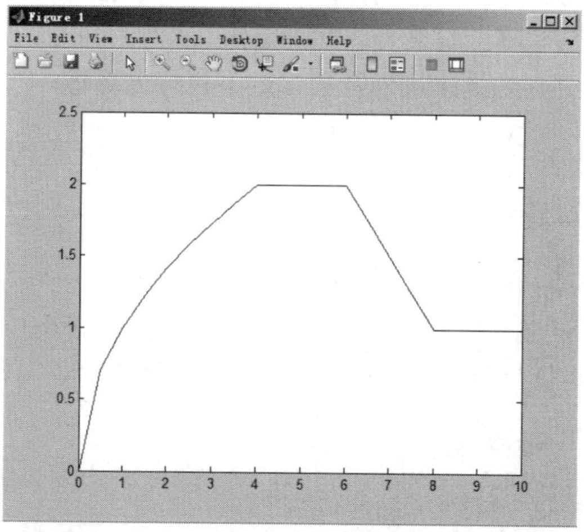

图 5.1　分段函数曲线

```
x=0:0.5:10;
y=zeros(1,length(x));             %产生 0 行向量，y 的初始值为 0
for n=1:length(x)
    if x(n)>=8
        y(n)=1;
    elseif x(n)>=6
        y(n)=5-x(n)/2;
    elseif x(n)>=4
        y(n)=2;
    else
        y(n)=sqrt(x(n));
    end
end
plot(x,y)
axis([0 10 0 2.5]);
```

5.1.4　switch…case 开关结构

switch…case 开关结构是有多个分支结构的条件转移结构。

语法：

```
switch 开关表达式
case 表达式 1
    语句段 1
case 表达式 2
    语句段 2
    …
otherwise
    语句段 n
end
```

说明：

（1）将开关表达式依次与 case 后面的表达式进行比较，如果表达式 1 不满足，则与下一个表达式 2 比较，如果都不满足则执行 otherwise 后面的语句段 *n*；一旦开关表达式与某个表达式相等，则执行其后面的语句段。

（2）开关表达式只能是标量或字符串。

（3）case 后面的表达式可以是标量、字符串或元胞数组，如果是元胞数组则将开关表达式与元胞数组的所有元素进行比较，只要某个元素与开关表达式相等，就执行其后的语句段。

【例 5.5】　用 switch…case 开关结构得出各月份的季节。

```
for month=1:12;
    switch month
    case{3,4,5}
        season='spring'
    case{6,7,8}
        season='summer'
    case{9,10,11}
        season='autumn'
    otherwise
        season='winter'
    end
end
```

程序分析：开关表达式为向量 1:12，case 后面的表达式为元胞数组，当元胞数组的某个元素与开关表达式相等，就执行其后的语句段。

5.1.5　try…catch…end 试探结构

MATLAB 提供一种试探结构 try…catch…end，这种语句结构是其他很多语言所没有的。

语法：

```
try
    语句段 1
```

```
catch
    语句段 2
end
```

说明： 首先试探性地执行语句段 1，如果在此段语句执行过程中出现错误，则将错误信息赋给保留的 lasterr 变量，并放弃该段语句，转而执行语句段 2 中的语句；当执行语句段 2 又出现错误，则终止该结构。

试探结构运行结束后，可以调用 lasterr 函数查询出错原因，空字符串表示成功执行。

【例 5.6】 用 try…catch…end 结构进行矩阵相乘运算。

```
n=4;
a=magic(n);
m=3;
b=eye(3);
try
    c=a*b
catch
    c=a(1:m,1:m)*b
end
lasterr
```

计算结果如下：

```
c=
    16   2    3
    5    11   10
    9    7    6
```

用 lasterr 函数查看出错原因显示如下：

```
ans=
Errorusing==>*
Inner matrix dimensions must agree.
```

程序分析： 试探出矩阵的大小不匹配时，矩阵无法相乘，则再执行 catch 后面的语句段，将 a 的子矩阵取出与 b 矩阵相乘。可以通过这种结构灵活地实现矩阵的乘法运算。

上述每种循环结构、分支结构和试探结构都可以相互嵌套。

5.1.6 流程控制语句

在程序执行时，MATLAB 有一些可以控制程序流程的命令。下面主要介绍“break”、“continue”、“return”、“pause”、“keyboard”和“input”命令。

1. “break”命令

“break”命令可以使包含 break 的最内层的 for 或 while 语句强制终止，立即跳出该结构，执行 end 后面的命令。“break”命令一般和 if 结构结合使用。

【例 5.7】 为【例 5.3】增加条件，用 if 与“break”命令结合，停止 while 循环。计算 $y=1+\frac{1}{3}+\frac{1}{5}+\cdots+\frac{1}{2n-1}$ 值，当 $y\geqslant3$ 时终止计算。

```
y=0;
n=1;
```

```
while n<=100
    if y<3
        y=y+1/(2*n-1);
        n=n+1;
        z(n)=y;
    else
        break
    end
end
mn=n-2                          %y<3 之前的 n
my=z(n-1)
```

计算结果如下：

```
mn =
    56
my =
    2.9944
```

程序分析： while…end 循环结构嵌套 if…else…end 分支结构，当 y>=3 时跳出 while 循环结构，终止循环。

2. "continue" 命令

"continue" 命令用于结束本次 for 或 while 循环，与 "break" 命令不同的是，"continue" 命令只结束本次循环而继续进行下次循环。

【例 5.8】 将 if 与 "continue" 命令结合，计算 1～100 中除了 5 的倍数之外的所有整数的和。

```
sum=0;
for n=1:100
    if mod(n,5)==0
        continue;                %能被整除就跳出本次外循环
    else
        sum=sum+n;
    end
end
sum
```

计算结果如下：

```
sum=
        4000
```

程序分析： 在 for 循环中执行求和运算，当 n 是 5 的倍数时，就跳出本次 for 循环，不执行加法运算，并继续下次循环。

3. "return" 命令

"return" 命令用于终止当前命令的执行，并且立即返回到上一级调用函数或等待键盘输入命令，可以用来提前结束程序的运行。

"return" 命令也可以用来终止键盘方式。

注意

若程序进入死循环，则可通过按【Ctrl+Break】组合键来终止程序的运行。

4. “pause”命令

“pause”命令用来使程序运行暂停，等待用户按任意键继续，用于程序调试或查看中间结果，也可以用来控制动画执行的速度。

语法：

```
pause                    %暂停
pause(n)                 %暂停 n 秒
```

5. “keyboard”命令

“keyboard”命令用来使程序暂停运行，等待键盘命令，执行完自己的工作后，输入 return 语句，程序就继续运行。“keyboard”命令可以用来在程序调试或程序执行时修改变量。

6. “input”命令

“input”命令用来提示用户应从键盘输入数值、字符串和表达式，并接受该输入。

“input”命令常用的几种格式如下：

```
>>a=input('input a number:')            %输入数值给 a
input a number:45
a=
     45
>>b=input('input a number:','s')        %输入字符串给 b
input a number:45
b=
     45
>>input('input a number:')              %将输入值进行运算
input a number:2+3
ans=
     5
```

5.1.7 循环结构与动画

动画与静态的图形相比，其显示的效果更让人激动，MATLAB 使科学运算与动画自然结合，实现完美的效果。MATLAB 也有很多动画的示例，可以在命令窗口中输入“travel”“truss”“lorenz”等命令查看。

MATLAB 产生动画的方式有多种，常用的有影片（电影）方式和对象方式。

（1）影片方式。影片方式以图像的方式预存多个画面，再将这些画面逐帧播放，就可以得到动画的效果。这种方式类似于电影的原理，可以制作精美的图像，而播放速度快，不会有不连贯的感觉。但是其缺点是每个画面都必须事先准备，无法进行实时成像，而且每个画面的存储都需要占用相当大的内存空间。

（2）对象方式。对象方式保持图形窗口中大部分对象即整个背景不变，而只更新部分运动的对象，以便加快整幅图像的实时生成速度。使用对象方式所产生的动画，可以实现实时的变化，也不需要太高的内存需求。但其缺点是无法产生太复杂的动画。

1. 以电影方式产生动画

以电影方式产生动画，有以下 2 个步骤：

（1）使用 getframe 命令抓取图形作为画面，每个画面都是以 1 个列向量的方式，置于存放整个电影的矩阵 ***M*** 中。

（2）使用 movie(***M***,*k*)命令播放电影，并可指定矩阵 ***M*** 播放的重复次数 *k*。

【例 5.9】　使用电影方式制作动画并显示，最后一幅画面如图 5.2 所示。

```
t=-pi:0.1:pi;
n=length(t)
for ii=1:n                              %循环次数由横坐标长度决定
      x=-pi:0.1:t(ii);
      y=sin(2*x);
      z=cos(x);
      plot3(x,y,z)                      %绘制曲线
      axis([-4,4,-1,1,-1,1]);           %确定坐标轴范围
      M(ii)=getframe;                   %抓取画面
end
movie( M)                               %播放数组 M 的画面
```

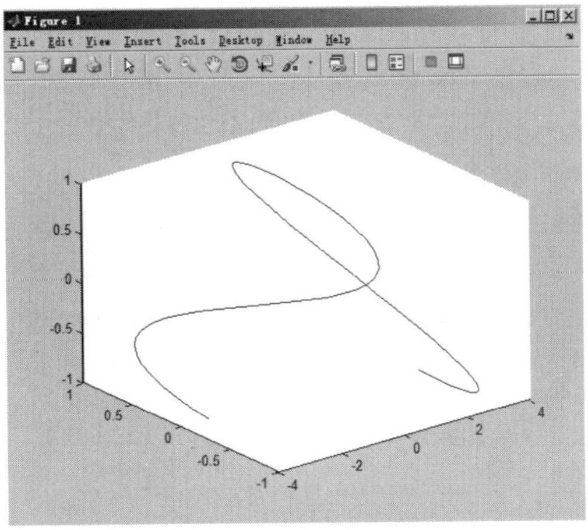

图 5.2　最后一幅画面

程序分析：使用 for 循环，画不同阶段的波形画面，将画面抓取并保存到 M 矩阵并播放。

2. 以对象方式产生动画

以对象方式产生动画时，使用 MATLAB 句柄图形的概念，所有的曲线或曲面均可被视为一个对象，对其中的每个对象都可以通过属性设置进行修改。以对象方式产生动画就是擦除旧对象，产生与旧对象相似但不同的新对象，这样既不破坏背景又可以看到动画的效果。这种方式技巧性较高，不需要大量的内存，而且可以产生实时的动画。

产生移动的动画效果需要首先计算对象的新位置，并在新位置上显示出对象；然后擦除原位置上的旧对象，并刷新屏幕。

（1）擦除属性 EraseMode。以对象方式产生动画需要设置 EraseMode 属性。EraseMode 为 1 个字符串，代表对象的擦除方式，即对于旧对象的处理方式。EraseMode 属性有以下几种。

①normal：计算整个画面的数据，重画整个图形。

②xor：将旧对象的点以 xor 的方式还原，即只画与屏幕色不一致的新对象点，擦除不一致的原对象点，这种方式不会擦除被擦对象下面的其他图像。

③background：将旧对象的点变成背景颜色，实现擦除，这种方式会擦除被擦对象下的其他图像。

④none：保留旧对象的点，不进行任何擦除。

在上述 4 种 EraseMode 属性中，耗费时间的次序是：normal＞xor＞background＞none。

xor 和 background 很接近，但是 background 方式会擦去旧对象扫过的其他对象，如坐标轴、网格线和另一条曲线等，较少用到。通常在产生动画时，将 EraseMode 属性设置为 xor 方式。

（2）对象的位置属性。通常在动画过程中，会改变对象的位置、尺寸或颜色等外观属性。位置属性有如下 2 种。

①xdata：为 1 个向量，代表对象的 *x* 坐标值。

②ydata：为 1 个向量，代表对象的 *y* 坐标值。

（3）屏幕刷新。当新对象的属性设置后，应刷新屏幕，使新对象显示出来，刷新屏幕用"drawnow"命令实现。"drawnow"命令使 MATLAB 暂停当前的任务序列而去刷新屏幕。如果没有"drawnow"命令，MATLAB 则会等当前的任务序列执行完才去刷新屏幕。

（4）产生动画。产生动画的具体步骤是：首先产生 1 个对象，其 EraseMode 属性为 xor、background 或 none；然后在循环中产生动画，每次循环改变此对象的 xdata 或 ydata（或两者）；最后使用"drawnow"命令刷新屏幕。

【例 5.10】 使用对象方式产生 1 个红色的小球沿着曲线运行的画面，如图 5.3 所示。

```
>>x=0:0.1:20;
>>y=1-1/sqrt(1-0.3^2)*exp(-0.3*x).*sin(sqrt(1-0.3^2)*x+acos(0.3));
>>plot(x,y)
>>h=line(0,0,'color','red','marker','.','markersize',40,'erasemode','xor');    %定义红色的小球
>>for i=1:length(x)
      set(h,'xdata',x(i),'ydata',y(i));                                         %设置小球的新位置
      pause(0.005)                                                              %暂停 0.005 s
      drawnow                                                                   %刷新屏幕
  end
```

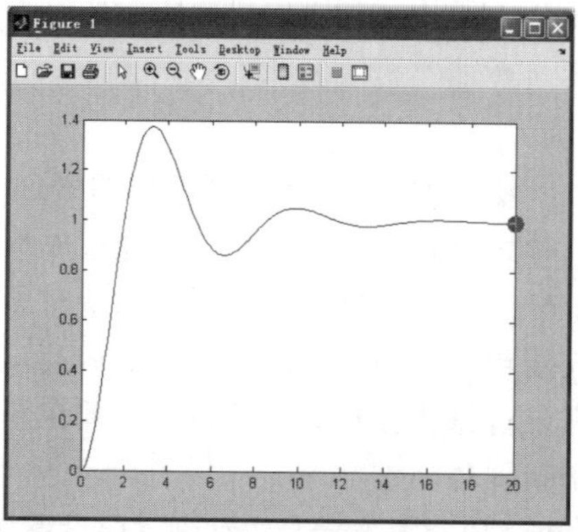

图 5.3　运行画面

程序分析：小球以 xor 的方式擦除旧曲线，如果将 xor 方式改成 background 方式，则小球会擦掉原来的曲线；"drawnow"命令的作用是使 MATLAB 立刻处理 set 命令，但由于本例中使用"pause"命令暂停，屏幕一定会得到及时更新，如果去掉 drawnow 则效果一样。

3. 使用 animatedline 对象产生动画曲线

MATLAB 还提供了专门的 animatedline 对象实现动画曲线，使用 addpoints 来一点一点地绘制曲线上的点。

【例 5.11】 并使用 animatedline 对象实现动画绘制曲线，绘制的动画如图 5.4 所示。

```
h = animatedline;                    %创建动画对象
x=0:0.1:3*pi;
y=sin(x);
z=cos(x);
axis equal

for n = 1:length(x)
    addpoints(h,y(n),z(n));          %动画画点
    drawnow                          %刷新屏幕
end
```

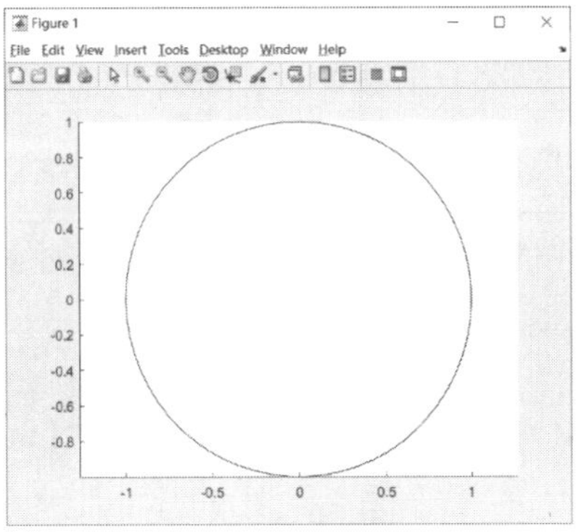

图 5.4　动画画圆

程序分析：循环次数为向量的长度，h 是 animatedline 的句柄，在每个循环中用 addpoints 函数添加点。

5.2 M 文件

MATLAB 程序代码所编写的文件通常以".m"为扩展名，这些文件被称为 M 文件。M 文件是 1 个 ASCⅡ码文件，可以用任何字处理软件编写，例如可以使用"写字板"打开 M 文件。MATLAB 的程序在第 1 次运行时由于要逐句解释运行，故速度比编译型的慢，但 M 文件一经运行就将编译代码放在内存中，再次运行的速度就大大加快了。

M 文件有两种形式：M 脚本文件和 M 函数文件。M 函数文件是 MATLAB 程序设计的主流。MATLAB 本身的一系列工具箱的各种内部函数是 M 函数文件，用户可以为某种目的专门编写一组 MATLAB 函数文件以组成工具箱。

5.2.1 M 文件编辑器

MATLAB R2015b 版的 M 文件编辑/调试器窗口（Editor/Debugger）有两种，分别是 M 脚本文件编辑器和 M 函数文件编辑器。

单击 MATLAB 界面工具栏的图标，或者工具栏的“New”图标→“Script”命令，可创建新的 M 脚本文件。选择工具栏的“New”图标→“Function”命令，可以创建空白的 M 函数文件。如图 5.5（a）所示为空白的 M 脚本文件编辑器，如图 5.5（b）所示为 M 函数文件编辑器。

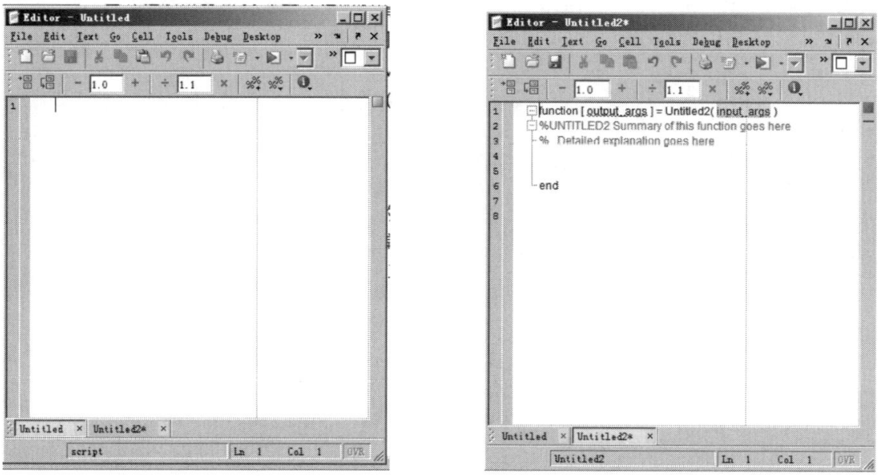

（a）M 脚本文件编辑器　　（b）M 函数文件编辑器

图 5.5　M 文件编辑器

从图 5.5 中可以看出，M 函数文件比脚本文件多了“function”和“end”语句，其余都是一样的。

M 文件编辑器窗口会以不同的颜色显示注释、关键词、字符串和一般的程序代码，可以方便地打开和保存 M 文件并进行编辑和调试，有大多数编辑器都有的复制、粘贴和查找等编辑功能，还设有书签、定位、清除工作空间和命令窗口、加注释、缩进等功能。

5.2.2 M 脚本文件

MATLAB 的脚本文件（Script File）比较简单，当用户需要在命令窗口运行大量的命令时，直接从命令窗口输入比较烦琐，可以将这一组命令存放在脚本文件中。运行时只要输入脚本文件名，MATLAB 就会自动执行该文件中的命令。

脚本文件具有如下特点：

（1）脚本文件中的命令格式和前后位置，与在命令窗口中输入时没有任何区别。

（2）MATLAB 在运行脚本文件时，只是简单地按顺序从文件中读取一条条命令，送到 MATLAB 命令窗口中去执行。

（3）与在命令窗口中直接运行命令一样，脚本文件运行产生的变量都驻留在 MATLAB 的工作空间（Workspace）中，可以很方便地查看变量，除非用“clear”命令清除；脚本文件的命令也可以访问工作空间的所有数据，为此要注意避免变量的覆盖而造成程序出错。

【例 5.12】 在 M 文件编辑/调试器窗口中编写 M 脚本文件，绘制二阶系统的多条时域曲线。欠阻尼系统的时域输出 y 与 x 的关系为 $y=1-\frac{1}{\sqrt{1-\xi^2}}\mathrm{e}^{-\xi x}\sin(\sqrt{1-\xi^2}\,x+\arccos\xi)$。

（1）单击 MATLAB 主界面上的图标，打开 M 文件编辑器。

（2）将命令全部写入 M 文件编辑器中，为了能够标识该文件的名称，在第 1 行写入包含文件名的注释。保存文件为“Ex0512.m”。

```
% EX0512  绘制二阶系统的时域曲线
x=0:0.1:20;
y1=1-1/sqrt(1-0.3^2)*exp(-0.3*x).*sin(sqrt(1-0.3^2)*x+acos(0.3))
plot(x,y1,'r')                            %画阻尼系数为 0.3 的曲线
hold on
y2=1-1/sqrt(1-0.707^2)*exp(-0.707*x).*sin(sqrt(1-0.707^2)*x+acos(0.707))
plot(x,y2,'g')                            %画阻尼系数为 0.707 的曲线
y3=1-exp(-x).*(1+x)
plot(x,y3,'b')                            %画阻尼系数为 1 的曲线
```

（3）选择 M 文件编辑器菜单“Debug”→“Run”命令，打开运行界面，如图 5.6 所示。

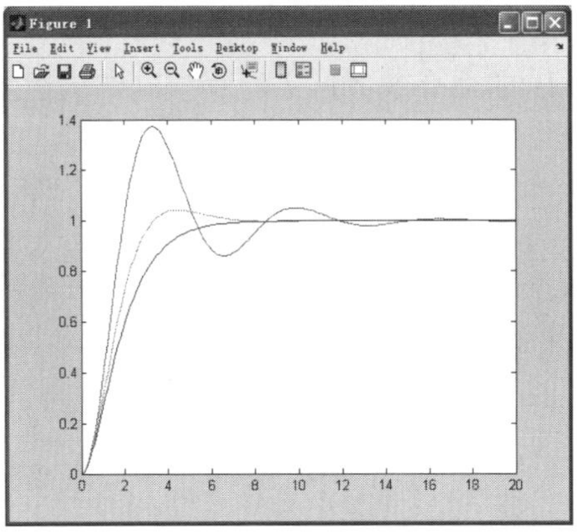

图 5.6　运行界面

查看工作空间的变量如下：

```
>>whos
Name        Size        Byte        Class
x           1x201       1608        doublearray
y1          1x201       1608        doublearray
y2          1x201       1608        doublearray
y3          1x201       1608        doublearray
Grand total is 804 elements using 6432 Byte
```

可以看出，M 脚本文件的变量都存放在 MATLAB 工作空间中。

5.2.3　M 函数文件

MATLAB 中的函数文件可以接受输入变量，并将运算结果送到输出变量，从外面看函

数文件的功能就是将数据送到函数文件处理后再将结果送出来，易于维护和修改。由此可见，函数文件适用于大型程序代码的模块化。

M 函数文件的基本格式如下：

```
函数声明行
H1 行（用%开头的注释行）
在线帮助文本（用%开头）
编写和修改记录（用%开头）
函数体
```

说明：

（1）函数声明行以“function”引导，是 M 函数文件必须有的，而 M 脚本文件没有；函数名和文件名一致，当不一致时，MATLAB 以文件名为准，例如 Ex0502 函数保存在 Ex0502.m 文件中。

函数声明行的格式：

```
function [输出变量列表]=函数名(输入变量列表)
```

（2）H1 行通常包含大写的函数文件名，可以提供 help 和 look for 关键词用于查询。

（3）在线帮助文本通常包含函数输入、输出变量的含义和格式说明。

（4）编写和修改记录一般在空 1 行后，记录作者、日期和版本记录，用于软件档案管理。

（5）函数体由 MATLAB 的命令或者通过流程控制结构组织的命令组成，通过函数体实现函数的功能。

在 MATLAB 主界面中选择菜单“File”→“New”→“Function”命令，则会创建一个新的函数文件并自动生成函数语句，函数文件内容如下：

```
function [ output_args ] = Untitled1( input_args )
%UNTITLED1 Summary of this function goes here
%     Detailed explanation goes here

end
```

【例 5.13】 在 M 文件编辑/调试器窗口编写计算二阶系统时域响应的 M 函数文件，并在 MATLAB 命令窗口中调用该文件。

创建 M 函数文件并调用的步骤如下：

（1）修改上面的程序内容，修改 output_args、Untitled1 和 input_args 的名称。

```
function y=Ex0513(zeta)
%EX0513          Step response of quadratic system.
%Second order output curve
%copyright 2011–05–01
x=0:0.1:20;
y=1–1/sqrt(1–zeta^2)*exp(–zeta*x).*sin(sqrt(1–zeta^2)*x+acos(zeta))
plot(x,y)
```

（2）将函数文件保存为“Ex0513.m”。

在命令窗口输入“help”和“lookfor”命令查看帮助信息：

```
>>help Ex0513
EX0513          Step response of quadratic system.
```

```
Second order output curve
>>lookfor  'Second order output curve'
Ex0513.m:              %二阶系统时域响应
```

“help”命令显示 M 文件的第 1 个连续注释块。“lookfor”命令显示第 1 行注释，应在第 1 行的注释中多包含一些该函数特征的内容。“lookfor”命令查找的必须是 MATLAB 搜索路径上的文件。在本书后面的例题中，为了节约篇幅，只保留 H1 注释行。

（3）在 MATLAB 命令窗口输入以下命令，则会出现 f 的计算值和绘制的曲线：

```
>>f=Ex0513(0.3)
```

①第 1 行指定该文件是函数文件，文件名为“Ex0513”，输入参数为阻尼系数 zeta，输出参数为时域响应 y。

②当函数文件调用结束，查看 x、y：

```
>>x
???Undefined function or variable'x'.
>>y
???Undefined function or variable'y'.
```

可以看出 x 和 y 都未定义，说明都已被清除。

M 函数文件的函数通过函数调用才会被执行，函数执行时应注意下列几点：

（1）函数文件在运行过程中产生的变量都存放在函数本身的工作空间中。

（2）当文件执行完最后 1 条命令或遇到“return”命令时结束函数文件的运行，同时函数工作空间的变量被清除。

（3）函数的工作空间随具体的 M 函数文件调用而产生，随调用结束而删除，是独立的、临时的。在 MATLAB 运行过程中可以产生任意多个临时的函数空间。

注意

M脚本文件和M函数文件的文件名及函数名的命名规则与MATLAB变量的命名规则相同。

5.3　函数调用和参数传递

在 MATLAB 中，使用函数可以把一个比较大的任务分解为多个较小的任务，使程序模块化，每个函数完成特定的功能，通过函数的调用完成整个程序。

5.3.1　子函数和私有函数

1. 子函数

在 1 个 M 函数文件中，可以包含 1 个以上的函数，其中只有一个是主函数，其他均为子函数。

（1）在 1 个 M 文件中，主函数必须出现在最上方，其后是子函数，子函数的次序无任何限制。

（2）子函数不能被其他文件的函数调用，只能被同一文件中的函数（可以是主函数或子函数）调用。

（3）同一文件的主函数和子函数变量的工作空间相互独立。

（4）用“help”和“lookfor”命令不能提供子函数的帮助信息。

【例 5.14】 将画二阶系统时域曲线的函数作为子函数，编写画多条曲线的程序。

```
function Ex0514()
%EX0514 使用函数调用绘制二阶系统时域响应
z1=0.3;
Ex0513(z1);                              %调用 Ex0513
hold on
z1=0.5
Ex0513(z1)                               %调用 Ex0513
z1=0.707;
Ex0513(z1)                               %调用 Ex0513

functiony=Ex0513(zeta)
%子函数，画二阶系统时域曲线
x=0:0.1:20;
y=1-1/sqrt(1-zeta^2)*exp(-zeta*x).*sin(sqrt(1-zeta^2)*x+acos(zeta))
plot(x,y)
```

程序分析：主函数是 Ex0514，子函数是 Ex0513，在主函数中 3 次调用子函数。程序保存为 Ex0514.m 文件。

2. 私有函数

私有函数是指存放在 private 子目录中的 M 函数文件，具有以下性质：

（1）在 private 目录下的私有函数，只能被其父目录的 M 函数文件所调用，而不能被其他目录的函数调用。私有函数对其他目录的文件是不可见的，私有函数可以和其他目录下的函数重名。

（2）私有函数父目录的 M 脚本文件也不可调用私有函数。

（3）在函数调用搜索时，私有函数优先于其他 MATLAB 路径上的函数。

根据私有函数的特点，可在自己的工作目录下建立 1 个 private 子目录，但不要添加到 MATLAB 的搜索路径中。

3. 调用函数的搜索顺序

在 MATLAB 中调用 1 个函数，搜索的顺序如下：

（1）查找是否为子函数。

（2）查找是否为私有函数。

（3）从当前路径中搜索此函数。

（4）从搜索路径中搜索此函数。

5.3.2 局部变量和全局变量

根据变量的作用域不同，可以将 MATLAB 程序中的变量分为局部变量和全局变量。

1. 局部变量

局部变量（Local Variables）是在函数体内部使用的变量，其影响范围只能在本函数内；每个函数在运行时，都占用独立的函数工作空间，此工作空间和 MATLAB 的工作空间是相互独立的。局部变量仅存在于函数的工作空间内，只在函数执行期间存在，当函数执行完变量就消失。

2. 全局变量

全局变量（Global Variables）是可以在不同的函数工作空间和 MATLAB 工作空间中共享使用的变量。

全局变量在使用前必须用 global 定义，而且每个要共享全局变量的函数和工作空间都必须逐个用 global 对变量加以定义。

【例 5.15】 修改【例 5.14】，在主函数和子函数中使用全局变量。

```
function Ex0515()
%EX0515        使用全局变量绘制二阶系统时域响应
global X
X=0:0.1:20;
z1=0.3;
Ex0513(z1);
hold on
z1=0.5;
Ex0513(z1);
z1=0.707;
Ex0513(z1);

function Ex0513(zeta)
%子函数，画二阶系统时域曲线
global X
y=1-1/sqrt(1-zeta^2)*exp(-zeta*X).*sin(sqrt(1-zeta^2)*X+acos(zeta));
plot(X,y);
```

程序分析: X 变量为全局变量，在需要使用的主函数和子函数中都需要用 global 定义；同样，如果在工作空间中定义 X 为全局变量后也可以使用。

```
>>global X
who
Your variables are:
X
```

注意

由于全局变量在任何定义过的函数中都可以修改，因此不提倡使用全局变量，使用时必须十分小心。建议把全局变量的定义放在函数体的开始，全局变量用大写字符命名。

5.3.3 嵌套函数

嵌套函数就是在父函数中嵌套另一个完整的子函数，这样父函数的变量就可以不用传递参数而直接在子函数中使用。

在一个父函数中可以嵌套多个子函数，也可以多层嵌套；但是嵌套函数不能出现在 if 结构、switch 结构、for 循环、do…while 循环和 try…catch 结构中；每个函数都必须以“end”结束。

【例 5.16】 绘制函数表达式 $s=1+\sqrt{t}\dfrac{n^2}{n^2+5}\sin(t)$ 的曲线，输入参数为 n，曲线范围 t 为 0～2π。

```
function s = Ex0516(n)
%主函数 s=1+sqrt(t)*n^2/(n^2+5)*sin(t)
t=0:0.1:2*pi;
n1=n^2;
s=fun1(n1);
    function fn1=fun1(n1)
        %嵌套函数 fn1=1+sqrt(t)*n1/(n1+5)*sin(t)
        n2=n1/(n1+5);
        fn1=fun2(n2).*sin(t);
        function fn2=fun2(n2)
            %嵌套函数 fn2=1+sqrt(t)*n2
            fn2=1+sqrt(t).*n2;
        end
    end
plot(t,s)
end
```

程序分析： 双重嵌套的函数，主函数中的变量 t 不需要传递参数给 fun1 和 fun2 嵌套函数，就可以直接使用。当输入参数为 10 时绘制的曲线如图 5.7 所示。

```
>> s = Ex0516 (10)
```

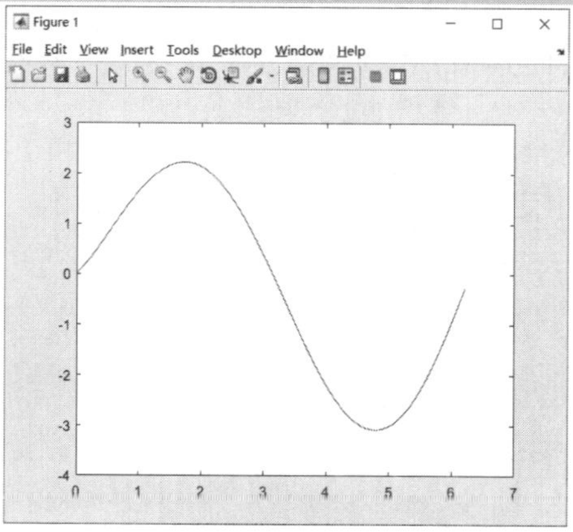

图 5.7 绘制曲线

5.3.4 函数的参数

MATLAB 的函数调用过程实际上就是参数传递的过程。

函数调用的格式如下：

```
[输出参数 1,输出参数 2,…]=函数名(输入参数 1,输入参数 2,…)
```

1. 参数传递规则

在 MATLAB 中，函数具有自己的工作空间，函数内变量与外界（包括其他函数和工作空间）的唯一联系就是通过函数的输入/输出参数。输入参数在函数中的任何变化，都仅在函数内进行，不会传递回去。

【例 5.17】 修改画二阶系统时域的函数，使用输入/输出参数来实现参数传递，如图 5.8 所示。

```
function Ex0517()
% EX0517 参数传递绘制二阶系统时域响应
z1=0.3;
[x1,y1]=Ex0513(z1);
plot(x1,y1)
hold on
z1=0.5;
[x2,y2]=Ex0513(z1);
plot(x2,y2)
z1=0.707;
[x3,y3]=Ex0513(z1);
plot(x3,y3);
```

```
function [x,y]=Ex0513(zeta)
%子函数，画二阶系统时域曲线
x=0:0.1:20;
y=1-1/sqrt(1-zeta^2)*exp(-zeta*x).*sin...
    (sqrt(1-zeta^2)*x+acos(zeta));
```

图 5.8 参数传递

程序分析：主函数 Ex0517 调用子函数 Ex0513，子函数中的 zeta 为输入参数，函数调用时将 z1 传递给子函数 zeta，子函数计算后将输出参数 x 和 y 传回给主函数的 x1、y1；主函数调用子函数 3 次，后面 2 次参数的传递也是同样的。

2. 函数参数的个数

MATLAB 函数的调用有一个与其他语言不同的特点，即函数的输入/输出参数的数目都可以变化，用户可以根据参数的个数编程。

（1）nargin 变量和 nargout 变量。在 MATLAB 中有 2 个特殊变量：nargin 和 nargout。函数的输入/输出参数的个数可以通过变量 nargin 和 nargout 获得，nargin 用于获得输入参数的个数，nargout 用于获得输出参数的个数。

语法：

```
nargin                    %在函数体内获取实际输入变量的个数
nargout                   %在函数体内获取实际输出变量的个数
nargin('fun')             %在函数体外获取定义的输入参数个数
nargout('fun')            %在函数体外获取定义的输出参数个数
```

【例 5.18】 计算 2 个数的和，根据输入参数个数的不同使用不同的运算表达式。

```
function[sum,n]=Ex0518(x,y)
%EX0518  参数个数可变，计算 x 和 y 的和
if nargin==1
    sum=x+0;                  %若输入 1 个参数就计算与 0 的和
    n=1
elseif nargin==0
    sum=0;                    %若无输入参数就输出 0
    n=0;
else
```

```
        sum=x+y;                          %若输入的是2个参数则计算其和
        n=2;
    end
end
```

在命令窗口调用Ex0518函数，分别使用2个、1个和无输入参数，结果如下所示：

```
>>[y,n]=Ex0518(2,3)
y=
     5
n=
     2
>>[y,n]=Ex0518(2)
y=
     2
n=
     1
>>[y,n]=Ex0518
y=
     0
n=
     0
```

注意

如果输入的参数多于输入参数个数，则会出错。

```
>>[y,n]=Ex0518(1,2,3)
???Errorusing==>ex0518
Toomanyinputarguments.
```

也可以在工作空间查看函数体定义的输入参数个数。

```
>>nargin('Ex0518')
ans=
     2
```

【例5.18续】 添加以下程序，查看用nargout变量获取输出参数个数。

```
if nargout==0                         %当输出参数个数为0时，运算结果为0
     sum=0;
end
```

在命令窗口调用Ex0518函数，当输出参数格式不同时，结果如下。

```
>>Ex0518(2,3)                         %当输出参数个数为0时
ans=
     0
>>y=Ex0518(2,3)                       %当输出参数个数为1时
y=
     5
>>[y,n,x]=Ex0518                      %当输出参数个数太多时
???Errorusing==>ex0518
Too many out put arguments
```

程序分析：当输出参数个数为 0 时，即使有 2 个输入参数，运算结果也为 0，结果送给 ans 变量；若输出的参数个数太多时，也会出错。

（2）varargin 变量和 varargout 变量。MATLAB 还有 2 个特殊变量：varargin 和 varargout，可以获得输入/输出变量的各元素内容，varargin 和 varargout 都是元胞数组。

【例 5.18 续】 计算所有输入变量的和。

```
function[y,n]=Ex0518(varargin)
%EX0518        使用可变参数 varargin
if nargin==0                                    %当没有输入变量时输出 0
    disp('NoInputvariables.')
    y=0;
    n=0;
elseif nargin==1                                %当有一个输入变量时，输出该数
    y=varargin{1};
    n=1;
else
    n=nargin;
    y=0;
    n=2;
    for m=1:n
        y=varargin{m}+y;                        %当有多个输入变量时，取输入变量循环相加
    end
end
n=nargin;
```

在 MATLAB 的命令窗口中输入不同个数的变量调用函数 Ex0518，结果如下：

```
>>[y,n]=Ex0518(1,2,3,4)                         %输入 4 个参数
y=
    10
n=
    4
>>[y,n]=Ex0518(1)                               %输入 1 个参数
y=
    1
n=
    1
>>[y,n]=Ex0518                                  %无输入参数
NoInputvariables.
y=
    0
n=
    0
```

程序分析：n 为输入参数的个数；y 为求和运算的结果。

（3）参数省略符号“~”。对于参数个数变化另外一种便捷的方式，就是使用 MATLAB 提供的“~”符号，表示可以省略的输入或输出参数。

```
function [sum,n]=Ex0518_1(x,y)
    sum=x+y;
    n=nargin;
end
```

调用函数 Ex0518_1，输出参数省略调用：

```
>> [sum,~]=Ex0518_1(2,3)
sum =
     5
>> [~,n]=Ex0518_1(2,3)
n =
     2
```

对于输入参数，可以使用“~”在函数定义中省略参数：

```
function [sum,n]=Ex0518_2(~,m)
%输入参数省略
    sum=0+m;
    n=nargin;
end
```

调用函数 Ex0518_2：

```
>> [sum,n]=Ex0518_2(2,3)
sum =
     3
n =
     2
```

5.3.5 程序举例

利用 M 文件的流程控制和函数调用，实现各种复杂的程序设计。

【例 5.19】 根据输入的参数绘制不同的曲线，每个子函数绘制一种曲线。

M 文件的程序代码如下：

```
function [y ] = Ex0519(z)
%Ex0519 polar wave
theta=-pi:0.01:pi;
switch z                                   %根据 z 选择不同的函数
    case 1
        r=po1(2,theta);
    case 2
        r=po2(3,theta);
    case 3
        r=po3(2,theta);
    case 4
        r=po4(3,theta);
end
polar(theta,r)                             %绘制极坐标图

    function r=po1(pow,theta)              %子函数 po1
```

```
        r=sin(theta).^pow;
    end

    function r=po2(pow,theta)
        r=sin(theta).^pow;
    end

    function r=po3(pow,theta)
        r=cos(theta).^pow;
    end

    function r=po4(pow,theta)
        r=cos(theta).^pow;
    end
end
```

程序分析：主函数名为 Ex0519，4 个子函数名分别为 po1、po2、po3 和 po4，文件保存为“Ex0519.m”。若在命令窗口中输入以下命令：

```
>>y=Ex0519(1);
```

则产生如图 5.9 所示的调用第一个子函数的极坐标曲线。

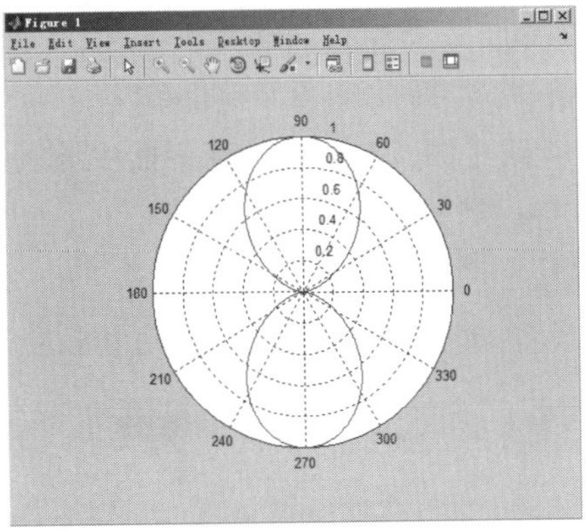

图 5.9　极坐标曲线

【例 5.20】　编写 M 函数文件，通过流程控制语句，建立如下的矩阵。

$$Y=\begin{bmatrix} 0 & 1 & 2 & 3 & \dots & n \\ 0 & 0 & 1 & 2 & \dots & n-1 \\ 0 & 0 & 0 & 1 & \dots & n-2 \\ \dots & \dots & \dots & \dots & \dots & \dots \\ 0 & 0 & 0 & 0 & \dots & 0 \end{bmatrix}$$

```
functiony=Ex0520(m)
%EX0520      用循环流程控制语句创建矩阵
y=0;
m=m-1;
```

```
for n=1:m
    y=[0,y];                        %创建全 0 行
end
for n=1:m
    a=[1:1:n];
    b=a;
    for k=m: -1:n
        b=[0,b];
    end
    y=[b;y];
    n=n+1;
end
```

程序分析：将矩阵的行列数用输入参数 m 确定，输出参数为矩阵 y。使用双重循环创建矩阵，将文件保存为“Ex0520.m”。

在命令窗口中调用 Ex0520 函数：

```
>>y=Ex0520(5)
y=
    0    1    2    3    4
    0    0    1    2    3
    0    0    0    1    2
    0    0    0    0    1
    0    0    0    0    0
```

【例 5.21】 在本书第 4 章【例 4.31】中，在界面中绘制正弦波形，在单选按钮中选择振幅，在列表框中选择频率，然后绘制正弦曲线。

（1）设计界面。界面设计如图 5.10 所示。

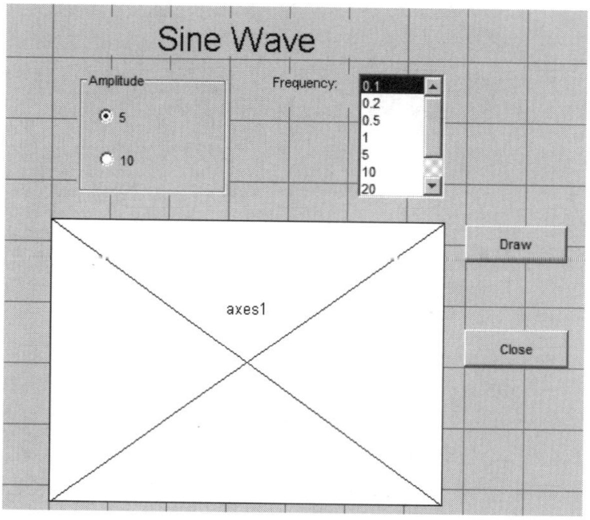

图 5.10 界面布局

（2）回调函数。回调函数需要在单击“Draw”按钮（pushbutton1）时绘制正弦曲线，单击“Close”按钮（pushbutton2）时关闭窗口。

编写回调函数的步骤：选择“Draw”按钮（pushbutton1），单击鼠标右键，在弹出的快捷菜单中选择“View Callbacks”→“Callback”命令，进入 pushbutton1_Callback 函数，在函数中添加函数内容如下：

```
function pushbutton1_Callback(hObject, eventdata, handles)
am_1=get(handles.radiobutton1,'value');              %获取单选按钮 radiobutton1 的值
am_2=get(handles.radiobutton2,'value');
if am_1==1                                            %如果单选按钮 radiobutton1 被选中
      am=5;
else
      am=10;
end
fre1=get(handles.listbox1,'string');                 %获取下拉列表 listbox1 的 string 属性
n=get(handles.listbox1,'value');                     %获取下拉列表 listbox1 被选中的列表索引
fre=eval(fre1{n});                                   %得出下拉列表 listbox1 被选中项的内容
x=0:0.1:10;
plot(am*sin(fre*x));                                 %绘制正弦曲线，振幅和频率根据选择得出
```

程序分析：hObject 为该对象的句柄；eval 函数可以将字符串转换成数值型。

handles 变量非常重要，它是 1 个结构数组，包括以下两部分内容：

（1）存储所有在图形界面中的控件、菜单、坐标轴对象的句柄，每个对象的句柄名称与对象的“Tag”名相同，如下拉列表 listbox1 的句柄是“handles.listbox1”。

（2）通过 get 函数可以获得不同对象的属性值，例如，get(handles.listbox1,'string')得出 9×1 的元胞数组，记录了所有下拉项的值，fre1{n}用来获取对应下拉列表项的值；get(handles.listbox1,'value')得出用户所选的下拉项的索引，如果选择第一项则为 1。

程序运行界面如图 5.11 所示。

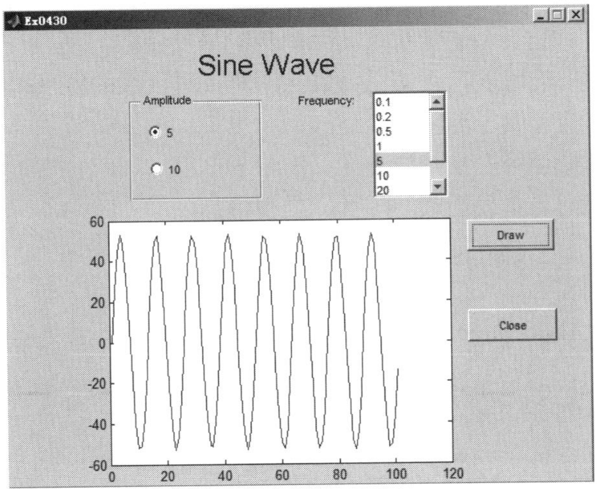

图 5.11　运行界面

5.4 利用函数句柄执行函数

5.4.1 函数句柄的创建

函数句柄（Function_Handle）包含了函数的路径、函数名、类型及可能存在的重载方法。

1. 函数句柄的创建

与图形对象的句柄不同，函数句柄不是在函数文件创建时自动创建的，而是必须通过专门的定义。创建函数句柄使用“@”符号或“str2func”命令实现。

语法：

```
h_fun=@fun                              %创建函数句柄
h_fun=str2func('fun')                   %创建函数句柄
h_array=str2func({'fun1', 'fun2', …})   %创建函数句柄数组
```

说明： fun 是函数名，h_fun 是函数句柄，h_array 是函数句柄数组。

【例 5.22】 创建 MATLAB 内部函数的句柄。

```
>>h_sin=@sin;                           %创建函数句柄
>>h_cos=str2func('cos');                %创建函数句柄数组
>>h_array=str2func({'sin','cos','tan'})
h_array=
      @sin @cos @tan
```

2. 使用函数句柄的优点

利用函数句柄执行函数的优点有以下几点：

（1）在更大范围内调用函数。函数句柄包含了函数文件的路径和函数类型，即函数是否为内部函数、M 或 P 文件、子函数、私有函数等。无论函数所在的文件是否在搜索路径上，是否是当前路径，是否是子函数或私有函数，只要函数句柄存在，函数就能够执行。

（2）提高函数调用的速度。不使用函数句柄时，对函数的每次调用都要为该函数进行全面的路径搜索，直接影响了速度。

（3）使函数调用像使用变量一样方便、简单。

（4）可迅速获得同名重载函数的位置、类型信息。

5.4.2 用 feval 命令执行函数

函数也可以使用 feval 命令直接执行，feval 命令可以使用函数句柄或函数名。

语法：

```
[y1,y2, …]=feval(h_fun,arg1,arg2…)
[y1,y2, …]=feval('funname',arg1,arg2…)
```

说明： h_fun 是函数句柄；'funname'是函数名；arg1、arg2…是输入参数；y1、y2…是输出参数。

在 MATLAB 的命令窗口调用 Ex0520 函数来实现创建以下矩阵，使用 feval 命令有 3 种格式。

$$Y=\begin{bmatrix}0 & 1 & 2 & 3 & \dots & n\\ 0 & 0 & 1 & 2 & \dots & n-1\\ 0 & 0 & 0 & 1 & \dots & n-2\\ \dots & \dots & \dots & \dots & \dots & \dots\\ 0 & 0 & 0 & 0 & \dots & 0\end{bmatrix}$$

（1）用 feval 命令利用函数句柄执行。

```
>>h_Ex0520=str2func('Ex0520')
h_Ex0520=
     @Ex0520
>>y=feval(h_Ex0520,5)
y =
     0     1     2     3     4
     0     0     1     2     3
     0     0     0     1     2
     0     0     0     0     1
     0     0     0     0     0
```

（2）用 feval 命令利用函数名执行。

```
>>y=feval('Ex0520',1);
```

（3）直接调用函数。

```
>>y=Ex0520(1);
```

5.5 利用泛函命令进行数值分析

在 MATLAB 中，所有以函数为输入变量的命令，都称为泛函命令。

常见语法：

```
[输出变量列表]=函数名(h_fun,输入变量列表）
[输出变量列表]=函数名('funname',输入变量列表）
```

说明： h_fun 是要被执行的 M 函数文件的句柄，或者是内联函数和字符串；'funname' 是 M 函数文件名。

泛函命令有很多，下面介绍常用于数值分析的一些命令。数值分析是指对于积分、微分或解析上难以确定的一些特殊值，利用计算机在数值上来近似这些结果。

5.5.1 求极小值

在许多应用中，确定函数的极值即极大值（峰值）和极小值（谷值）是较常见的。在数学上，可通过确定函数导数（斜率）为 0 的点，解析求出这些极值点。然而，有很多函数很难找到导数为 0 的点，因此，必须通过在数值上来找函数的极值点。

MATLAB 中的函数 fminbnd 和 fminsearch 可以用来寻找最小值。

最大值的求法则可以通过“$f(x)$的最大值=$-f(x)$的最小值”得出。

1. fminbnd 函数

fminbnd 函数用来计算单变量非线性函数的极小值。

语法：

```
[x,y]=fminbnd(h_fun,x1,x2,options)
[x,y]=fminbnd('funname',x1,x2,options)
```

说明： h_fun 是函数句柄，'funname'是函数名，必须是单值非线性函数；options 是用来控制算法的参数向量，默认值为 0，可省略；x 是 fun 函数在区间 $x_1<x<x_2$ 上的局部最小值的发生点；y 是对应的最小值。

【例 5.23】 用 fminbnd 求解 humps 函数的极小值。

```
>>[x,y]=fminbnd(@humps,0.5,0.8)                    %求在 0.5～0.8 之间的极小值
    x=
0.6370
    y=
11.2528
```

程序分析： humps 函数是 MATLAB 提供的 M 文件，保存为"humps.m"文件；@humps 表示 humps 函数的句柄，humps 的函数最小值曲线如图 5.12 所示，最小值为图中的圆点 (0.6370，11.2528)，误差小于 10^{-4}。

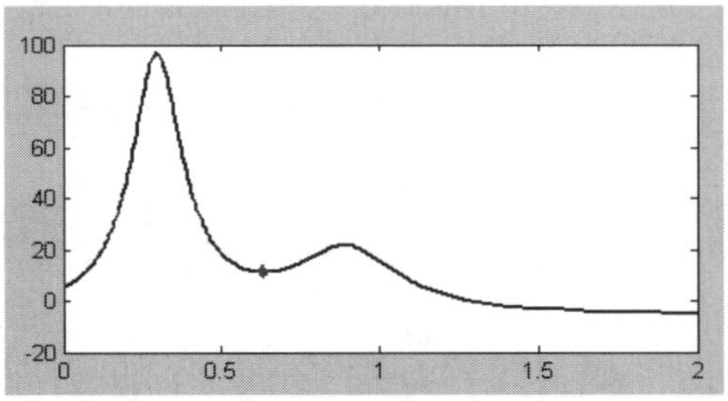

图 5.12 humps 函数的最小值曲线

2. fminsearch 函数

fminsearch 函数用于求多变量无束缚非线性最小值，采用 Nelder-Mead 单纯形算法求解多变量函数的最小值。

语法：

```
x=fminsearch(h_fun,x0)
x=fminsearch('funname',x0)
```

说明： x_0 是最小值点的初始猜测值。

【例 5.24】 求著名的 Banana 测试函数 $f(x,y)=100(y-x^2)^2+(1-x)^2$ 的最小值，它的理论最小值是 $x=1$，$y=1$。该测试函数有一片浅谷，很多算法都难以逾越。

```
>>fn=inline('100*(x(2) –x(1)^2)^2+(1–x(1))^2','x') %用 inline 产生内联函数，x 和 y 用二元数组表示
fn=
    Inline function:
    fn(x)=100*(x(2) –x(1)^2)^2+(1–x(1))^2
>>y=fminsearch(fn,[0.5, –1])                         %从(0.5,–1)为初始值开始搜索求最小值
    y=
    1.0000    1.0000
```

5.5.2 求过零点

函数 $f(x)$的过零点或等于某个常数点的求解也非常重要。$f(x)$可能有 1 个零点，也可能有多个或无数个零点，也可能没有零点，用一般的解析方法寻找这类点非常困难或不可能。MATLAB 提供了该类问题的数值解法。

fzero 函数可以寻找一维函数的零点，即求 $f(x)=0$ 的根。

语法：

```
x=fzero(h_fun,x0,tol,trace)
x=fzero('funname',x0,tol,trace)
```

说明： h_fun 是待求零点的函数句柄；x_0 有 2 个作用，即预定待搜索零点的大致位置和搜索起始点；tol 用来控制结果的相对精度，默认值为 eps；trace 指定迭代信息是否在运算中显示，默认为 0，表示不显示迭代信息。tol 和 trace 都可以省略。

注意

1 个函数可能会有多个零点，但 fzero 函数的结果只给出离 x_0 最近的那个零点，如果 fzero 无法找出零点，它将停止运行并提供解释。fzero 函数不能接受以 x 为自变量的字符串来描述的函数。fzero 函数与求多项式根的 roots 函数相比，能够求出更一般的单变量函数的零点。

【例 5.25】 求解 humps 函数的过零点，humps 函数的过零点用圆点表示，如图 5.13 所示。

```
>>xzero=fzero(@humps,1)              %求在 1 附近的零点
    xzero=
    1.2995
>>xzero=fzero(@humps,[0.5,1.5])      %求在 0.5～1.5 范围内的零点
    xzero=
    1.2995
>>xzero=fzero(@humps,[0.5,1])        %求在 0.5～1 范围内的零点
???Errorusing==>fzero
The function valuesat the interval end points must differin sign.
```

程序分析： 若在 0.5～1 的范围内找不到零点，则提示出错信息。

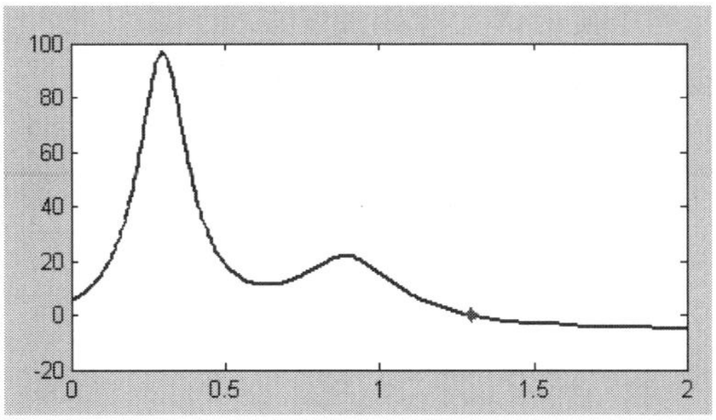

图 5.13 humps 函数的过零点

fzero 函数不仅能够寻找零点，而且还可以寻找函数等于任何常数值的点。寻找 $f(x)=c$

的点，通过定义函数“$g(x)=f(x)-c$”，然后使用 fzero 找出 $g(x)$为 0 的 x 值。

5.5.3 数值积分

MATLAB 可以在有限区间内，计算出某个函数的积分或面积。

函数 quad 和 quad8 基于数学上的正方形概念计算函数的面积。这 2 个函数在所需的区间计算被积函数都应用递归调用的方法，quad8 比 quad 更精确，速度更快。与 trapz 梯形比较，这 2 个函数能够进行更高阶的近似。

语法：

```
s=quad(h_fun,x1,x2,tol,trace,p1,p2, …)
s=quad('funname',x1,x2,tol,trace,p1,p2, …)
s=quad8(h_fun,x1,x2,tol,trace,p1,p2, …)
s=quad8('funname',x1,x2,tol,trace,p1,p2, …)
```

说明：x_1 和 x_2 分别是积分的上、下限；tol 用来控制积分精度，省略时默认为 0.001；trace 取 1 用图形展现积分过程，取 0 则无图形，省略时默认不画图；p_1、p_2…是向函数传递的参数，可省略。

【例 5.26】 计算 y=humps(x)曲线下面的面积。

```
>>x=0:0.01:1;
>>y=humps(x);
>>area=trapz(x,y)                %用梯形计算积分
area=
     29.8571
>>area1=quad(@humps,0,1)         %用 quad 计算积分
area1=
     29.8583
>>area2=quad8(@humps,0,1)        %用 quad8 计算积分
area2=
     29.8583
```

程序分析：用 trapz 函数梯形近似可能低估了实际面积，当梯形的宽度变窄时，就能够得到更精确的结果。quad 和 quad8 函数返回非常相近的估计面积。

5.5.4 微分方程的数值解

微分方程一般用来描述系统内部变量如何受系统内部结构和外部激励（如输入）的影响。当常微分方程式能够解析求解时，MATLAB 提供了符号工具箱中的 solve 函数来找到精确解；如果求取解析解困难时，MATLAB 为解决常微分方程提供了数值求解的方法。

MATLAB 提供了 ode23、ode45 和 ode113 等多个函数求解微分方程的数值解。以下介绍低维方法、高维方法和变维方法解一阶常微方程组。

语法：

```
[t,y]=ode45(h_fun,tspan,y0,options,p1,p2…)
[t,y]=ode45('funname',tspan,y0,options,p1,p2…)
```

说明：h_fun 是函数句柄，函数以 dx 为输出，以 t、y 为输入量；tspan=[起始值 终止值]，表示积分的起始值和终止值；y_0 是初始状态列向量；options 可以定义函数运行时的

参数，可省略；p_1、p_2…是函数的输入参数，可省略。

一般来说，ode45 求解算法最常用。ode23 和 ode45 都运用了基本的龙格-库塔（Runge-Kutta）数值积分法的变形，ode23 运用组合 2/3 阶龙格-库塔法，而 ode45 运用组合的 4/5 阶龙格-库塔法，ode45 可取较多的时间步。

【例 5.27】 解经典的范德波尔（Van der Pol）微分方程：

$$\frac{\mathrm{d}^2x}{\mathrm{d}t^2}-\mu(1-x^2)\frac{\mathrm{d}x}{\mathrm{d}t}+x=0$$

（1）必须把高阶微分方程式变换成一阶微分方程组。

令 $y_1=x$，$y_2=\mathrm{d}x/\mathrm{d}t$，则将二阶微分方程变为一阶微分方程组：

$$\begin{bmatrix}\dfrac{\mathrm{d}y_1}{\mathrm{d}t}\\\dfrac{\mathrm{d}y_2}{\mathrm{d}t}\end{bmatrix}=\begin{bmatrix}y_2\\\mu(1-y_1^2)y_2-y_1\end{bmatrix}$$

（2）编写 1 个函数文件“vdpol.m”，设定μ=2，该函数返回上述导数值。输出结果由 1 个列向量 yprime 给出。y_1 和 y_2 合并写成列向量 $\boldsymbol{y}$。

M 函数文件“vdpol.m”：

```
%范德波尔方程
Function y prime=vdpol(t,y)
yprime=[y(2);2*(1–y(1)^2)*y(2) –y(1)]
```

（3）给定当前时间及 y_1 和 y_2 的初始值，解微分方程。

```
>>tspan=[0,30];                      %起始值 0 和终止值 30
>>y0=[1;0];                          %初始值
>>[t,y]=ode45(@vdpol,tspan,y0);      %解微分方程
>>y1=y(:,1);
>>y2=y(:,2);
>>figure(1)
>>plot(t,y1,':b',t,y2,'–r')          %画微分方程解
>>figure(2)
>>plot(y1,y2)                        %画相平面图
```

设 y_1 为横坐标，y_2 为纵坐标，则画出微分方程波形如图 5.14 所示。

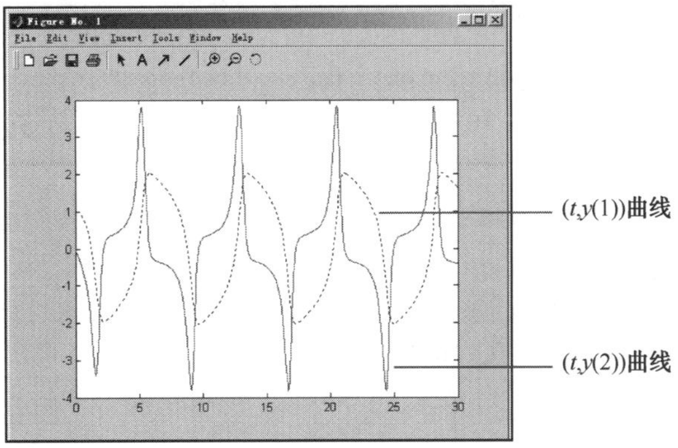

图 5.14　微分方程 y_1 和 y_2 在时间域的曲线

画出 y_1 和 y_2 的相平面图如图 5.15 所示。

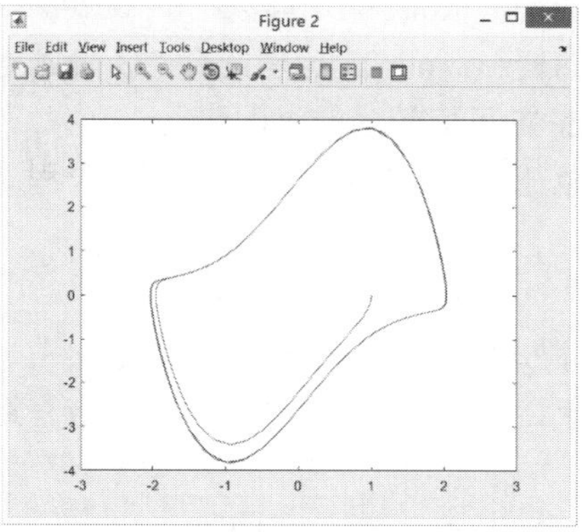

图 5.15　y_1 和 y_2 的相平面图

5.6 内联函数

内联函数（Inline Function）是 MATLAB 提供的另一种可以实现函数功能的对象，内联函数的创建相当简单。

1. 内联函数的创建

创建内联函数可以使用 inline 函数实现。

语法：

```
inline('string',arg1,arg2, …)                    %创建内联函数
```

说明：'string'必须是不带赋值号（"="）的字符串；arg1 和 arg2 是函数的输入变量。

【例 5.28】　创建内联函数，实现 $f(x,z)=\sin(x)\mathrm{e}^{-zx}$。

```
>>f=inline('sin(x)*exp(-z*x)','x','z')           %创建内联函数
f=
     Inline function:
     f(x,z)=sin(x)*exp(-z*x)
>>y=f(5,0.3)                                     %调用函数f
y=
     -0.2140
```

2. 查看内联函数

MATLAB 可以用 char、class 和 argnames 函数方便地查看内联函数的信息。

语法：

```
char(inline_fun)                                 %查看内联函数的内容
class(inline_fun)                                %查看内联函数的类型
argnames(inline_fun)                             %查看内联函数的变量
```

【例 5.28 续】　查看内联函数的信息。

```
>>char(f)
ans=
sin(x)*exp(-z*x)
```

```
>>class(f)
ans=
inline
>>argnames(f)
ans=
      'x'
      'z'
```

3. 使内联函数适用于数组运算

内联函数的输入变量不能是数组，但可以使用 vectorize 函数将内联函数适用于数组运算。

语法：

```
vectorize(inline_fun)                              %使内联函数适用于数组运算
```

【例 5.28 续】 使内联函数适用于数组运算。

```
>>ff=vectorize(f)                                  %使内联函数 f 转换为适合于数组运算
ff=
      Inline function:
      ff(x,z)=sin(x).*exp(-z.*x)
>>x=0:0.1:20;
>>y=ff(x,0.3);
```

4. 执行内联函数

内联函数还可以直接使用 feval 函数执行。

语法：

```
[y1,y2, …]=feval(inline_fun,arg1,arg2…)
```

【例 5.28 续】 执行内联函数。

```
>>x=0:0.1:20;
>>z=0:0.05:10;
>>y=feval(ff,x,z)
```

5.7 M 文件性能的优化和加速

5.7.1 M 文件性能优化

MATLAB 语言是解释性语言，有时 MATLAB 程序的执行速度不是很理想，为了能够提高程序的运行效率，编程时应注意以下几个方面。

1. 使用循环时提高速度的措施

循环语句及循环体是 MATLAB 编程的瓶颈问题。MATLAB 与其他编程语言不同，它的基本数据是向量和矩阵，编程时应尽量对向量和矩阵编程，而不要对矩阵的元素编程。

2. 大型矩阵的预先定维

由于 MATLAB 变量在使用之前不需要定义和指定维数，当变量新赋值的元素下标超出数组的维数时，MATLAB 就为该数组扩维 1 次，大大地降低了运行的效率。

建议在定义大型矩阵时，首先用 MATLAB 的内在函数如 zeros 或 ones 对其进行定维操作，然后再进行赋值处理，这样会显著减少所需的时间。

【例 5.29】 将【例 5.20】中的双重循环改为单循环，并用 zeros 函数定维来提高运行速度，创建矩阵：

$$Y=\begin{bmatrix} 0 & 1 & 2 & 3 & \dots & n \\ 0 & 0 & 1 & 2 & \dots & n-1 \\ 0 & 0 & 0 & 1 & \dots & n-2 \\ \dots & \dots & \dots & \dots & \dots & \dots \\ 0 & 0 & 0 & 0 & \dots & 0 \end{bmatrix}$$

```
functiony=Ex0520(m)
%EX0520 先定维再创建矩阵
m=m–1;
y=zeros(m);
for n=1:m–1
    a=1:m–n;
    y(n,n+1:m)=a;
end
y
```

3. 优先考虑内在函数

矩阵运算应该尽量采用 MATLAB 的内在函数。内在函数是由更底层的 C 语言构造的，其执行速度显然很快。

4. 采用高效的算法

在实际应用中，解决同样的数学问题经常有各种各样的算法。例如，求解定积分的数值解法在 MATLAB 中就提供了 2 个函数：quad 和 quad8，其中后者在精度、速度上都明显高于前者。由此可见，应寻求更高效的算法。

5. 尽量使用 M 函数文件代替 M 脚本文件

由于 M 脚本文件每次运行时，都必须把程序装入内存，然后逐句解释执行，十分费时。因此，要尽量使用 M 函数文件代替 M 脚本文件。

5.7.2 P 码文件

一般的 M 文件都是文本文件， MATLAB 源代码都能看到。如果希望程序的保密性好而且运行速度快，则可以将 M 脚本文件和 M 函数文件转换成为 P 码（Pseudocode）文件，又称为伪代码。

1. P 码文件的生成

P 码文件使用 pcode 命令生成，生成的 P 码文件与原 M 文件名相同，其扩展名为“.p”。

语法：

```
pcode Filename.m              %在当前目录生成 Filename.p
pcode Filename.m-inplace      %在 Filename.m 所在目录生成 Filename.p
```

例如，将【例 5.29】生成 P 码文件，在命令窗口中输入命令，将 Ex0527.m 文件转换为 P 码文件。

```
>>pcode Ex0530.m
```

则在当前目录就生成了 P 码文件 Ex0529.p。

2. P 码文件的特点

（1）P 码文件的运行速度比原 M 文件速度快。1 个 M 文件第 1 次被调用时，MATLAB 将其进行语法分析，并生成 P 码文件存放在内存中。以后再次调用该 M 文件时，MATLAB 就直接调用内存中的 P 码文件，而不需要再对原 M 文件重新进行语法分析，当再次调用 M 文件时，运行的速度便会高于第 1 次运行。

（2）若存在同名的 M 文件和 P 码文件时则 P 码文件被调用。当在 MATLAB 的同一目录或搜索路径中，同时存在同名的 M 文件和 P 码文件，则该文件名被调用时执行的是 P 码文件。

为了测试，可以将 Ex0529.m 文件和 Ex0529.p 文件放在同一目录，将 Ex0529.m 文件修改并保存，然后在命令窗口运行该文件，结果仍然与原来一样。

```
>>y=Ex0530(5)
```

（3）P 码文件保密性好。用字处理软件打开 Ex0529.p 文件，看到的是乱码。

第 6 章 线性控制系统分析与设计

自从 MATLAB 出现以来，因其强大的矩阵运算和图形可视化功能及丰富的工具箱，使之成为控制界最流行和最广泛使用的系统分析和设计工具之一。

MATLAB 中具有丰富的可用于控制系统分析和设计的函数；MATLAB 的控制系统工具箱（Control System Toolbox）可以提供对线性系统分析、设计和建模的各种算法；MATLAB 的系统辨识工具箱（System Identification Toolbox）可以对控制对象的未知模型进行辨识和建模。

本章主要使用控制系统工具箱对线性时不变系统（LTI）进行分析和设计，可以处理连续的和离散的系统，使用传递函数或状态空间法描述系统，分析方法有时域、频域和根轨迹法等。通过本章的学习，可以解决自动控制理论课程的分析和设计方法。

6.1 线性系统的描述

在分析和设计控制系统之前，需要对系统的数学模型进行描述。下面主要对单变量连续的反馈控制系统进行描述。

6.1.1 状态空间描述法

状态空间描述法是使用状态方程模型描述控制系统的。状态方程为一阶微分方程，用数学形式描述为：$\begin{cases}\dot{x}=\boldsymbol{A}x+\boldsymbol{B}u\\ y=\boldsymbol{C}x+\boldsymbol{D}u\end{cases}$

其中，$\boldsymbol{A}=\begin{bmatrix}a_{11} & a_{12} & \cdots & a_{1n}\\ a_{21} & a_{22} & \cdots & a_{2n}\\ \cdots & \cdots & \cdots & \cdots\\ a_{n1} & a_{n2} & \cdots & a_{nn}\end{bmatrix}$，$\boldsymbol{B}=\begin{bmatrix}b_1\\ b_2\\ \cdots\\ b_n\end{bmatrix}$，$\boldsymbol{C}=\begin{bmatrix}c_1 & c_2 & \cdots & c_n\end{bmatrix}$，$\boldsymbol{D}=d$

例如，二阶系统$\dfrac{\mathrm{d}^2y(t)}{\mathrm{d}t^2}+2\zeta\omega_n\dfrac{\mathrm{d}y(t)}{\mathrm{d}t}+\omega_n^{\ 2}y(t)=\omega^2{}_nu(t)$

可以用状态方程描述为：$\begin{cases}x_1=y(t)\\ x_2=\dfrac{\mathrm{d}y(t)}{\mathrm{d}t}\end{cases}$

则$\begin{cases}\dot{x}_1=\dfrac{\mathrm{d}y(t)}{\mathrm{d}t}\\ \dot{x}_2=-\omega_n^{\ 2}y(t)-2\zeta\omega_n\dfrac{\mathrm{d}y(t)}{\mathrm{d}t}+\omega_n^{\ 2}u(t)\end{cases}$

写出矩阵形式：$\begin{bmatrix} \dot{x}_1 \\ \dot{x}_2 \end{bmatrix} = \begin{bmatrix} 0 & 1 \\ -\omega_n{}^2 & -2\zeta\omega_n \end{bmatrix} \begin{bmatrix} x_1 \\ x_2 \end{bmatrix} + \begin{bmatrix} 0 \\ \omega_n{}^2 \end{bmatrix} u(t)$

另外，系统的状态方程也可以表示为：$\begin{cases} \dot{x} = \boldsymbol{A}x + \boldsymbol{B}u \\ \boldsymbol{Y} = \boldsymbol{C}x + \boldsymbol{D}u \end{cases}$

MATLAB 中状态方程模型的建立使用 ss 和 dss 函数。

语法：

```
G=ss(a,b,c,d)          %由 a、b、c、d 参数获得状态方程模型
G=dss(a,b,c,d,e)       %由 a、b、c、d、e 参数获得状态方程模型
```

【例 6.1】 写出二阶系统 $\dfrac{d^2y(t)}{dt^2} + 2\zeta\omega_n \dfrac{dy(t)}{dt} + \omega_n{}^2 y(t) = \omega_n{}^2 u(t)$，当 ζ =0.707，ω_n =1 时的状态方程。

```
>> zeta=0.707;wn=1;
>> A=[0 1; -wn^2 -2*zeta*wn];
>> B=[0;wn^2];
>> C=[1 0];
>> D=0;
>> G=ss(A,B,C,D)                          %建立状态方程模型
 a =
              x1        x2
    x1         0         1
    x2        -1    -1.414
 b =
          u1
    x1     0
    x2     1
 c =
          x1  x2
    y1     1   0
 d =
          u1
    y1     0
 Continuous-time model
```

6.1.2 传递函数描述法

传递函数是由线性微分方程经过拉普拉斯变换得出的，拉普拉斯变换得出控制系统的数学描述为：$G(s) = \dfrac{Y(s)}{U(s)}$。

传递函数表示为有理函数形式：$G(s) = \dfrac{b_1s^m + b_2s^{m-1} + \cdots + b_ms + b_{m+1}}{s^n + a_1s^{n-1} + \cdots + a_{n-1}s + a_n}$。MATLAB 中使用 tf 函数建立传递函数。

语法：

```
G=tf(num,den)          %由传递函数分子、分母得出
```

说明： num 为分子向量，num=$[b_1, b_2,\cdots,b_m,b_{m+1}]$；den 为分母向量，den=$[a_1,a_2,\cdots,a_{n-1},a_n]$。

【例 6.1 续】 将二阶系统描述为传递函数的形式。

```
>> num=1;
>> den=[1 1.414 1];
>> G=tf(num,den)                    %得出传递函数
 Transfer function:
        1
-----------------
s^2 + 1.414 s + 1
```

6.1.3 零极点描述法

零极点描述法是线性系统的另一种数学模型，用于将传递函数的分子、分母多项式进行因式分解。

传递函数的零极点形式为：

$$G(s)=k\frac{(s-z_1)(s-z_2)...(s-z_m)}{(s-p_1)(s-p_2)...(s-p_n)}$$

其中：k 是系统增益，z_i（i=1,2,⋯）是系统零点，p_j（j=1,2,⋯）是系统极点。

MATLAB 中使用 zpk 函数可以由零极点得到传递函数模型。

语法：

```
G=zpk(z,p,k)          %由零点、极点和增益获得
```

说明： z 为零点列向量；p 为极点列向量；k 为增益。

【例 6.1 续】 得出二阶系统的零极点，并得出传递函数。

```
>> z=roots(num)
z =
   Empty matrix: 0–by–1
>> p=roots(den)
p =
  –0.7070 + 0.7072i
  –0.7070 – 0.7072i
>> zpk(z,p,1)
 Zero/pole/gain:
        1
------------------
(s^2 + 1.414s + 1)
```

程序分析： roots 函数可以得出多项式的根，零极点形式是以实数形式表示的。

控制系统的传递函数也可以用部分分式法表示，部分分式法可以归类于零极点增益描述法。部分分式法是将传递函数表示成部分分式或留数形式：

$$G(s)=\frac{r_1}{s-p_1}+\frac{r_2}{s-p_2}+\cdots+\frac{r_n}{s-p_n}+k(s)$$

在 MATLAB 中可以使用 residue 函数由传递函数得出部分分式的极点和系数。

【例 6.1 续】 将传递函数转换成部分分式法，得出各系数。

```
>> [r,p,k]=residue(num,den)
r =
```

```
         0 - 0.7070i
         0 + 0.7070i
p =
   -0.7070 + 0.7072i
   -0.7070 - 0.7072i
k =
     []
```

6.1.4 离散系统的数学描述

在 MATLAB 中，线性的离散系统和连续系统一样，也有状态空间、Z 变换脉冲传递函数和零极点增益等多种描述方式。

1. 状态空间描述法

线性时不变离散系统可以用一组差分方程表示：

$$\begin{cases} \boldsymbol{x}(n+1)=\boldsymbol{A}\boldsymbol{x}(n)+\boldsymbol{B}\boldsymbol{u}(n) \\ \boldsymbol{y}(n)=\boldsymbol{C}\boldsymbol{x}(n)+\boldsymbol{D}\boldsymbol{u}(n) \end{cases}$$

说明： u 为输入向量，x 为状态向量，y 为输出向量，n 为采样时刻。

状态空间描述离散系统也可使用 ss 和 dss 函数。

语法：

```
G=ss(a,b,c,d,Ts)                    %由 a、b、c、d 参数获得状态方程模型
G=dss(a,b,c,d,e,Ts)                 %由 a、b、c、d、e 参数获得状态方程模型
```

说明： T_s 为采样周期，为标量，当采样周期未指明时可以用–1 表示。

【例 6.2】　用状态空间法建立离散系统。

```
>> a=[-1.5 -0.5;1 0];
>> b=[1;0];
>> c=[0 0.5];
>> d=0;
>> G=ss(a,b,c,d,0.1)                           %采样周期为 0.1s
a =
            x1      x2
    x1    -1.5    -0.5
    x2       1       0
b =
         u1
    x1    1
    x2    0
c =
          x1   x2
    y1     0  0.5
d =
         u1
    y1    0
Sampling time: 0.1
Discrete-time model.
```

2. 脉冲传递函数描述法

将离散系统的状态方程描述变换为脉冲传递函数，脉冲传递函数的等效表达式为：

$$\begin{cases} Y(z) = G(z) \cdot U(z) \\ G(z) = C(zI - A)^{-1} B + D \end{cases}$$

其脉冲传递函数形式为：

$$G(z) = \frac{b_1 z^{-m} + b_2 z^{-(m-1)} + \cdots + b_m z + b_{m+1}}{z^{-n} + a_1 z^{-(n-1)} + \cdots + a_{n-1} z + a_n}$$

脉冲传递函数也可以用 tf 函数实现。

语法：

```
G=tf(num,den,Ts)                    %由分子、分母得出脉冲传递函数
```

说明：T_s 为采样周期，为标量，当采样周期未指明时可以用−1 表示，自变量用 z 表示。

【例 6.2 续】 创建离散系统脉冲传递函数 $G(z) = \dfrac{0.5z}{z^2 - 1.5z + 0.5} = \dfrac{0.5z^{-1}}{1 - 1.5z^{-1} + 0.5z^{-2}}$。

```
>> num1=[0.5 0];
>> den=[1 –1.5 0.5];
>> G1=tf(num1,den, –1)
Transfer function:
        0.5 z
-----------------
z^2 – 1.5 z + 0.5
Sampling time: unspecified
```

MATLAB 中还可以用 filt 函数产生脉冲传递函数。

语法：

```
G=filt(num,den,Ts)          %由分子、分母得出脉冲传递函数
```

说明：T_s 为采样周期，当采样周期未指明时 T_s 可以省略，也可以用−1 表示，自变量用 z^{-1} 表示。

【例 6.2 续】 使用 filt 函数产生脉冲传递函数。

```
>> num2=[0 0.5];
>> G2=filt(num2,den)
 Transfer function:
        0.5 z^–1
-----------------------
1 – 1.5 z^–1 + 0.5 z^–2
Sampling time: unspecified
```

程序分析：用 filt 函数生成的脉冲传递函数的自变量不是 z 而是 z^{-1}，分子应改为“[0 0.5]”。

3. 零极点增益描述法

将脉冲传递函数因式分解得出零极点增益形式：

$$G(z) = k \frac{(z - z_1)(z - z_2)\ldots(z - z_m)}{(z - p_1)(z - p_2)\ldots(z - p_n)}$$

离散系统的零极点增益用 zpk 函数实现。

语法：

```
G=zpk(z,p,k,Ts)                    %由零极点得出脉冲传递函数
```

【例 6.2 续】 使用 zpk 函数产生零极点增益传递函数。

```
>> G3=zpk([0],[0.5 1],0.5, -1)
Zero/pole/gain:
     0.5 z
-------------
(z-0.5) (z-1)
Sampling time: unspecified
```

由脉冲传递函数转换为部分分式或留数形式：

$$G(z)=\frac{r_1}{z-p_1}+\frac{r_2}{z-p_2}+\cdots+\frac{r_n}{z-p_n}$$

和连续系统一样，可以直接由脉冲传递函数通过 residue 函数获得离散系统的部分分式描述。

6.2 线性系统模型之间的转换

线性系统模型的不同描述方法之间存在内在的等效关系，因此，彼此之间都可以相互转换；连续系统和离散系统之间的转换也是很常用的，MATLAB 提供了相互转换的命令。

6.2.1 连续系统模型之间的转换

线性控制系统的状态空间描述法、传递函数描述法和零极点增益描述法之间都可以相互转换，每一种都可以转换成另一种，它们都是等效的。

控制系统工具箱中有各种不同模型转换的函数，如表 6.1 所示为线性系统模型转换的函数。

表 6.1 线性系统模型转换的函数

函　数	调 用 格 式	功　能
tf2ss	[*a*,*b*,*c*,*d*]=tf2ss(num,den)	传递函数转换为状态空间
tf2zp	[*z*,*p*,*k*]=tf2zp(num,den)	传递函数转换为零极点描述
ss2tf	[num,den]=ss2tf(*a*,*b*,*c*,*d*,iu)	状态空间转换为传递函数
ss2zp	[*z*,*p*,*k*]=ss2zp(*a*,*b*,*c*,*d*,iu)	状态空间转换为零极点描述
zp2ss	[*a*,*b*,*c*,*d*]=zp2ss(*z*,***p***,*k*)	零极点描述转换为状态空间
zp2tf	[num,den]=zp2tf(*z*,***p***,*k*)	零极点描述转换为传递函数

说明： *a*、*b*、*c*、*d* 是由状态空间以可控标准型的形式给出的；iu 为第几个输入信号；num 和 den 分别是传递函数的分子多项式和分母多项式的系数向量；*z* 为零点列向量；***p*** 为极点列向量；*k* 为增益。

1. 系统模型的转换

系统的三种模型是可以转换的，通过 ss、tf 和 zpk 函数进行模型的相互转换，如图 6.1 所示。

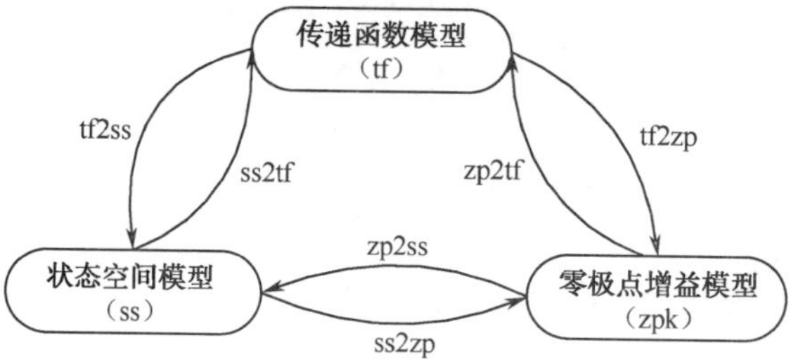

图 6.1 模型转换图

【例 6.3】 将单输入、双输出的系统传递函数 $G_1(s)=\dfrac{\begin{bmatrix}3s+2\\ s^2+2s+5\end{bmatrix}}{3s^3+5s^2+2s+1}$ 转换为用状态空间描述。

```
>> num=[0 3 2;1 2 3];
>> den=[3 5 2 1];
>> G11=tf(num(1,:),den)
 Transfer function:
         3 s + 2
----------------------
3 s^3 + 5 s^2 + 2 s + 1
 >> G12=tf(num(2,:),den)
 Transfer function:
      s^2 + 2 s + 3
----------------------
3 s^3 + 5 s^2 + 2 s + 1
>> G=ss([G11;G12])
a =
              x1         x2          x3
   x1      -1.667    -0.3333     -0.1667
   x2          2          0           0
   x3          0          1           0
 b =
              u1
   x1          1
   x2          0
   x3          0
 c =
              x1         x2          x3
   y1          0        0.5      0.3333
   y2     0.3333     0.3333         0.5
 d =
```

```
          u1
   y1     0
   y2     0
 Continuous-time model.
```

【例 6.3 续】　将状态方程转换成零极点模型。

```
>> G2=zpk(G)                              %由状态方程模型转换成零极点形式
 Zero/pole/gain from input to output...
                    (s+0.6666)
 #1:   ---------------------------------
       (s+1.357) (s^2 + 0.3102s + 0.2457)

              0.3333 (s^2 + 2s + 3)
 #2:   ---------------------------------
       (s+1.357) (s^2 + 0.3102s + 0.2457)
 >> G2=zpk(G1);                           %由传递函数转换
```

2. 模型参数的获取

MATLAB 还提供了专门获取各种模型参数的函数，包含 ssdata、dssdata、tfdata 和 zpkdata，都是在获取模型的命令后面加“data”后缀。

【例 6.3 续】　获取传递函数模型的参数。

```
>> [num,den]=tfdata(G2)              %获取传递函数参数
num =
      [1×4 double]
      [1×4 double]
den =
      [1×4 double]
      [1×4 double]
>>num{1,1}
ans =
          0          0    1.0000    0.6666
>>num{1,1}(1)
ans =
     0
```

注意

tfdata 获取的传递函数的参数 num 和 den 都是元胞数组。

3. 模型类型的检验

MATLAB 提供了多个函数用于检验各种模型的类型，如表 6.2 所示。

表 6.2　检验各种模型类型的函数

函　数	调用格式	功　能
class	class(*G*)	得出系统模型的类型
isa	isa(*G*, '类型名')	判断 *G* 是否对应的是类型名，若是则为 1（True）
isct	isct(*G*)	判断 *G* 是否为连续系统，若是则为 1（True）

续表

函 数	调用格式	功 能
isdt	isdt(*G*)	判断 *G* 是否为离散系统，若是则为 1（True）
issiso	issiso(*G*)	判断 *G* 是否为 SISO 系统，若是则为 1（True）

【例 6.3 续】 检验模型的类型。

```
>> class(G)                         %得出系统模型类型
ans =
ss
>> isa(G,'tf')                      %检验系统模型类型
ans =
     0
```

6.2.2 连续系统与离散系统之间的转换

随着计算机在控制系统中的广泛应用，系统经常由连续系统部分和离散系统部分连接构成，使用 A/D 和 D/A 转换连接连续和离散的部分，几乎没有一个采样系统可以完全用差分方程表示，在分析系统时必须将连续系统转换为性能相当的离散系统。

MATLAB 控制工具箱提供了 c2d、d2c 和 d2d 函数实现复杂的相互转换。

1. c2d 函数

c2d 函数用于将连续系统转换为离散系统。

语法：

```
Gd=c2d(G,Ts,method)                 %将 G 以采样周期 Ts 和 method 方法转换为离散系统
```

说明： *G* 为连续系统模型；Gd 为离散系统模型；T_s 为采样周期；method 为转换方法，可省略，包括 5 种方法——zoh（默认零阶保持器），foh（一阶保持器），tustin（双线性变换法），prewarp（频率预修正双线性变换法），mached（根匹配法）。

【例 6.4】 将二阶连续系统转换为离散系统。

```
>> a=[0 1; -1 -1.414];
>> b=[0;1];
>> c=[1 0];
>> d=0;
>> G=ss(a,b,c,d);
>> Gd=c2d(G,0.1)
a =
              x1          x2
    x1        0.9952      0.0931
    x2       -0.0931      0.8636
b =
              u1
    x1        0.004768
    x2        0.0931
c =
          x1   x2
    y1    1    0
```

```
d =
        u1
   y1   0
Sampling time: 0.1
Discrete-time model.
```

2. d2c 函数

d2c 函数是 c2d 的逆运算，用于将离散系统转换为连续系统。

语法：

```
G=d2c(Gd,method)                    %将 G 转换为连续系统
```

说明： method 为转换方法，可省略，与 c2d 相似，少了 foh（一阶保持器）方法。

3. d2d 函数

d2d 函数用于改变离散系统的采样频率。

语法：

```
Gd2=d2d(Gd1,Ts2)                    %转换离散系统的采样频率为 Ts2
```

说明： d2d 函数的实际转换过程是首先把 Gd1 按零阶保持器转换为原连续系统，然后再用 T_{s2} 和零阶保持器转换为 Gd2。

【例 6.4 续】 改变二阶离散系统的采样频率。

```
>> Gd2=d2d(Gd,0.3)
a =
              x1          x2
   x1      0.961      0.2408
   x2    -0.2408      0.6605
b =
            u1
   x1  0.03897
   x2   0.2408
c =
        x1  x2
   y1    1   0
d =
        u1
   y1    0
Sampling time: 0.3
Discrete-time model.
```

6.2.3 模型对象的属性

MATLAB 的控制工具箱中规定了线性时不变系统的 3 种子对象，即 ss（状态空间）、tf（传递函数）和 zpk（零极点增益），每种对象都对应有自己的属性和方法。

1. 模型对象的属性

ss、tf 和 zpk 3 种对象除了具有线性时不变系统共有的属性以外，还具有其各自的属性。其共有属性如表 6.3 所示，其特有属性如表 6.4 所示。

表 6.3　对象共有属性

属　性　名	属性值的数据类型	意　　义
T_s	标量	采样周期，为 0 表示连续系统，为-1 表示采样周期未定
Td	数组	输入延时，仅对连续系统有效，省略表示无延时
InputName	字符串数组	输入变量名
OutputName	字符串数组	输出变量名
Notes	字符串	描述模型的文本说明
Userdata	任意数据类型	用户需要的其他数据

表 6.4　3 种子对象特有属性

对　象　名	属　性　名	属性值的数据类型	意　　义
tf	den	行数组组成的单元阵列	传递函数分母系数
	num	行数组组成的单元阵列	传递函数分子系数
	variable	s、p、z、q、z^{-1}之一	传递函数变量
ss	***a***	矩阵	系数
	b	矩阵	系数
	c	矩阵	系数
	d	矩阵	系数
	e	矩阵	系数
	StateName	字符串向量	用于定义每个状态变量的名称
zpk	***z***	矩阵	零点
	p	矩阵	极点
	k	矩阵	增益
	variable	s、p、z、q、z^{-1}之一	零极点增益模型变量

表 6.3 和表 6.4 中列出的 3 种子对象的属性，在前面都已使用过。MATLAB 提供了 get 和 set 函数对属性进行获取和修改。

2. get 和 set 函数

以下介绍 get 和 set 函数。

（1）get 函数可以获取模型对象的所有属性。

语法：

```
get(G)                              %获取对象的所有属性值
get(G, 'PropertyName', …)           %获取对象的某些属性值
```

说明： G 为模型对象名；'PropertyName'为属性名。

（2）set 函数用于修改对象属性名。

语法：

```
set(G,'PropertyName',PropertyValue, …)       %修改对象的某些属性值
```

【例 6.5】　已知二阶系统的传递函数 $G(s)=\dfrac{1}{s^2+1.414s+1}$，获取其传递函数模型的属

性，并将传递函数修改为 $\dfrac{1}{z^2+2z+1}$。

```
>> num=1;
>> den=[1 1.414 1];
>> G=tf(num,den);
>> get(G)                                        %获取 G 的所有属性
            num: {[0 0 1]}
            den: {[1 1.41 1]}
       Variable: 's'
             Ts: 0
        ioDelay: 0
     InputDelay: 0
    OutputDelay: 0
      InputName: {''}
     OutputName: {''}
     InputGroup: {0x2 cell}
    OutputGroup: {0x2 cell}
          Notes: {}
       UserData: []
>> set(G,'den',[1 2 1],'Variable','z')           %设置属性
>> G
 Transfer function:
       1
-------------
z^2 + 2 z + 1
Sampling time: unspecified
```

3. 直接获取和修改属性

根据对象和属性的关系，也可以直接用“.”符号获取和修改属性。

【例 6.5 续】 将上面的传递函数模型对象的分母修改为原来的值。

```
>> G.den=[1 1.414 1];
>> G
 Transfer function:
         1
-----------------
z^2 + 1.414 z + 1
Sampling time: unspecified
```

6.3 结构框图的模型表示

控制系统的模型通常是由相互连接的模块构成的，模块通过串联、并联和反馈环节构成结构框图。MATLAB 提供了由复杂的结构框图得出传递函数的方法。

1. 串联结构

SISO 的串联结构是由两个模块串联在一起的，如图 6.2 所示。

语法：

```
G=series(G1,G2,outputs1,inputs1)             %计算串联模型
```

说明：G_1 和 G_2 为串联的模块，必须都是连续系统或采样周期相同的离散系统；outputs1 和 inputs1 分别是串联模块 G_1 的输出和 G_2 的输入，当 G_1 的输出端口数和 G_2 的输入端口数相同时可省略，若省略则表明 G_1 与 G_2 端口正好对应连接。

串联环节的运算也可以直接使用 $G=G_1*G_2$。

2. 并联结构

SISO 的并联结构是由两个模块并联在一起的，如图 6.3 所示。

图 6.2　串联结构

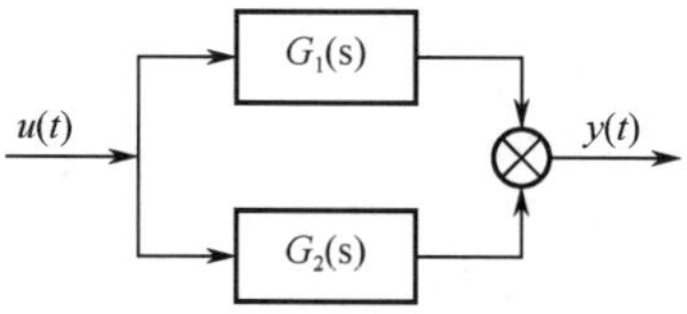

图 6.3　并联结构

语法：

```
G=parallel(G1,G2,in1,in2,out1,out2)     %计算并联模型
```

说明：G_1 和 G_2 模块必须都是连续系统或采样周期相同的离散系统；in1 和 in2 分别是并联模块 G_1 和 G_2 的输入端口，out1 和 out2 分别是并联模块 G_1 和 G_2 的输出端口，都可省略，若省略则表明 G_1 与 G_2 端口数相同且正好对应连接。

并联环节的运算也可以直接使用 $G=G_1+G_2$。

3. 反馈结构

反馈结构是指前向通道和反馈通道模块构成正反馈和负反馈，如图 6.4 所示。

语法：

```
G=feedback(G1,G2,feedin,feedout,sign)          %计算反馈模型
```

说明：G_1 和 G_2 模型必须都是连续系统或采样周期相同的离散系统；sign 表示反馈符号，当 sign 省略或为-1 时为负反馈；feedin 和 feedout 分别是 G_2 的输入端口和 G_1 的输出端口，可省略，若省略则表明 G_1 与 G_2 端口正好对应连接。

【例 6.6】 根据系统的结构框图求出整个系统的传递函数，结构框图如图 6.5 所示，其中 $G_1(s)=\dfrac{1}{s^2+2s+1}$，$G_2(s)=\dfrac{1}{s+1}$，$G_3(s)=\dfrac{1}{2s+1}$，$G_4(s)=\dfrac{1}{s}$。

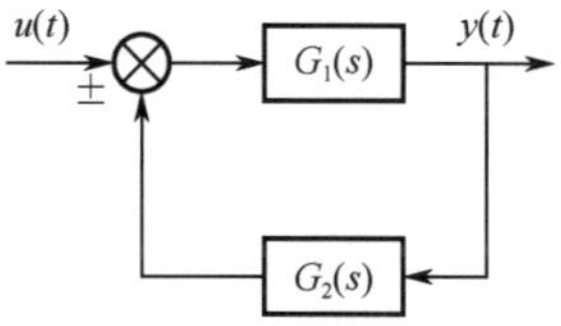

图 6.4　反馈结构

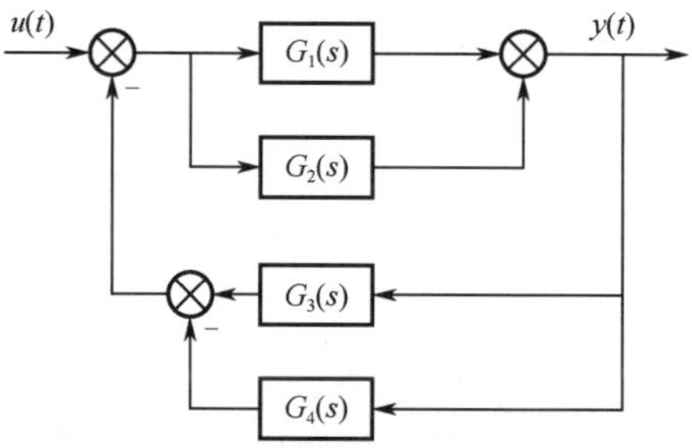

图 6.5　结构框图

```
>> G1=tf(1,[1 2 1])
 Transfer function:
        1
-------------
s^2 + 2 s + 1
>> G2=tf(1,[1 1]);
>> G3=tf(1,[2 1]);
>> G4=tf(1,[1 0]);
>> G12=G1+G2                                %并联结构
 Transfer function:
     s^2 + 3 s + 2
---------------------
s^3 + 3 s^2 + 3 s + 1
 >> G34=G3–G4                               %并联结构
 Transfer function:
 –s – 1
---------
2 s^2 + s
 >> G=feedback(G12,G34, –1)                 %反馈结构
 Transfer function:
       2 s^4 + 7 s^3 + 7 s^2 + 2 s
-------------------------------------
2 s^5 + 7 s^4 + 8 s^3 + s^2 – 4 s – 2
```

注意

在运行串联、并联和反馈连接的模块时，不是都用同一种描述方式，而是有的用传递函数，有的用状态空间或零极点增益描述。进行连接合并后，总系统的模型描述方式按照状态空间描述法→零极点增益描述法→传递函数描述法的顺序确定。

例如，图 6.5 中的两个并联结构 G_1 和 G_2，如果 G_1 用状态空间描述，则并联运算的结果也是用状态空间法描述：

```
>> G1=ss(tf(1,[1 2 1]));                    %状态空间法描述
>> G2=tf(1,[1 1]);
>> G1+G2
a =
             x1   x2   x3
     x1      –2   –1    0
     x2       1    0    0
     x3       0    0   –1
b =
          u1
     x1    1
     x2    0
     x3    1
c =
```

```
        x1  x2  x3
   y1    0   1   1
d =
        u1
   y1    0
Continuous-time model.
```

4. 复杂的结构框图

在实际应用中经常遇到更复杂的结构框图，结构框图中出现相互连接交叉的模块。MATLAB 提供了处理复杂模型的方法。

求取复杂结构框图的数学模型的步骤如下。

（1）将各模块的通路排序编号。

（2）建立无连接的数学模型：使用 append 函数实现各模块未连接的系统矩阵。

$$G=\text{append}(G_1,G_2,G_3,\ \cdots)$$

（3）指定连接关系：写出各通路的输入、输出关系矩阵 Q，第 1 列是模块通路编号，从第 2 列开始的几列分别为进入该模块的所有通路编号；INPUTS 变量存储输入信号所加入的通路编号；OUTPUTS 变量存储输出信号所在通路编号。

（4）使用 connect 函数构造整个系统的模型。

$$\text{Sys}=\text{connect}(G,Q,\text{INPUTS},\text{OUTPUTS})$$

【例 6.7】 根据如图 6.6 所示的系统结构框图，求出系统总的传递函数。

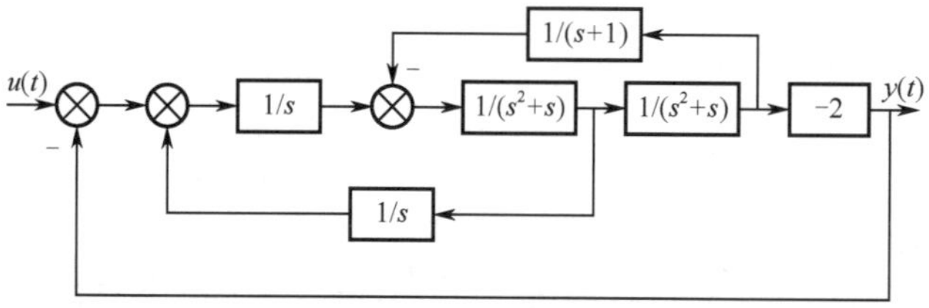

图 6.6 系统结构框图

①将各模块的通路排序编号，如图 6.7 所示为信号流图。

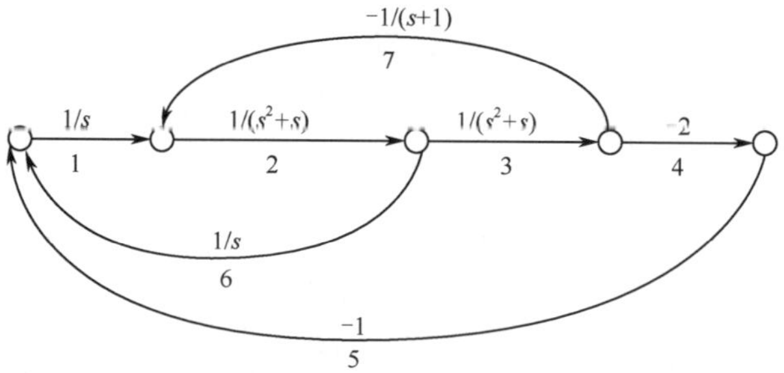

图 6.7 信号流图

②使用 append 函数实现各模块未连接的系统矩阵。

```
>> G1=tf(1,[1 0]);
>> G2=tf(1,[1 1 0]);
>> G3=tf(1,[1 1 0]);
>> G4=tf(-2,1);
```

```
>> G5=tf(-1,1);
>> G6=tf(1,[1 0]);
>> G7=tf(-1,[1 1]);
>> Sys=append(G1,G2,G3,G4,G5,G6,G7)
Transfer function from input 1 to output...
     1
 #1: -
     s
 #2: 0
 #3: 0
 #4: 0
 #5: 0
 #6: 0
 #7: 0
Transfer function from input 2 to output...
......
```

程序分析：用 append 函数将每个模块放在 1 个系统矩阵中，可以看到 Sys 模块存放了 7 个模块的传递函数。为了节省篇幅，在此未列出完整的 Sys 模块。

③指定连接关系。

```
>> Q=[1 6 5;                          %通路 1 的输入信号为通路 6 和通路 5
2 1 7;                                %通路 2 的输入信号为通路 1 和通路 7
3 2 0;                                %通路 3 的输入信号为通路 2
4 3 0;
5 4 0;
6 2 0;
7 3 0;]
>> INPUTS=1;                          %系统总输入由通路 1 输入
>> OUTPUTS=4;                         %系统总输出由通路 4 输出
```

程序分析：Q 矩阵建立了各通路之间的关系，共有 7 行；每行的第 1 列为通路号，从第 2 列开始为各通路输入信号的通路号；INPUTS 变量存放系统输入信号的通路号；OUTPUTS 变量存放系统输出信号的通路号。

④使用 connect 函数构造整个系统的模型。

```
>> G =connect(Sys,Q,INPUTS,OUTPUTS)
Transfer function:
                   -2 s^2 - 2 s
-----------------------------------------------------
s^7 + 3 s^6 + 3 s^5 + s^4 - s^3 - 3 s^2 - 3 s - 6.661e-016
```

程序分析：用 connect 函数完成整个系统的传递函数模型。

6.4 线性系统的时域分析

线性系统的时域分析主要分析系统在给定的典型输入信号作用下，在时域的暂态和稳态响应，以及对系统的稳定性分析。

6.4.1 零输入响应分析

系统的输出响应由零输入响应和零状态响应组成。零输入响应是指系统的输入信号为0，系统的输出是由初始状态产生的响应。

1. 连续系统的零输入响应

MATLAB 中使用 initial 函数计算和显示连续系统的零输入响应。

语法：

```
initial(G,x0, Ts)                    %绘制系统的零输入响应曲线
initial(G1,G2, …,x0, Ts)             %绘制多个系统的零输入响应曲线
[y,t,x]=initial(G,x0, Ts)            %得出零输入响应、时间和状态变量响应
```

说明： G 为系统模型，必须是状态空间模型；x_0 是初始条件；T_s 为时间点，如果是标量则为终止时间，如果是数组则为计算的时刻，可省略；y 为输出响应；t 为时间向量，可省略；x 为状态变量响应，可省略；x_0 是初始条件。

【例6.8】 某反馈系统，前向通道的传递函数为 $G_1=\dfrac{12}{s+4}$，反馈通道传递函数为 $H=\dfrac{1}{s+3}$，求出其初始条件为[1 2]时的零输入响应，其曲线如图 6.8 所示。

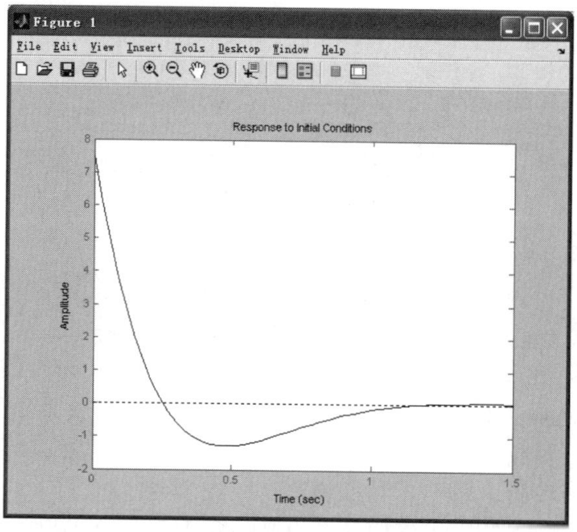

图 6.8 零输入响应曲线

```
>> G1=tf(12,[1 4]);
>> H=tf(1,[1 3]);
>> GG=feedback(G1,H)
 Transfer function:
   12 s + 36
--------------
s^2 + 7 s + 24
>> G=ss(GG);
>> initial(G,[1 2])                    %绘制零输入响应
```

2. 离散系统的脉冲响应

离散系统表示为：$\begin{cases} x(n+1) = Ax(n) + Bu(n) \\ y(n) = Cx(n) + Du(n) \end{cases}$，离散系统的零输入响应使用 dinitial 函数实现。

语法：

```
dinitial(a,b,c,d,x0)                %绘制离散系统零输入响应
y= dinitial (a,b,c,d,x0)            %得出离散系统的零输入响应
[y,x,n]= dinitial (a,b,c,d,x0)      %得出离散系统 n 点的零输入响应
```

说明： a、b、c、d 为状态空间的矩阵系数；x_0 为初始条件；y 为输出响应；t 为时间向量；x 为状态变量响应；n 为点数。

6.4.2　脉冲响应分析

理想的脉冲函数$\delta(t)$为 Dirac 函数，$\delta(t) = \begin{cases} 0 & t \neq t_0 \\ \infty & t = t_0 \end{cases}$

1. 连续系统的脉冲响应

连续系统的脉冲响应由 impluse 函数得出。

语法：

```
impulse(G, Ts)                      %绘制系统的脉冲响应曲线
[y,t,x]=impulse(G1,G2, … Ts)        %得出脉冲响应
```

说明： G 为系统模型，可以是传递函数、状态方程、零极点增益的形式；y 为时间响应；t 为时间向量；x 为状态变量响应，t 和 x 可省略；T_s 为时间点，可省略。

【例 6.8 续】　求初始条件为 0 时该系统的单位脉冲响应并画出其曲线，如图 6.9 所示。

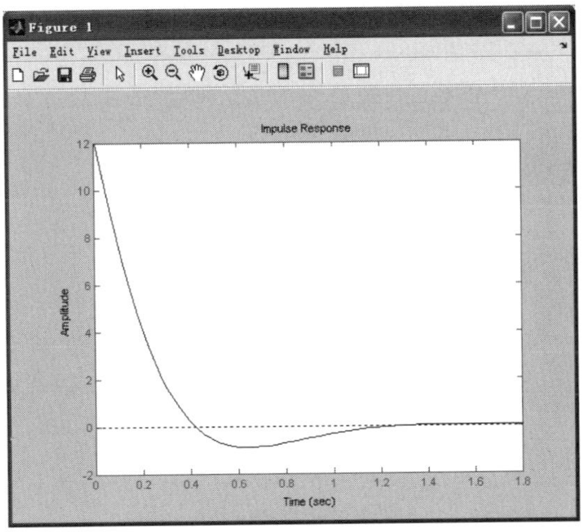

图 6.9　脉冲响应曲线

```
>> impulse(G)                       %绘制脉冲响应曲线
>> t=0:0.1:10;
>> y=impulse(G,t)                   %根据时间 t 得出脉冲响应
```

2. 离散系统的脉冲响应

离散系统的脉冲响应使用 dimpulse 函数实现。

语法：

```
dimpulse(a,b,c,d,iu)                  %绘制离散系统脉冲响应曲线
[y,x]=dimpulse(a,b,c,d,iu,n)          %得出 n 点离散系统的脉冲响应
[y,x]=dimpulse(num,den,iu,n)          %由传递函数得出 n 点离散系统的脉冲响应
```

说明： iu 为第几个输入信号；n 为要计算脉冲响应的点数；y 的列数与 n 对应；x 为状态变量，可省略。

【例 6.9】 根据系统数学模型，得出离散系统的脉冲响应，其曲线如图 6.10 所示。

```
>> a=[-2 0;0 -3];
>> b=[1;1];
>> c=[1 -4];
>> d=1;
>> dimpulse(a,b,c,d,1,10)             %绘制离散系统脉冲响应的 10 个点
```

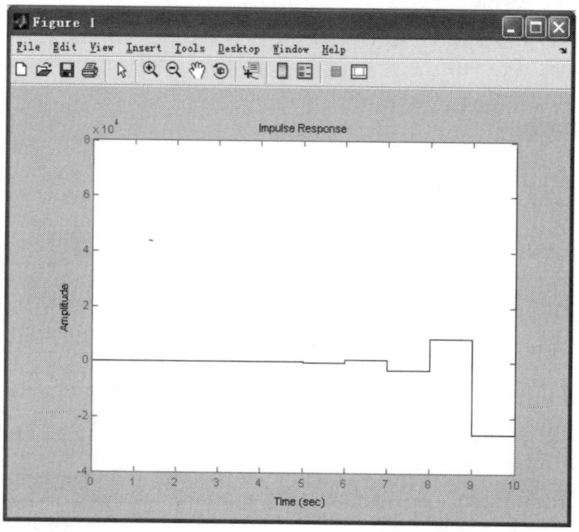

图 6.10　离散系统的脉冲响应曲线

6.4.3　阶跃响应分析

阶跃信号的定义为：$u(t)=\begin{cases} U_0 & t \geqslant t_0 \\ 0 & t<t_0 \end{cases}$

1. 连续阶跃响应

阶跃响应可以用 step 函数实现。

语法：

```
step(G, Ts)                           %绘制系统的阶跃响应曲线
[y,t,x]=step(G1,G2,…,Ts)              %得出阶跃响应
```

说明： 参数设置与 impulse 函数相同。

【例 6.10】 根据【例 6.6】的系统模型得出阶跃响应曲线，如图 6.11 所示。

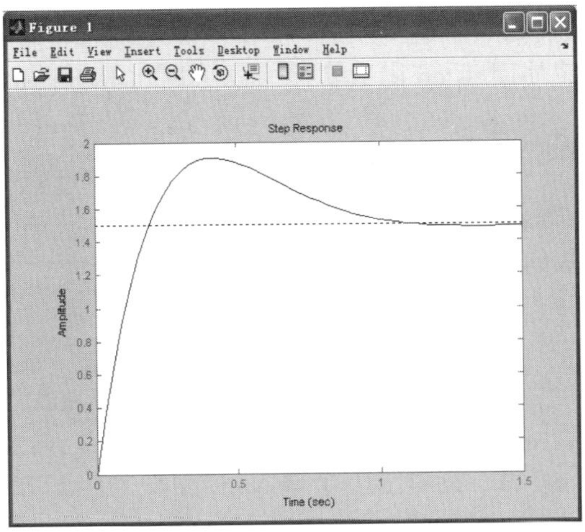

图 6.11　阶跃响应曲线

```
>>G1=tf(12,[1 4]);
>> H=tf(1,[1 3]);
>> G=feedback(G1,H)
 Transfer function:
   12 s + 36
--------------
s^2 + 7 s + 24
>> step(G)                              %绘制阶跃响应曲线
```

可以由 step 函数根据时间 ***t*** 的步长不同，得出不同的阶跃响应曲线，如图 6.12 所示。

```
>> t1=0:0.1:5;
>> y1=step(G,t1);
>> plot(t1,y1)
>> t2=0:0.5:5;
>> y2=step(G,t2);
>> plot(t2,y2)
```

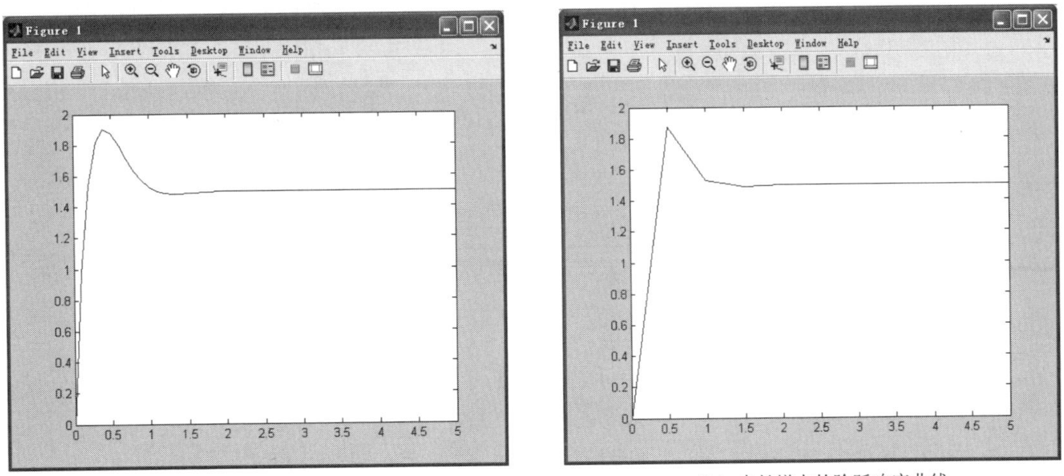

（a）阶跃响应曲线　　　　（b）步长增大的阶跃响应曲线

图 6.12　不同的阶跃响应曲线

2. 离散系统的阶跃响应

离散系统的阶跃响应使用 dstep 函数实现，语法规则与 dimpulse 相同。

6.4.4 任意输入的响应

1. 连续系统的任意输入响应

连续系统对任意输入的响应用 lsim 函数实现。

语法：

```
lsim(G,U,Ts)                  %绘制系统的任意响应曲线
lsim(G1,G2, …,U,Ts)           %绘制多个系统的任意响应曲线
[y,t,x]=lsim(G,U,Ts)          %得出任意响应
```

说明： U 为输入序列，每一列对应 1 个输入；T_s 为时间点，U 的行数和 T_s 相对应；参数 t 和 x 可省略。

【例 6.11】 根据输入信号和系统的数学模型，得出任意输入的输出响应。输入信号为正弦信号，系统为阻尼系数变化的二阶系统，其输出响应如图 6.13 所示。

```
>> t=0:0.1:5;
>> u=sin(t);
>> G1=tf(1,[1 1.41 1]);
>> G2=tf(1,[1 0.6 1])
 Transfer function:
        1
---------------
s^2 + 0.6 s + 1
>> lsim(G1,'r',G2,'bo',u,t)          %绘制 2 个系统的正弦输出响应
```

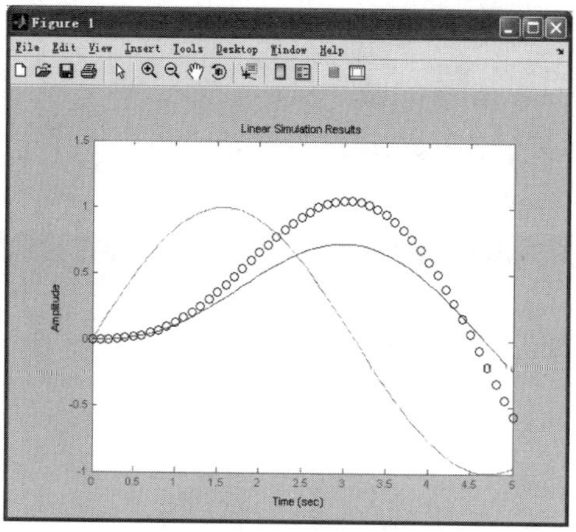

图 6.13 输入信号为正弦的输出响应

2. 离散系统的任意输入响应

离散系统的任意输入响应用 dlsim 函数实现。

语法：

```
dlsim(a,b,c,d,U)              %绘制离散系统的任意响应曲线
[y,x]=dlsim(num,den,U)        %得出离散系统任意响应和状态变量响应
[y,x]=dlsim(a,b,c,d,U)        %得出离散系统响应和状态变量响应
```

说明：*U* 为任意序列输入信号。

【例 6.12】 根据离散系统的 Z 变换表达式 $G(z)=\dfrac{2+5z^{-1}+z^{-2}}{1+2z^{-1}+3z^{-2}}$，得出正弦序列输入信号的输出响应，如图 6.14 所示。

```
>> num=[2 5 1];
>> den=[1 2 3];
>> t=0:0.1:5;
>> u=sin(t);
>> dlsim(num,den,u);
```

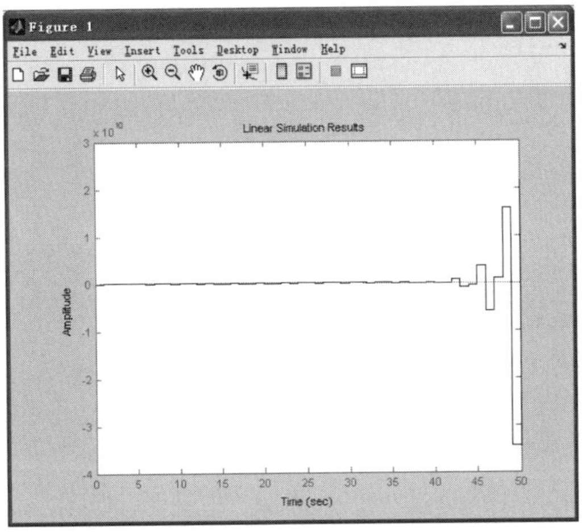

图 6.14 正弦序列输入信号的输出响应

6.4.5 系统的结构参数

线性系统的时域响应的性能与系统的结构参数有关。

1. 极点和零点

极点和零点的绘制函数介绍如下。

（1）pole 和 eig 函数计算极点。

语法：

```
p=pole(G)
p=eig(G)
```

说明：当系统有重极点时，计算结果不一定准确。

（2）roots 函数计算多项式的根。

语法：

```
p=roots(den)                    %den 是传递函数的分母多项式
```

（3）tzero 函数计算零点和增益。

语法：

```
z=tzero(G)                      %得出连续和离散系统的零点
[z,gain]=tzero(G)               %获得零点和零极点增益
```

说明：对于单输入、单输出系统，tzero 函数也可用来计算零极点增益。

（4）获取模型尺寸的函数。size 函数可以获取 LTI 模型的输入/输出数，各维的长度，

传递函数模型、零极点增益模型和状态方程模型的阶数，以及 frd 模型的频率数，命令格式如下：

```
d=size(sys,n)                      %获取模型的参数
d=size(sys,'order')                %获取模型的阶数
```

说明： n 可省略，当 n 省略时，d 为模型输入/输出数[Y,U]；当 n=1 时，d 为模型输出数；当 n=2 时，d 为模型输入数；当 n=2+k 时，d 为 LTI 阵列的第 k 维阵列的长度。

【例 6.13】 获得 $G(s)=\dfrac{5s+100}{s^4+8s^3+32s^2+80s+100}$ 系统的零极点和阶数，并判断系统稳定性，以及判断是否为最小相位系统。

```
>> num=[5 100];
>> den=[1 8 32 80 100];
>> G=tf(num,den);
>> p=pole(G)
p =
  -1.0000e+000 +3.0000e+000i
  -1.0000e+000 -3.0000e+000i
  -3.0000e+000 +1.0000e+000i
  -3.0000e+000 -1.0000e+000i
>> if real(p)<0
      disp ('The system is stable.')
end
The system is stable.
>> [z,gain]=tzero(G)                 %得出零点和零极点增益
z =
   -20
gain =
     5
 >> n=size(G,'order')                %获取阶数
n =
     4
 >>ii=find(real(z)>0)                %查找 S 右半平面零点
 >>if (length(ii)>0)
      disp('The system is a nonminimal phase one.')
else
      disp('The system is a minimal phase one.')
end
```

程序分析： 系统稳定性是根据特征根决定的，如果没有正实部的特征根，则系统就是稳定的；没有 S 右半平面的零点是最小相位系统。

（5）pzmap 函数绘制零极点。

语法：

```
pzmap(G)                           %绘制系统的零极点
pzmap(G1,G2, …)                    %绘制多个系统的零极点
[p,z]=pzmap(G)                     %得出系统的零极点值
```

2. 闭环系统的阻尼系数和固有频率

damp 函数用来计算闭环系统所有共轭极点的阻尼系数ξ和固有频率ω_n。

语法：

```
[wn,zeta]=damp(G)
```

3. 时域响应的稳态增益

稳态增益可使用 dcgain 函数得出。

语法：

```
k=dcgain(G)                          %获得稳态增益
```

【例 6.13 续】 计算所有闭环极点的ξ和ω_n，并绘制零极点分布图，如图 6.15 所示。

```
>> [wn,zeta]=damp(G)
wn =
   3.1623e+000
   3.1623e+000
   3.1623e+000
   3.1623e+000
zeta =
   9.4868e-001
   9.4868e-001
   3.1623e-001
   3.1623e-001
>> dcgain(G)                         %得出线性系统的稳态增益
ans =
   1
>>pzmap(G);grid
```

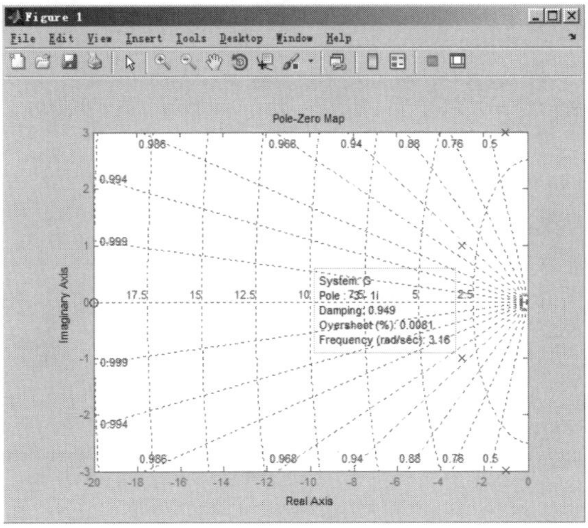

图 6.15　零极点分布图

在图 6.15 中移动光标选择其中一个极点，单击后可以看到对应的各种参数。

4. 时域分析的性能指标

在自动控制原理中，时域分析常用的系统性能指标有超调量σ_p、上升时间 t_r、峰值时间 t_p 和过渡时间 t_s，这些性能指标都可以使用系统参数计算得出。

二阶系统闭环传递函数为$\Phi(s)=\dfrac{\omega_n^2}{s^2+2\zeta\omega_n s+\omega_n^2}$，则欠阻尼时的性能指标如下：

超调量为$\sigma_p=e^{-\frac{\zeta\pi}{\sqrt{1-\zeta^2}}}\times 100\%$

上升时间为$t_r=\dfrac{\pi-\arccos\zeta}{\omega_n\sqrt{1-\zeta^2}}$

峰值时间为$t_p=\dfrac{\pi}{\sqrt{1-\zeta^2}}$

过渡时间为$\begin{cases} t_s=\dfrac{3}{\xi\omega_n} & \Delta=0.05 \\ t_s=\dfrac{4}{\xi\omega_n} & \Delta=0.02 \end{cases}$

MATLAB 的控制工具箱提供了专用的函数 stepinfo，可以得出阶跃响应的性能指标，包括上升时间、超调量等。

【例 6.14】 根据二阶系统的传递函数获得阻尼系数和固有频率，并计算其各项时域性能指标，系统传递函数为$G(s)=\dfrac{10}{s^2+2s+10}$。

```
>> G=tf(10,[1 2 10]);
>> [w,z]=damp(G);                              %获取阻尼系数和固有频率
>> S=stepinfo(G)                               %获取时域性能指标
S =
        RiseTime: 0.4259
    SettlingTime: 3.5359
     SettlingMin: 0.8772
     SettlingMax: 1.3507
       Overshoot: 35.0670
      Undershoot: 0
            Peak: 1.3507
        PeakTime: 1.0592
>> so=S.Overshoot                              %超调量
so =
   35.0670
>> wn=w(1)
wn =
    3.1623
>> zeta=z(1)
zeta =
    0.3162
>> detap=exp(-pi*zeta/sqrt(1-zeta^2))*100      %计算超调量
detap =
   35.0920
```

程序分析： 由 stepinfo 函数可以获得阶跃响应的所有性能指标，S 为结构体变量；也

可以用阻尼系数和固有频率计算性能指标，可以看到超调量的值与计算结果差不多。

6.5　线性系统的频域分析

线性系统的频域分析是以频率为参变量分析系统的。频域分析的基本概念是：若输入一个频率为ω的正弦信号，则其输出也是同频率的正弦信号，幅值和相角随输入信号的频率而变化。

6.5.1　频域特性

线性系统的频域响应可以写成：

$$G(\mathrm{j}\omega)=\left|G(\mathrm{j}\omega)\right|\mathrm{e}^{\mathrm{j}\varphi(\omega)}=A(\omega)\mathrm{e}^{\mathrm{j}\varphi(\omega)}$$

其中，$\begin{cases}A(\omega)=\left|G(\mathrm{j}\omega)\right| \\ \varphi(\omega)=\angle G(\mathrm{j}\omega)\end{cases}$，$A(\omega)$为幅频特性，$\varphi(\omega)$为相频特性。

频域特性由下式求出：

```
Gw=polyval(num,j*w)./polyval(den,j*w)
mag=abs(Gw)                                         %幅频特性
pha=angle(Gw)                                       %相频特性
```

说明：j 为虚部变量。

【例 6.15】　由二阶系统传递函数 $G(s)=\dfrac{1}{s^2+1.414s+1}$，得出 w=1 时的频域特性。

```
>> num=1;
>> den=[1 1.414 1];
>> w=1 ;
>> Gw=polyval(num,j*w)./polyval(den,j*w)            %得出系统频率特性
Gw =
        0 – 0.7072i
>> Aw=abs(Gw)                                       %得出幅频特性
Aw =
    0.7072
>> Fw=angle(Gw)                                     %得出相频特性
Fw =
   –1.5708
```

6.5.2　连续系统频域特性

连续系统的频域特性主要由几种图形表示，如 bode 图、nyquist 曲线和 nichols 图等。

1. bode 图

bode 图是对数幅频和对数相频特性曲线，横坐标为以 $\log_{10}(w)$为均匀分度，使用 bode 命令绘制和计算。

语法：

```
bode(G1,G2, …,w)                %绘制 bode 图
bode(num,den,w)                 %绘制 bode 图
```

```
[mag,pha]=bode(G,w)            %得出 w 对应的幅值和相角
[mag,pha,w]=bode(G)            %得出幅值、相角和频率
```

说明： *G* 为系统模型，***w*** 为频率向量，mag 为系统的幅值，pha 为系统的相角。

【例 6.16】 根据系统传递函数 $G(s)=\dfrac{1}{s(s+1)(s+2)}$，绘制 bode 图，如图 6.16（a）所示。

```
>> num=1;
>> den=conv([1 1],[1 ,2])
den =
     1     3     2
>> G=tf(num,[den 0])
 Transfer function:
        1
-----------------
s^3 + 3 s^2 + 2 s
>> bode(G)                     %绘制 bode 图
```

也可以通过计算获取幅值和相角特性，用 semilogx 函数画对数曲线。

【例 6.16 续】 使用 semilogx 函数绘制对数幅、相频特性曲线，如图 6.16（b）所示。

```
>> w=logspace(-1,2);
>> [m,p]=bode(num,den,w);
>> subplot(2,1,1)
>> semilogx(w,20*log10(m))
>> subplot(2,1,2)
>> semilogx(w,p)
```

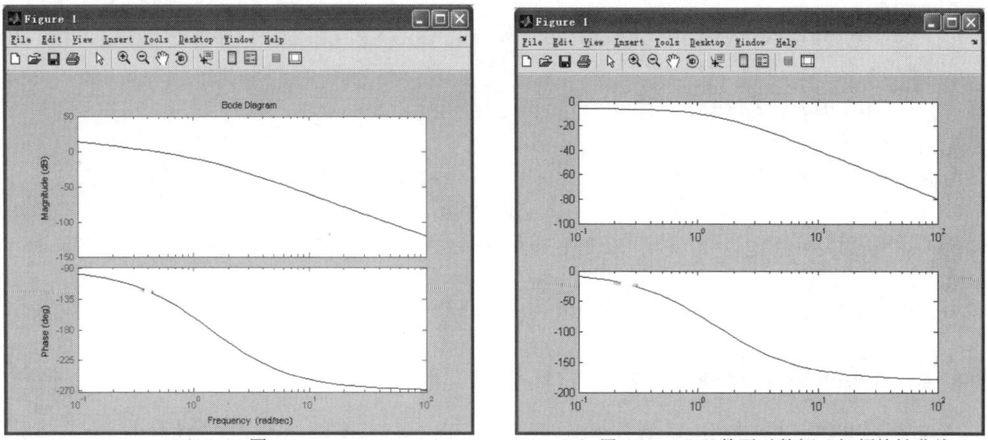

（a）bode 图　　（b）用 semilogx 函数画对数幅、相频特性曲线

图 6.16　bode 图和用 semilogx 函数画对数曲线

2. nyquist 曲线

nyquist 曲线是幅、相频特性曲线，使用 nyquist 函数绘制 ω 从 $-\infty \sim \infty$ 的 nyquist 曲线。

语法：

```
nyquist (G,w)                  %绘制 nyquist 曲线
nyquist (G1,G2)                %绘制多条 nyquist 曲线
```

```
[Re,Im]= nyquist (G,w)            %由 w 得出对应的实部和虚部
[Re,Im,w]= nyquist (G)            %得出实部、虚部和频率
```

说明： G 为系统模型；w 为频率向量，也可以用{wmin,wmax}表示频率的范围；Re 为频率特性的实部；Im 为频率特性的虚部。

【例 6.17】 根据传递函数 $G_1(s)=\dfrac{1}{s(s+1)(s+2)}$、$G_2(s)=\dfrac{1}{(s+1)(s+2)}$ 和 $G_3(s)=\dfrac{1}{s(s+1)}$，绘制各系统的 nyquist 曲线，如图 6.17 所示。

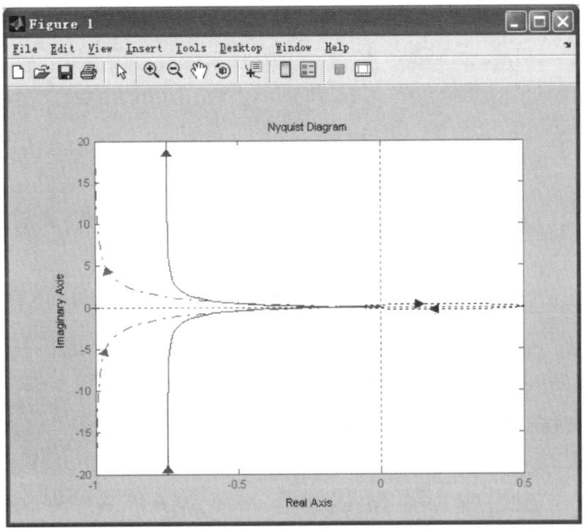

图 6.17 nyquist 曲线

```
>> num=1;
>> den1=[conv([1 1],[1 2]),0];
>> G1=tf(num,den1)
 Transfer function:
           1
-----------------
s^3 + 3 s^2 + 2 s
>> den2=[conv([1 1],[1 2])];
>> G2=tf(num,den2)
 Transfer function:
        1
-------------
s^2 + 3 s + 2
>> den3=[1 1 0];
>> G3=tf(num,den3)
Transfer function:
   1
-------
s^2 + s
>> nyquist(G1,'r',G2,'b:',G3,'g-.')
```

获得频率特性的实部和虚部：

```
>> w=1:2;
>> [re,im]=nyquist(G1,w)
re(:,:,1) =
  -3.0000e-001
re(:,:,2) =
  -7.5000e-002
im(:,:,1) =
  -1.0000e-001
im(:,:,2) =
   2.5000e-002
```

程序分析：re 和 im 是三维数组，组成为(Ny, Nu, Length(w))，其中 Ny 为输出，Nu 为输入。

3. nichols 图

nichols 图是对数幅、相频特性曲线，使用 nichols 命令绘制和计算。

语法：

```
nichols (G,w)                    %绘制 nichols 图
nichols (G1,G2)                  %绘制多条 nichols 图
[Mag,Pha]= nichols (G,w)         %由 w 得出对应的幅值和相角
[Mag,Pha,w]= nichols (G)         %得出幅值、相角和频率
```

在单位反馈系统中，由于闭环系统的传递函数可以写成 $G(s)/(1+G(s))$，因此 nichols 图的等 M 圆和等 N 圆就映射成为等 M 线和等α线。MATLAB 提供了绘制 nichols 框架下的等 M 线和等α线的函数 ngrid。

语法：

```
ngrid('new')                     %清除图形窗口并绘制等 M 线和等α线
```

说明：'new'为创建的图形窗口，清除该图形窗口并绘制等 M 线和等α线，如果绘制了 nichols 图后可省略'new'，直接添加等 M 线和等α 线；产生-40dB～40dB 的幅值和-360°～0°的范围，并保持图形。

【例 6.18】 根据传递函数 $G_1(s)=\dfrac{1}{s(s+1)(s+2)}$，绘制等 M 线、等$\alpha$ 线和 nichols 图，如图 6.18 所示。

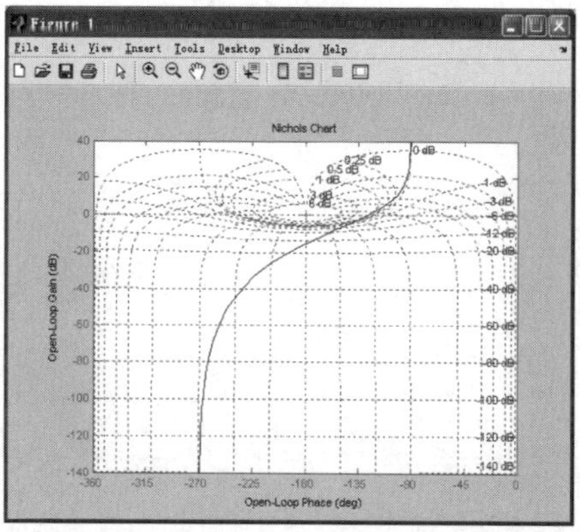

图 6.18　nichols 图

```
>> num=1;
>> den1=[conv([1 1],[1 2]),0];
>> G1=tf(num,den1)
>> ngrid('nichols1')                    %绘制等 M 线和等α 线
>> nichols(G1)                          %绘制 nichols 图
```

程序分析： 用 ngrid 函数可以创建等 M 线和等α 线图形窗口，用鼠标单击图形中的某点，可以看到其相关信息。

6.5.3　幅值裕度和相角裕度

在频域分析中，幅值裕度和相角裕度是反映系统性能的指标。MATLAB 提供了得出幅值裕度和相角裕度的函数 margin 和 allmargin。

语法：

```
margin(G)                               %绘制 bode 图并标出幅值裕度和相角裕度
[Gm,Pm,Wcg,Wcp]=margin(G)               %得出幅值裕度和相角裕度
```

说明： Gm 为幅值裕度，Wcg 为幅值裕度对应的频率；Pm 为相角裕度，Wcp 为相角裕度对应的频率（穿越频率）。如果 Wcg 或 Wcp 为 nan 或 Inf，则对应的 Gm 或 Pm 为无穷大。

语法：

```
S = allmargin(G)                        %获取系统 G 的所有频率参数
```

说明： S 是结构体型，包括了所有穿越−180 和 0dB 线的频率和相角，以及系统是否稳定的信息。

【例 6.18 续】 得出 $G_1(s)=\dfrac{1}{s(s+1)(s+2)}$ 系统的幅值裕度和相角裕度，判断系统稳定性。

```
>> [Gm,Pm,Wcg,Wcp]=margin(G1)
Gm =
   6.0000e+000
Pm =
   5.3411e+001
Wcg =
   1.4142e+000
Wcp =
   4.4575e-001
>> s=allmargin(G1)
s =
       GainMargin: 6.0000
      GMFrequency: 1.4142
      PhaseMargin: 53.4109
      PMFrequency: 0.4457
      DelayMargin: 2.0913
      DMFrequency: 0.4457
           Stable: 1
```

程序分析： allmargin 的最后一个结果“Stable”为 1，说明系统稳定。

6.5.4 闭环频率特性的性能指标

闭环频率特性的性能指标有谐振峰值 Mr、谐振频率ω_r和带宽频率ω_b。谐振峰值是幅频特性最大值与零频幅值之比，即 Mr=Mm/M0；带宽频率是闭环频率特性的幅值降到零频幅值 M0 的 0.707（或由零频幅值下降了 3db）时的频率。

MATLAB 没有提供专门计算闭环频率特性性能指标的函数，可以直接计算也可以使用 LTI Viewer 得出。

【例 6.19】 计算单位反馈系统 $G_1(s)=\dfrac{1}{s(s+1)(s+0.3)}$ 闭环频率特性的性能指标谐振峰值 Mr、谐振频率ω_r和带宽频率ω_b。

```
>> num=1;
>> den=[conv([1 2],[1 0.3]) 0];
>> G=tf(num,den);
>> FG=feedback(G,1)                       %单位反馈系统闭环传递函数
Transfer function:
                 1
-------------------------
s^3 + 2.3 s^2 + 0.6 s + 1
>> [m,p,w]=bode(FG);
>> [Mm,r]=max(m(1,1,:))
Mm =
9.4314
r =
     27
>> [M0,I0]=bode(FG,0)                     %计算零频幅值
M0 =
     1.0000
I0 =
      0
>> Mr=Mm/M0                               %计算谐振峰值
Mr =
     9.4314
>> wr=w(r)                                %计算谐振频率
wr =
     0.6676
>> wt=(m-0.707*M0)<0;
>> [temp,n]=max(wt(1,:));
>> wb=w(n)
wb =
1.1060
```

程序分析：由 bode 函数计算得出系统较完整的频率特性曲线，可以找出幅频特性的最大值和对应的频率。带宽频率是指幅值下降到 0.707×M0 时的频率。

【例 6.19 续】 画出闭环幅频特性曲线（即闭环幅值 *m* 的曲线），如图 6.19 所示。

```
>> L=size(m);
 >> for n=1:L(3)
       x(n)=m(1,1,n)
end
>> plot(w,x)
```

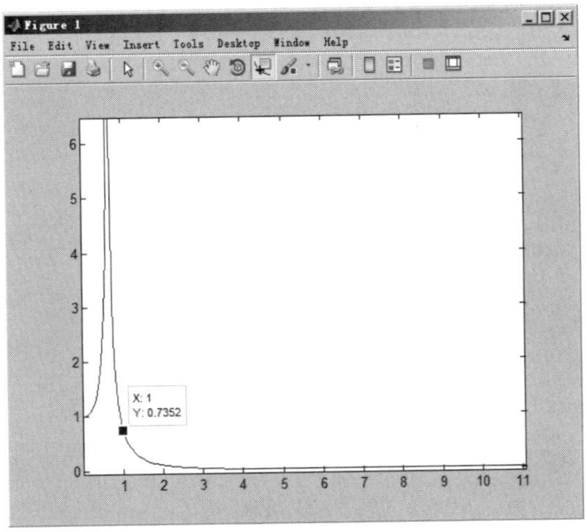

图 6.19　闭环幅频特性

程序分析： 由 bode 获取的幅值和相角是 NY×NU×LENGTH(W)数组，NY 为输入个数，NU 为输出个数。

6.6 频率特性校正

6.6.1 超前校正

超前校正的步骤如下：

（1）根据速度误差系数计算 k；

（2）根据校正后系统相角裕度 $\gamma'=45$ 和未校正系统相角裕度 γ，计算出 $\varphi_m=\gamma'-\gamma+\Delta$；

（3）计算 $a=\dfrac{1+\sin\varphi_m}{1-\sin\varphi_m}$；

（4）在未校正系统上测出幅值为 $-10\lg a$ 处的频率就是校正后系统的剪切频率 ω_m；

（5）求出 $T=\dfrac{1}{\omega_m\sqrt{a}}$，得出校正装置的传递函数为 $aG_c(s)=\dfrac{1+aT_s}{1+T_s}$。

【例 6.20】　使用超前校正环节校正系统，已知系统的开环传递函数为 $G(s)=\dfrac{2}{s(0.1s+1)(0.05s+1)}$，要求校正后系统的速度误差系数小于 10，相角裕度为 45°。

校正装置及校正前后系统的 bode 图如图 6.20 所示。

```
>> num1=2;
>> den1=[conv([0.1 1],[0.05 1]) 0];
>> G1=tf(num1,den1)
2
------------------------
0.005 s^3 + 0.15 s^2 + s
>> kc=10/num1;
>> pm=45;
>>G1=G1*kc;
>> [mag1,pha1,w1]=bode(G1);
>> mag1=20*log10(mag1);
>> [Gm1,Pm1,Wcg1,Wcp1]=margin(G1*kc);           %计算未校正系统的相角裕度
>> phi=(pm-Pm1+10)*pi/180;                      %校正装置的相角裕度加 10 度余量
>> alpha=(1+sin(phi))/(1-sin(phi));
>> lm=-10*log10(alpha);
>> wcg=spline(mag1,w1,lm)                       %插值运算得出穿越频率
wcg =
     9.6671
>> T=1/wcg/sqrt(alpha);
>> Tz=alpha*T;
>> Gc=tf([Tz 1],[T 1])                          %校正装置
Transfer function:
0.1545 s + 1
-------------
0.06927 s + 1
>> G=Gc*G1                                      %校正后系统
Transfer function:
                 0.4998 s + 2
------------------------------------------
0.001984 s^4 + 0.05278 s^3 + 0.4294 s^2 + s
>> bode(G,G1,Gc)                                %显示 3 个 bode 图
```

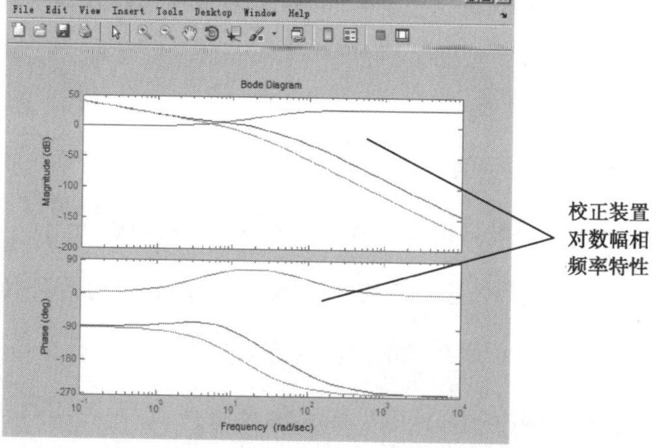

图 6.20 校正装置及校正前后系统的 bode 图

6.6.2　滞后校正

滞后校正的步骤如下：

（1）根据速度误差系数计算 k；

（2）根据相位裕度得出校正后 $\gamma' = \gamma + \Delta$；

（3）在未校正系统 bode 图中找到穿越频率 ω_c 和对应的对数幅值，该幅值等于 $20\log\alpha$，计算出 α；

（4）校正环节的时间常数得出校正环节 $T = 10/(\alpha\omega)$，得出校正传递函数。

【例 6.21】　使用滞后校正环节校正系统，已知系统的开环传递函数为 $G(s)=\dfrac{100}{s(0.04s+1)}$，要求校正后系统的速度误差系数等于 100，相角裕度为 45°。校正装置和校正前后的频率特性曲线如图 6.21 所示。

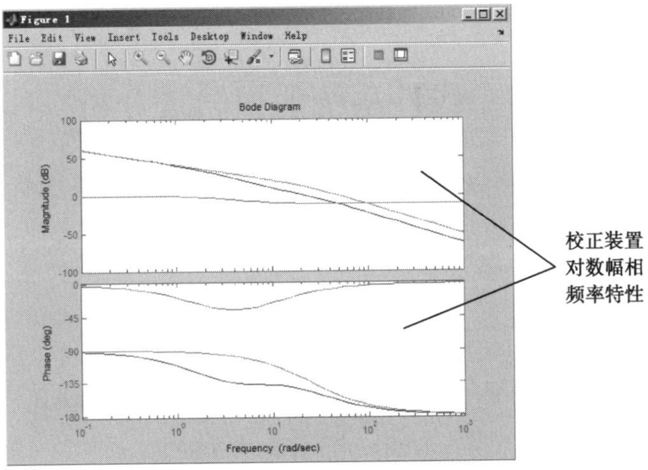

图 6.21　校正装置及校正前后系统的 bode 图

```
>>num1=100;
>>den1=[0.04 1 0];
>>G1=tf(num1,den1)
G1 =
        100
   -----------
   0.04 s^2 + s
>>pm=-180+(45+6);                          %计算校正后相位
>>[mag1,pha1,w1]=bode(G1);
>>wcg=spline(pha1,w1,pm)                   %插值运算得出穿越频率
wcg =
   20.2445
>>[mag,pha]=bode(G1,wcg)                   %计算穿越频率所在处的幅值
mag =
     3.8388
pha =
```

```
 -128.9999
>>alpha=1/mag;
>>T=1/(wcg/10);                              %校正装置转折频率
>>Tz=alpha*T;
>>Gc=tf([Tz 1],[T 1])
Gc =
    0.1287 s + 1
   ------------
   0.494 s + 1
>>G=Gc*G1
G =
              12.87 s + 100
   --------------------------
   0.01976 s^3 + 0.534 s^2 + s
>>bode(G,G1,Gc)
```

6.7 线性系统的根轨迹分析

线性系统的根轨迹是指系统闭环极点随着系统增益变化而变化的轨迹，可以用来分析系统的暂态和稳态性能。

6.7.1 绘制根轨迹

系统的闭环特征方程可以写成：$1+kG_0(s)=0$。对于每个 k，都有 1 组闭环极点相对应，根轨迹就是绘制 k 变化时系统闭环极点位置变化的轨迹。MATLAB 中绘制根轨迹使用 rlocus 函数。

语法：

```
rlocus(G)                       %绘制根轨迹
rlocus(G1,G2, …)                %绘制多个系统的根轨迹
[r,k]=rlocus(G)                 %得出闭环极点和对应的 k
r= rlocus(G,k)                  %根据 k 得出对应的闭环极点
```

1. 常规根轨迹

常规根轨迹是绘制随增益 k 变化的根轨迹。

【例 6.22】 绘制开环传递函数 $G(s)=\dfrac{k}{s(s+4)(s+2-4\mathrm{j})(s+2+4\mathrm{j})}$ 的根轨迹，如图 6.22 所示。

```
>> num=1 ;
>> den=[conv([1,4],conv([1 -2+4i],[1 -2-4i])),0]
den =
     1     0     4    80     0
>> G=tf(num,den)
 Transfer function:
          1
```

```
-------------------
s^4 + 4 s^2 + 80 s
>> rlocus(G)                              %绘制根轨迹
>> [r,k]=rlocus(G);                       %得出闭环极点和增益
```

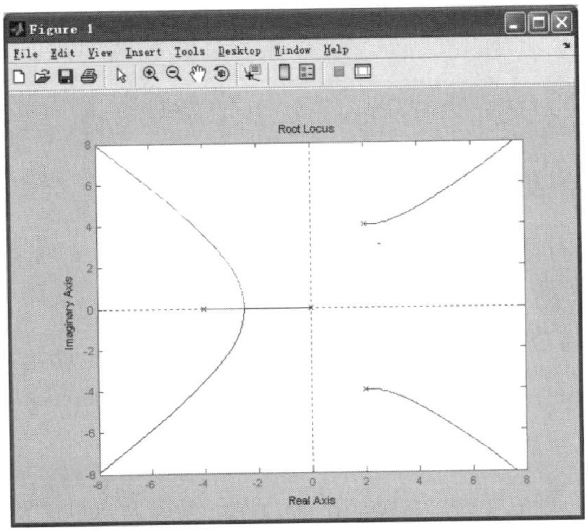

图 6.22　根轨迹

2. 零度根轨迹

零度根轨迹是对于非最小相位系统的根轨迹。非最小相位系统开环有在 S 右半平面的零点或极点，其相角遵循 $0°+2k\pi$条件，称为零度根轨迹。

绘制零度根轨迹时必须先将系统模型进行转换，由于是正反馈，其闭环特征方程为：$1-G(s)=0$，即将分子多项式取负号就可以了。

【例 6.23】　系统前向通道传递函数为$G(s)=\dfrac{k(s+2)}{(s+3)(s^2+2s+2)}$的正反馈，绘制其零度根轨迹，如图 6.23 所示。

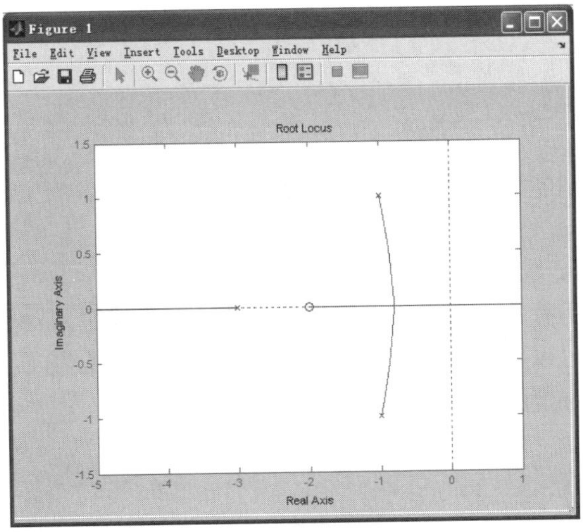

图 6.23　零度根轨迹

```
>> num=[-1 -2];
>> den=conv([1 3],[1 2 2]);
>> G=tf(num,den)
 Transfer function:
          -s - 2
---------------------
s^3 + 5 s^2 + 8 s + 6
>> rlocus(G)
```

6.7.2 根轨迹的其他工具

MATLAB 不仅可以方便地绘制根轨迹曲线，而且还提供了一些其他用于根轨迹的工具。

1. 指定点的开环增益

MATLAB 控制系统工具箱提供了 rlocfind 函数，可以在已绘制的根轨迹上获得定位点的增益 *k* 值。

语法：

```
[k,p]=rlocfind(G)                    %获得定位点的增益和极点
```

说明： *k* 和 *p* 分别是定位点的增益和极点。

该函数在产生根轨迹后执行，执行该函数后，在命令窗口会出现提示"Select a point in the graphics window"。鼠标在图形窗口显示为十字形，当单击根轨迹上的某点时就会获得该点的增益 *k* 和对应的所有极点 *p*。

【例 6.23 续】 在图 6.23 中使用 rlocfind 函数。

```
>> [k,p]=rlocfind(G)
Select a point in the graphics window
selected_point =
  -8.2323e-001 -1.5326e-001i
k =
   1.8558e+000
p =
  -3.3843e+000
  -8.0785e-001 +1.5352e-001i
  -8.0785e-001 -1.5352e-001i
```

程序分析： 在绘制的根轨迹图中，单击鼠标可以获得该点的坐标、增益 *k* 和对应的所有极点 *p*。

2. 主导极点的等ξ线和等ω_n线

主导极点是指在所有的极点中离虚轴最近的极点。主导极点对系统的时域响应起着主导的作用，高阶系统可以用主导极点近似为低阶系统。MATLAB 提供了 sgrid 函数，用来绘制系统的主导极点位置的等ξ线和等ω_n线。

语法：

```
sgrid('new')                    %清除图形窗口绘制等ξ线和等ωn线
sgrid(zeta,wn,'new')            %绘制指定的等ξ线和等ωn线
```

说明： 'new'为创建的新图形窗口，清除该图形窗口并绘制等ξ线和等ω_n线，如果绘制

了根轨迹图后则可省略'new'，直接添加等 M 线和等α线；zeta 和 wn 分别为指定的ξ 和ω_n。

【例 6.24】 绘制开环传递函数为$G_1(s)=\dfrac{k}{s(s+1)(s+2)}$的系统根轨迹，如图 6.24 所示，并找出$\xi$=0.707 附近的点，绘制出其相应的阶跃响应曲线。

```
>> num=1;
>> den=[conv([1 1],[1 2 ]),0];
>> G1=tf(num,den);
>> rlocus(G1)                          %在图中绘制根轨迹
>> sgrid(0.707,10)                     %绘制ξ =0.707 线和ωn =10 线
```

在如图 6.24（a）所示的等ξ 线和等ω_n线的ξ=0.707 处，取根轨迹点的增益，将该增益构成闭环传递函数，画出其阶跃响应曲线。

```
>> [k,p]=rlocfind(G1)                  %获取鼠标单击点的增益和所有极点
Select a point in the graphics window
selected_point =
   -0.3791 + 0.3602i
k =
      0.6233
p =
   -2.2279
   -0.3861 + 0.3616i
   -0.3861 - 0.3616i
>> G=feedback(k*G1,1)                  %得出闭环传递函数
Transfer function:
               0.6233
-------------------------
s^3 + 3 s^2 + 2 s + 0.6233
>> figure(2)
>> step(G)                             %绘制阶跃响应曲线
```

程序分析：可以看出其阶跃响应的性能较好，根据鼠标单击处的系统参数绘制阶跃响应曲线，如图 6.24（b）所示。

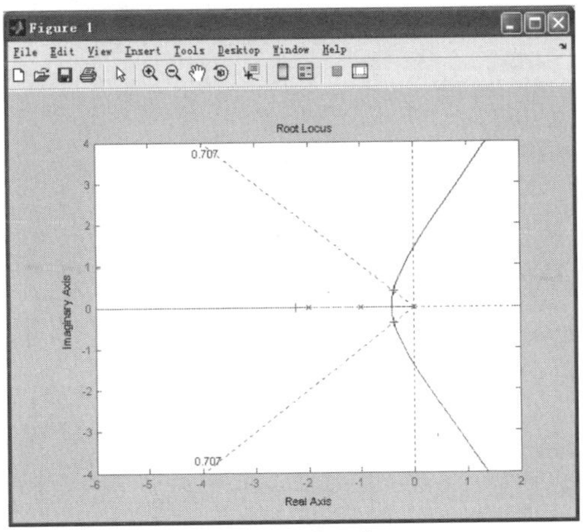

（a）等ξ 线和等ω_n 线

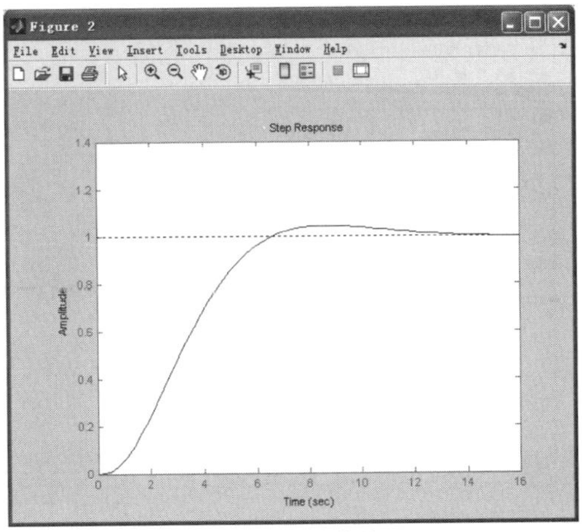

（b）阶跃响应曲线

图 6.24 系统根轨迹曲线

3. 系统根轨迹的设计工具 RLTool

MATLAB 控制工具箱还提供了一个系统根轨迹分析的图形界面，使用“rltool”命令打开该界面。

语法：

```
rltool                              %打开空白的根轨迹分析的图形界面
rltool(G)                           %打开某系统根轨迹分析的图形界面
```

【例 6.25】 用系统根轨迹分析的图形界面分析【例 6.21】中系统校正前后的根轨迹变化，校正前开环传递函数为 $G(s)=\dfrac{100}{s(0.04s+1)}$，校正增加了零点和极点，校正装置为 $G_c(s)=\dfrac{0.1267s+1}{0.494s+1}$。

```
>> num=100;
>> den=[0.04 1 0];
>>G=tf(num,den)
>> rltool(G);
>> numc=[0.1267 1];
>> denc=[0.494 1];
>> Gc=tf(numc,denc);
>> pc=pole(Gc)                 %计算极点
pc =
   -2.0243
>> zc=zero(Gc)                 %计算零点
zc =
   -7.8927
```

在出现的“Control and Estimation Tools Manager”窗口中选择“Compensator Editor”，如图 6.25（a）所示，并设置补偿装置的零极点分别为-2.0243 和-7.8927，则根轨迹图在如图 6.25（b）所示的“SISO Design for SISO Design Task”窗口中显示。

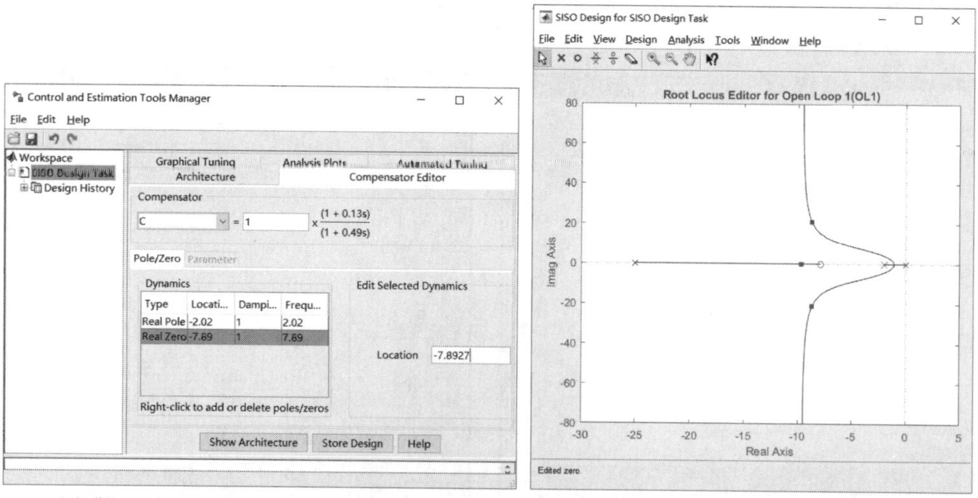

（a）“Control and Estimation Tools Manager”窗口　　（b）“SISO Design for SISO Design Task”窗口

图 6.25　根轨迹设计工具

在图 6.25（b）中可以通过拖放补偿装置的零极点位置查看根轨迹图的变化，以及修改补偿装置的传递函数，并可以显示 bode 图、nichols 图和闭环阶跃响应曲线及闭环极点等多个界面。

6.8　线性系统的图形工具界面

6.8.1　LTI Viewer 界面

MATLAB 提供了线性时不变系统仿真的图形工具 LTI Viewer，可以方便地获得各种响应曲线、频率特性曲线等，并得出有关的性能指标。

1. 打开 LTI Viewer 界面

直接在 MATLAB 的命令窗口中输入“ltiview”或“ltiview(G)”命令，可以打开 LTI Viewer 图形工具。

语法：

```
ltiview                    %打开空白的 LTI Viewer
ltiview(G)                 %打开 LTI Viewer 并显示系统 G
```

在命令窗口创建系统模型 G：

```
>> G=tf(2,[1 2 3])
 Transfer function:
       2
-------------
s^2 + 2 s + 3
```

在空白的 LTI Viewer 界面中选择菜单“File”→“Import”命令，则出现“Import system data”窗口，可以通过工作空间或 MAT 文件选择输入系统模型。选择工作空间中的变量 G，则会在 LTI Viewer 窗口中显示该系统的阶跃响应曲线，如图 6.26 所示。在图中单击鼠标右键，若在弹出的快捷菜单中选择“Characteristics”子菜单的所有菜单项，则时域性能指标都在曲线中标注出来了。

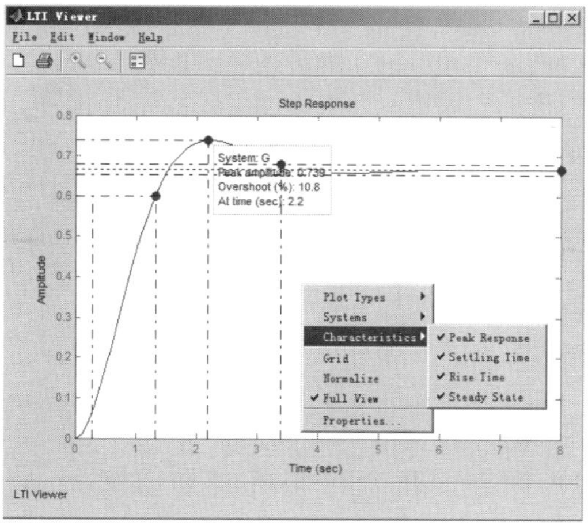

图 6.26　阶跃响应曲线

把光标放在图 6.26 中的峰值位置，单击峰值时，就会出现峰值的所有性能指标，在图 6.26 中可以看到峰值（0.739）、超调量（10.8%）和时间（2.2s）。

2. 界面设置

选择菜单“File”→“Toolbox Preferences”命令，可以打开“Control System Toolbox Preferences”对话框以进行参数设置。选择“Options”选项卡，可以看到如图 6.27（a）所示界面，可用于设置过渡过程的误差范围和上升时间范围。

当选择菜单“Edit”→“Plot Configurations”命令，则打开“Plot Configurations”对话框，如图 6.27（b）所示，在该窗口中可以设置显示的图形名称和个数，可以选择显示两个窗口，窗口显示的类型则在下拉列表中选择，还可以选择频率特性和时域曲线等。

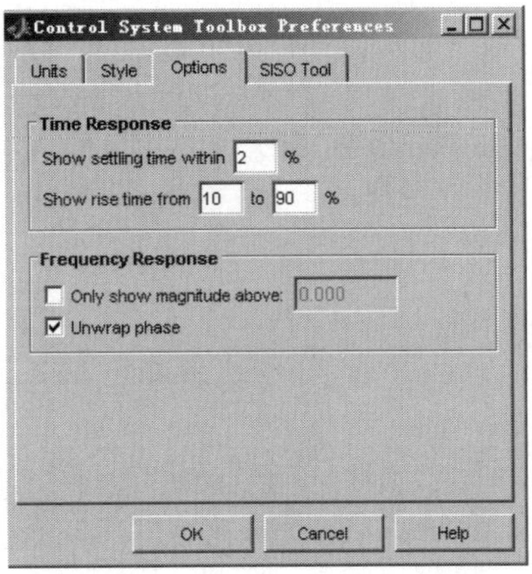

（a）“Control System Toolbox Preferences”对话框

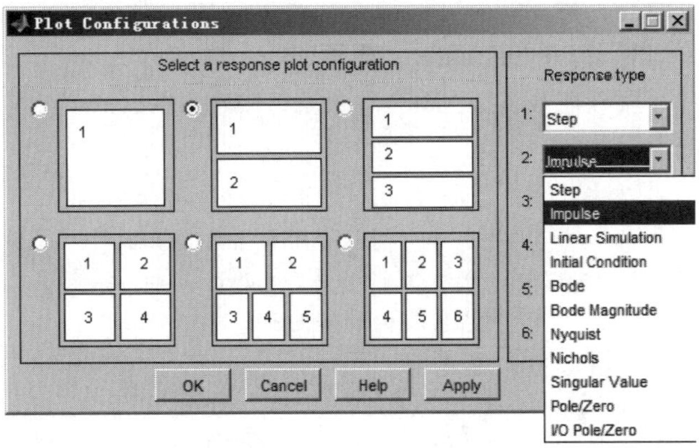

（b）“Plot Configurations”对话框

图 6.27　参数设置界面

当选择两个图形窗口分别是“Step”和“Impulse”时，LVI Viewer 显示如图 6.28 所示。

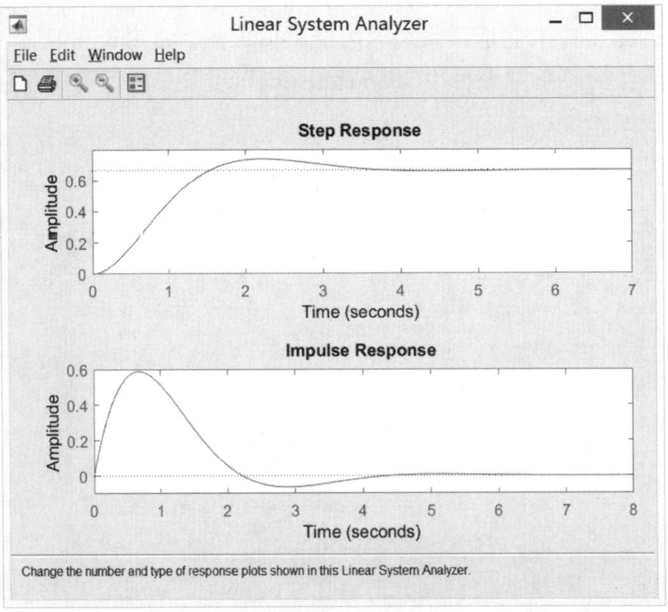

图 6.28　系统 G 的阶跃响应和脉冲响应

6.8.2　SISO 设计工具 sisotool

MATLAB 为单输入/单输出系统补偿器提供了 sisotool 图形设计工具。在命令窗口中输入“sisotool”命令就可以打开该界面窗口。

语法：

```
sisotool(views,G,C,H,F)                    %打开 SISO 设计工具
```

说明：views 是指定 SISO 设计工具窗口的初始显示图形，可以是一个或多个图形。views 可以是下列字符串（或其组合）：'rlocus'是根轨迹图，'bode'是开环系统的 bode 图，'nichols'是 nichols 图，'filter'是 F 的 bode 图和从 F 输入到 G 输出的闭环响应。views 参数可以省略，省略时所有图形都显示。G 是前向通道的系统模型，可以是传递函数、零极点形式和状态空间模型。C 是前向通道中串联的补偿器模型。H 是反馈通道的模型。F 是预滤器的模型。这些参数都可以省略，省略时显示空白界面。

在命令窗口打开 6.8.1 小节创建的系统 G 的 SISO 界面：

```
>> sisotool(G)
```

则出现了两个界面窗口，如图 6.29（a）所示是“SISO Design for SISO Design Task”窗口，图 6.29（b）是“Control and Estimation Tools Manager”窗口。

在图 6.29（a）中可以设置系统的前向通道、反馈通道等模块结构及参数，在图 6.29（b）中可以通过工具栏中的✕、○、、、按钮增加零极点，查看频率特性曲线、根轨迹的变化，也可以选择“Analysis”菜单的下拉菜单添加多个图形窗口，显示不同的系统特性曲线。

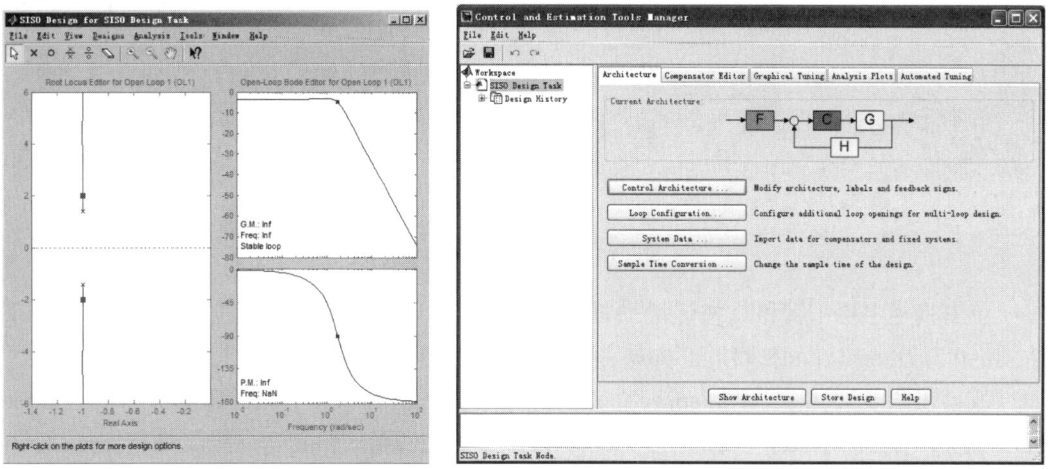

（a）“SISO Design for SISO Design Task”窗口　　（b）“Control and Estimation Tools Manager”窗口

图 6.29　SISO 图形设计窗口

【例 6.26】 使用 SISO 设计工具窗口对【例 6.20】中的系统 $G(s)=\dfrac{2}{s(0.1s+1)(0.05s+1)}$ 进行超前校正，要求校正后 $\xi=0.5$，$\omega_n=13.5\text{rad/s}$。

（1）打开 SISO 设计工具窗口：

```
 >> num1=2;
 >> den1=[conv([0.1 1],[0.05 1]) 0];
 >> G1=tf(num1,den1)
    2
------------------------
0.005 s^3 + 0.15 s^2 + s
>> sisotool(G1)
```

出现如图 6.30（a）所示的 SISO 设计工具窗口，显示了根轨迹和 bode 图。

（2）增加零极点。在图 6.30（a）左侧根轨迹图上单击鼠标右键，在弹出的快捷菜单中选择“Property”命令，在出现的“Property Editor”对话框中选择“Options”选项卡，如图 6.30（b）所示，选中“Show grid”复选框，则在根轨迹图上显示了等ξ线和等ω_n线。

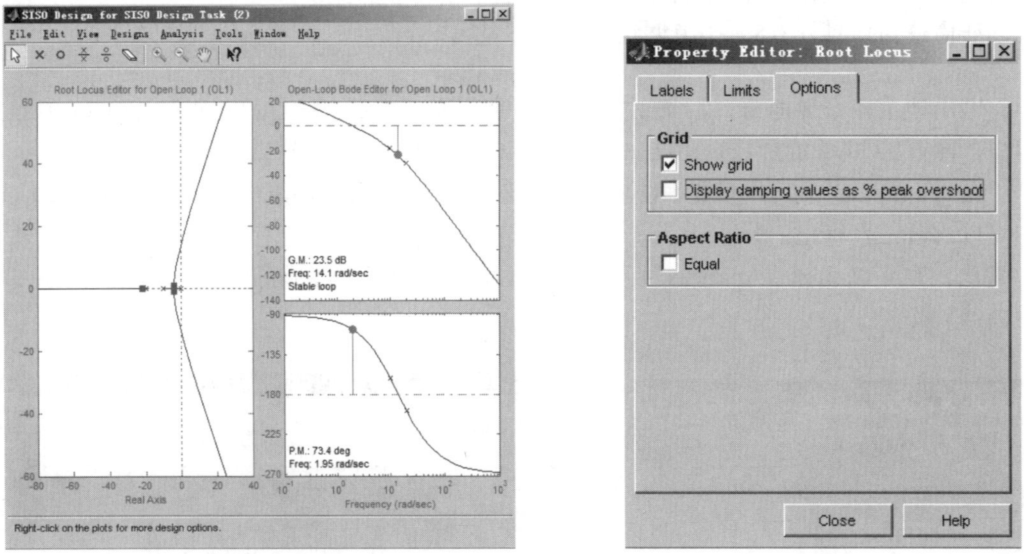

（a）未校正系统图形　　（b）“Properties Editor”对话框

图 6.30　SISO 设计工具窗口

在工具栏中单击×和○按钮增加零点和极点，并调整零点、极点位置，使根轨迹曲线达到ξ=0.5，ω_n=13.5rad/s 附近。如果曲线不清楚，可以通过按钮进行放大。

或者在图 6.31（a）的 Workspace 中选择“SISO Design Task（2）”，在“Compensator Editor”选项卡设计补偿器参数，在图 6.31（a）中设置零点、极点的位置，可以看到如图 6.31（b）所示频域指标相位裕度为 50°，幅值裕度 11.8dB。

使用 SISO 设计工具可以反复试凑，并可以同时查看根轨迹、频率特性和输出波形等多个曲线，直到校正系统的性能参数达到要求为止。

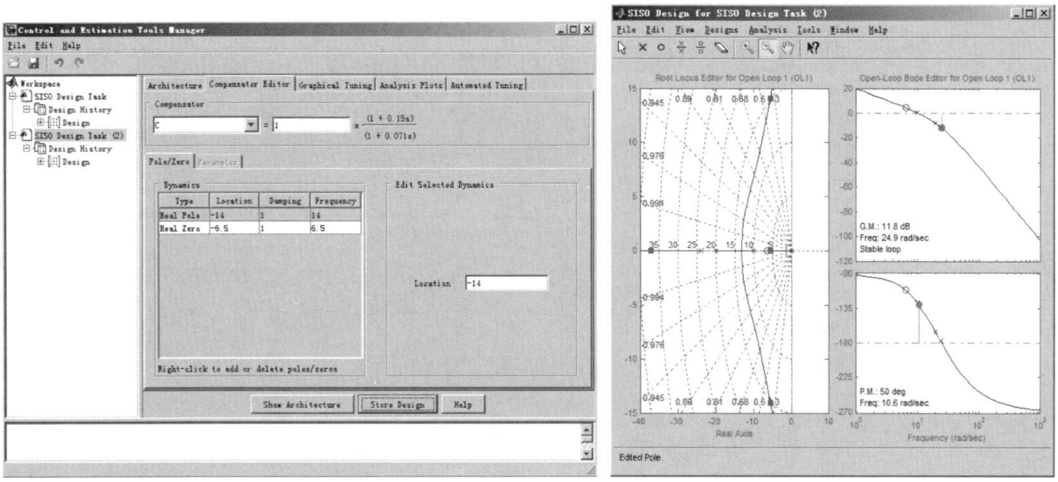

（a）设计补偿器参数　　　　（b）校正后系统曲线

图 6.31　增加零点和极点

6.8.3　PID Tuner

在 MATLAB 的 APPS 面板中的一个常用的 App 是 PID Tuner，PID Tuner 可以用来对线性系统的 PID 调节器整定参数。单击 APPS 面板上的按钮，打开 PID Tuner 窗口。

【例 6.27】　使用 PID 控制器对【例 6.26】中的系统设计一个 PID 控制器，整定 Kp、Ki、Kd 参数，并查看其输出响应和各性能指标。

在 MATLAB 命令窗口中创建三阶系统的传递函数 G1:

```
>> num1=2;
 >> den1=[conv([0.1 1],[0.05 1]) 0];
 >> G1=tf(num1,den1)
    2
------------------------
0.005 s^3 + 0.15 s^2 + s
```

在如图 6.32（a）所示的 PID Tuner 窗口中选择“Plant”下拉菜单中的“Import”命令，将工作空间中的变量 G1 装载进来，也可以在命令窗口输入：

```
>> pidTuner(G1)
```

在“Type”中选择“PID”，可以看出时域响应波形曲线性能并不好；如果选择“PD”，就可以看出性能指标有改善，在“Step Plot: Reference tracking”中出现系统经过 PD 控制的阶跃响应曲线，可以看出输出响应的动态和稳态性能都较好。

单击如图 6.32 所示窗口工具栏上的“Show Parameters”按钮，则系统的各项参数如图 6.33 所示。可以看到 Kp=0.7821，Kd=0.010424，系统的各项性能指标分别列在图 6.33 的下方表格中，如上升时间 Rise time 为 0.0324，超调量 Overshoot 为 13.8%。

还可以通过单击窗口工具栏上的“Export”→“Results”按钮，将系统模型和 PID 模块结构传递到工作空间中。

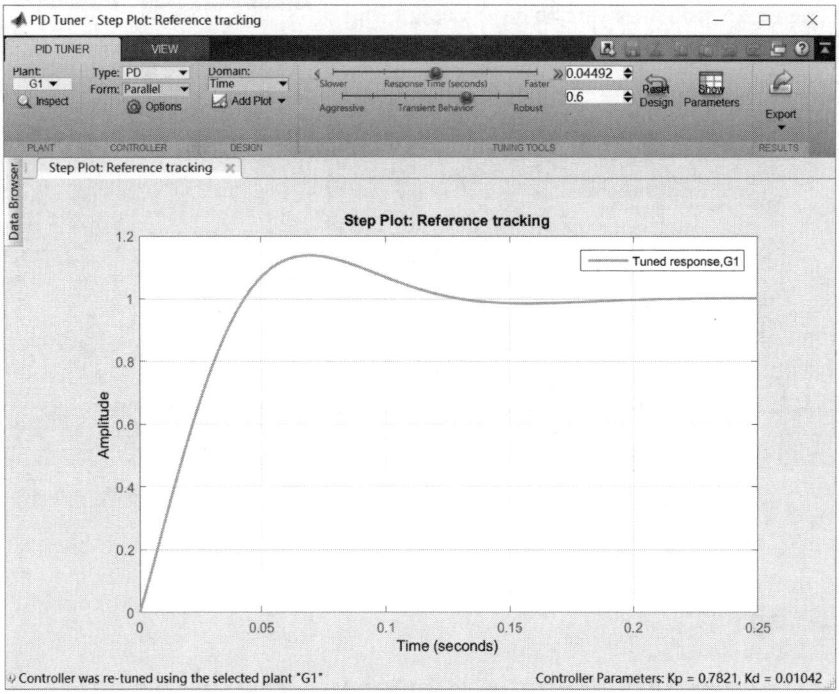

图 6.32　PID Tuner 窗口

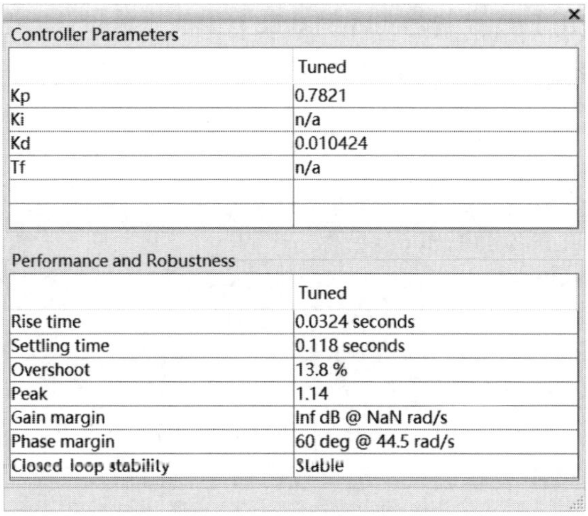

Controller Parameters

	Tuned
Kp	0.7821
Ki	n/a
Kd	0.010424
Tf	n/a

Performance and Robustness

	Tuned
Rise time	0.0324 seconds
Settling time	0.118 seconds
Overshoot	13.8 %
Peak	1.14
Gain margin	Inf dB @ NaN rad/s
Phase margin	60 deg @ 44.5 rad/s
Closed loop stability	Stable

图 6.33　整定参数

第 7 章　Simulink 仿真环境

Simulink 是 MATLAB 的仿真工具箱，可以用来对动态系统进行建模、仿真和分析，支持连续的、离散的及线性的和非线性的系统，还支持具有多种采样速率的系统。

Simulink 是面向框图的仿真软件，具有以下功能：

（1）用绘制方框图代替编写程序，结构和流程清晰。

（2）智能化地建立和运行仿真，仿真精细，贴近实际。自动建立各环节的方程，自动在给定精度要求时以最快速度进行系统仿真。

（3）适应面广，包括线性、非线性系统，连续、离散及混合系统，单任务、多任务离散事件系统。

7.1　演示 1 个 Simulink 的简单程序

演示 1 个 Simulink 的简单模型，可以看出建立模型的步骤。

【例 7.1】　创建一个正弦信号的仿真模型，模型如图 7.3 所示。

（1）在 MATLAB 的命令窗口输入“simulink”，或单击 MATLAB 的 HOME 面板工具栏中的图标，就可以打开 Simulink 模块库浏览器（Simulink Library Browser）窗口，如图 7.1 所示。

该窗口界面分为左、右 2 列，左侧以树状结构列出的是模块库和工具箱，右侧列出的是左侧所选模块的子模块库。当前显示的是 Simulink 模块库。

Simulink 的另一种打开方式是在 MATLAB 的命令窗口输入“simulink3”，则以图标的方式显示比较直观，但是使用时会打开很多窗口，图标方式的界面如图 7.2 所示。

（2）单击 Simulink 界面工具栏上的图标，或者单击 MATLAB 界面工具栏的菜单“New”→“Simulink Model”命令，新建 1 个名为“untitled”的空白模型窗口。

（3）在如图 7.1 所示的右侧子模块窗口中，单击“Sources”子模块库，或者直接在左侧模块和工具栏单击“Simulink”下的“Sources”子模块库，便可看到各种输入源模块。

（4）若用鼠标单击所需的输入信号源模块“Sine Wave”（正弦信号），将其拖曳到空白模型窗口 untitled，则“Sine Wave”模块就被添加到 untitled 窗口；也可以用鼠标选择“Sine Wave”模块，单击鼠标右键，在弹出的快捷菜单中选择“add to untitled”命令，就可以将“Sine Wave”模块添加到 untitled 窗口，如图 7.3 所示。

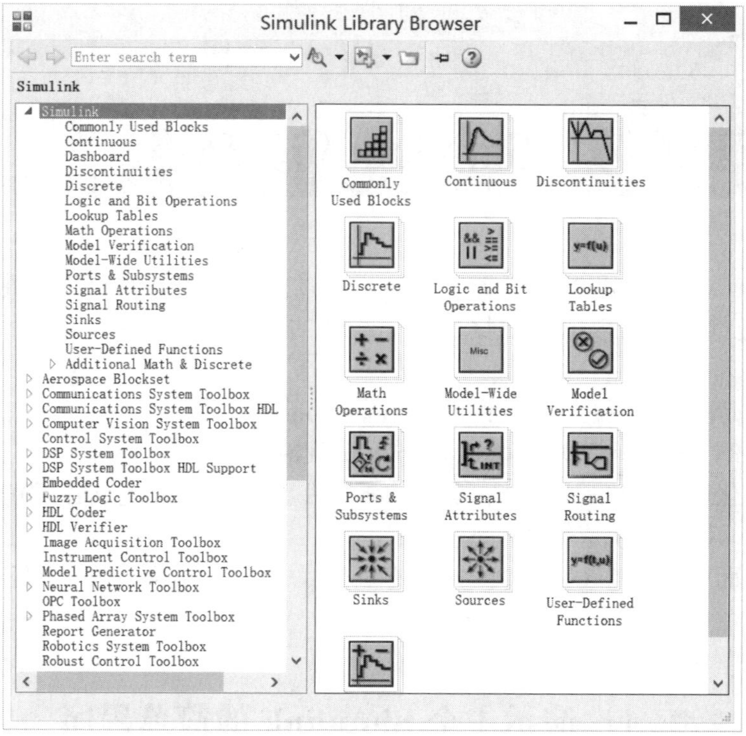

图 7.1　Simulink 模块库浏览器窗口

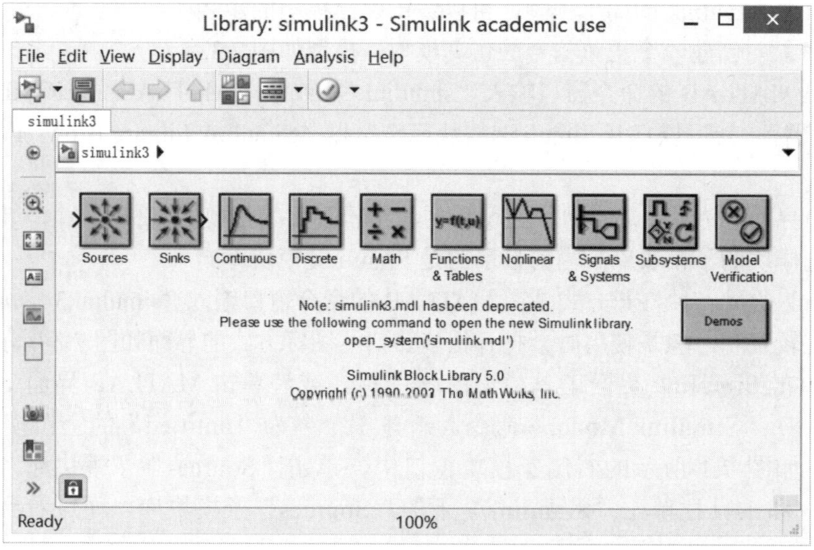

图 7.2　图标方式的 Simulink 界面

（5）用同样的方法打开接收模块库“Sinks”，选择其中的“Scope”模块（示波器）拖到 untitled 窗口中。也可以直接在窗口输入模块名“Scope”来添加模块，如图 7.3 所示，当输入时会出现下拉提示，可以在下拉选项中选择输入。

（6）在 untitled 窗口中，两个模块建立好后就出现了一条虚拟的蓝色信号线，单击该信号线就完成了 2 个模块间的信号线连接，1 个简单的模型便建成了。

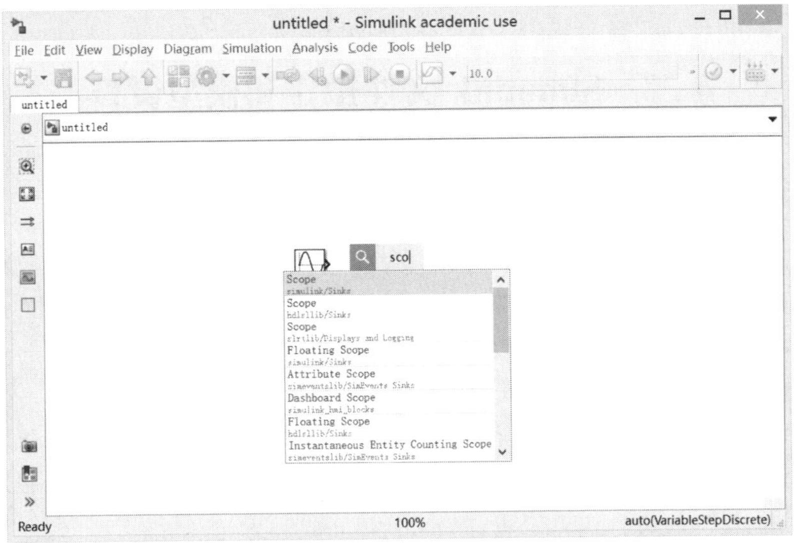

图 7.3　Simulink 模型窗口

（7）开始仿真。单击 untitled 模型窗口中的“Run”图标，或者选择菜单“Simulink”→“Run”命令，则仿真开始。双击“Scope”模块出现示波器显示屏，可以看到黄色的正弦波形，如图 7.4 所示，在图中的工具栏单击图标也可以运行。

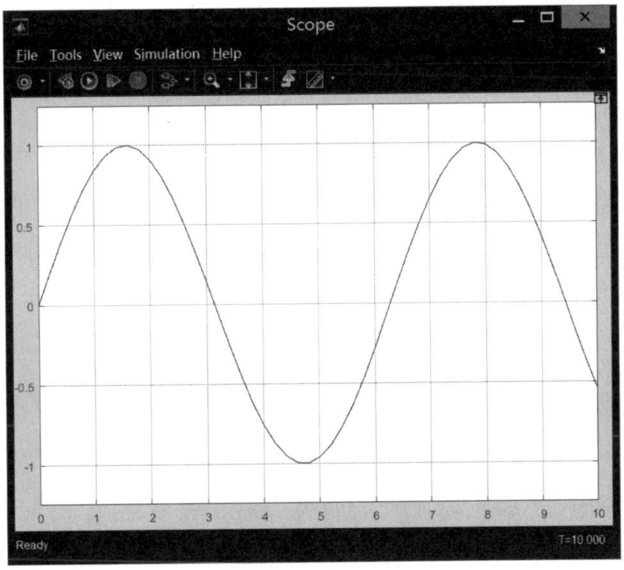

图 7.4　示波器显示

（8）保存模型，单击工具栏的图标，将该模型保存为“Ex0701.slx”文件，1 个简单的仿真模型就建立了。如果选择“Save as”命令，也可以保存为“.mdl”文件。

Simulink 提供了友好的图形用户界面，模型由模块框图连接表示，通过简单的鼠标单击和拖动就可以建立模型。

在 MATLAB 的 Help 窗口，选择菜单“Simulink”旁边的图标，单击鼠标右键，在弹出的菜单中选择“Examples”命令，可以查看各种复杂的仿真例题演示。

7.2 Simulink 文件操作和模型窗口

7.2.1 Simulink 文件操作

Simulink 保存的文件为模型文件，模型文件可以保存为“.slx”和“.mdl”文件。“.mdl”文件格式是 MATLAB R2010b 以前版本的 Simulink 模型文件，.mdl 是文本文件，.slx 文件要小很多，这两种格式的文件可以相互转换。

以下几种操作可以保存不同格式的仿真模型文件。

（1）在 Simulink 的命令窗口选择菜单“Save”按钮或菜单，保存为“.slx”文件。

（2）在 Simulink 的命令窗口选择菜单“File”→“Save as”命令，可以保存为“.slx”或“.mdl”文件。

（3）在 Simulink 模型窗口选择菜单“File”→“Export Model to”→“Previous Version”命令，可以将打开的“.slx”文件保存为“.mdl”文件。

（4）在 Simulink 模型窗口选择菜单“File”→“Save”命令，可以将打开的“.mdl”文件保存为“.slx”文件。

7.2.2 Simulink 模型窗口

如图 7.3 所示的 Simulink 模型窗口由菜单、工具栏、模型浏览器、模型框图及状态栏组成。

1. 状态栏

状态栏用来显示仿真的状态。当鼠标指向菜单项和工具栏时，在状态栏显示其定义；“Ready”表示模型已准备就绪而等待仿真命令；“100%”表示编辑窗模型的显示比例；“auto(VariableStepAuto)”表示仿真所选用的积分算法为自动的（步长自动变化）。在仿真过程中，状态栏还会出现动态信息。

2. 工具栏

模型窗口工具栏如图 7.5 所示。

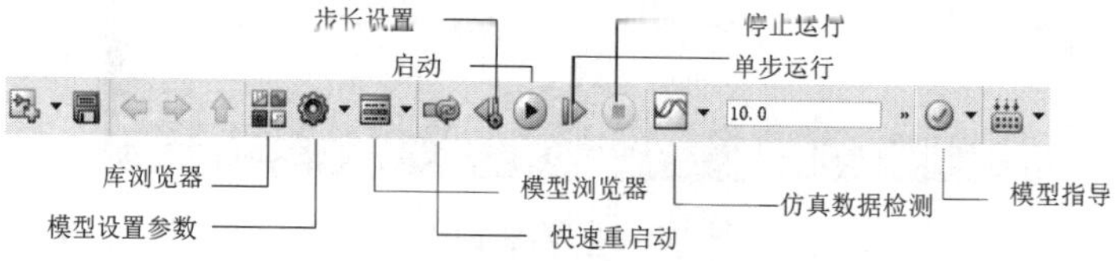

图 7.5　模型窗口工具栏

7.3 模 型 创 建

Simulink 的模型是由模块和信号线连接构成的方框图，创建模型就是绘制方框图，用户可以方便地通过鼠标的抓取和拖曳等操作完成。

7.3.1 模块操作

1. 模块的复制

在不同模型窗口（包括模型库窗口）之间的模块复制很简单，只要选定模块，用鼠标将其拖到另一个模型窗口即可；而在同一模型窗口内复制模块则需要按住【Ctrl】键，再用鼠标拖曳对象到合适的地方，释放鼠标。

2. 模块的翻转

默认状态下的模块总是输入端在左，输出端在右。若需要改变输入、输出端位置，则应翻转模块。

（1）模块翻转 180°。选定模块，选择菜单“Rotate & Flip”→“Flip Block”命令，可以选择将模块旋转 180°，如图 7.6 所示，中间为翻转 180°示波器模块。

（2）模块翻转 90°。选定模块，选择菜单“Rotate & Flip”→“Clockwise”或者“Counterclockwise”命令，可以将模块旋转 90°，如图 7.6 右边示波器所示。如果 1 次翻转不能达到要求，可以通过多次翻转实现。

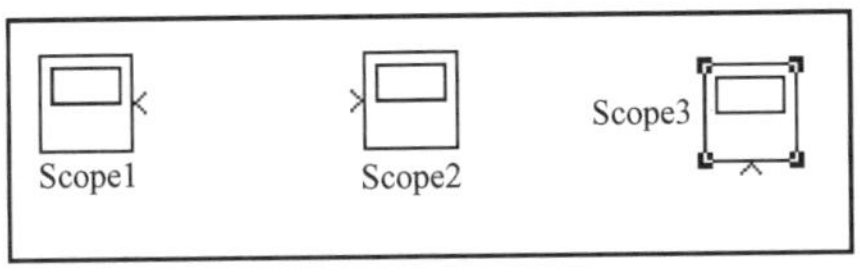

图 7.6 翻转模块

3. 模块的编辑

（1）修改模块名。单击模块下面或旁边的模块名，若出现虚线编辑框则可对该模块名进行修改。

（2）模块名字体设置。选定模块，单击鼠标右键，在弹出的快捷菜单中选择菜单“Format”→“Font Style”命令，打开字体对话框设置字体。

（3）模块名的显示和隐藏。选定模块，单击鼠标右键，在弹出的快捷菜单中选择菜单“Format”→“Show Block name”命令，可以隐藏或显示模块名。

（4）模块演示的设置。选定模块，单击鼠标右键，在弹出的快捷菜单中选择菜单“Format”→“Foreground Color”或者“Background Color”命令，可以设置模块的前景色和背景色。

7.3.2 信号线操作

Simulink 模型中模块间的连线称为信号线（Signal lines），信号线用于连接模块并传送信号。可以将 1 个模块的输出与另 1 个模块的输入连接，也可以把其他信号线与模块连接起来。在连接模块时，要注意模块的输入端、输出端和各模块间的信号流向。

1. 模块间连线

若要将 2 个模块用信号线连接，则先将光标指向 1 个模块的输出端，待光标变为十字形后，按下鼠标左键并拖动，直到另 1 个模块的输入端。如果 2 个端口同时都是输入端或输出端，则不能产生连线。

连线时如果出现蓝色的虚线，可以单击直接连接。

2. 信号线的分支和折线

（1）分支的产生方式。在模型框图中，1 个信号往往需要分送到不同模块，需要绘制分支线，此时信号线中就会出现分支点。

将光标指向信号线的分支点上，按住【Ctrl】键的同时按下鼠标左键，拖曳鼠标到分支线的终点，如图 7.7 所示。

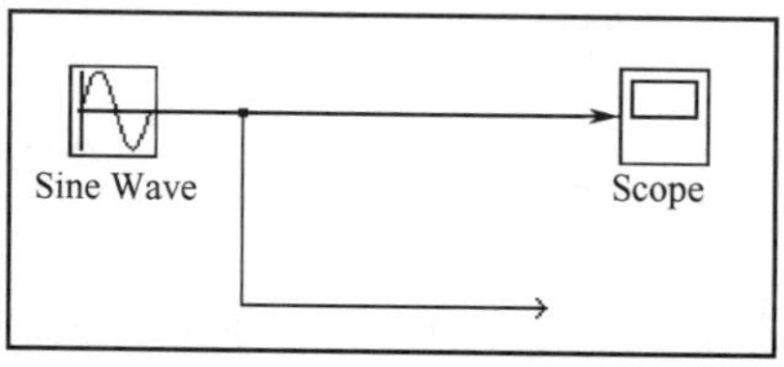

图 7.7　信号线的分支

（2）信号线的折线。在用信号线连接模型时，经常需要将信号线转向，产生折线。

选中已存在的信号线，将光标指向折点处，按住【Shift】键，同时按下鼠标左键，当光标变成小圆圈时，用鼠标拖动小圆圈以将折点拉至合适处，释放鼠标，如图 7.8 所示。

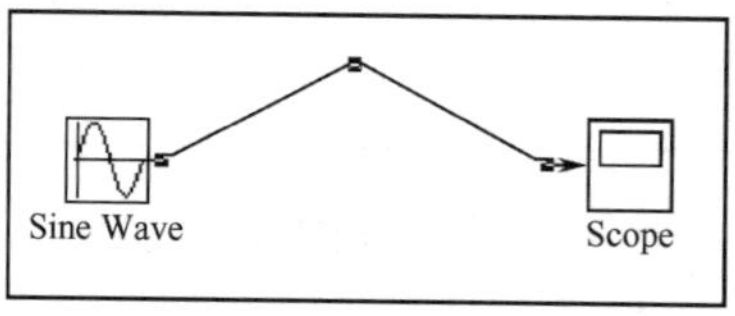

图 7.8　信号线的折线

在图 7.8 中选中折线时，将光标移到折点处，当光标变为小圆圈时，就可以用鼠标拖动折点来移动折点。

3. 信号线文本注释（label）

信号线文本注释有以下几种：

（1）添加文本注释。双击需要添加文本注释的信号线，出现一个空的文字填写框，在其中可以输入文本。

（2）修改文本注释。单击需要修改的文本注释，出现虚线编辑框后即可修改文本。

（3）移动文本注释。单击文本注释，出现编辑框后就可以移动编辑框。

（4）复制文本注释。单击需要复制的文本注释，按下【Ctrl】键的同时移动文本注释，或者使用菜单和工具栏的复制操作。

4. 在信号线中插入模块

若模块只有 1 个输入端口和 1 个输出端口，则该模块可以直接被插入到 1 条信号线中。

5. 给模型添加文本和图片

添加模型的文本注释。在图 7.3 中界面左侧的浏览器条中单击和按钮，在需要添加文本和图片的位置则会出现编辑框，在编辑框中可以输入文字和图片。

7.4　Simulink 基本模块

Simulink 模型通常由 3 部分组成：输入模块（Source）、系统（System）及输出（Sink）模块。如图 7.9 所示，输入模块提供信号源，包括信号源、信号发生器和用户自定义信号等；状态模块是被模拟的系统，是系统建模的核心；输出模块是信号显示模块，包括图形、数据和文件等。每个系统的模型不一定要包括三个部分，也可以只包括两个或一个部分。

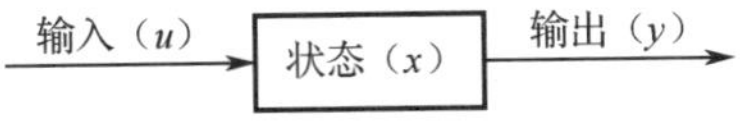

图 7.9　模型结构

Simulink 中几乎所有模块的参数和属性都允许用户设置，几乎每个模块都有参数和属性设置对话框。

1. 模块参数设置

可以通过双击模块打开参数设置对话框，或单击鼠标右键打开快捷菜单，也可以选择"Block Parameters"菜单项打开。

（1）正弦信号源（Sine Wave）。双击正弦信号源模块，会出现如图 7.10 所示的参数设置对话框。

如图 7.10 所示的上部分为参数说明。Sine type 为正弦类型，包括 Time-based 和 Sample-based；Amplitude 为正弦幅值；Bias 为幅值偏移值；Frequency 为正弦频率；Phase 为初始相角；Sample time 为采样时间。

如将频率设置为 10，相位设置为 30/180，幅值偏移值设置为 10，则产生幅值为 1，频率为 10，在 9～11 之间振动的正弦信号，具体参数设置如图 7.10 所示。

（2）阶跃信号源（Step）。阶跃信号模块是输入信号源，其模块参数对话框如图 7.11 所示。

其中，Step time 为阶跃信号的变化时刻，Initial value 为初始值，Final value 为终止值，Sample time 为采样时间。

（3）从工作空间获取数据（From Workspace）。从工作空间获取数据模块的输入信号源。

【例 7.2】　在工作空间计算变量 t 和 y，将其运算的结果作为系统的输入。

```
>> t=0:0.1:10;
>> y=sin(t);
>> t=t';
>> y=y';
```

将"From Workspace"模块的参数设置对话框打开，如图 7.12（a）所示，在"Data"栏填写"[t,y]"，单击"OK"按钮，则在模型窗口中该模块显示如图 7.12（b）所示。用示波器作为接收模块，可以查看输出波形为正弦波。

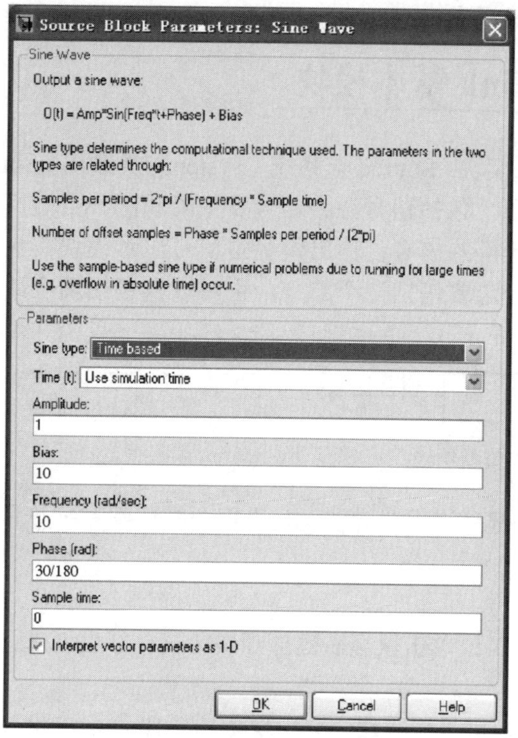

图 7.10　参数设置对话框

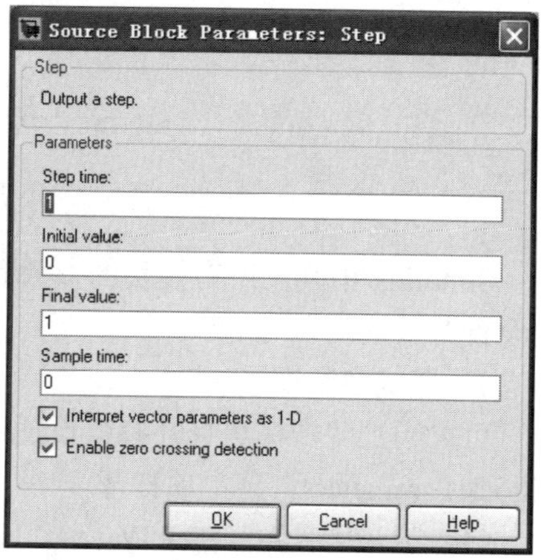

图 7.11　阶跃信号模块参数对话框

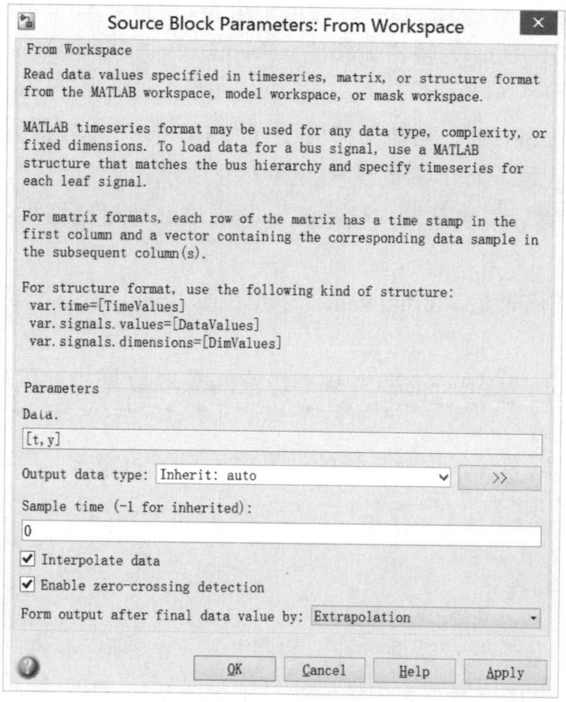

（a）“From Workspace”模块的参数设置对话框

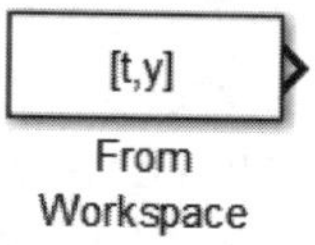

（b）数据模块显示

图 7.12　“From Workspace”模块的参数设置对话框

“Data”的输入有几种，可以是矩阵或包含时间数据的结构数组。各种格式都有比较严格的要求。“From Workspace”模块的“Data”矩阵的列数应等于输入端口的个数+1，第 1 列自动当作时间向量，后面几列依次对应各端口。

（4）从文件获取数据（From File）。从文件获取数据是指从 MAT 数据文件中获取数据。

将【例 7.2】中的数据保存到.mat 文件。

```
>> t=0:0.1:2*pi;
>> y=sin(t);
>> y1=[t;y];
>> save Ex0702 y1            %保存在“Ex0702.mat”文件中
```

将“From File”模块的参数设置对话框打开，如图 7.13 所示，在“File name”栏填写“Ex0702.mat”，单击“OK”按钮。用示波器作为接收模块，可以查看输出波形。

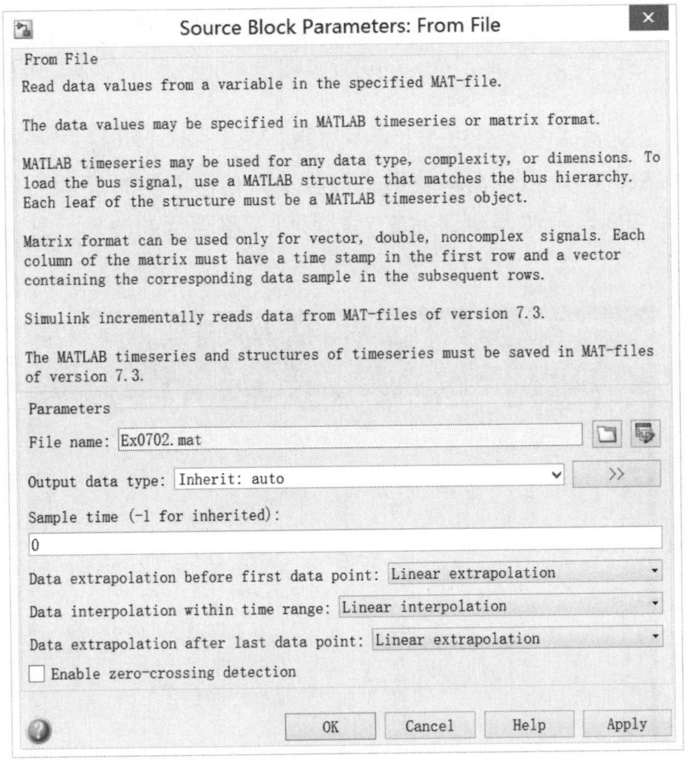

图 7.13　“From File”模块的参数设置对话框

（5）传递函数（Transfer Fcn）。传递函数模块是用来构成连续系统结构的模块，其模块参数设置对话框如图 7.14 所示。

在参数设置对话框中，主要是设置分子多项式系数（Numerator coefficients）、分母多项式系数（Denominator coefficients）和绝对容许误差限（Absolute tolerance）。“Numerator coefficients”可以是向量或矩阵，“Denominator coefficients”是向量，“Absolute tolerance”提供误差限，仿真默认的误差限在 Simulink Parameters 对话框中设置。

若在图 7.14 中设置“Denominator coefficients”为“[1 1.414 1]”，则在模型窗口中的显示如图 7.15 所示。

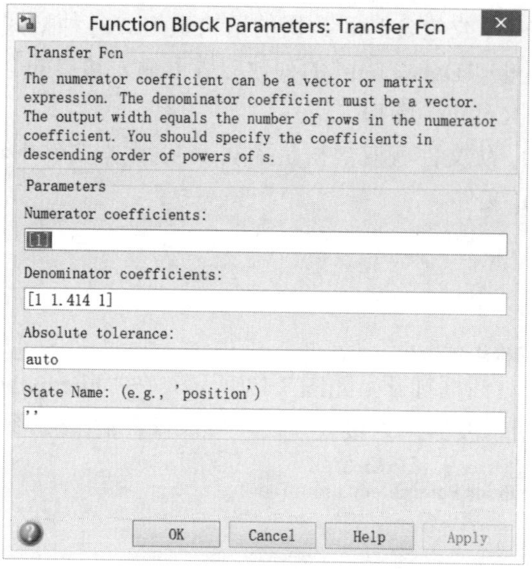

图 7.14　传递函数模块参数设置对话框

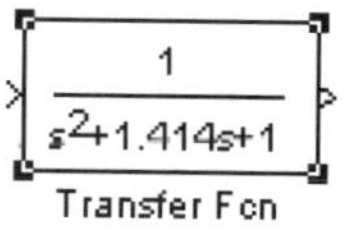

图 7.15　模型窗口中的显示

（6）示波器（Scope）。示波器模块用来接收输入信号并实时显示信号波形曲线，还可以把数据送入工作空间。示波器窗口的工具栏可以调整显示的波形。显示正弦信号的示波器如图 7.16 所示。

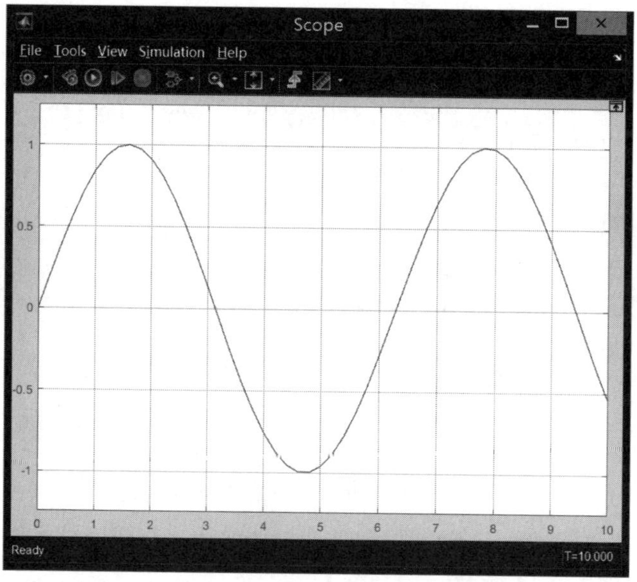

图 7.16　示波器窗口

示波器可以进行仿真运行和单步运行，在工具栏中的 3 个按钮与 Simulink 工具栏中的相同，可以进行步长设置、仿真运行和单步运行。

当单击工具栏的光标测量按钮，可以使用光标在波形曲线上移动查看数据，如图 7.17 所示，可以在右侧看到对应两个点的坐标值。

当单击工具栏中的按钮或者选择菜单“View”→“Configuration Properties”命令，可以看到示波器的参数设置，如图 7.18 所示。

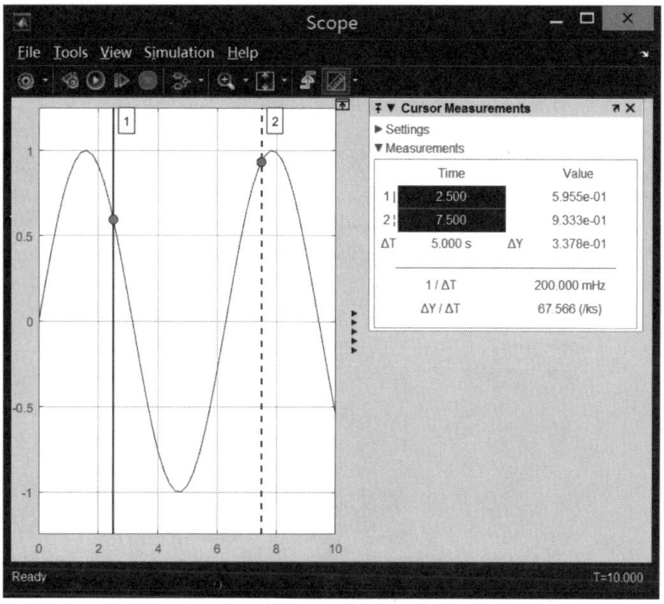

图 7.17　示波器窗口

示波器的参数设置如图 7.18（a）所示，有 4 个选项卡，在“Main”选项卡中可以设置示波器的“Number of input ports”输入端口数和“Sample time”采样时间。

在如图 7.18（b）所示的“Logging”选项卡中可以设置示波器的存储数据个数，默认为 5000，不管示波器是否打开，只要仿真启动，缓冲区就接收信号数据。示波器的缓冲区可接收 30 个信号，数据长度为 5000，如果数据长度超出，则最早的历史数据会被清除。

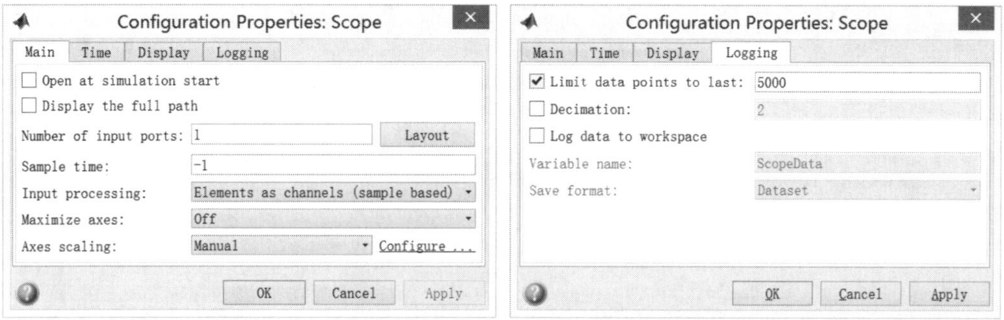

（a）示波器的“Main”选项卡　　　　（b）示波器的“Logging”选项卡

图 7.18　示波器参数设置对话框

2. 模块属性设置

每个模块的属性对话框的内容都相同，选中模块后单击鼠标右键弹出快捷菜单，选择“Block Properties”菜单项就可以打开模块属性对话框，如图 7.19 所示，其中包括 3 个选项卡，分别是“General”、“Block Annotation”和“Callbacks”。

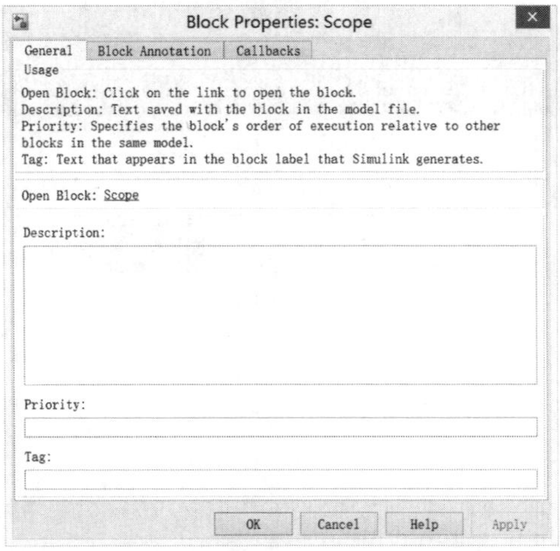

图 7.19　模块的属性设置对话框

7.5 复杂系统仿真与分析

7.5.1 仿真设置

Simulink 的模型实际上是定义了仿真系统的微分或差分方程组，而仿真则是用数值解算法求解方程。

Simulink 的仿真参数都有默认的设置，但如果需要修改仿真参数，则可以在仿真运行前对仿真参数进行设置。在模型窗口选择菜单“Simulation”→“Model Configuration Parameters”命令，则会打开参数设置对话框，如图 7.20 所示。

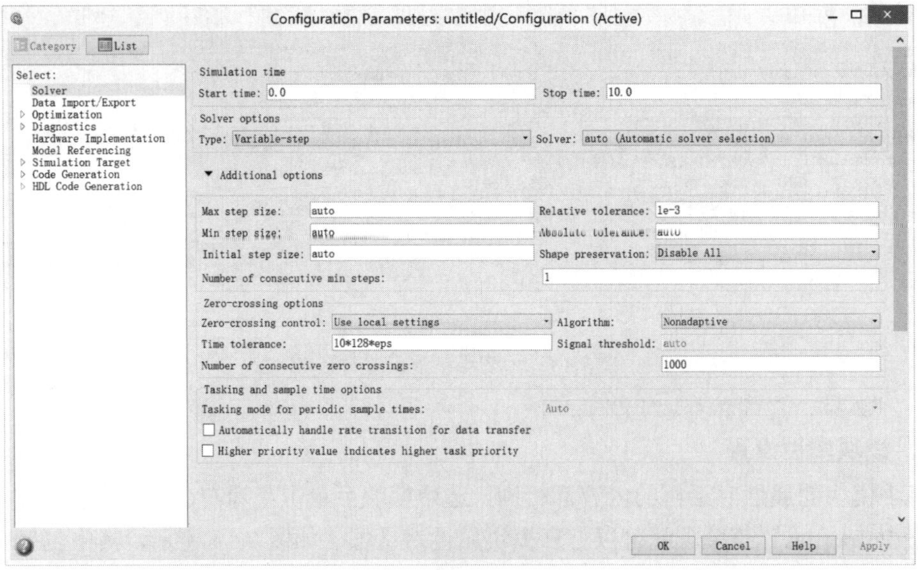

图 7.20　参数设置对话框

1. Solver 页的参数设置

Solver 页的参数设置有如下几项。

（1）Simulation time。

①仿真的起始时间（Start time）：默认为 0.0，单位为 s。

②仿真的结束时间（Stop time）：默认为 10.0，单位为 s。

（2）Solver options。仿真的过程一般是求解微分方程组，Solver options 的内容是针对解微分方程组的设置。

Type：设置求解的类型，Variable-step（变步长）表示仿真步长是变化的，Fixed-step（定步长）表示固定步长。采用变步长解法，当仿真开始时，信号变化大，步长较小，当信号变化小时步长可以变长；应该先指定一个容许误差限，当误差超过误差限时自动修正仿真步长，在变步长仿真时误差限的设置将关系到微分方程组解的精度。

当求解类型为变步长时，有以下设置。

①Max step size：设置最大步长，默认为 auto，最大步长为(Stop time−Start time)/50。

②Min step size：设置最小步长，默认为 auto。

③Initial step size：设置初始步长，默认为 auto。

④Relative tolerance：设置相对容许误差限。

⑤Absolute tolerance：设置绝对容许误差限。

在每一步运算中，程序都会将计算的值与预期值相减得出误差 e，必须满足 e<=max(reltol*abs(y(i)),abstol(i))才是运算成功的一步，reltol 为相对容许误差限，abstol 为绝对容许误差限。

当求解类型为定步长时，有以下设置。

①Fixed step size：设置固定步长，默认为 auto，不能设置误差限。

②Mode：设置模型类型，有 MuliTasking、Single Tasking 和 Auto 3 种。

③Solver：设置仿真解法的具体算法类型。

变步长的算法有 discrete、ode45、ode23、ode113、ode15s、ode23s、ode23t 和 ode23tb，默认使用 ode45 算法。

定步长的算法有 discrete、ode5、ode4、ode3、ode2 和 ode1。

这些算法选择时可参考以下依据。

①如果模型全部是离散的，则变步长和定步长的解法都采用 discrete 方式。

②ode45 和 ode23 都采用 Runge-Kutta 法，用有限项的 Taylor 级数近似求解函数，计算每个积分步长终端的状态变量近似值，并把这两个近似值的差作为对截断误差大小的估计，如果误差估计值太大，就把积分步长缩短，再重新计算，直到误差估计值小于指定的精度范围。ode45 是解普通微分方程的第一选择，为了达到同样的精度，ode23 的积分步长总是比 ode45 要小，ode23 处理“中度 stiff”问题的能力要比 ode45 强。

③ode15s 是一种专门用于解 stiff 方程的变阶多步算法，stiff 系统是指特征值相隔距离较远的系统。ode23s 也是一种专门用于解 stiff 方程的，基于 Rosenbrok 公式建立起来的定阶单步算法。由于阶数不变，所以它的求解速度比 ode15s 快。

④ode113 是变阶的 Adams 法，为多步预报校正算法。采用多项式近似，能够有效地计算光滑系统微分方程，但不能用于含间断点的系统，导数计算次数比 ode45、ode23 少，

解光滑系统微分方程速度更快。

（3）Solver diagnostic controls。根据需要设置仿真诊断参数，可以达到不同的输出效果。

2. Data Import/Export（数据输入/输出）页的设置

在 Simulink 参数设置对话框左侧选择“Data Import/Export”，如图 7.21 所示，可以设置 Simulink 从工作空间输入数据、初始化状态模块，也可以把仿真的结果以及状态模块数据保存到当前工作空间。

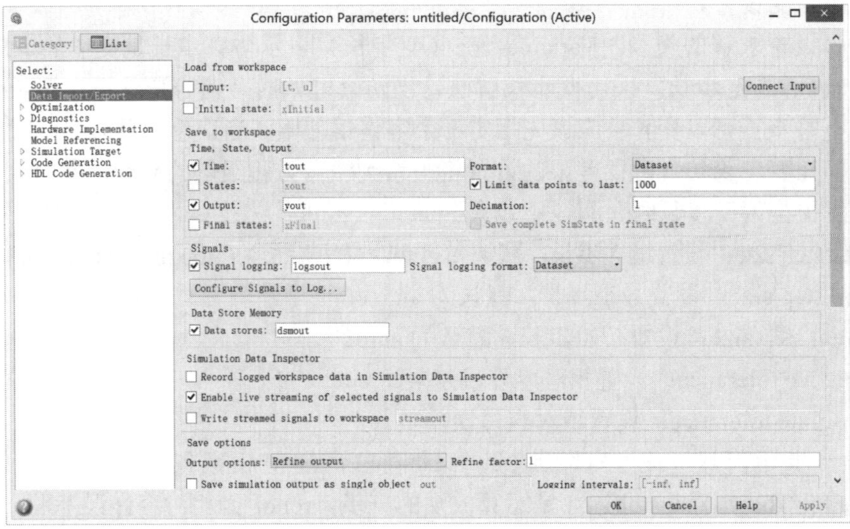

图 7.21 Data Import/Export 参数设置

（1）从工作空间装载数据（Load from workspace）。在仿真过程中，可以从工作空间将数据输入到模型的输入端口。

①Input 复选框。如果使用输入端口，就勾选 Input 复选框，并填写 MATLAB 工作空间的输入数据变量名，如[t,y]，第 1 列是时间向量，后面几列按顺序依次为对应的输入端口。

②Initial state 复选框。勾选 Initial state 复选框，将强迫模型从工作空间中获取模型内所有状态变量的初始值。在右边空白栏填写的变量名，默认为 xInitial，应是工作空间中存在的变量，该变量包含着模型状态变量的初始值。

（2）保存数据到工作空间（Save to workspace）。

①Time 复选框。勾选 Time 复选框后，模型将把（时间）变量（默认变量名为 tout）存放于工作空间。

②States 复选框。勾选 States 复选框后，模型将把其状态变量（默认变量名为 xout）存放于工作空间。

③Output 复选框。如果模型窗口中使用输出模块“Out”，则必须勾选 Output 复选框，并填写在工作空间中的输出数据变量名（默认名为 yout）。

④Final states 复选框。勾选 Final states 复选框后，将向工作空间（默认变量名为 xFinal）存放最终状态值。

（3）变量存放选项（Save options）。Save options 必须与 Save to workspace 配合使用。

①Limit data points to last 复选框。勾选 Limit data points to last 复选框后，可设定保存

变量接收数据的长度，默认值为 1000。如果输入数据长度超过设定值，则最早的历史数据被清除。

②Format 复选框。Format 复选框保存数据有 3 种格式：结构数组、带时间量的结构数组和数组。

7.5.2 系统仿真举例

【例 7.3】 建立二阶系统的仿真模型。

连续系统是指可以用微分方程描述的系统。用于建立连续系统的模块大多在 Simulink 模块库的 Continuous、Math Operations 及 Discontinuities 子模块库中。

输入信号源使用阶跃信号，系统使用开环传递函数 $\dfrac{1}{s^2+0.6s}$，接收模块使用示波器构成模型。

（1）在“Sources”模块库选择“Step”模块，在“Continuous”模块库选择“Transfer Fcn”模块，在“Math Operations”模块库选择“Sum”模块，在“Sinks”模块库选择“Scope”模块。

（2）连接各模块，从信号线引出分支点，构成闭环系统。

（3）设置模块参数，打开“Sum”模块的参数设置对话框，如图 7.22 所示。将“Icon shape”设置为“rectangular”；将“List of signs”设置为“|+−”，其中“|”表示上面的入口为空。

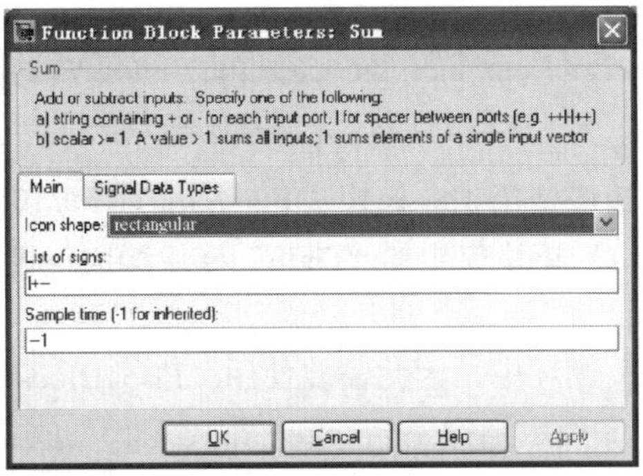

图 7.22 “Sum”模块的参数设置对话框

在“Transfer Fcn”模块的参数设置对话框中，将分母多项式“Denominator”设置为“[1 0.6 0]”。

在“Step”模块的参数设置对话框中，将“Step time”修改为 0。

（4）添加信号线文本注释。双击信号线，出现编辑框后输入文本，其模型如图 7.23 所示。

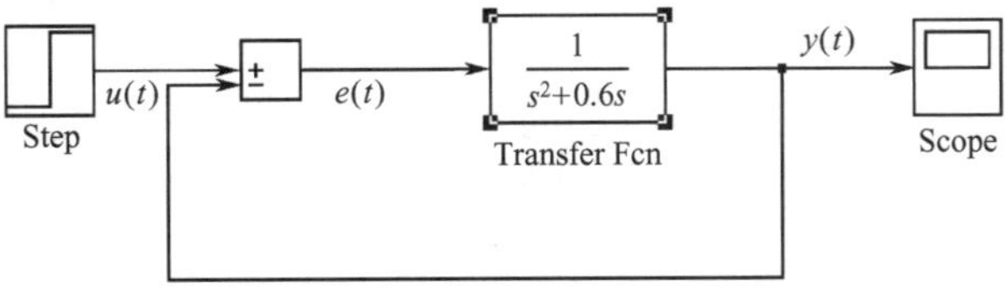

图 7.23 二阶系统模型

（5）仿真并分析。单击工具栏上的“Start Simulation”按钮开始仿真，在示波器上显示出阶跃响应。

在 Simulink 模型窗口，选择菜单“Simulation”→“Simulation Parameters”命令，在“Solver”页将“Stop time”设置为 15，单击“Start Simulation”按钮，示波器显示的时间为 15 s。

单击示波器工具栏上的按钮，将 y 坐标的“Y-limits(Minmum)”改为 0，“Y-limits(Maxmum)”改为 2，将“Title”设置为“二阶系统时域响应”，则示波器显示如图 7.24 所示。

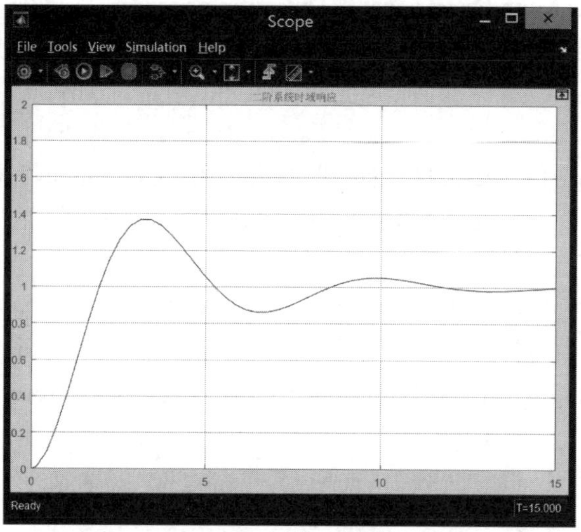

图 7.24　示波器显示

或者将系统的结构修改成使用积分模块（Integrator）和零极点模块（Zero-Pole）串联，反馈使用“Math Operations”模块库中的“Gain”模块构成反馈环的增益为–1，二阶系统模型如图 7.25 所示。

由于“Gain”模块在反馈环中，因此需要使用“Flip Block”翻转该模块。如图 7.25 所示的系统结构和如图 7.23 所示结构完全一致，因此运行后的波形也如图 7.24 所示。

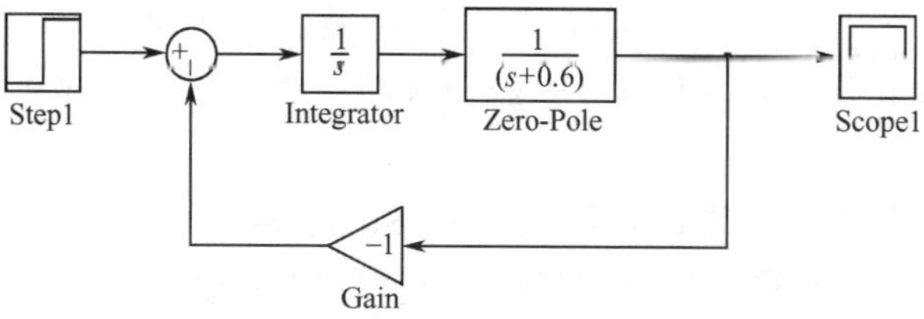

图 7.25　二阶系统模型

如果将示波器换成“Sinks”模块库中的“Out”模块 1 Out1，然后在仿真参数设置对话框的“Data Import/Export”页（工作空间输入/输出）勾选“Time”和“Output”复选框，并分别设置保存在工作空间的时间量和输出变量为“tout”和“yout”，则仿真后在工作空间就可以使用这 2 个变量绘制曲线，如图 7.26 所示。

```
>> plot(tout,yout)
```

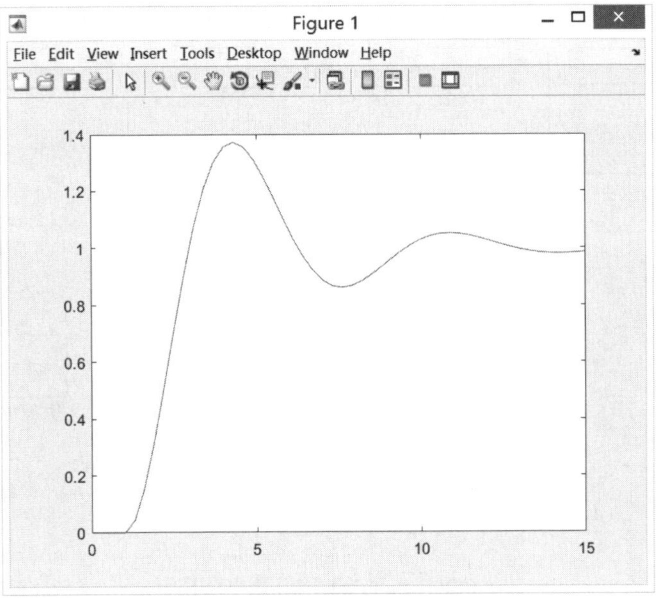

图 7.26　plot 绘制的时域响应波形

【例 7.4】　根据如图 7.27 所示电路图，已知 R_1=60Ω，R_2=20Ω，R_3=40Ω，R_4=40Ω，电源 U_{s1}=180V，U_{s2}=70V，U_{s3}=20V，计算各支路电流 I_a、I_b、I_c 和 I_d。

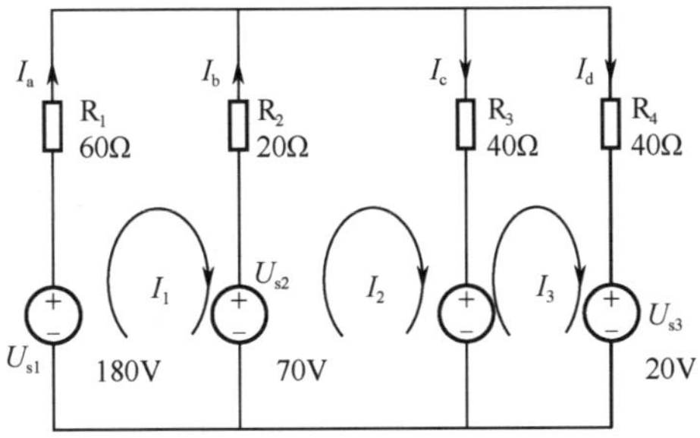

图 7.27　网孔法电路图

电路仿真主要使用的模块在 Simscape→SimPowerSystems 子模块库中，包括电阻、电容和电感以及电源等模块，SimPowerSystems 模块库包括几个关键的子模块库，如 Electrical Sources（电源库）、Elements（电路元件库）和 Measurements（测量仪器库）。

- Electrical Sources：包括直流、交流电流源和电压源，也包括受控电压源和电流源。
- Elements：包括各种串联、并联负载，开关和接地等元件。
- Measurements：包括单相和三相的电压表、电流表等测量元件。

用 Simulink 来创建电路模型，需要使用 3 个电压源（DC Voltage Source），4 个电阻（Series RLC Branch），4 个电流表（Current measurement）和 4 个显示模块（Display），则 Simulink 仿真模型如图 7.28 所示，各模块的参数设置如表 7.1 所示。

powergui 模块是用来设置 SimPowerSystems 环境的，当使用 SimPowerSystems 库中的其他模块进行仿真时必须使用 powergui 模块，该模块可以放在模型的任何位置。

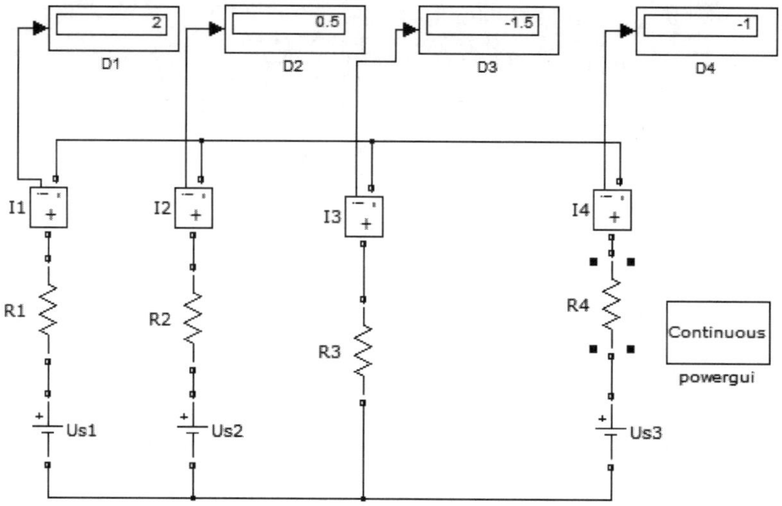

图 7.28 Simulink 网孔法电路模型

表 7.1 各模块的名称以及参数设置表

子模块库	模块	模块名	参数名	参数值	备注
Specialized Technology/ Foundmantal Blocks	powergui	powergui			
Specialized Technology/ Foundmantal Blocks /Electrical Sources	DC Voltage Source	Us1	amplitude(V)	180	电源电压值
		Us2	amplitude(V)	70	电源电压值
		Us3	amplitude(V)	20	电源电压值
Specialized Technology/ Foundmantal Blocks/Elements	Series RLC Branch	R1	Branch type	R	支路类型
			Resistance(Ohms)	60	电阻值
	Series RLC Branch	R2	Branch type	R	支路类型
			Resistance(Ohms)	20	电阻值
	Series RLC Branch	R3，R4	Branch type	R	支路类型
			Resistance(Ohms)	40	电阻值
Specialized Technology/ Foundmantal Blocks/ Measurement	Current Measurement	I1，I2，I3，I4			电流表
Sinks	Display	D1，D2，D3，D4			显示输出值

将各模块添加到模型窗口，并使用信号线连接起来。

单击工具栏的启动按钮▶启动仿真，仿真算法采用默认的 Auto（Automatic solver selection），步长采用变步长 Variable-step。

可以看到，图 7.28 中有 4 个显示，表示电流表的显示值，分别为 I1=2A，I2=0.5A，I3=−1.5A，I4=−1A。

【例 7.5】　使用 Simulink 创建单相半波整流电路，使用示波器观察晶闸管触发角与负载电路中的电流和电压的波形。

单相半波整流电路是最简单的整流电路，其电路原理如图 7.29 所示。

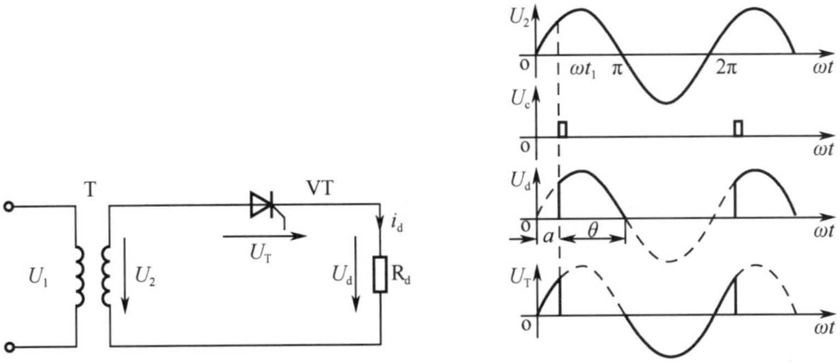

图 7.29　单相半波整流电路图

在 Simulink 中添加各模块，其中 powergui 模块、AC Voltage Source 三相交流电源、Thyristor 晶闸管、Pulse Generator 脉冲发生器、Series RLC Branch 电阻、Voltage Measurement 电压表、Current Measurement 电流表都是在 Simscape/SimPowerSystems/Specialized Technology 子模块库中的，另外还有 Pulse 脉冲信号、Demux 信号分离器和 Scope 示波器，各模块的参数如表 7.2 所示。创建的 Simulink 单相半波整流电路如图 7.30 所示。

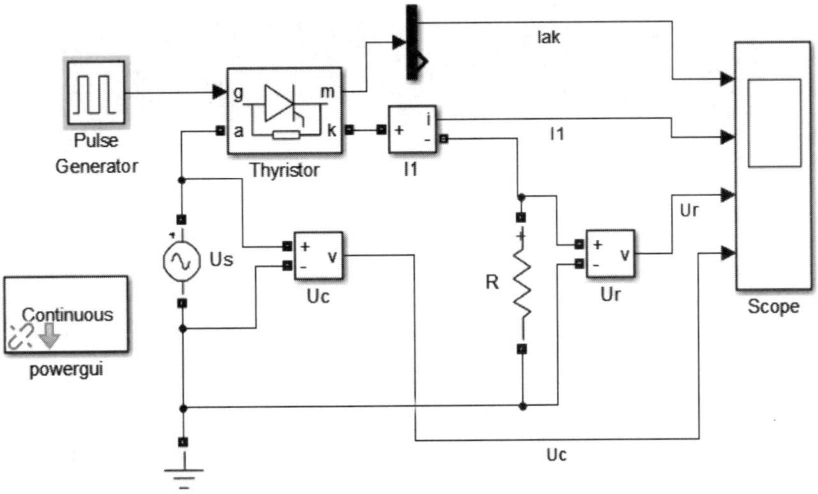

图 7.30　单相半波整流电路图

表 7.2　各模块的名称以及参数设置表

子模块库	模块	模块名	参数名	参数值	备注
Foundmantal Blocks	powergui	powergui			
Foundmantal Blocks/Elements	Ground	Ground			接地

续表

子模块库	模　块	模块名	参数名	参数值	备　注
Signal Routing	Demux	Demux	Number of outputs	2	输出个数
Foundmantal Blocks/ Electrical Sources	AC Voltage Source	Us	Peak amplitude	100	电源电压
			Frequency	50	电源频率
Power Electronics	Thyristor	Thyristor	Resistance Ron	2	晶闸管电阻
			Inductance Lon	0.001	晶闸管电感
Foundmantal Blocks/ Elements	Series RLC Branch	Rc	Branch type	R	支路类型
			Resistance	1	电阻值
Sources	Pulse Generator	Pulse Generator	Amplitude	5	幅值
			Period	0.02	周期
			Pulse Width	2	脉冲宽度

脉冲信号 Pulse Generator 接晶闸管的触发端 g，周期为 0.02 秒；交流电源 Us 接 a 端，当 g>0 而且电压 Uak>0 时，晶闸管导通。

由于电源频率是 50Hz，因此设置仿真时间为 0.1 秒，仿真算法采用 ode23tb，则示波器显示如图 7.31（a）所示，Iak 为晶闸管电流，I1 为负载电流，Uc 是电源电压，U1 为负载电压。在示波器的参数设置右边的下拉箭头，选择⊞4 个窗口同时显示 4 个信号。

如果修改导通角为 45°，则将 Pulse Generator 的 Phase delay(secs)参数设置为 0.02/8=0.0025 秒，则示波器如图 7.31（b）所示 。

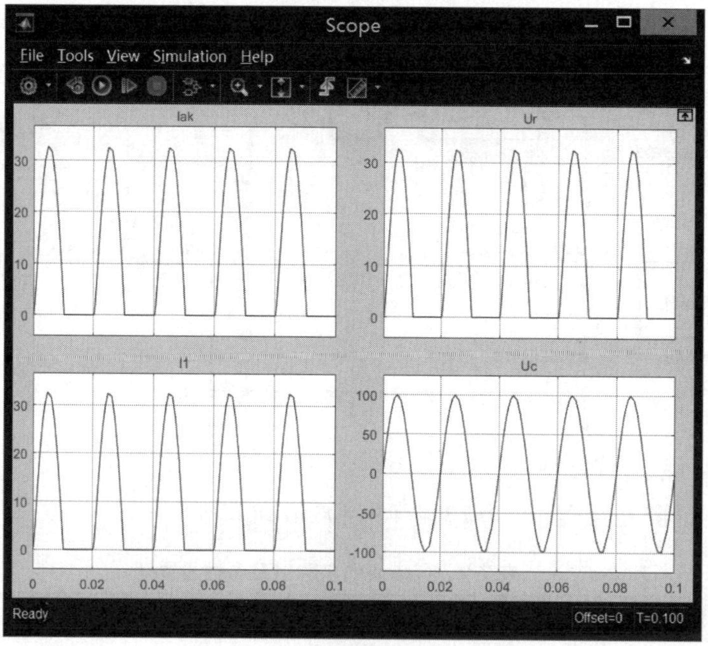

（a）触发角为 0°

图 7.31　示波器图

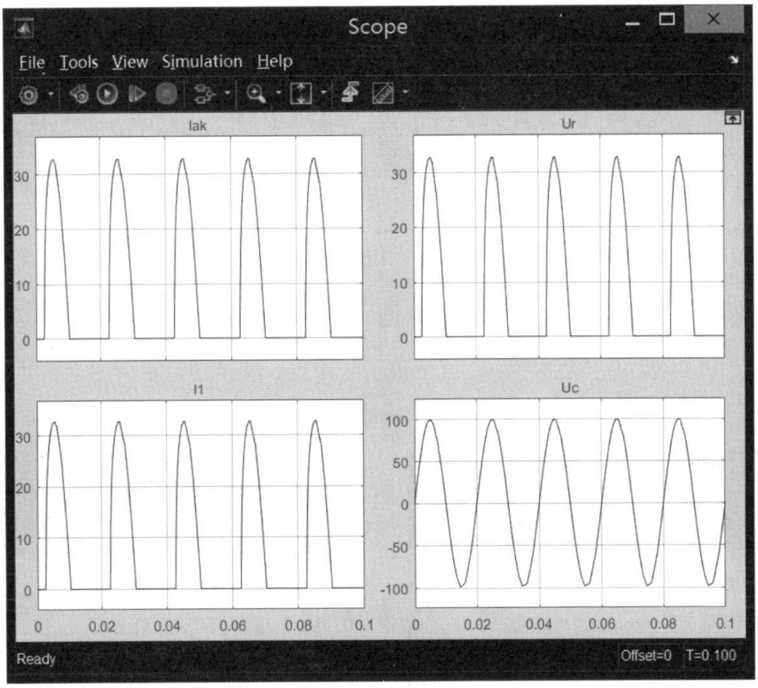

（b）触发角为 45°

图 7.31　示波器图（续）

从示波器中可以看出，晶闸管的触发角由 0° 变成 45°，则负载电流 I1 和负载电压 Ur 的导通时间变小。

【例 7.6】 控制部分为离散环节，被控对象为 2 个连续环节，其中 1 个有反馈环。反馈环引入了零阶保持器，输入为阶跃信号。

在实际中经常有复杂系统，既包含连续环节，也包含离散环节，有时不同的离散环节还具有多个采样速率。

创建模型并仿真的方法如下。

（1）选择 1 个“Step”模块，2 个“Transfer Fcn”模块，2 个“Sum”模块，2 个“Scope”模块，1 个“Gain”模块，在“Discrete”模块库选择 1 个“Discrete Filter”和 1 个“Zero-Order Hold”模块。

（2）连接模块。将反馈环的“Gain”模块和“Zero-Order Hold”模块翻转。

（3）设置参数。将“Discrete Filter”和“Zero-Order Hold”模块的“Sample time”都设置为 0.1s；“Discrete Filter”的分子设置为[1.44 1.26]，分母设置为[1 -1]。

（4）添加文本注释，离散系统框图如图 7.32 所示。

（5）设置颜色。Simulink 为帮助用户方便地跟踪不同采样频率的运作范围和信号流向，可以采用不同的颜色表示不同的采样频率，选择菜单“Display”→“Sample time”→“Color”命令，就可以看到不同采样频率的模块颜色不同。

（6）开始仿真。在 Simulink 模型窗口，选择菜单“Simulation”→“Simulation Parameters”命令，将“Max step size”设置为 0.05s，则 2 个示波器“Scope”（$d(k)$示波器）和“Scope1”（$y(t)$示波器）的显示如图 7.33 所示。

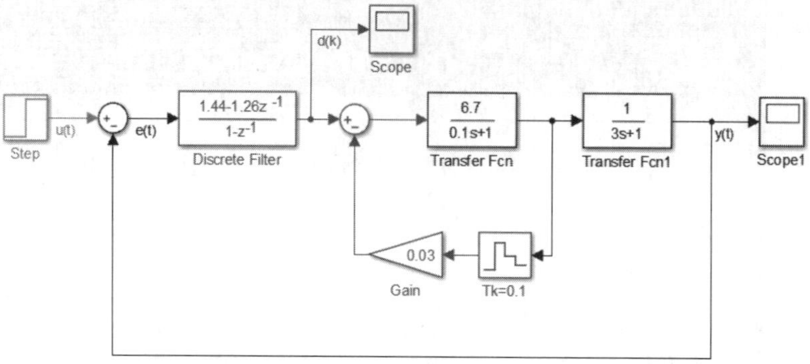

图 7.32　离散系统框图

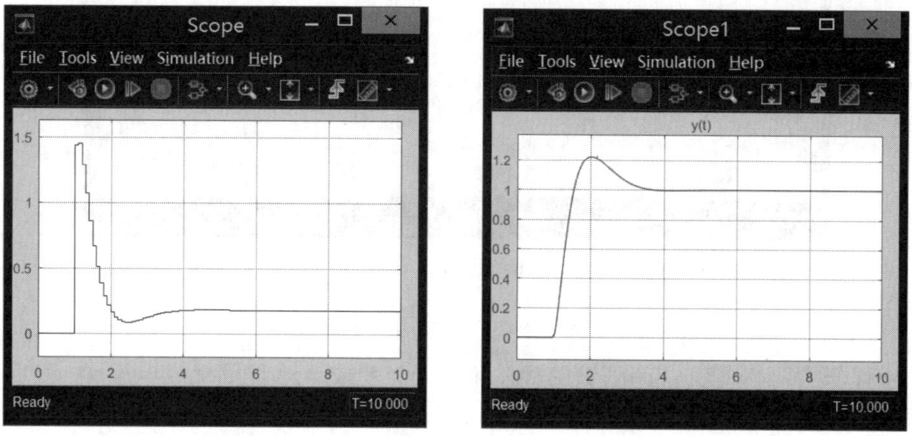

（a）$d(k)$示波器显示　　（b）$y(t)$示波器显示

图 7.33　T=Tk=0.1 时的示波器显示

可以看出，当 T=Tk=0.1 时，系统的输出响应较平稳。

（7）修改参数，将“Discrete Filter”模块的“Sample time”设置为 0.6s，“Zero-Order Hold”模块的“Sample time”不变，可以看到“Discrete Filter”模块的颜色变化了。然后开始仿真，可以看出，当 T=0.6，Tk=0.1 时，系统出现振荡。示波器显示如图 7.34 所示。

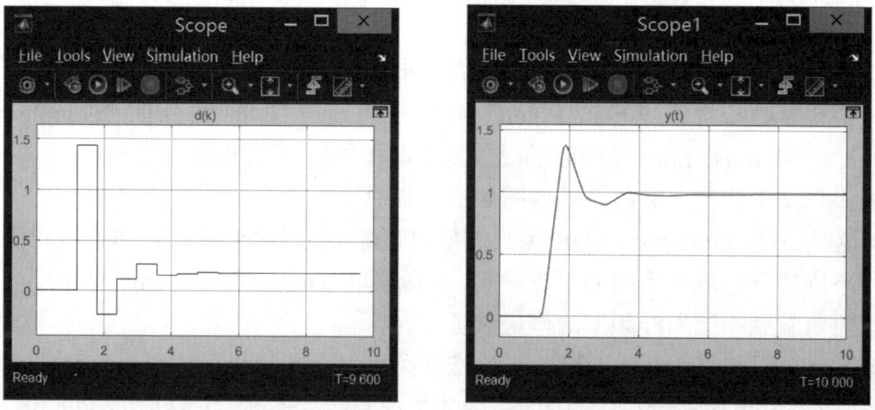

（a）$d(k)$示波器显示　　（b）$y(t)$示波器显示

图 7.34　T=0.6，Tk=0.1 时的示波器显示

（8）修改参数，将“Discrete Filter”和“Zero-Order Hold”模块的“Sample time”都设置为 0.6s，框图会更新颜色。开始仿真，当 T=Tk=0.6 时，系统出现强烈的振荡。示波器显示如图 7.35 所示。

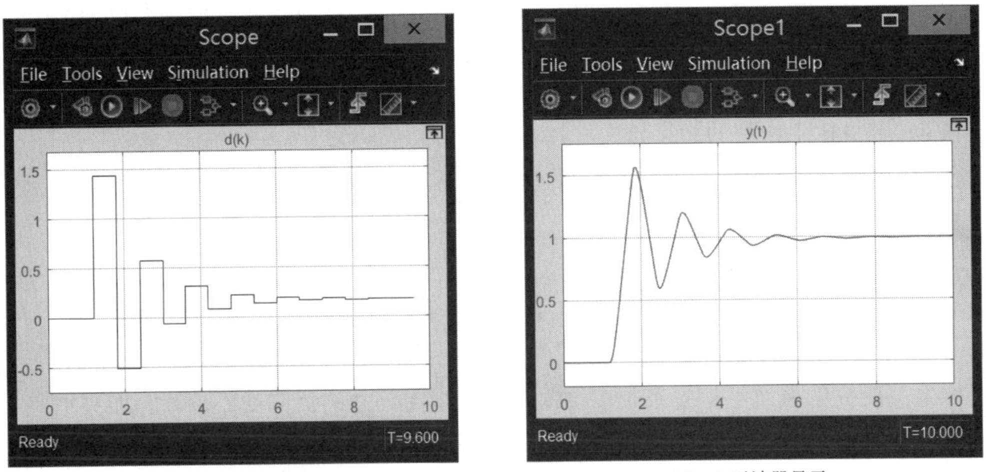

（a）$d(k)$示波器显示　　（b）$y(t)$示波器显示

图 7.35　T=0.6，Tk=0.6 时的示波器显示

由此得出系统的结构参数不变，仿真步长不变，而离散环节的采样时间发生变化，则系统的输出响应也会发生变化。仿真步长的设置是按照连续系统的仿真要求设置的，一般要求设置较小的步长；而离散系统的采样时间的选择，要充分考虑系统各环节的时间特性、闭环响应等因素，应正确选择各离散环节的采样时间。

7.5.3 仿真结构参数化

仿真结构框图中各模块的参数可以是实际数值，也可以是变量名。当系统参数需要经常改变或由函数得出时，可以使用变量作为模块的参数。变量的赋值通过 MATLAB 的工作空间或 M 文件等实现。

【例 7.7】 将【例 7.6】中的模块结构参数用变量表示，离散系统框图如图 7.36 所示。

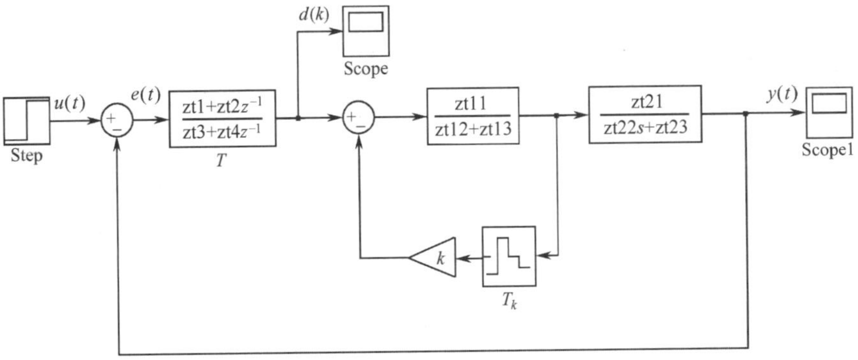

图 7.36　离散系统框图

将参数设置放在 Ex0705_1.m 文件中。

```
% Ex0705_1     参数设置
T=0.6;                              %控制环节采样时间
Tk=0.6;                             %零阶保持器采样时间
k=0.03;                             %Gain 增益
zt1=1.44;zt2=-1.26;zt3=1;zt4=-1;
tf11=6.7;tf12=0.1;tf13=1;
tf21=1;tf22=3;tf23=1
```

在 MATLAB 工作空间运行该文件：

```
>> Ex0705_1
```

在 Simulink 模型窗口中开始仿真，示波器显示结果和图 7.35 相同。

7.6 子系统与封装

如果被研究的系统结构复杂、多层次，则模型中信号的流向就不清晰。如果把整个模型按实现的功能划分为子系统模块，就会使系统结构和层次简洁而清楚。

7.6.1 建立子系统

子系统类似于编程语言中的子函数，使用子系统可以使模型按功能模块化，可读性更强，更容易调试和维护。建立子系统有 2 种方法：在模型中新建子系统和在已有的子系统基础上建立子系统。

1. 在已建立的模型中新建子系统

如果要在模型中新建 1 个子系统，可以按以下步骤操作：

（1）先打开或新建 1 个模型，建立模型中的各模块并用信号线连接。

（2）在模型窗口中，用鼠标拖曳 1 个虚线框以将需要建立子系统的部分框起来，然后选择“Create subsystem”命令，这时原来虚线框中的部分就被 1 个“Subsystem”模块代替。

新建子系统后，原来的信号线可能会比较混乱，需要重新调整一下。

（3）更改子系统名。新建的子系统名默认为“Subsystem”，以后建立的子系统则在名称后面加数字，可以更改为有一定含义的名称，以便于分析时查看。

（4）重命名输入、输出端口名称。新建的子系统中的默认输入端口名为 In1、In2……输出端口名为 Out1、Out2……

【例 7.8】 打开【例 7.6】建立的模型，将控制对象中的第 1 个连续环节中的反馈环建立为 1 个子系统。

在模型窗口中，将控制对象中的第 1 个连续环节的反馈环用鼠标拖出的虚线框框住，如图 7.37（a）所示。

选择“Create Subsystem”，则系统就如图 7.37（b）所示。

双击该 Subsystem 模块则会出现 Subsystem 模型窗口，即子系统模型窗口，如图 7.38（a）所示。可以看到子系统模型除了用鼠标框住的 2 个环节，还自动添加了 1 个输入模块 In1 和 1 个输出模块 Out1。

在模型窗口中开始仿真，可以看到示波器的显示和原来相同。

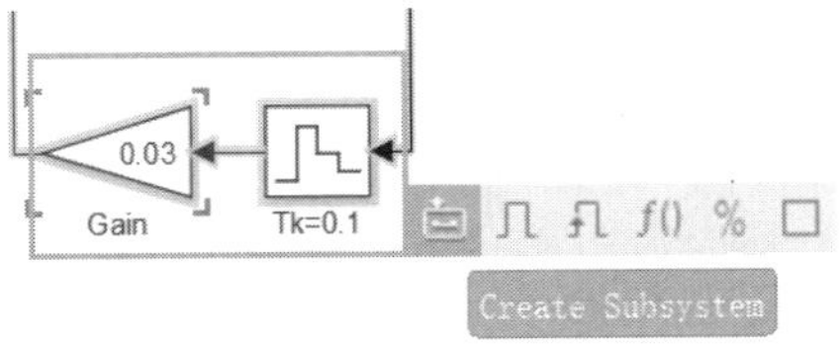

（a）创建子系统

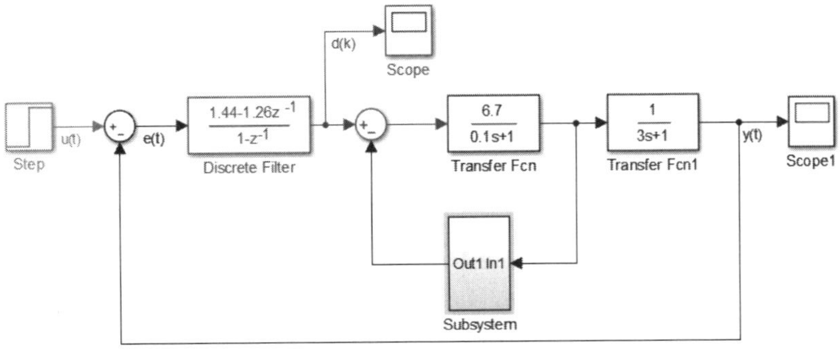

（b）系统框图

图 7.37　含子系统的框图

2. 在已有的子系统基础上建立子系统

如果要在已有的子系统基础上建立 1 个子系统，可以按以下步骤操作：

（1）将已有的子系统复制到新窗口。

（2）双击打开子系统模型窗口，重新放置模块，建立连接和输入、输出端口。

（3）将子系统与其他模块连接。

（4）修改子系统名和其他参数。

【例 7.9】　在【例 7.8】的基础上建立新的子系统，将【例 7.8】模型的控制对象中的第 1 个对象环节作为 1 个完整的子系统。

将图 7.37（b）中的所有对象都复制到新的空白模型窗口中，双击打开子系统“Subsystem”，则出现如图 7.38（a）所示的子系统模型窗口，添加模型构成反馈环，形成闭环系统，如图 7.38（b）所示。

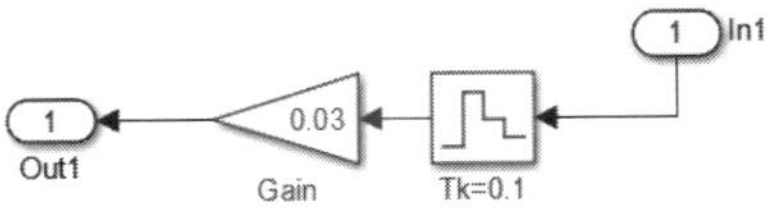

（a）Subsystem 模型窗口

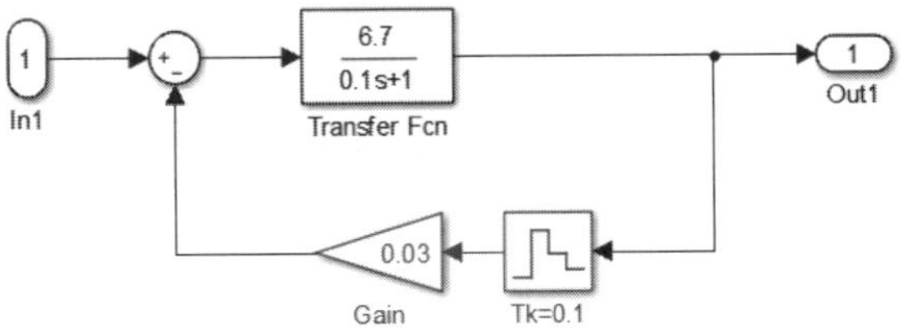

（b）闭环系统

图 7.38　子系统内部

将系统模型修改为如图 7.39 所示的包含子系统的模型。创建的子系统可以打开和修改，但不能再解除子系统设置。

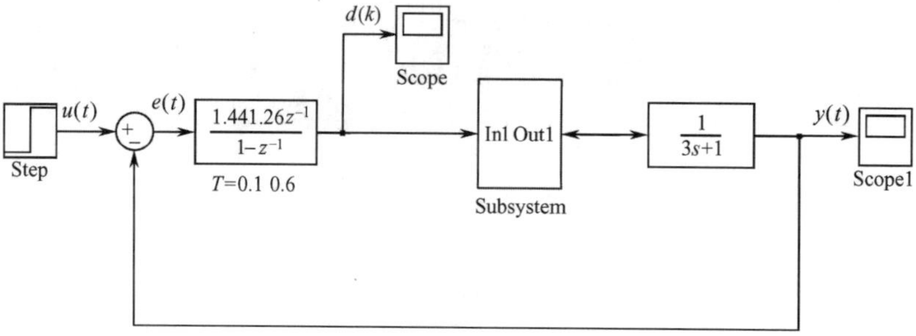

图 7.39　包含子系统的模型

7.6.2　条件执行子系统

在 1 个复杂系统中，由于执行某些模块时需要满足一定的条件，因此使用条件执行子系统就可以使子系统的执行由控制信号的值控制。条件执行子系统有 3 种：使能子系统（Enabled Subsystem）、触发子系统（Triggered Subsystem）和使能触发子系统（Enabled and Triggered Subsystem）。

1. 使能子系统（Enabled Subsystem）

使能子系统是指当控制信号从负数朝正数变化至大于 0 时执行，而当控制信号变为负数时停止执行的子系统。控制信号可以是标量也可以是向量，如果是标量，则该标量值大于 0 时子系统执行；如果是向量，则当向量中任何 1 个元素大于 0 时，子系统都执行。

建立使能子系统的步骤如下：

（1）建立 1 个新模型。

（2）在“Ports & Subsystems”子模块库选择“Enabled Subsystem” 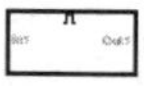 Enabled Subsystem 模块，放在子系统模型窗口中。

（3）将“Enabled Subsystem”模块的“In1”、“Out1”和“Enable”（⎍）3 个端口与其他模块连接。其中“Enable”端口为使能的条件控制信号。

（4）设置“Enabled Subsystem”模块的参数。双击打开该模块的模型窗口，如图 7.40 所示。其内部结构为“In1”和“Out1”连接，“Enable”独立存在。

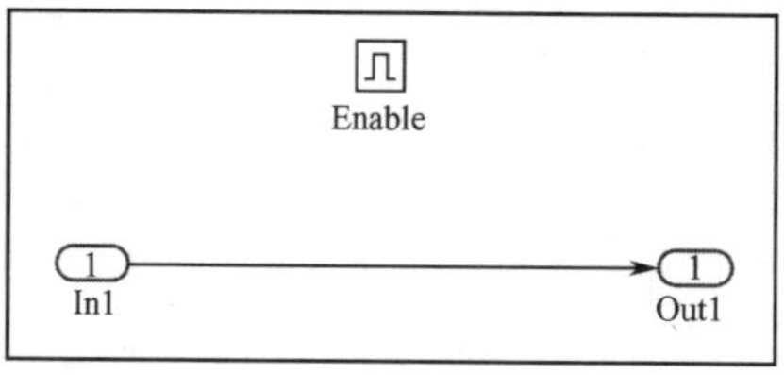

图 7.40　使能子系统模块窗口

在图 7.40 中双击“Enable”模块，出现如图 7.41（a）所示的对话框，“States when enabling”栏有 2 个下拉选项：“held”表示当使能系统再次执行时，保持上一次执行后的状态；“reset”表示再次执行时复位到初始状态。如果勾选“Show output port”复选框，则“Enabled Subsystem”模块会添加 1 个输出端，用于输出控制信号。

在图 7.40 中双击“Out1”模块，出现如图 7.41（b）所示的对话框，“Output when disabled”栏有 2 个下拉选项：“held”表示当子系统停止执行后，输出端口的值保持输出值；“reset”表示停止执行后输出端口复位到初始值。

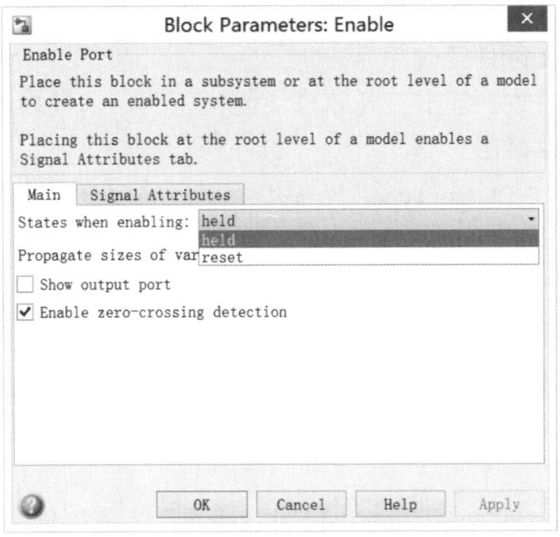

（a）“Enable”模块参数设置

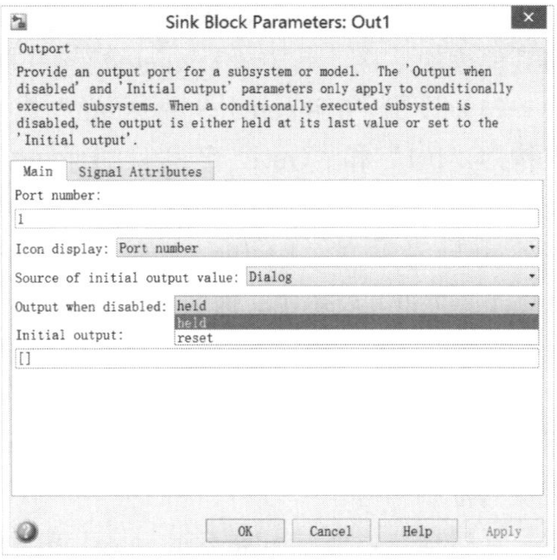

（b）“Out 1”模块参数设置

图 7.41 “Enable”和“Out 1”模块设置对话框

【例 7.10】 建立一个用使能子系统控制正弦信号为半波整流信号的模型。

模型由正弦信号“Sine Wave”为输入信号源，示波器“Scope”为接收模块，使能子系统“Enabled Subsystem”为控制模块，连接模块，将“Sine Wave”模块的输出作为“Enabled Subsystem”的控制信号，其模型如图 7.42（a）所示。

开始仿真，由于“Enabled Subsystem”的控制为正弦信号，大于 0 时执行输出，小于 0 时就停止，则示波器显示为半波整流信号，如图 7.42（b）所示。

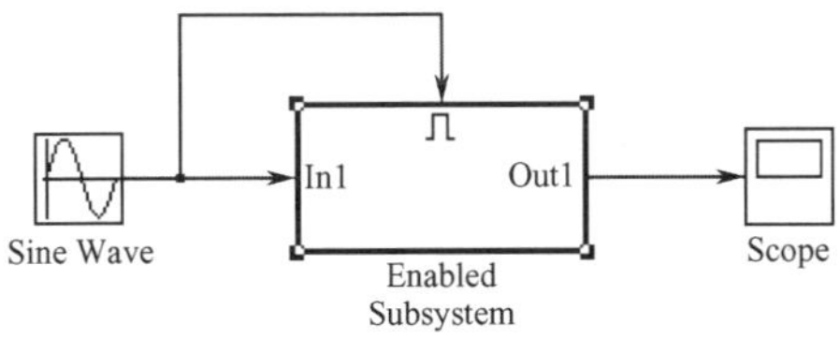

（a）使能子系统模型

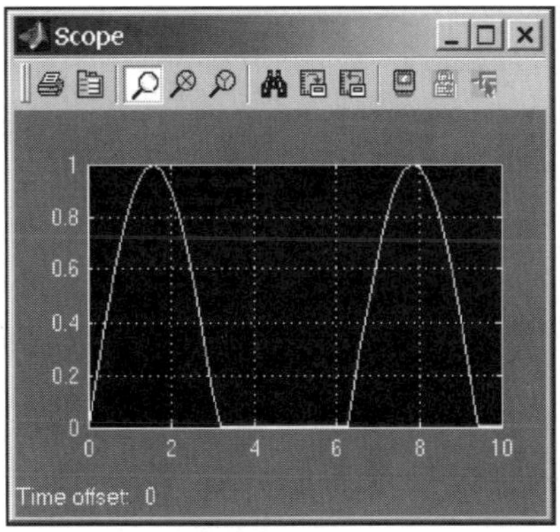

（b）示波器显示

图 7.42 使能子系统模型及示波器显示

2. 触发子系统（Triggered Subsystem）

触发子系统是指当触发事件发生时开始执行的子系统。

建立触发子系统的步骤如下：

（1）建立 1 个新模型。

（2）在“Ports & Subsystems”子模块库选择“Triggered Subsystem”模块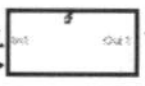Triggered Subsystem，放在子系统模型窗口中。

（3）将“Triggered Subsystem”模块的“In1”、“Out1”和“Triggered ”(⨍)3 个端口与其他模块连接，其中“Triggered”端口为触发条件控制信号。

（4）设置“Triggered Subsystem”模块的参数。双击打开该模块的模型窗口，其内部结构为“In1”和“Out1”连接，“Trigger”单独存在。

双击“Trigger”模块，出现参数设置对话框，“Trigger type”栏有 4 个下拉选项：“rising”表示上升沿触发，“falling”表示下降沿触发，“either”表示上升沿和下降沿触发，“function-call”表示由 s 函数内部逻辑决定。

【例 7.11】 建立 1 个用触发子系统控制正弦信号输出阶梯波形的模型。

模型由正弦信号“Sine Wave”为输入信号源，示波器“Scope”为接收模块，触发子系统“Triggered Subsystem”为控制模块，选择“Sources”模块库中的“Pulse Generator”模块为控制信号。

连接模块，将“Pulse Generator”模块的输出作为“Triggered Subsystem”的控制信号，其模型如图 7.43（a）所示，设置其 Period 为 2，Pulse Width 为 50。

开始仿真，由于“Triggered Subsystem”的控制为“Pulse Generator”模块的输出，示波器显示如图 7.43（b）所示。

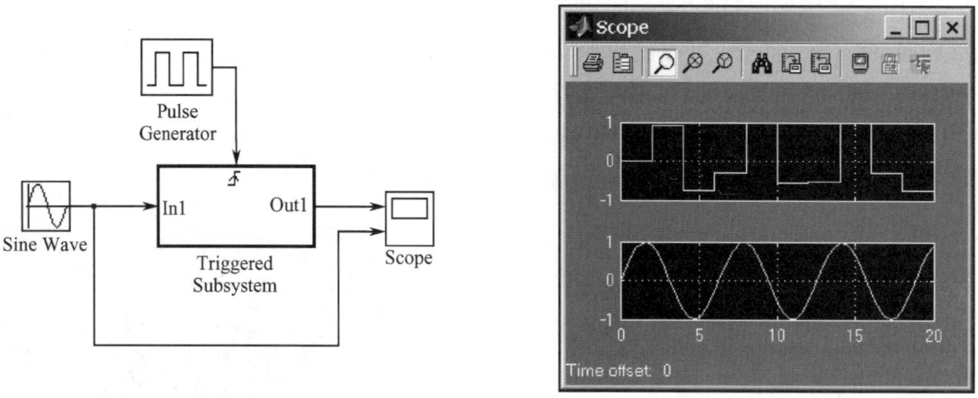

（a）触发子系统模型　　（b）示波器显示

图 7.43　触发子系统及示波器显示

3. 使能触发子系统（Enabled and Triggered Subsystem）

使能触发子系统是触发子系统和使能子系统的组合，含有触发信号和使能信号 2 个控制信号输入端，触发事件发生后，Simulink 检查使能信号是否大于 0，大于 0 就开始执行。

“Enable”（使能）和“Trigger”（触发）端的参数设置可以分别进行，在 Trigger 端口中设置触发类型，在 Enable 端口中设置子系统再次开始执行时的状态值，“Out1”端口模块的参数设置和使能子系统相同。

7.6.3　子系统的封装

子系统在设置时需要打开其中的每个模块分别设置参数，而没有基于整体的独立操作界面，使子系统的应用受到限制。为此，Simulink 提供了封装技术。封装就是为具有 1 个模块以上的子系统定制对话框和图标，使其具有良好的用户界面。

1. 封装子系统的步骤

（1）选中子系统双击打开，给需要进行赋值的参数指定 1 个变量名。

（2）单击鼠标右键，在弹出的快捷菜单中选择“Mask”→“Create Mask”命令，出现封装对话框。

（3）在封装对话框中设置参数，主要有“Icon & Ports”、“Parameters & Dialog”、“Initialization”和“Documentation”4 个选项卡。

2. Icon & Ports 选项卡

Icon & Ports 选项卡用于设定封装模块的名字和外观，其参数设置如图 7.44 所示。

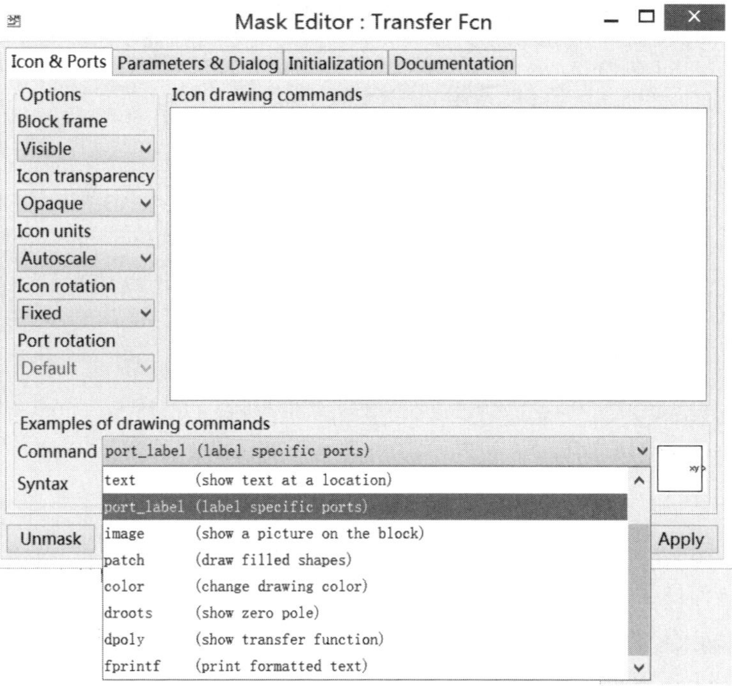

图 7.44　Icon & Ports 选项卡参数设置

（1）Icon drawing commands 栏。Drawing commands 用来建立用户化的图标，可以在图标中显示文本、图像、图形或传递函数等。在 Drawing commands 栏中的命令如图 7.44 中“Examples of drawing commands”下拉列表所示，包括 plot、disp、text、port_label、image、patch、color、droots、dpoly 和 fprintf。常用的命令有如下 3 种。

①port_label：在封装模块表面标注端口和文字。

②disp：在封装模块表面显示变量和文字。

③plot：在封装模块表面画线。

“Examples of drawing commands”列表中对每种命令都有举例，并有语法格式和显示结果，使用时应仔细查看。

（2）Options 栏：用于设置封装模块的外观。

①Block frame：“Visible”用来显示封装模块的外框线，“Invisible”用来隐藏外框线。

②Icon transparency：“Opaque”用来隐藏封装模块的输入/输出端口说明，“Transparent”用来显示输入/输出端口说明。

③Icon rotation：用于翻转封装模块，与 Simulink 中的翻转模块功能相同。

④Icon units：用于画图时的坐标系选项，选择“Autoscale”时根据绘制点确定坐标系，坐标中最小和最大的 x 和 y 分别在图标的左上角和右下角；选择“Normalized”时规定左上角坐标为(0,0)，右下角坐标为(1,1)；选择“Pixel”时以像素为单位绘制图形。

3. Parameters & Dialog 选项卡

Parameters & Dialog 选项卡用于输入变量名称和相应的提示，其参数设置如图 7.45 所示。

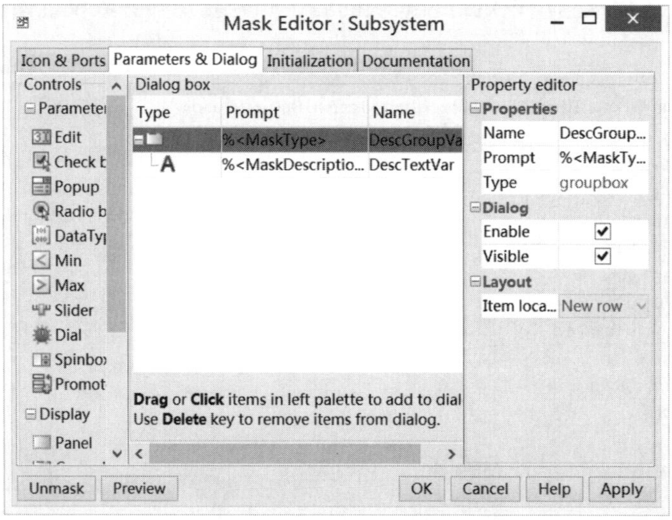

图 7.45 Parameters & Dialog 参数设置

（1）左边一栏是输入控件，包括 Edit 文本框、Check box 复选框、Popup 下拉列表、Radio button 单选按钮、Slider 滚动条、Dial 刻度盘等。可以将左边的控件直接拖放到中间区域，以添加输入控件。

（2）Dialog box 区包括以下选项。

①Prompt：输入变量的含义，其内容会显示在输入提示中。

②Name：输入变量的名称。

③Type：输入控件的类型。

（3）右边的 Property editor 区用来设置输入控件的具体参数值。

4. Initialization 选项卡

Initialization 选项卡用于初始化封装子系统，在“Initialization commands”中输入 MATLAB 命令，当装载模块，开始仿真或更新模块框图时运行初始化命令。

5. Documentation 选项卡

Documentation 选项卡用于编写与该封装模块对应的 Help 和说明文字，分别有“Mask

Type”、“Mask Description”和“Mask Help”栏。

（1）Type 栏：用于设置模块显示的封装类型。

（2）Description 栏：用于输入描述文本。

（3）Help 栏：用于输入帮助文本，即当在所显示的封装子系统“参数设置”对话框中单击“Help”按钮时出现的文本。

【例 7.12】　创建 1 个二阶系统，并将子系统进行封装。

创建 1 个二阶系统，将其闭环系统构成子系统并封装，将阻尼系数 zeta 和无阻尼频率 wn 作为输入参数。

（1）创建模型，并将系统的阻尼系数用变量 zeta 表示，无阻尼频率用变量 wn 表示。二阶系统模型如图 7.46 所示。

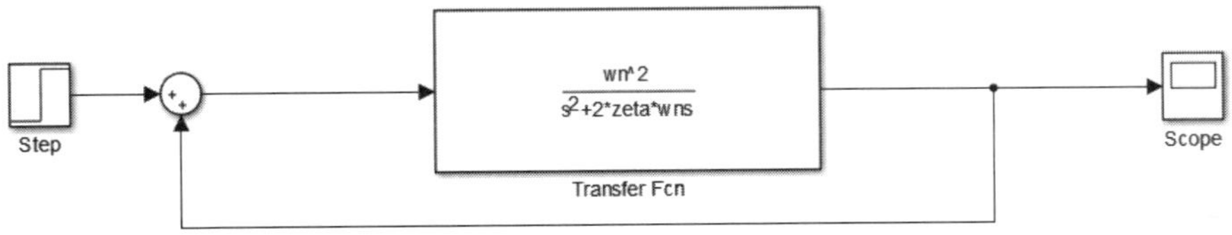

图 7.46　二阶系统模型

（2）用虚线框框住反馈环，选择出现的“Create Subsystem”命令，则产生子系统模型，或者单击鼠标右键后选择“Create Subsystem from Selection”命令，含子系统的模型如图 7.47 所示。

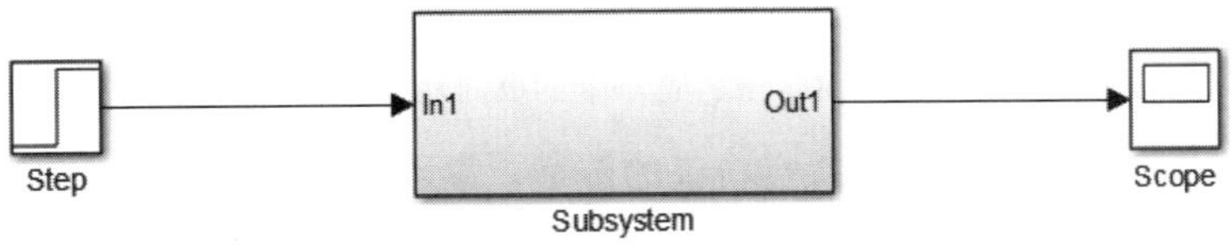

图 7.47　含子系统的模型

（3）封装子系统，选择 Subsystem 模块并单击鼠标右键在弹出的快捷菜单中选择“Mask”→“Create Mask”命令，则出现封装对话框，将 zeta 和 wn 作为输入参数。

在 Icon & Ports 选项卡中的“Drawing commands”栏中写文字并画曲线，命令如下：

```
disp('二阶系统')
plot([0 1 2 3 10], -exp(-[0 1 2 3 10]))
```

在 Parameters & Dialog 选项卡，直接将左边栏的 Popup 拖放到 Dialog box 中，设置“Prompt”分别为“阻尼系数”和“无阻尼振荡频率”，并设置“Name”栏分别为“zeta”和“wn”。单击右边一栏中的“Type options”打开“Type options Editor”窗口，设置为“0 0.3 0.5 0.707”，如图 7.48（a）所示。在 Initialization 选项卡中初始化输入参数，如图 7.48（b）所示。在 Documentation 选项卡中输入提示和帮助信息，如图 7.48（c）所示。

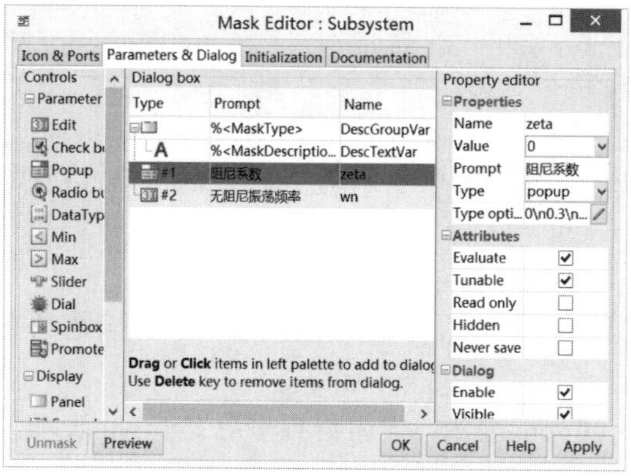

（a）Icon & Ports 参数设置

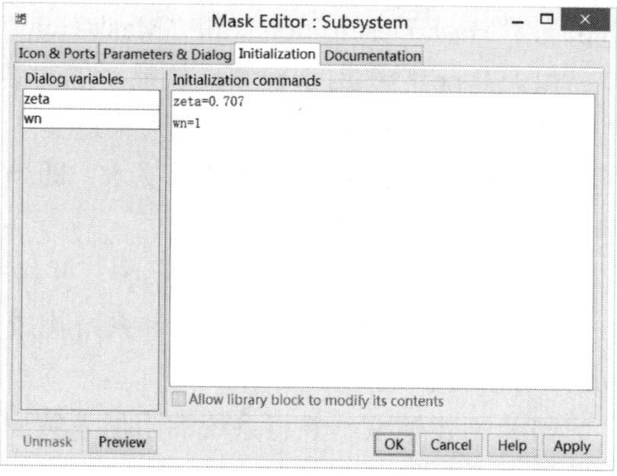

（b）Initialization 选项卡

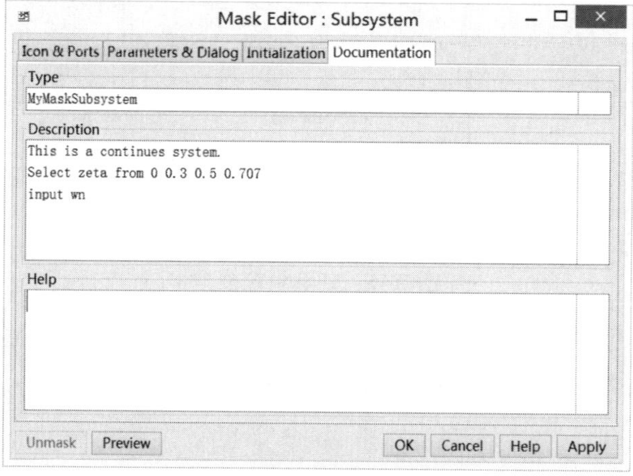

（c）Documentation 选项卡

图 7.48　3 种选项卡的页面显示

封装子系统与其他的模块一样，有自己的图标、参数设置对话框和工作空间，并独立于 MATLAB 的工作空间和其他模块空间，如图 7.49 所示。

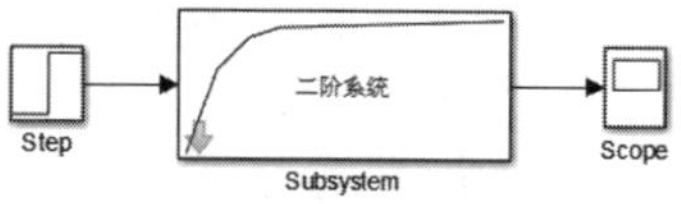

（a）封装子系统外观

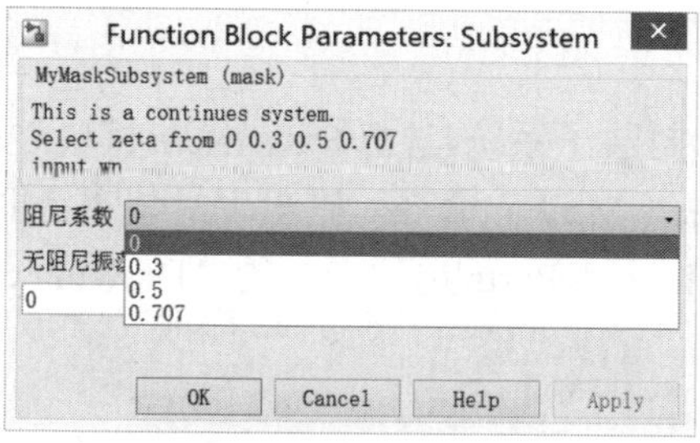

（b）封装子系统参数设置对话框

图 7.49　封装子系统外观及参数设置对话框

7.7 用 MATLAB 函数创建和运行 Simulink 模型

MATLAB 提供了 Simulink 工具箱，可以使用模型窗口创建和分析系统模型。MATLAB

的命令同样也可以用来创建系统框图和仿真系统。MATLAB 的仿真函数有很多，本书主要介绍几个常用的函数。

1. Sim 函数

sim 在命令窗口可以方便地对模型进行分析和仿真。

语法：

```
[t,x,y]=sim('model',timespan,options,ut)                %利用输入参数进行仿真，输出矩阵
[t,x,y1,y2, …]=sim('model',timespan,options,ut)         %利用输入参数进行仿真，逐个输出
```

说明：'model'为模型名；timespan 是仿真时间区间，可以是[t_0,t_f]表示起始时间和终止时间，也可以用[ ]利用模型对话框设置时间，如果是标量则指终止仿真时间；options 参数为模型控制参数；ut 为外部输入向量。***t*** 为时间列向量；***x*** 为状态变量构成的矩阵；***y*** 为输出信号构成的矩阵，每列对应 1 路输出信号。timespan、options 和 ut 参数都可省略。

【例 7.13】　根据方程组 $\begin{cases} \dot{x}=u-k_3y \\ y=k_1x+k_2\dot{x} \end{cases}$，由状态方程建立系统模型，输入 u 为阶跃信号，显示其输出波形，系统模型图如图 7.50 所示。

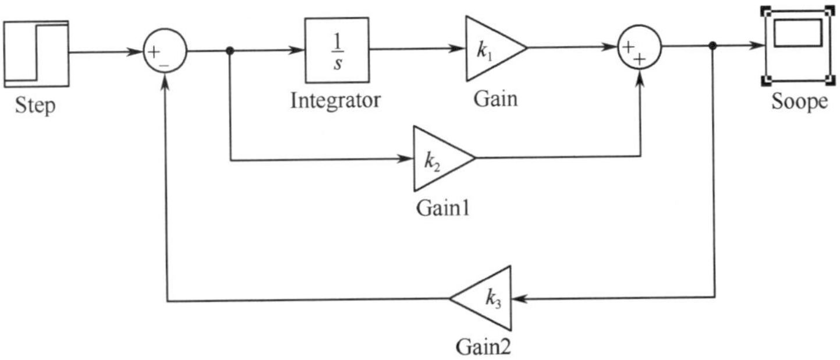

图 7.50　模型图

```
>> k1=4;
>> k2=2;
>> k3=0.5;
>> [t,x,y]=sim('Ex0711',[0,15]);          %运行模型
>> plot(t,x)
```

2. Simset 函数

simset 函数用来为 sim 函数建立或编辑仿真参数或规定算法，并把设置结果保存在一个结构变量中。

语法：

```
OPTIONS = simset('NAME1',VALUE1,'NAME2',VALUE2,...)        %设置属性的属性值
```

【例 7.13 续】　修改仿真的参数，采用 ode23 解法器仿真。

```
>> opts=simset('solver','ode23');
>> [t,x,y]=sim('Ex0711',[0,15]);
```

程序说明：对本系统模型来说，采用 ode45 和 ode23 的效果差不多。

3. Simget 函数

simget 函数用来获得模型的参数设置值。

语法：

```
Value = simget(MODEL,property)                    %获取属性值
```

4. linmod 函数

linmod 函数用来运行模型并获得其状态空间的数学模型。

语法：

```
[A,B,C,D]=linmod('SYS')
```

说明：'SYS'是 simulink 模型文件名，*A*、*B*、*C*、*D* 是状态空间模型参数。

【例 7.13 续】 获取本系统的数学模型参数，得出传递函数表达式。

获取系统的数学模型需要将该系统的输入和输出模块修改为“In1”和“Out1”，如图 7.51 所示。

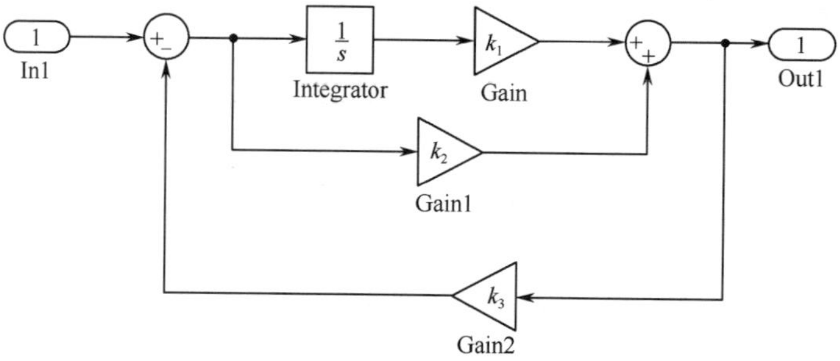

图 7.51 Simulink 模型结构图

```
>> [A,B,C,D]=linmod('Ex0711_1');          %将 mdl 模型转换成状态空间模型
>> [num,den]=ss2tf(A,B,C,D);              %将状态空间模型转换成传递函数
>> G=tf(num,den)
Transfer function:
s + 2
-----
s + 1
```

7.8 S 函数

当需要在 Simulink 中使用用户自定义的模块时，就可以使用 S 函数（System Function）。S 函数可以使用 MATLAB 或 C 语言编写。

7.8.1 S 函数简介

1. S 函数的作用

S 函数的作用如下：

- 可以在 Simulink 中增加一个用户编写的通用模块；
- 在 Simulink 中使用动画；
- 充当硬件的驱动；
- 将系统表示成一系列数学方程。

2. S 函数的工作原理

首先了解一下 Simulink 模型的结构，如图 7.52 所示。

图 7.52　输入/输出关系图

输入 u、输出 y 和状态 x 的数学关系为：

$$\begin{cases} y = f_0(t,u,x) & \text{输出} \\ \dot{x}_c = f_d(t,x,u) \quad \text{其中} x = x_c + x_d & \text{微分} \\ x_{d_{k+1}} = f_u(t,x,u) & \text{更新} \end{cases}$$

Simulink 的仿真过程如图 7.53 所示，仿真过程主要有初始化和运行两个过程。图中的流程中“计算微分”、“计算输出”和“更新离散状态”对应于上面的输入、输出和状态的数学关系式。

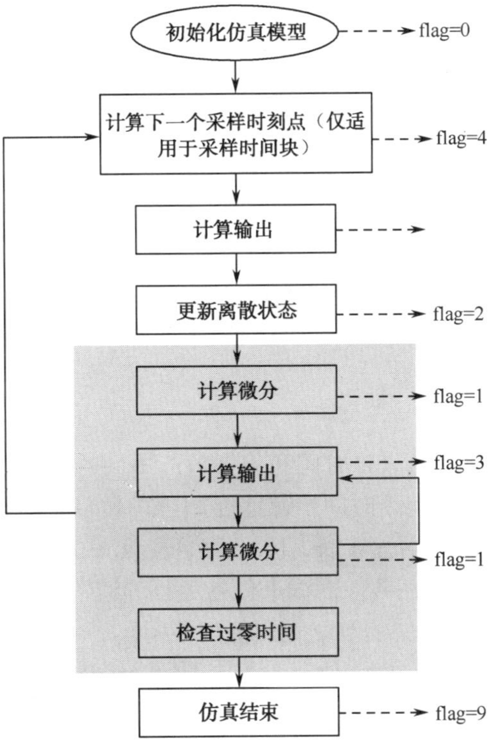

图 7.53　仿真过程图

7.8.2　S 函数的编写

Simulink 为编写 S 函数提供 M 文件形式的标准模板程序，是一个格式特殊的 M 文件，名为“sfuntmpl.m”，在 MATLAB 的命令窗口中输入：

```
>> edit sfuntmpl
```

打开 M 文件编辑器窗口，显示模板文件 sfuntmpl，用户可以根据该模板进行修改，文件由 sfuntmpl 主函数和其他子函数构成。

（1）sfuntmpl 主函数。

```
function [sys,x0,str,ts,simStateCompliance] = sfuntmpl(t,x,u,flag)
switch flag,                                   %flag 是 S 函数的标记，指向不同的子函数
  case 0,                                      %初始化子函数
    [sys,x0,str,ts,simStateCompliance]=mdlInitializeSizes;
   case 1,                                     %计算微分子函数
    sys=mdlDerivatives(t,x,u);
   case 2,                                     %更新离散状态子函数
    sys=mdlUpdate(t,x,u);
   case 3,                                     %计算输出子函数
    sys=mdlOutputs(t,x,u);
   case 4,                                     %计算下一个采样时刻点
    sys=mdlGetTimeOfNextVarHit(t,x,u);
   case 9,                                     %结束仿真
    sys=mdlTerminate(t,x,u);
   otherwise
    DAStudio.error('Simulink:blocks:unhandledFlag', num2str(flag));
 end
```

flag 用于标识 S 函数当前所处的仿真阶段，以便执行相应的子函数，结合图 7.53 可以看到不同的 flag 在仿真过程中的执行时刻。主函数 sfuntmpl 的格式：

```
function [sys,x0,str,ts,simStateCompliance] = sfuntmpl(t,x,u,flag)
```

说明：

①sfuntmpl：函数名，用户可以改为自己的函数名。

②*t*：当前仿真时间。

③***x***：S 函数模块的状态向量。

④*u*：S 函数模块的输入。

⑤ts：返回两列矩阵，包括采样时间和偏置值；不同的采样时刻设置方法对应不同的矩阵值；[0 0]表示 S 函数在每一个时间步都运行，[-1 0]表示 S 函数模块与和它相连的模块以相同的速率运行，[2 0]表示可变步长，[0.25 0.1]表示从 0.1s 开始每隔 0.25s 运行一次，多维矩阵表示 S 函数执行多个任务，而每个任务运行的速率不同。

⑥sys：返回仿真结果，不同的 flag 返回值也不同。

⑦x0：返回初始状态值。

⑧str：保留参数。

（2）初始化函数 mdlInitializeSizes。

```
function [sys,x0,str,ts,simStateCompliance]=mdlInitializeSizes
sizes = simsizes;                              %调用 simsizes 函数，用于设置模块参数的结构
sizes.NumContStates   = 0;                     %模块的连续变量的个数
sizes.NumDiscStates   = 0;                     %模块的离散变量的个数
sizes.NumOutputs      = 0;                     %模块的输出变量的个数
sizes.NumInputs       = 0;                     %模块的输入变量的个数
sizes.DirFeedthrough = 1;                      %模块的直通前向通道数，默认值为 1
```

```
sizes.NumSampleTimes = 1;              %模块的采样周期个数，默认值为 1
sys = simsizes(sizes);                 %给 sys 赋值
x0   = [];                             %向模块赋初值，默认值为[ ]
str = [];                              %特殊保留变量
ts   = [0 0];                          %采样时间和偏移量，默认值为[0 0]
simStateCompliance = 'UnknownSimState';
```

用户根据连续或离散系统分别修改初始化函数中的输入、输出和连续变量的个数。

7.8.3　S 函数模块的使用

在 Simulink 中选择“User-Defined Functions”模块库，如图 7.54 所示，有多种可供用户自定义的模块。

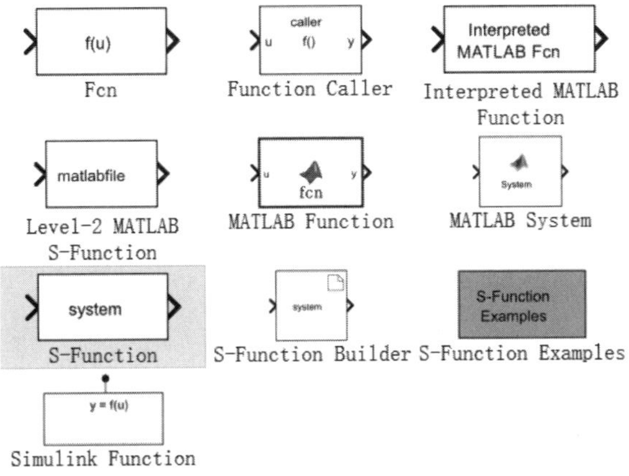

图 7.54　“User-Defined Functions”模块

选择“S-Function”模块并拖曳到空白模型文件窗口，就可以创建 S 函数模块。

【例 7.14】　创建单级倒立摆系统 Simulink 模型，并使用 S 函数构建自定义函数。

单级倒立摆示意图如图 7.55 所示。

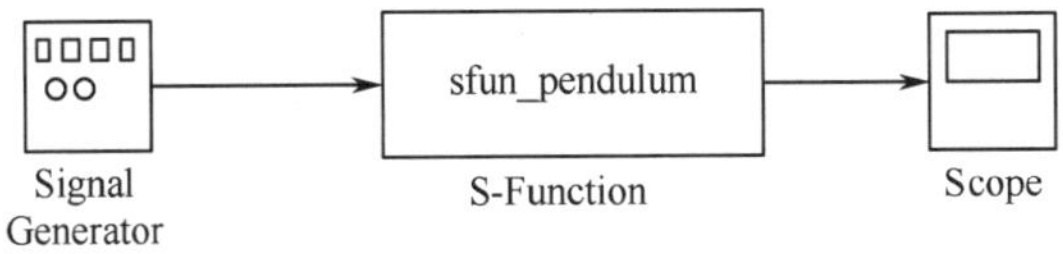

图 7.55　单级倒立摆示意图

单级倒立摆的动力学方程为：

$$M\ddot{\theta}+F_d\theta=u-F_g\sin(\theta)$$

将 $x_1=\theta$， $x_2=\dot{\theta}$，其动力学方程转化为状态方程：

$$\begin{bmatrix}\dot{x}_1\\ \dot{x}_2\end{bmatrix}=\begin{bmatrix}x_2\\ -F_d x_2+u-F_g\sin(x_1)\end{bmatrix}$$

在 MATLAB 的命令窗口中输入“edit sfuntmpl”，打开 M 文件编辑器窗口，修改其主函数“sfuntmpl”名称为“sfun_pendulum”，并保存文件名为“sfun_pendulum.m”，将状态方程中的 F_g、F_d、θ和 M 分别表示为 fg、fd、ang 和 m，并进行赋值。

主函数程序如下：

```
function [sys,x0,str,ts,simStateCompliance] = sfun_pendulum(t,x,u,flag)
fd=0.8;
fg=9.8;
m=0.2;
switch flag,
   case 0,
     [sys,x0,str,ts,simStateCompliance]=mdlInitializeSizes;              %修改该函数输入参数
   case 1,
     sys=mdlDerivatives(t,x,u,fd,fg,m);                                  %修改该函数输入参数
   case 2,
     sys=mdlUpdate(t,x,u);
   case 3,
     sys=mdlOutputs(t,x,u);
  case 9,
     sys=mdlTerminate(t,x,u);
  otherwise
     DAStudio.error('Simulink:blocks:unhandledFlag', num2str(flag));
end
```

根据输入参数个数修改初始化函数 mdlInitializeSizes：

```
function [sys,x0,str,ts,simStateCompliance]=mdlInitializeSizes
sizes = simsizes;
sizes.NumContStates   = 2;                                 %修改状态参数为 2 个
sizes.NumDiscStates   = 0;
sizes.NumOutputs      = 1;                                 %修改输出参数为 1 个
sizes.NumInputs       = 1;                                 %修改输入参数为 1 个
sizes.DirFeedthrough = 0;
sizes.NumSampleTimes = 1;
sys = simsizes(sizes);
x0  = [0;0];
str = [];
ts  = [0 0];
simStateCompliance = 'UnknownSimState';
```

微分函数表示了状态变量之间的关系，修改微分函数 mdlDerivatives 如下：

```
function sys=mdlDerivatives(t,x,u,fd,fg,m)
dx(1)=x(2);
dx(2)=-fd*x(2)-m*fg*sin(x(1))+u;
sys = dx;
```

修改输出函数 mdlOutputs 如下：

```
function sys=mdlOutputs(t,x,u)
sys = x(1);
```

创建 Simulink 模型，在空白窗口添加“Sources”模块库中的“Signal Generator”模块、“User-Defined Functions”模块库中的“S-Function”模块和“Sinks”模块库中的“Scope”模块，连接后的模型如图 7.56 所示。

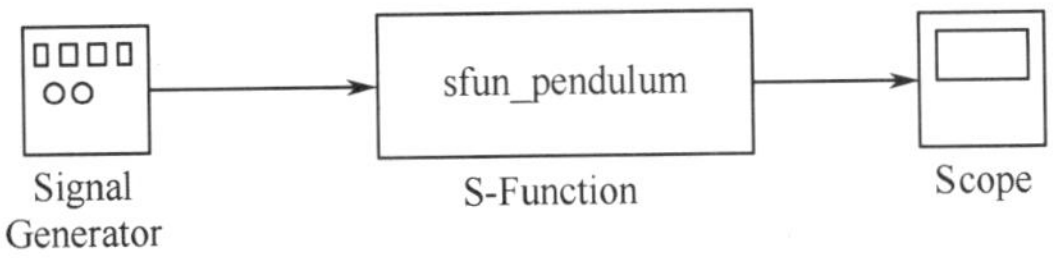

图 7.56　模型结构

双击“S-Function”模块，出现如图 7.57（a）所示的参数设置对话框。修改函数文件名为“sfun_pendulum”，单击“Edit”按钮，将“sfun_pendulum.m”文件与 S-Function 连接，单击“OK”按钮保存设置。输入信号为 *u* 方波信号，双击“Signal Generator”模块，显示如图 7.57（b）所示的参数设置对话框，将信号设置为“Square”，并设置其频率。系统的输出信号则用示波器显示角度。

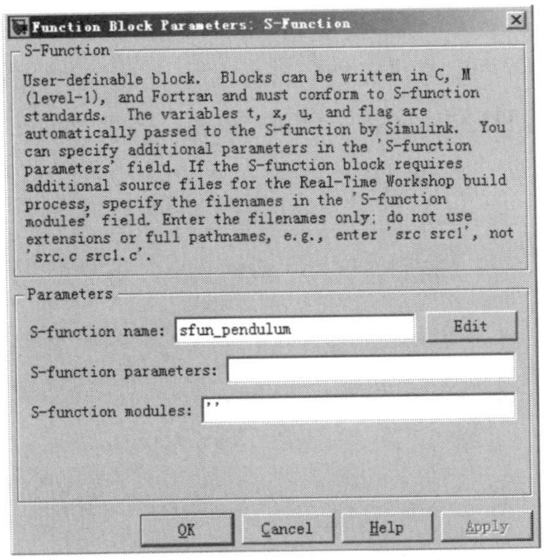

（a）S-Function 参数设置对话框

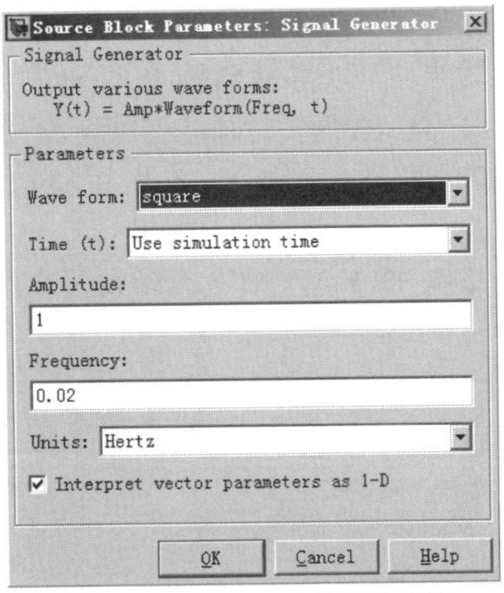

（b）Signal Generator 参数设置对话框

图 7.57　参数设置对话框

运行仿真模型，将仿真停止时间设置为 200，则在示波器中显示出系统输出，如图 7.58 所示。

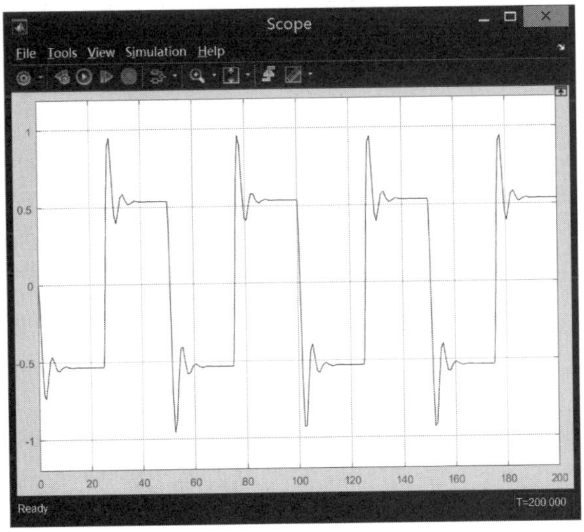

图 7.58　示波器显示

第 8 章　MATLAB 高级应用

8.1　Publish 发布功能

如果用户需要在 Word 或 PowerPoint 等环境下灵活地使用 MATLAB 的数学运算和可视化功能，可以将 MATLAB 的 M 文件发布成不同格式的文档。

MATLAB 的发布功能可以将 M 文件发布成 HTML 文件、DOC 文件、PPT 文件、PDF 文件等文档格式，将文字编辑与 MATLAB 计算命令的实时演示相结合，可以用于科技报告、论文、著作、讲义和教材。

【例 8.1】 在 M 文件编辑器窗口中将【例 5.11】程序保存为 ex8_1.m，并发布为 PDF 文件。

“ex8_1.m”文件内容如下：

```
h = animatedline;% Generate animatedline
x=0:0.1:3*pi;     %Vertical and horizontal coordinates
y=sin(x);
z=cos(x);
axis equal                          %%setting axis
for n = 1:length(x)
    addpoints(h,y(n),z(n));         %Animated circle
    drawnow
end
```

将文件保存为“ex8_1.m”并在 PUBLISH 面板中单击“PUBLISH”按钮进行发布。先运行该程序，然后生成 HTML 文件，如图 8.1 所示。在 HTML 文件中可以看到上面是程序，下面是运行结果和生成的图形。

```
%ex8_1 animated circle
h = animatedline;% Generate animatedline
x=0:0.1:3*pi;   %Vertical and horizontal coordinates
y=sin(x);
z=cos(x);
axis equal                          %%setting axis
for n = 1:length(x)
    addpoints(h,y(n),z(n));         %Animated circle
    drawnow
end
```

图 8.1　发布的 HTML 文件

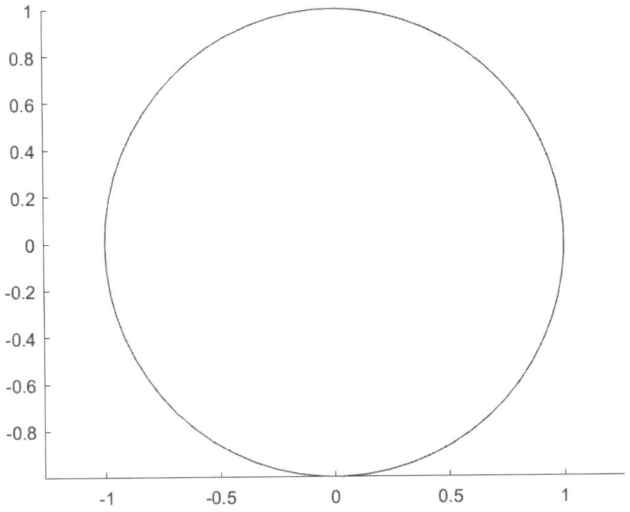

图 8.1　发布的 HTML 文件（续）

1. 增加注释

为了能更清楚地阅读程序，可在程序中开头处添加注释语句，并将程序分成多个单元，添加“Section”（节）。可以直接输入两个“%”插入“Section”，也可以单击工具栏上的“Section”按钮来插入。

在程序中插入 3 个“Section”，并在“%%”后面输入该“Section”的标题，程序修改如下：

```
%ex8_1 animated circle
%% Generate animatedline
h = animatedline;
%% Vertical and horizontal coordinates
x=0:0.1:3*pi;
y=sin(x);
z=cos(x);
%% Animated circle
axis equal                                    %setting axis
for n = 1:length(x)
    addpoints(h,y(n),z(n));
    drawnow
end
```

保存文件并单击“PUBLISH”按钮进行发布，则 HTML 文件窗口如图 8.2 所示。可以看到文件的开始处增加了“Contents”并按照 3 个“Section”分成了三个标题，而且显示了中间过程。

Contents

- Generate animatedline
- Vertical and horizontal coordinates
- Animated circle

```
%ex8_1 animated circle
```

Generate animatedline

```
h = animatedline;
```

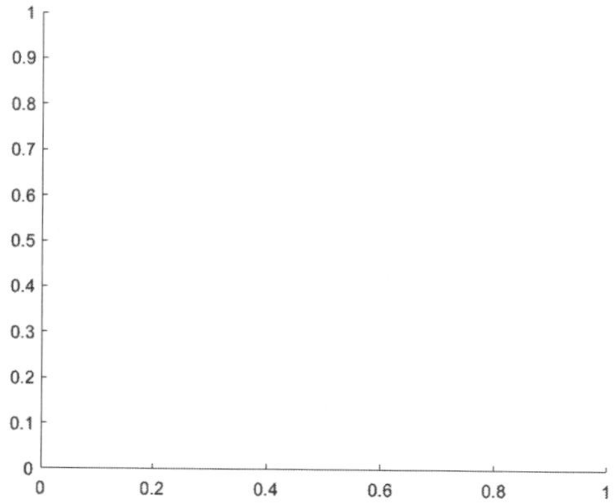

Vertical and horizontal coordinates

```
x=0:0.1:3*pi;
y=sin(x);
z=cos(x);
```

Animated circle

```
axis equal                              %setting axis
for n = 1:length(x)
    addpoints(h,y(n),z(n));
    drawnow
end
```

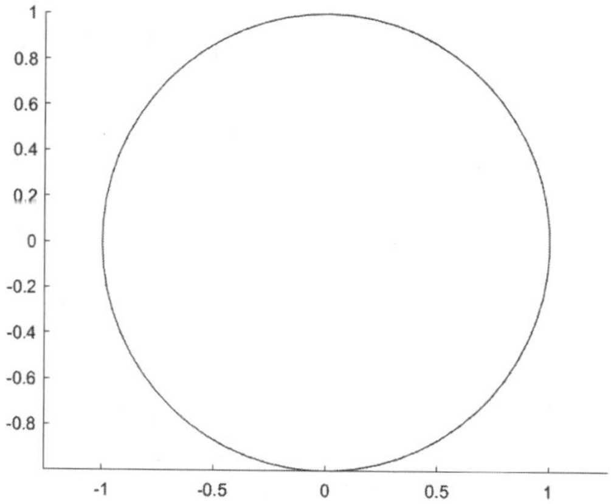

Published with MATLAB® R2015b

图 8.2　发布的添加了“Section”的 HTML 文件

2. 发布设置

默认发布的文件类型是 HTML 文件，但是可以通过设置来修改文件类型以及各种参数。可以发布为 HTML、XML、LATEX、DOC、PPT 和 PDF 文件。

单击工具栏上“PUBLISH”按钮旁边的下拉箭头，选择“Edit Publish Options”，打开“Edit Configurations”窗口，如图 8.3 所示。

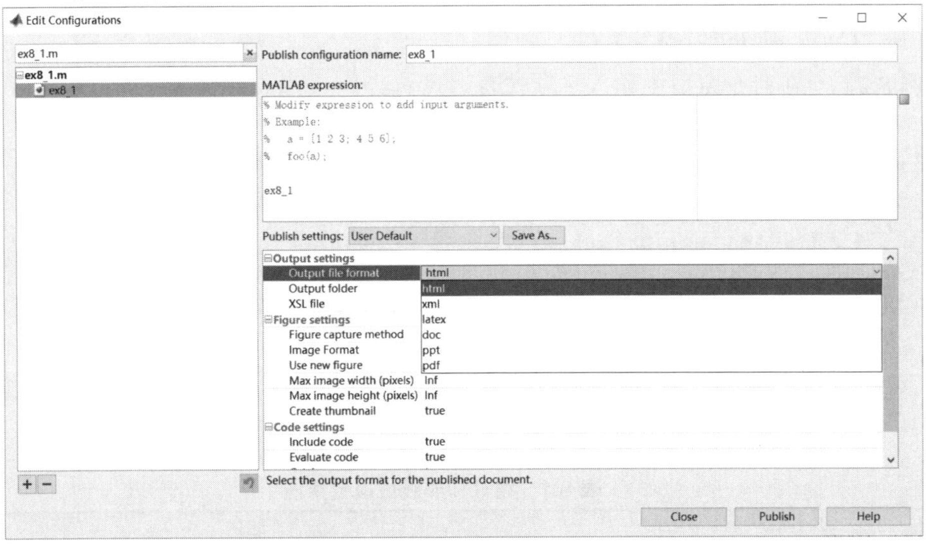

图 8.3 “Edit Configurations”窗口

在图 8.3 下方的窗格中选择“Output file format”，可以设置不同的文件类型，例如选择“pdf”；“Output folder”用于设置发布的文件夹；“Image Format”用来设置图片的格式，文件可以是 PNG、JPEG、BMP 和 TIFF，例如选择“jpeg”；其他设置还包括“Include code”发布文档是否包含程序代码，“Evaluate code”是否运行代码等。然后单击“Publish”按钮进行发布，发布的 PDF 文件的第一页如图 8.4 所示。

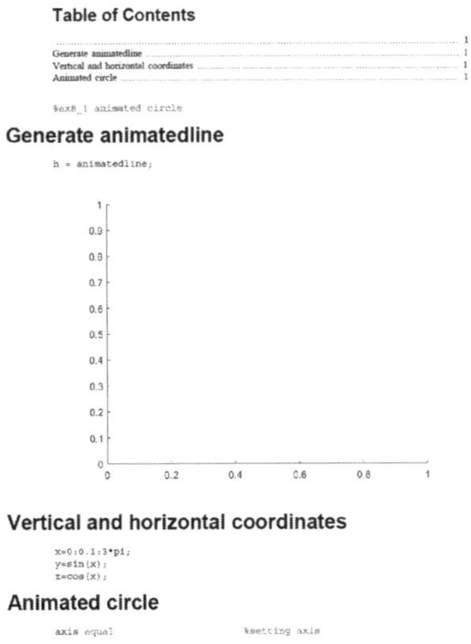

图 8.4 发布的 PDF 文件第一页

8.2 曲线拟合与插值

MATLAB 主界面的 APPS 面板中的“Curve Fitting”图标按钮，用来在图形界面中实现曲线（Curve）和曲面（Surface）的拟合与插值运算，也可以在命令窗口输入“cftool”命令打开“Curve Fitting Tool”窗口。

【例 8.2】 在命令窗口中输入多项式表达式 $y_1=2x_1^3-x_1^2+5x_1+10$，x_1 的范围为 0～10，根据 x_1 和 y_1 进行多项式拟合。

```
>> x1=0:0.1:10;
>> p=[2 -1 5 10];
>> y1=polyval(p,x1);
>> y2=sqrt(2)*sin(5*x1)+1;
>> cftool
```

1. 拟合

“Curve Fitting Tool”窗口提供了多种线性和非线性拟合算法及插值算法，拟合算法如表 8.1 所示。

表 8.1 线性和非线性拟合算法

算法名称	表达式
Custom Equation	$y = ae^{bx} + c$
Ploynomial	$y = \sum_{i=1}^{n+1} p_i x^{n+1-i}$
Exponential	$y = ae^{bx}$
Fourier Series	$y = a_0 + \sum_{i=1}^{n} ai\cos(iwx) + bi\sin(iwx)$
Gaussian	$y = \sum_{i=1}^{n} a_i e^{\left[-\left(\frac{x-b_i}{c_i}\right)^2\right]}$
Power	$y = ax^b$
Rational	$y = \frac{\sum_{i=1}^{n+1} p_i x^{n+1-i}}{x^m + \sum_{i=1}^{m} q_i x^{m-1}}$
Sum of Sine	$y = \sum_{i=1}^{n} a_i \sin(b_i x + c_i)$
Weibull	$y = abx^{b-1} e^{-ax^b}$

在“Curve Fitting Tool”窗口左侧，“X data”选择变量 x1，“Y data”选择变量 y1，默认使用多项式（Polynomial）拟合，如图 8.5 所示为拟合图形界面。在图中默认为一阶拟合，在左侧下方“Results”区域中就显示出一阶拟合的多项式表达式，蓝色曲线为拟合曲线。在下方的表格中显示了拟合的各种参数，可以看到 SSE 为和方差，显示 SSE 比较大，因此拟合结果比较差。

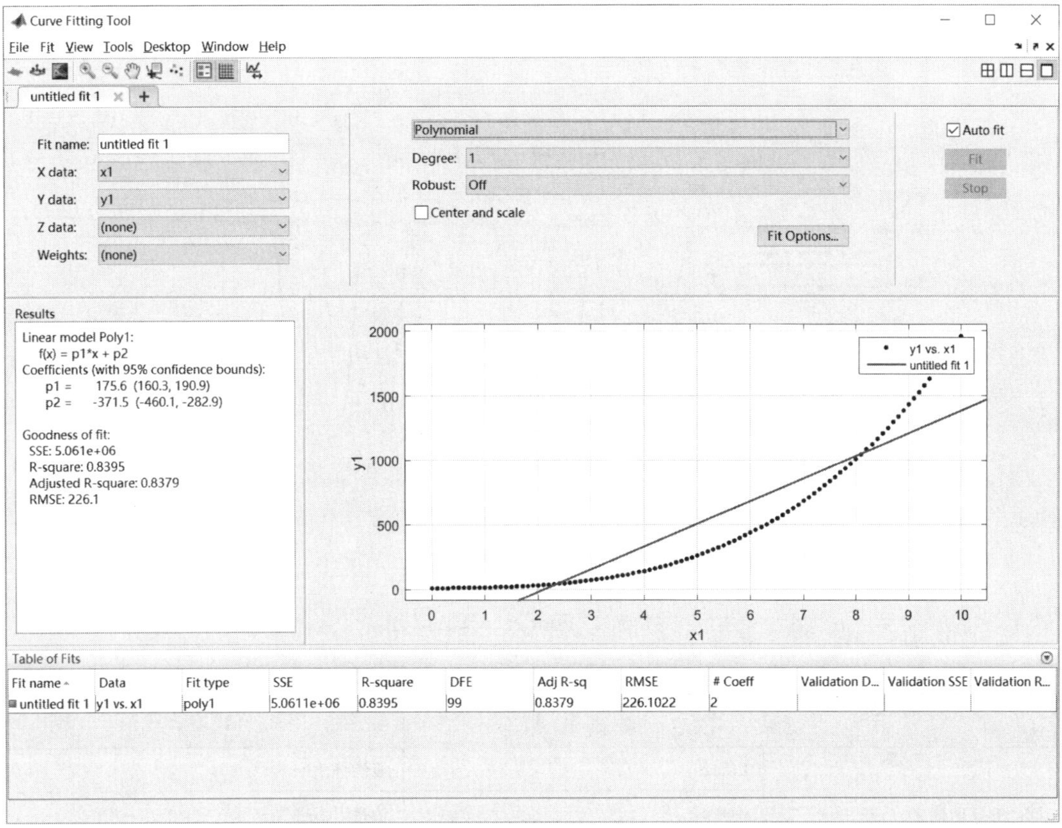

图 8.5 曲线拟合界面

当在图 8.5 右边的“Degree”选择 3 时，则在左侧显示三阶拟合的表达式，可以看到多项式的系数 p1、p2、p3、p4 与命令窗口的 P 是一致的，右侧的坐标系中拟合曲线与实际曲线是重合的。在下方的表格中 SSE 接近于 0，说明拟合模型选择成功。如果选择“File”菜单中的“Save Session”命令，可以将拟合的结果进行保存，保存的文件以“. sfit”为扩展名。

当在图 8.5 中的“Y data”选择变量 y2 时，则可以看到采用多项式拟合的效果就很差，因此可以在右侧的拟合算法中选择其他算法，可以看到，选择“Fourier”和“Sum of Sine”算法都可以得到较好的拟合模型。如图 8.6 所示为采用“Fourier”算法。

另外，除了曲线拟合之外还提供了曲面拟合的算法，当在图 8.5 左侧“Z data”添加了数据后，就可以根据三维的数据进行曲面拟合，但是曲面拟合只提供了“Polynomial”、“Custom Equation”和“Lowess”算法。

2. 插值

在同一个“Curve Fitting Tool”窗口中，也提供了插值“Interpolant”的算法，插值算法同样可以用于曲线和曲面的插值。曲线和曲面插值算法如表 8.2 所示。

在窗口右侧选择算法为“Interpolant”，通过工具栏的按钮将曲线放大，并使用工具栏的“Data Cursor”按钮在曲线中选择中间点得出插值结果，如图 8.7 所示。选择“Nearest neighbor”方法进行插值，得出当 x=3.855 时，y=132.9；如果选择“Linear”方法，则 y=129.1。

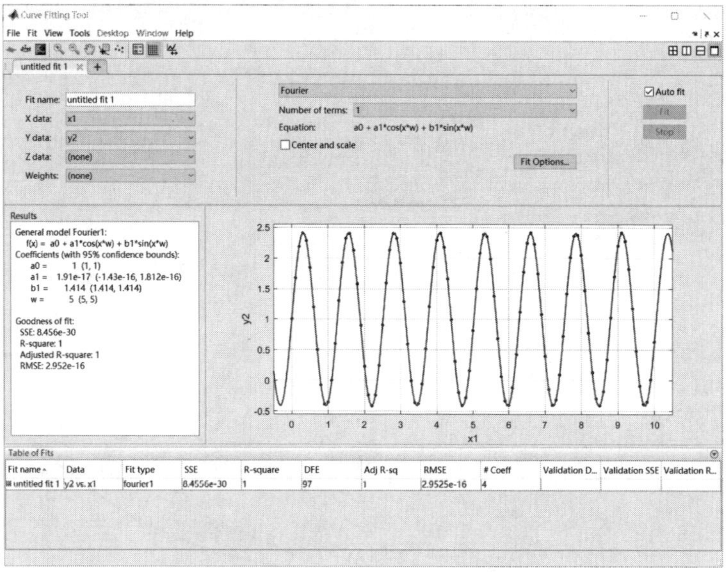

图 8.6　“Fourier”算法拟合

表 8.2　插值算法

	插 值 算 法	说　　明
曲线和曲面插值	Linear	线性插值
	Nearest	最接近点插值
	Cubic	三次样条插值
仅曲线插值	Pchip	分段三次埃尔米特插值
仅曲面插值	Biharmonic	数据分散
	Thinplate	薄板样条插值

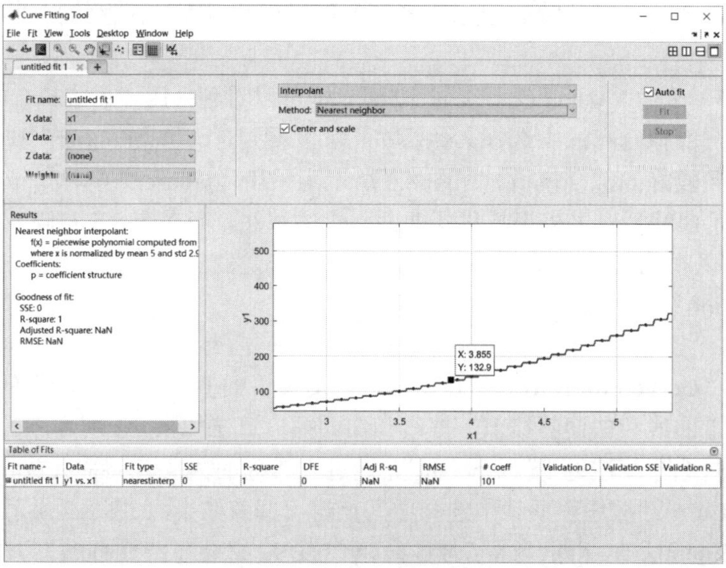

图 8.7　插值运算

8.3　MuPAD Notebook 的使用

MATLAB 的符号工具箱包括了 MuPAD 语言，MuPAD 函数能够在普通的微积分和线性代数领域使用，也可以在数论和组合学等特殊的数学函数中使用。MuPAD Notebook 的用户界面可以使用符号运算和文字、图形构成文本，可以将 MuPAD Notebook 中的文本保存为 HTML 或 PDF 格式的文件。

1. 打开 MuPAD Notebook 窗口

打开 MuPAD Notebook 窗口的方法有：

（1）MuPAD Notebook 作为可视化的界面窗口，在 MATLAB 主界面的 APPS 面板中单击 MuPAD Notebook 按钮打开。

（2）在命令窗口中输入“mupad”命令，也可以打开 MuPAD Notebook 窗口。

MuPAD Notebook 窗口如图 8.8 所示，可以利用其进行符号表达式的运算。

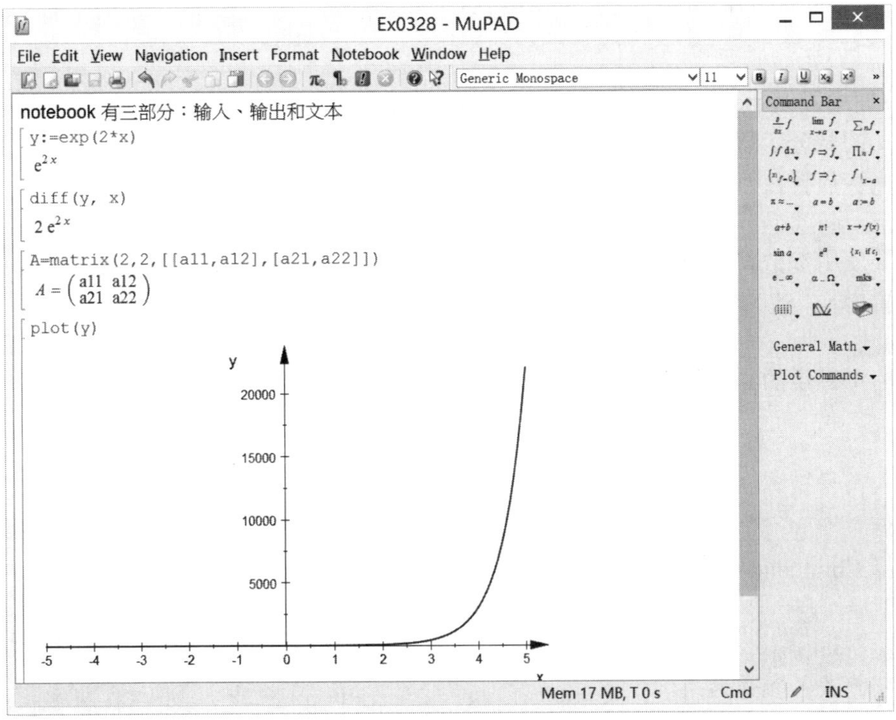

图 8.8　MuPAD Notebook 窗口

2. MuPAD Notebook 的使用

（1）输入文字。在 Notebook 中输入文字主要是对命令进行解释和说明，在图 8.8 的空白输入区没有“[”的位置后面输入文字，或者选择菜单“Insert”→“Text Paragraph”命令插入文字。

可以选择菜单“Format”→“Characters”命令调整文字的字体，如图 8.9 所示。

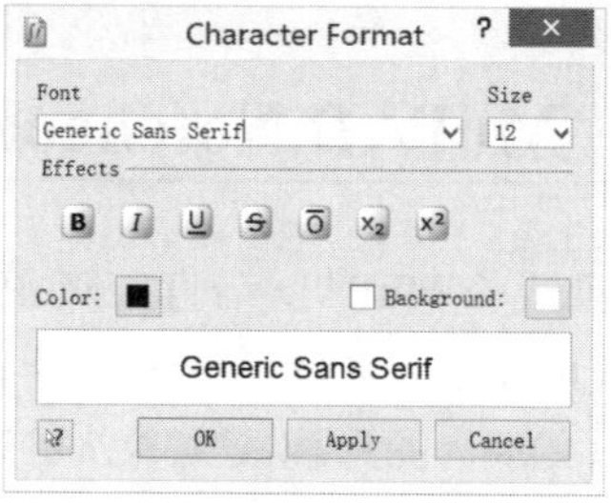

图 8.9　字体格式设置窗口

（2）输入命令。MuPAD 的命令格式与 MATLAB 不太一样，有其自己的语法规则。

在空白的输入区默认有“[”的后面输入命令，或者选择菜单“Insert”→“Calculation”命令插入命令，命令行默认为红色。

【例 8.3】　在 MuPAD Notebook 中输入命令和文字。

```
[y:=exp(2*x)
```

MuPAD 的命令中“:=”表示为 MATLAB 命令中的“=”，按回车键后出现运行结果：

[e^{2x}

（3）使用 Command Bar 输入命令。使用 Notebook 窗口右侧的 Command Bar 输入命令，如计算 y 的微分步骤如下。

将光标放置在“[”后面；选择按钮，这时出现命令行：

```
[diff(#f, #x)
```

需要使用参数将命令行中的“#变量”替换掉，将其中的“#f”参数设置为 y，“#x”参数设置为 x。改为：

```
[diff(y, x)
```

按回车键后的结果如下：

[$2e^{2x}$

输入符号矩阵 A：

[A:=

选择 Command Bar 中的按钮，如图 8.10 所示，单击选择的矩阵类型后，则命令行为：

```
A:=matrix([[#_1_1,#_1_2],[#_2_1,#_2_2]])
```

分别修改各参数为：

```
[A:=matrix(2,2,[[a11, a12],[a21, a22]]);
```

按回车键后显示如下：

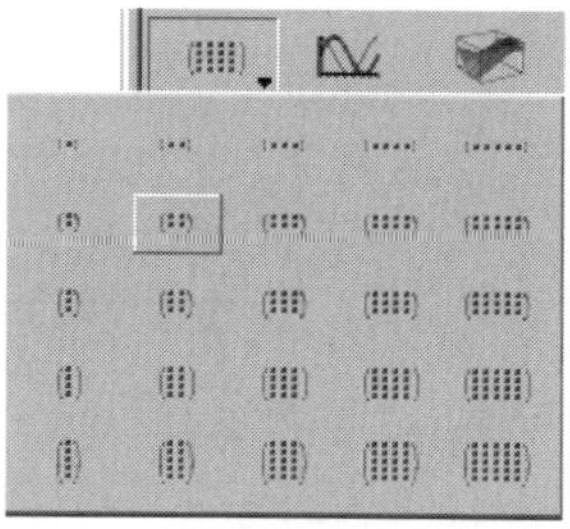

图 8.10　选择按钮

[$\begin{pmatrix} a11 & a12 \\ a21 & a22 \end{pmatrix}$

（4）运行。输入命令后按回车键就直接运行，或者使用菜单“Notebook”→“Evaluate”命令。输出结果默认为蓝色。使用 plot(y)命令绘制 y 的波形如图 8.11 所示。

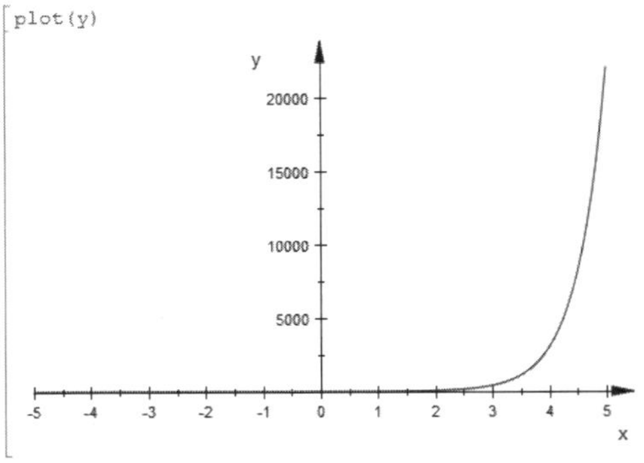

图 8.11　输出波形

3. 保存和打开文件

默认的 MuPAD Notebook 文件类型是.mn 文件，也可以将文件输出为 PDF、HTML 和 TXT 文件。选择菜单“File”→“Export”命令，在出现的对话框中选择输出文件类型，将【例 8.1】保存为 Ex0804.mn 文件。

如果需要打开一个.mn 文件，则可以在 MATLAB 的命令窗口中输入：

```
>> mphandle = mupad('Ex0804.mn');
```

8.4 低级文件输入/输出

在 MATLAB 环境中，可以使用“load”和“save”命令保存和提取 MAT 和 ASCII 文件的数据，而 MAT 和 ASCII 文件都是 MATLAB 本身的数据格式，局限性很大。如果要与其他软件系统进行直接的数据交换，则可以使用输入/输出文件。几乎任何算法程序都只产生有限的几种输入/输出文件格式，如二进制格式和 ASCII 码字符格式等。

MATLAB 提供了一般文件的输入/输出函数，可以将运算的结果保存到文件中，并将保存在文件中的数据取出进行分析和处理。

8.4.1 打开和关闭文件

无论是二进制文件还是格式化文件，打开和关闭文件时都使用 fopen 和 fclose 函数实现。

1. 打开文件

语法：

```
fid = fopen(filename,permission)                    %以指定格式打开文件
[fid,message] = fopen(filename,permission)          %返回打开文件的信息
```

说明： fid 为返回的文件指针（File Identifier），通常是 1 个非负的整数，如果返回–1，则表示无法打开文件；message 用来显示打开文件的信息，如果无法打开，则显示错误信息；filename 为文件名，是字符串，如果文件不在 MATLAB 的搜索路径中，则需要指定文件路径；permission 为指定文件的打开模式，有以下几种模式。

（1）'r'：只读文件。

（2）'r+'：读/写文件。

（3）'w'：删除已存在文件内容或建立新文件，并只写文件。

（4）'w+'：删除已存在文件内容或建立新文件，并读/写文件。

（5）'a'：以只写方式建立并打开 1 个新文件或打开 1 个已存在的文件，只能在文件末尾添加内容。

（6）'a+'：以读/写方式建立并打开 1 个新文件或打开 1 个已存在的文件，在文件末尾添加内容。

fopen 的 permission 参数在打开文件时还可标明文件格式，如果打开文本格式文件，在 permission 参数后添加字母"t"；如果打开二进制格式文件，则在 permission 参数后添加字母"b"，如'wb'、'rb+'等。

2. 关闭文件

打开文件进行读/写操作后，应立即关闭文件，删除文件指针，以免打开文件过多，造成混乱和浪费。

语法：

```
status=fclose(fid)                        %关闭文件指针所指的文件
status=fclose('all')                      %关闭所有打开的文件
```

说明：status 为关闭文件指针所指文件的状态，如果成功则返回 0，如果失败则返回−1；fid 为所打开的文件指针。

【例 8.4】 打开和关闭 1 个文本文件。

文本文件"Ex0805.txt"在 MATLAB 环境中显示的文件内容如下：

```
>> type Ex0805.txt
a 1 2 3
b 4 5 6
```

使用 fopen 和 fclose 函数打开和关闭文件：

```
>> [fid,message]=fopen('Ex0805.txt','w+')          %打开文件读/写
fid =
     3
message =
     ''
>> if fid==-1
disp('无法打开该文件')
else
disp('成功打开该文件')
end
成功打开该文件
>> status=fclose(fid)                              %关闭文件
status =
     0
```

8.4.2 读/写格式化文件

格式化文件的读/写函数有"fscanf"、"fprintf"和"fgetl、fgets"。格式化数据的行分隔符在写入文件时自动添加，在从文件读出时自动删除。

1. fscanf 函数

fscanf 函数令为读格式化文件数据。

语法：

```
[a,count]=fscanf(fid,format,size)                    %读取格式化数据
```

说明： fid 为文件指针，指定需要读取的格式化文件；format 指定读取数据格式，指定的格式必须和文件中的数据格式相同，否则读取的数据可能会出现错误，以“%”开头，有%c、%d、%e、%f、%g、%i、%o、%s、%u、%x 等（与 C 语言相同）；count 为成功读取的数据元素个数，可省略；*a* 为返回读取的数据；size 为需要读取的数据个数，如果省略，则读到文件末尾。size 的取值可以有以下 3 种。

（1）*n*：读 *n* 个数据到 1 个列向量。

（2）inf：读到文件末尾，数据放到 1 个列向量。

（3）[*m*,*n*]：读出的数据个数为 $m\times n$，数据放到矩阵中，读出的数据按列的顺序填充矩阵，不够的数据用 0 填补。

【例 8.4 续】　读取“Ex0805.txt”文件的前 4 个字符。

```
>> fid=fopen('Ex0805.txt')
fid =
        3
>> a1=fscanf(fid,'%s',4)                    %以字符串格式读取 4 个数据
a1 =
a123
>> fclose(fid)
ans =
        0
```

2. fprintf 函数

fprintf 函数用于写格式化数据。

语法：

```
count=fprintf(fid,format,a,…)                    %写入格式化数据
```

说明： fid 为文件指针，是指二进制文件；***a*** 为矩阵数据，将 ***a*** 写到 fid 指向的文件；format 为写入的格式，除了包含 fscanf 命令的数据格式之外，还有%E、%G、%X，并具有对齐格式–（左对齐）、+（右对齐）和 0（补齐位数），还有转义字符；count 为成功写入数据的个数。

【例 8.5】　使用“Ex0805.txt”文件进行读取和写入数据操作。

```
>> a='%This is a example.';
>> fid=fopen('Ex0805.txt','a+')             %打开“Ex0803.txt”文件，在末尾添加
fid =
        3
>> fprintf(fid,'%s',a)                      %写入 a 到文件末尾
ans =
        19
>> fclose(fid)                              %关闭文件
ans =
        0
```

```
>> fid=fopen('Ex0805.txt','r')              %打开“Ex0803.txt”文件，只读
fid =
     3
>> fscanf(fid,'%s')                         %读取文件所有内容
ans =
a123b456%Thisisaexample.
>> fclose(fid)
ans =
     0
```

程序分析：程序在向文件中写入数据后，首先关闭文件，然后再打开文件，从文件开头读取数据，如果写完数据后直接读取数据，则实际读取数据的位置将从写入的最后 1 个数据之后开始。

3. fgetl 和 fgets 函数

fgetl 和 fgets 函数都是用来读取文件的下一行，并将该行的 ASCII 字符转换成字符串。两者的差别是 fgetl 会舍去换行符，而 fgets 则保留换行符。

语法：

```
tline=fgetl(fid)                        %读取文件的下一行，不包括换行符
tline=fgets(fid)                        %读取文件的下一行，包括换行符
tline=fgets(fid,nchar)                  %限制读取文件字符个数
```

说明：fid 为文件指针；tline 为以字符串形式的返回值，如果到文件末尾则返回−1；nchar 为最多返回的字符个数。

【例 8.5 续】 以行的形式读取“Ex0805.txt”文件。

```
>> fid=fopen('Ex0805.txt','r') ;            %打开“Ex0803.txt”文件，只读
>> fgetl(fid)                               %读取第 1 行数据
ans =
a 1 2 3
>> fgets(fid)                               %读取第 2 行数据
ans =
b 4 5 6
>> fgets(fid,10)                            %读取第 3 行数据，限制 10 个字符
ans =
%This is a
>> fgets(fid,10)
ans =
 example.
```

8.4.3 读/写二进制数据

二进制数据格式不删除或添加分隔符，使用 fread 和 fwrite 函数可以实现对二进制数据的读/写。

1. 读数据

fread 函数为读二进制数据。

语法：

```
[a,count]=fread(fid,size,precision,skip)            %读取二进制数据
```

说明： fid 为文件指针；size 与 fscanf 函数含义相同；precision 为 1 个字符串，用来指定读取数据的精度，即数据类型，有'uchar'、'schar'、'int8'、'int16'、'int32'、'int64'、'unit8'、'unit16'、'unit32'、'unit64'、'single'、'float32'、'double'和'float64'等，可省略；*a* 为矩阵数据；count 为成功读取的数据元素个数，可省略；skip 为每读取 1 个数据后跳过的字节数，可省略。

2. 写数据

fwrite 函数为写二进制数据。

语法：

```
count=fwrite(fid,a,precision,skip)                %写二进制数据
```

说明： fid 为文件指针；a 为矩阵数据；precision 和 skip 参数含义与 fread 函数相同；count 为成功写入数据的个数。

【例 8.6】 写入数据到 MAT 文件中，并读取数据。

```
>> x1=1:10;
>> [fid,message]=fopen('Ex0805.mat','a')          %打开文件，添加数据
fid =
     3
message =
     ''
>> count1=fwrite(fid,x1)                          %写入数据
count1 =
    10
>> x2=11:15;
>> count2=fwrite(fid,x2)                          %添加数据
count2 =
     5
>> status=fclose(fid)
status =
     0
>> fid=fopen('Ex0805.mat','r');                   %打开文件，只读
>> a1=fread(fid,[2,5])                            %读取数据
a1 =
     1     3     5     7     9
     2     4     6     8    10
>> a2=fread(fid,[1,5])
a2 =
     1     2     3     4     5
>> fclose(fid);
```

8.4.4 文件定位

每次打开文件时，MATLAB 就为该文件分配 1 个位置指针（File Position Indicator），决定了下次进行数据的读取或写入时的位置。每读/写完 1 个数据后，文件位置指针就向后移动 1 个数据所占的字节数。

控制文件位置指针可以用 fseek、ftell、frewind 和 feof 等函数实现。

1. fseek 函数

fseek 函数用来移动文件位置指针。

语法：

```
status=fseek(fid,offset,origin)                    %移动文件位置指针
```

说明： fid 为文件指针；offset 指定移动的字节数，如果 offset >0 则向后移动，否则向前移动，等于 0 则不移动；status 为返回值，如果移动成功则返回 0，否则返回−1；origin 指定移动位置指针的参考起点，具体介绍如下。

（1）'bof' 或−1：文件的开头。

（2）'cof' 或 0：文件的当前位置。

（3）'eof' 或 1：文件的末尾。

2. ftell 函数

ftell 函数用来获取文件位置指针的当前位置。

语法：

```
pos=ftell(fid)                                     %获取当前指针位置
```

说明： pos 是指字节数，当前位置指针指在此字节数之后。

3. frewind 函数

frewind 函数用来将文件位置指针移到文件的开头。

语法：

```
frewind(fid)
```

4. feof 函数

feof 函数用来测试位置指针是否在文件结束位置，如果是则返回 1，否则返回 0。

语法：

```
feof(fid)
```

【例 8.7】 创建 2 个 MAT 文件，在 Ex0807_1.mat 文件中写入 1～10 的数据，并进行求和；在 Ex0807_2.mat 文件中写入 1、2、3 三个数据，将第二个数据与前面所求的和进行相乘运算。

程序保存在 Ex0807.m 文件中，程序代码如下。

```
% Ex0807   文件读取和定位
x=1:10;
s=0;
fid1=fopen('Ex0807_1.mat','w+')                    %打开文件，读/写数据
fwrite(fid1,x);                                    %写入数据
frewind(fid1);                                     %指针移到文件开头
while feof(fid1)==0                                %判断是否到文件末尾
    a1=fread(fid1,1)                               %读取数据
    if isempty(a1)==0                              %判断是否为空值
        s=a1+s                                     %求和
    end
end
fclose(fid1);
y=[1 2 3];
fid2=fopen('Ex0807_2.mat','w+')                    %打开文件，读/写数据
```

```
fwrite(fid2,y)                               %写入数据
fseek(fid2, -2,'eof')                        %指针移动到第 2 个数据
a2=fread(fid2,1)                             %读取数据
s=s*a2
fclose(fid2);
```

运行结果如下：

```
s =
    110
```

程序说明：

（1）使用文件位置控制就可以不用反复打开和关闭文件，而直接从文件中读/写数据。

（2）使用 while 循环结构，从文件中读取数据，直到文件末尾。

（3）当文件位置指针移动到文件最后时，取出的数据为空值，但 feof 函数返回 0，则用 isempty 函数判断是否为空值从而判断是否到文件最后，文件指针再向下移则到文件末尾，feof 函数返回 1。

（4）“fseek(fid2, –2,'eof')”语句用于将文件位置指针从末尾向前移动 2 个数据。

第 2 部分　习　　题

第 1 章　MATLAB R2015b 环境

1．熟悉 MATLAB 命令窗口中菜单“File”的功能。

2．在命令窗口中输入：

```
>> a=2.5
>> b=5*6
>> c=[a b]
```

写出在命令窗口中的运行结果。

3．标点符号__________可以使命令行不显示运算结果，____________用来表示该行为注释行。

4．用“format”命令设置数据输出格式，______________________________将 pi 显示为 3.14159265358979，________________________________将 pi 显示为 3.1416e+000。

5．历史命令窗口有哪些功能？

6．在命令窗口中使用命令来显示当前目录，并将当前目录设置为“c:\exe”。

7．在工作空间查看变量的变量名、数据结构、类型、大小和字节数，打开数组编辑器窗口，修改第 2 题的变量 c 元素。

8．输入变量 a=5.3，$\boldsymbol{b}=\begin{bmatrix}1 & 2\\3 & 4\end{bmatrix}$，在工作空间中使用“who”“whos”“clear”命令，并用“save”命令将变量存入“c:\exe0101.mat”文件。

9．使用文件管理命令“dir”“matlabroot”“what”“type”“which”查看“..\matlab”目录下的文件信息。

10．学习设置 MATLAB 搜索路径的方法，将“c:\exe”目录添加到搜索路径中，并移去搜索路径。

第 2 章　MATLAB 数值计算

1．选择题。

（1）下列变量名中的______是合法变量。

A．char_1,i,j　　　　B．x*y , a.1

C．x\y, a1234　　　　D．end,1bcx

（2）已知 $\boldsymbol{x}$ 为 1 个向量，计算其正弦函数的运算为_______。

A．SIN(X)　　B．SIN(x)　　C．sin(x)　　D．sinx

（3）已知 $\boldsymbol{x}$ 为 1 个向量，计算 ln(x) 的运算为_______。

A．ln(x) B．log(x) C．Ln(x) D．log10(x)

（4）当 a=2.4，使用取整函数得出 3，则该取整函数名为______。

A．fix B．round C．ceil D．floor

（5）已知 a=0:4，b=1:5，下面的运算表达式中出错的为______。

A．a+b B．a./b C．a′*b D．a*b

（6）已知 a=4，b='4'，下面的说法中错误的为______。

A．变量 a 比 b 占用的存储空间大

B．变量 a 和 b 可以进行加、减、乘、除运算

C．变量 a 和 b 的数据类型相同

D．变量 b 可以用“eval”命令执行

2．复数变量 a=2+3i，b=3−4i，计算 $a+b$，$a-b$，$c=a*b$，a/b，并计算变量 c 的实部、虚部、模和相角。

3．用“from:step:to”方式和 linspace 函数分别得到从 0 到 4π、步长为 0.4π的变量 x_1，以及从 0 到 4π分成 10 点的变量 x_2。

4．输入矩阵 $\boldsymbol{A}=\begin{bmatrix}1 & 2 & 3\\4 & 5 & 6\\7 & 8 & 9\end{bmatrix}$，使用全下标方式取出元素“3”，使用单下标方式取出元素“8”，取出后 2 行子矩阵块，使用逻辑矩阵方式取出$\begin{bmatrix}1 & 3\\7 & 9\end{bmatrix}$。

5．输入 $\boldsymbol{A}$ 为 3×3 的魔方阵，$\boldsymbol{B}$ 为 3×3 的单位阵，由小矩阵组成 3×6 的大矩阵 $\boldsymbol{C}$ 和 6×3 的大矩阵 $\boldsymbol{D}$，将 $\boldsymbol{D}$ 矩阵的最后 1 行构成小矩阵 $\boldsymbol{E}$。

6．将矩阵 $\boldsymbol{A}=\begin{bmatrix}1 & 2 & 3\\4 & 5 & 6\\7 & 8 & 9\end{bmatrix}$用 flipud、fliplr、rot90、diag、triu 和 tril 函数进行操作。

7．输入字符串变量 a 为“hello”，将 a 的每个字符向后移 4 个，例如“h”变为“l”，然后再逆序排放赋给变量 b。

8．求矩阵$\begin{bmatrix}1 & 2\\3 & 4\end{bmatrix}$的转置矩阵、逆矩阵、矩阵的秩、矩阵的行列式值、矩阵的三次幂、矩阵的特征值和特征向量。

9．求解方程组$\begin{cases}2x_1-3x_2+x_3+2x_4=8\\x_1+3x_2+x_4=6\\x_1-x_2+x_3+8x_4=7\\7x_1+x_2-2x_3+2x_4=5\end{cases}$

10．计算数组 $\boldsymbol{A}=\begin{bmatrix}1 & 2 & 3\\4 & 5 & 6\\7 & 8 & 9\end{bmatrix}$，$\boldsymbol{B}=\begin{bmatrix}1 & 1 & 1\\2 & 2 & 2\\3 & 3 & 3\end{bmatrix}$的左除、右除以及点乘和点除。

11．输入 a=[1.6 −2.4 5.2 −0.2]，分别使用数学函数 ceil、fix、floor、round 查看各种取整的运算结果。

12．计算函数 $f(t)=10\frac{1}{\sqrt{1-z^2}}e^{-2t}\sin(4t)$的值，其中 t 的范围为 0～2π，步长取 0.1π；z 为 0.707；$f_1(t)$为$f(t)$>=0 的部分，计算 $f_1(t)$的值。

13．产生一个 3 行 3 列的随机阵，且矩阵的元素范围为 0～100 之间的整数，计算出矩阵中的最大值所在的位置。

14．创建三维数组 a，第 1 页为$\begin{bmatrix}1 & 2\\3 & 4\end{bmatrix}$，第 2 页为$\begin{bmatrix}1 & 2\\2 & 1\end{bmatrix}$，第 3 页为$\begin{bmatrix}1 & 2\\2 & 2\end{bmatrix}$。重排生成数组 b 为 3 行、2 列、2 页。

15．显示当前日期，并计算出上题运行的时间。

16．创建 1 个 4×4 的稀疏矩阵 $\boldsymbol{A}=\begin{bmatrix}1 & & & \\ & 1 & & \\ & & 1 & \\ -1 & -2 & -3 & 1\end{bmatrix}$，一个 4×4 全元素随机矩阵 $\boldsymbol{B}$，计算 $c=a+b$，$d=a.*b$，查看 a、b、c、d 的存储空间。

17．2 个多项式为 $a(x)=5x^4+4x^3+3x^2+2x+1$，$b(x)=3x^2+1$，计算 $c(x)=a(x)*b(x)$，并计算 $c(x)$的根。当 x=2 时，计算 $c(x)$的值；将 $b(x)/a(x)$进行部分分式展开。

18．x 在[0，20]范围内，计算多项式 $y_1=5x^4+4x^3+3x^2+2x+1$ 的值，并根据 x 和 y 进行二阶、三阶和四阶拟合。

19．读取 Excel 文件，内容如图 X2.1 所示，查找 Salary 最高的员工姓名。

	A	B	C
	ID	Name	Salary
	20013	Jane	7800
	30012	Rose	4500
	50015	John	3500
	70043	Jack	3000
	10034	Helen	8200

图 X2.1

20．t 在[0，10]范围内，$y=e^{-2t}\sin(10t+30°)$，计算 y 的最大值、最小值、平均值以及微积分。

21．t 在[0，10]范围内，对 $y=e^{-2t}\sin(10t+30°)$进行傅里叶变换。

第 3 章　MATLAB 符号计算

1．创建符号表达式：$f=ax^3+bx^2+cx+d$。

2．创建符号矩阵：

$$\boldsymbol{A}=\begin{bmatrix}a\cos(x)+b\sin(y) & 10+20\\ ax^2+by^2+cz^2 & \sqrt{t^2+1}\end{bmatrix}$$

3．分别对矩阵 $\boldsymbol{A}$ 和 $\boldsymbol{B}$ 进行加、减、乘、除和点乘、点除、点幂运算，其中：

$$\boldsymbol{A}=\begin{bmatrix} a & b \\ c & d \end{bmatrix} \qquad \boldsymbol{B}=\begin{bmatrix} c & d \\ a & b \end{bmatrix}$$

4．执行 sym(pi/3)、sym(pi/3,'d')和 sym('pi/3')语句，然后将 exp(2)和 sin(0.3*pi)代替 pi/3 分别执行前面 3 个语句，并观察其结果。

5．确定下面各符号表达式的自由符号变量：

1/(sin(t)+cos(w*t))　　4*x/y　　2*a+theta　　2*i+a*j　sqrt(z)/(x+y)

6．对式 f=$\sin^2x+\cos^2x$ 用“simple”命令进行化简，并按排版形式显示。

7．已知表达式 $f=1-\sin^2(x)$，g=2x+1，计算当 x=1 时 f 的值；计算 f 与 g 的复合函数，f、g 的逆函数。

8．已知表达式 $f=x^3+3x^2-6x+5$，将其转换为多项式系数并将 f 中的 x 用 5、a 代替。

9．符号函数 $f=ax^3+by^2+cy+d$，分别对 x、y、c、d 进行微分，对 y 趋向于 1 求极限，并计算对 x 的二次、三次微分，用 findsym 得出符号变量。

10．符号函数 $f=x^{(-y)}$，分别对 x 和 y 进行定积分和不定积分，对 y 的定积分区间为(0,1)。

11．用泰勒级数展开得出 sin(x)的前 10 项。

12．求 $F(s)=\dfrac{2s^2+3s+3}{(s+1)(s+3)^3}$ 的分子和分母，并求出拉普拉斯反变换。

13．求 $f(k)=k\mathrm{e}^{-kt}$ 的 Z 变换表达式。

14．解微分方程 $\dfrac{\mathrm{d}y}{\mathrm{d}x}+y\tan x=\cos x$ 的通解。

15．利用符号绘图函数绘制图形 $f(x)=\sin(x)/x$，范围为[1，10]。

16. 已知表达式 $f=1-\sin^2(x)$，$g=2x+1$，用符号函数计算器来计算当 x=1 时 f 的值；计算 f 与 g 的复合函数，f、g 的微积分。

17．使用泰勒级数计算器窗口，展开 sin(x)的前 10 项。

第 4 章　MATLAB 计算的可视化和 GUI 设计

1．绘制函数曲线 $y=2\sin(3\pi t+\pi/4)$，t 的范围为 0～2。

2．在同一图形窗口绘制曲线 $y_1=\sin(t)$，t 的范围为 0～4π；$y_2=2\cos(2t)$，t 的范围为π～3π。要求 y_1 曲线为黑色点画线，y_2 曲线为红色虚线圆圈，并在图的右下角标注 2 条曲线的图例（用 legend），横坐标以π为单位标注，如图 X4.1 所示。

3．在同一图形窗口绘制函数 $y=\sqrt{2}\mathrm{e}^{-t}\sin(2\pi t+\pi/4)$ 及其包络线图形，t 的范围为 [0，2]，其运行界面如图 X4.2 所示。

4．在同一图形窗口分别绘制 $y_1=\sin(2\pi t)$、$y_2=\cos(2\pi t)$、$y_3=\mathrm{e}^{-4t}$ 3 条函数曲线，t 的范围为[0，2]。给坐标轴加上标注，给整个图形加上标题，在图形窗口添加文本字符串对各曲线分别加以文字说明，其运行界面如图 X4.3 所示。

5．绘制 $z=x\mathrm{e}^{-(x^2+y^2)}$ 的三维曲面图和曲线图，x 的范围为[−2，2]，y 的范围为[−2，2]，并实现部分镂空。

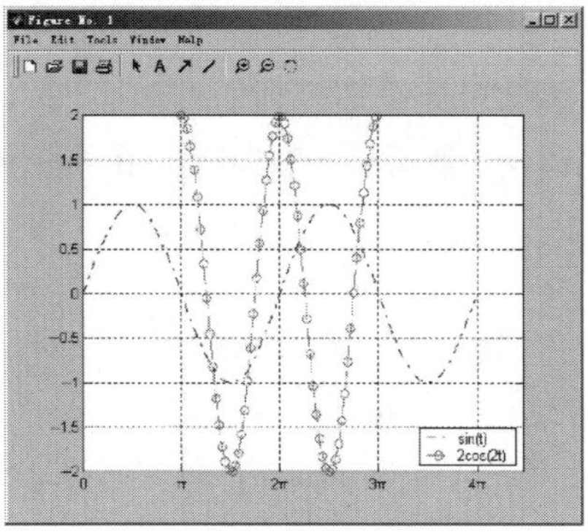

图 X4.1　运行界面

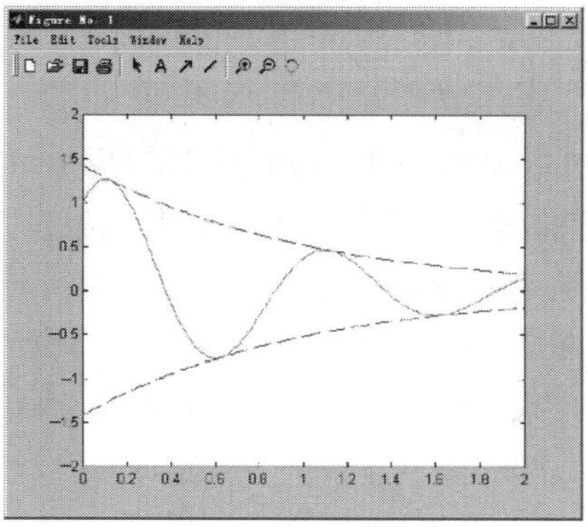

图 X4.2　运行界面

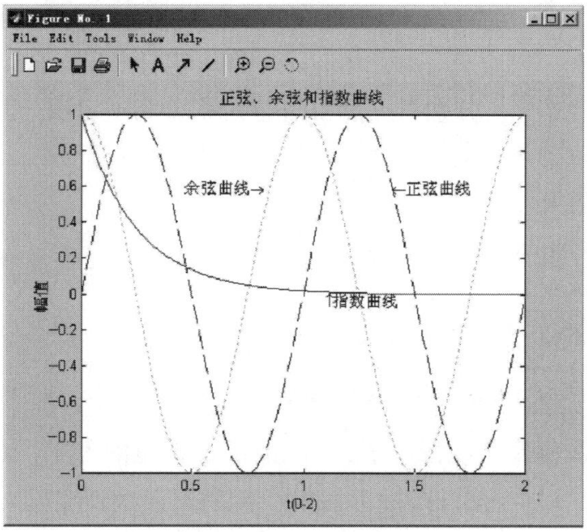

图 X4.3　运行界面

6．绘制 $z=x^2+y^2$ 的三维网线图和曲面图，x 的范围为[−5，5]，y 的范围为[−5，5]。将网线图用 spring 预定义色图并用颜色标尺显示色图，将曲面图颜色用 shading 命令做连续变化。

7. 用 semilogx 命令绘制传递函数为 $\dfrac{1}{(s+1)(0.5s+1)}$ 的对数幅频特性曲线，横坐标为 w，纵坐标为 Lw，w 范围为 10^{-2}～10^3，按对数分布。其运行界面如图 X4.3 所示。

8. 求上题中传递函数的幅相频率特性曲线，w 范围为 0～20，半径为 Aw，相角为 Fw。

9．在 RC 电路中，当 U=5V、R=2Ω、C=0.5μF 时，画出电压 U、电流 I 和电容电压 U_C、电阻电压 U_R 的原点复数向量图，如图 X4.4 所示，并用羽毛图表示。

10．某城市上半年每个月的国民生产总值（单位：亿元）是 60、90、110、120、100、95，使用条形图和饼图表示，饼图标出各月份并将 6 月份分离开。另一城市上半年每个月的国民生产总值是 50、80、90、100、100、90，使用三维条形图表示 2 个城市的国民生产总值。

11．在 MATLAB 已有的菜单后面添加 1 个菜单，要求：①菜单名为 options；②2 个下拉菜单项 grid 和 box；③2 个下拉菜单项分别有 grid on 和 grid off、box on 和 box off 子

菜单项；④单击菜单项实现各自的功能。如图 X4.5 所示。

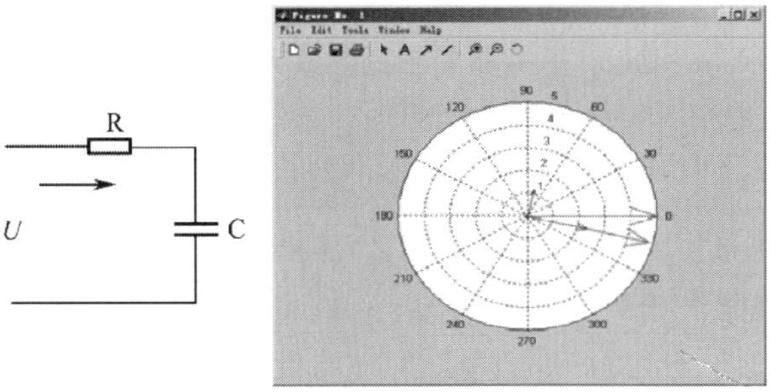

图 X4.4 运行界面

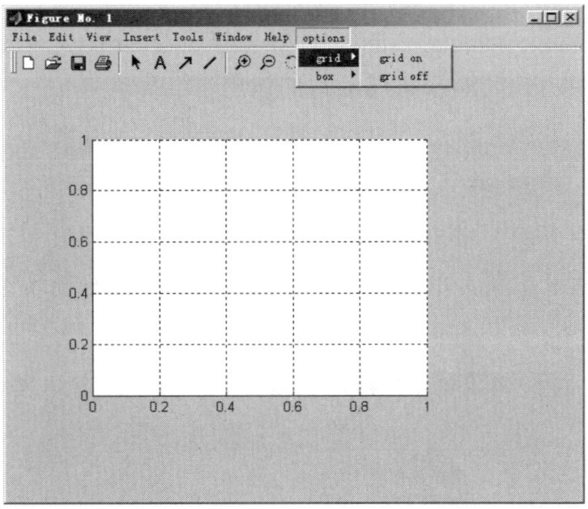

图 X4.5 菜单

12．使用输入对话框输入 1 个正弦信号的幅值和相角，默认值为 1 和 0；使用帮助框显示幅值的范围应> 0，使用提问框询问是否确认，使用消息框重新显示输入的幅值和相角值，并绘制 0～2π的正弦波形。

第 5 章 MATLAB 程序设计

1．M 脚本文件和 M 函数文件的主要区别是什么？

2．编制 M 脚本文件，t 的范围为[0，2π]，步长取 0.05π，计算函数 $y_1 = 5\mathrm{e}^{-2t}\sin(4t)$，$y_2 = 5\mathrm{e}^{-2t}\cos(4t)$ 的值；并将变量 t、y_1 和 y_2 放在同一矩阵 $\boldsymbol{A}$ 的 3 行中。

3．编写 M 脚本文件，分别使用 for 和 while 循环语句计算 $\mathrm{sum} = \sum_{i=1}^{10} i^i$ 的程序。

4．编制 M 脚本文件，要求从键盘逐个输入数值（input），然后判断输入的数是大于 0 还是小于 0，并输出提示（使用 disp 函数）是正数（positive one）还是负数（negative one），同时记录输入的正数、负数的个数。当输入 0 时，中止此 M 文件的运行；当输入第 10 个数字时，显示记录的正、负数个数并终止程序。

5．编写 M 函数文件，某班学生某门课的成绩为 60、75、85、96、52、36、86、56、94、84、77，用 switch 结构统计各分段的人数，并将各人的成绩变为用优、良、中、及格和不及格表示，统计人数和成绩变换都用子函数实现。

6．编写 M 函数文件，实现分段绘制曲面，绘制每个曲线为 1 个子函数，

$$z(x,y)=\begin{cases}0.5457\mathrm{e}^{-0.75y^2-3.75x^2-1.5x} & x+y>1\\ 0.7575\mathrm{e}^{-y^2-6x^2} & -1<x+y\leqslant 1\\ 0.5457\mathrm{e}^{-0.75y^2-3.75x^2+1.5x} & x+y\leqslant -1\end{cases}$$

7．根据输入参数个数实现：当没有输入参数时，显示信息；当有 1 个参数时，则以该参数为边长绘制正方形；当有 2 个参数时，以 2 个参数为长和宽绘制矩形。

8．用上题的.m 文件产生 P 码文件并查看。

9．使用内联函数实现 y=log(x)+sin(2y)，计算当 x=2、y=0.3 时的值。

10．将第 6 题使用函数句柄来实现函数的调用。

11．利用泛函命令求 $y(x)=-\mathrm{e}^{-x}|\sin(\sin(x))|$在 x=0 附近的极小值。

12．求数值积分 $\int_a^b \sin(x)\mathrm{d}x$，其中 a=0.1，b=1。

13．创建一个用户界面，有坐标轴、静态文本框和 4 个按钮，4 个按钮分别显示条形图、实心图、阶梯图和直方图。单击不同的按钮，则在坐标轴出现不同的曲线，其运行界面如图 X5.1 所示。

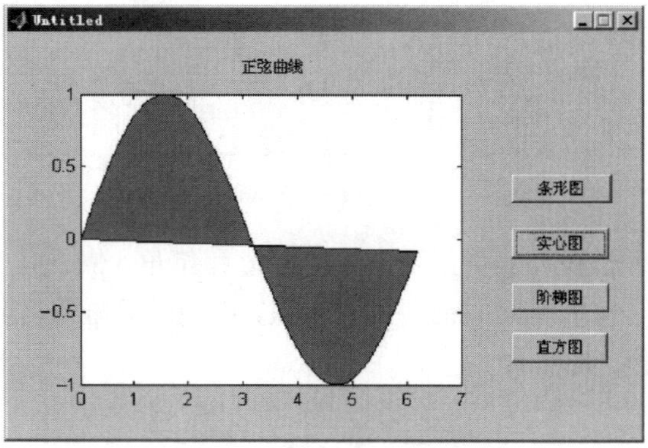

图 X5.1　运行界面

14．请设计一个动画图形，使蓝色的小球沿着正弦曲线运动。

第 6 章　线性控制系统分析与设计

1．将传递函数 $\dfrac{4s+8}{s^3+6s^2+5s}$ 转换成状态空间模型和零极点模型。

2．已知传递函数 $\dfrac{1}{0.1s^2+s+10}$，画出脉冲响应和阶跃响应曲线。

3．已知传递函数 $\dfrac{6s^3+11s^2+6s+10}{s^4+2s^3+3s^2+s+1}$，求：

（1）系统的零极点表达式和部分分式表达式；

（2）状态空间的参数表示；

（3）取采样周期为 1s，写出其离散传递函数和状态方程；

（4）取采样 10 个点，写出离散系统的阶跃响应和脉冲响应。

4．根据系统框图得出系统总传递函数，系统框图如图 X6.1 所示，b =0.8。

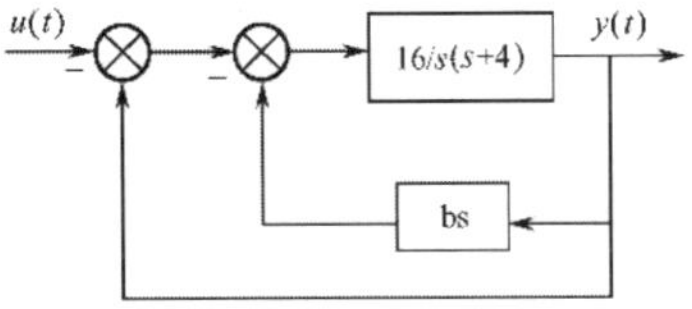

图 X6.1　系统结构框图

5．在第 4 题中，当 b=0 时，试确定系统的阻尼系数、无阻尼振荡频率以及稳态值，绘制输入信号 $u(t)$=1+2t 时的输出响应，t 的范围为[0，10]。

6．计算单位反馈的开环系统 $G(s)=\dfrac{10}{s(1+0.05s)}$ 的时域性能指标超调量、过渡时间和峰值时间。

7．已知线性系统 $\dot{\boldsymbol{x}}(t)=\begin{bmatrix}-5 & 2 & 0 & 0\\ 0 & -4 & 0 & 0\\ -3 & 2 & -4 & -1\\ -3 & 2 & 0 & -4\end{bmatrix}x(t)+\begin{bmatrix}1\\2\\0\\1\end{bmatrix}u(t)$，$y(t)$=[1,2,1,3]$x(t)$，绘制等 M 线和等$\alpha$线图，并绘制系统$\omega$在[0，2π]的 nichols 曲线。

8．已知传递函数 $\dfrac{10}{s(1+0.1s)}$，画出 bode 图和 nichols 图。w 为 10^{-1}～10^{2}，在图中画网格，并标注纵坐标，其运行界面如图 X6.2 所示。

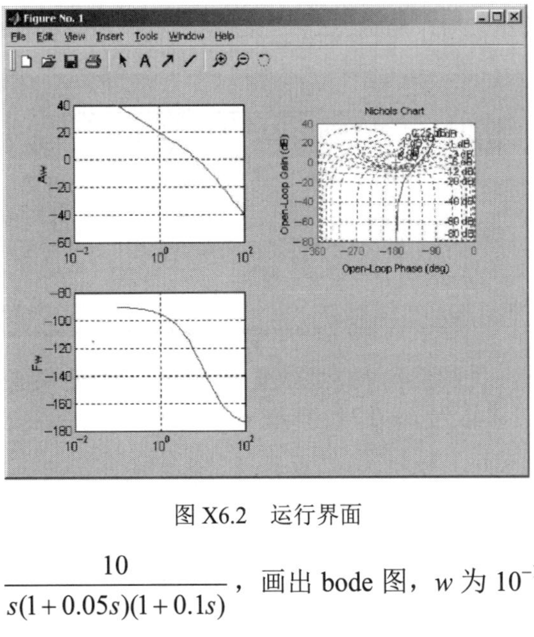

图 X6.2　运行界面

9．已知传递函数 $\dfrac{10}{s(1+0.05s)(1+0.1s)}$，画出 bode 图，$w$ 为 10^{-1}～10^{2}，并标注相角裕

度和幅值裕度，判断系统稳定性。

10．已知传递函数$\dfrac{10}{1+0.1s}$、$\dfrac{10}{s(1+0.05s)}$、$\dfrac{2000}{(s+20)(s+10)}$，在同一图中画出 nyquist 曲线。

11．已知传递函数$\dfrac{k}{s^4+5s^3+8s^2+6s}$，求开环零极点，并画出根轨迹，计算当 k=5 时各极点的值。

12．已知传递函数$\dfrac{k}{s(0.1s+1)(0.001s+1)}$，使用超前校正环节来校正系统，要求校正后系统的速度误差系数等于 1000(s^{-1})，相角裕度为 45°。

13．使用 SISO 图形设计工具窗口对上题进行超前校正。

第 7 章 Simulink 仿真环境

1．创建 1 个由正弦输入信号、放大器、示波器构成的模型。观察正弦信号幅值、频率和放大器放大倍数变化时示波器的输出变化。

2．创建 1 个由 2 个正弦输入信号、XY Graph 模块构成的模型，观察当输入 2 个正弦信号相位差变化时 XY Graph 模块输出波形的变化。

3．控制系统的结构图如图 X7.1 所示，试建立控制系统的仿真模型，观察系统在阶跃信号作用下的输出响应。

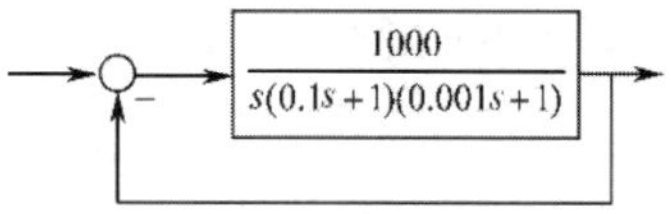

图 X7.1 系统结构图

给控制系统加上校正装置，结构图如图 X7.2 所示。观察校正后系统在阶跃信号作用下的输出响应。

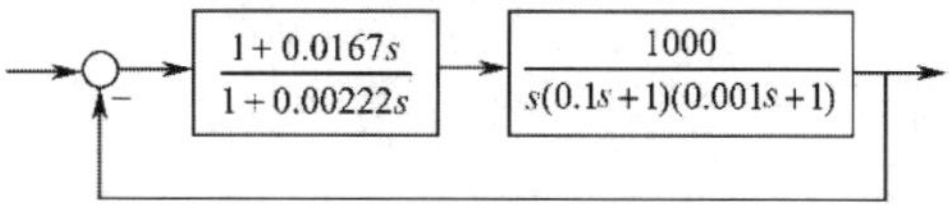

图 X7.2 校正后系统结构图

4．设计 1 个 PID 控制器，实现对 $G(s)=\dfrac{10}{s^2+s+10}$ 系统构成单位反馈的控制，当输入阶跃信号和正弦信号时，观察通过 PID 参数变化对系统控制效果的影响。

5．二阶系统的微分方程为 $\ddot{x}+0.2\dot{x}+0.4x=0.2u(t)$，$\dot{x}$=$x$=0，$u(t)$为单位阶跃信号，使用 Simulink 创建模型。

6．创建 2 个离散系统，离散传递函数相同，都是 $G(z)=\dfrac{z+0.1}{z-0.2}$，当输入单位阶跃信号采样时间分别为 0.1s 和 0s，离散采样时间分别为 1s 和 0.7s，观察 2 个离散系统的输出有什么不同，使用 2 个示波器显示。

7. 封装 1 个子系统，系统方程为 $y = a\sin(bx)\mathrm{e}^{-cx}$，其中 x 为输入，y 为输出，通过对话框输入 a、b、c 的值。

8. 采用使能子系统构建简单的全波整流模型，并用示波器同时观察原信号和整流后的信号波形。

9. 使用 Simulink 创建系统，在示波器中显示光滑、整齐的正弦波形。将仿真参数的“Max step size”和“Relative tolerance”都重新设置为 0.5。

10. 使用 S-Function 创建系统模型，模型如图 X7.3 所示。

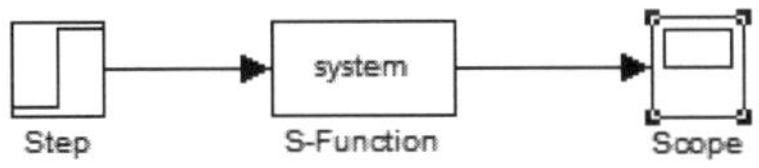

图 X7.3 系统结构图

$\begin{cases} \dot{x} = Ax + Bu \\ y = Cx + Du \end{cases}$，其中 $A = \begin{bmatrix} 0 & 1 \\ -1 & 1.414 \end{bmatrix}$，$B = \begin{bmatrix} 0 \\ 1 \end{bmatrix}$，$C = \begin{bmatrix} 1 & 0 \end{bmatrix}$，$D = 0$。

第 8 章 MATLAB 高级应用

1. 创建 1 个 M 文件并通过 Publish 发布为 PPT 文件，使用两个“Section”如下：

```
%分别使用 for 和 while 循环语句计算
%% 用 for 循环
sum=0;
for n=1:10
    sum=n^n+sum
end
%% 用 while 循环
n=1;
sum=0;
while n<=10
    sum=n^n+sum
    n=n+1;
end
```

2. 已知 $y = \dfrac{2x+5}{x^2+2x^2}$，其中 x 范围为 0～10，使用“Curve Fitting Tool”窗口进行曲线拟合。

3. 在上题中使用“Curve Fitting Tool”窗口进行插值，得出 x=0.27 时的 y 值。

4. 打开 Mupad Notebook 窗口，输入表达式 $f = 1 - \sin^2(x)$，$g = 2x + 1$，计算 f 的微分和 g 的积分。

5. 打开 1 个文本文件，读取文件内容，并将小写字母改为大写，重新写入该文件。

6．将变量 $\boldsymbol{A}=\begin{bmatrix}1 & 2\\3 & 4\end{bmatrix}$ 保存到 1 个 MAT 文件中，读取该文件，计算出其正弦值并重新写入该 MAT 文件。

7．将 3×3 的矩阵变量存放在 1 个 MAT 文件中，从中读取元素(1,3)和元素(2,2)。

8．打开“matlab\extern\examples\compiler”目录下的“hello.m”文件，并按行显示该文件的内容。

第3部分 实 验

实验 1 MATLAB R2015b 环境及命令窗口

【目的和要求】

（1）熟练掌握 MATLAB 的启动和退出。

（2）熟悉 MATLAB 的命令窗口和其他窗口。

（3）熟悉常用菜单和工具栏。

（4）使用“帮助”查找帮助信息。

【内容和步骤】

若要学习使用 MATLAB，则必须先熟悉 MATLAB 的桌面环境。MATLAB R2015b 包括命令（Command）、历史命令（Command History）、当前目录浏览器（Current Directory Browser）、工作空间（Workspace Browser）和帮助导航/浏览器（Help Browser）、变量编辑器（Array Editor）、M 文件编辑/调试器（Editor/Debugger）和程序性能剖析（Profiler）等窗口。

1. 启动 MATLAB

单击 Windows 的“开始”按钮，在“程序”菜单中选择“MATLAB R2015b”命令来启动。MATLAB R2015b 的集成化桌面如图 S1.1 所示。

2. 使用命令窗口

在命令窗口中输入以下命令并查看运行结果：

```
>> a=2.5
a =
    2.5000
>> b=[1 2;3 4]
b =
     1     2
     3     4
>> c='a'
c =
a
>> d=sin(a*b*pi/180)
d =
```

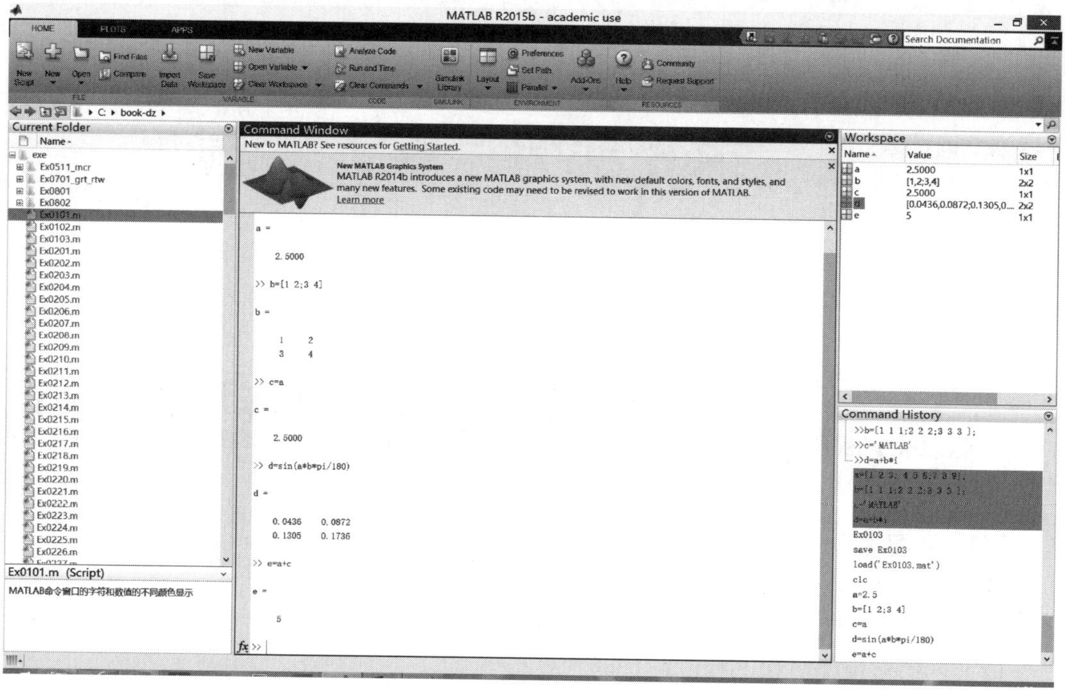

图 S1.1　MATLAB R2015b 的集成化桌面

```
        0.0436      0.0872
        0.1305      0.1736
>> e=a+c
e =
      99.5000
```

（1）单独显示命令窗口。若在左上角的下拉菜单中选择“Undock”命令，或是单击命令窗口右上角的按钮，则会出现单独的命令窗口。

单击命令行最前面的“fx”则出现下拉框，可以输入函数名查询。如图 S1.2 所示，输入函数“sin”，可以看到包含“sin”的所有函数。

（2）使用标点符号修改命令行。

①;用于不显示计算结果。

```
>> a=2.5;
```

②%用作注释。

```
>> b=[1 2;3 4]                        %b 为矩阵
```

③...用于把后面的行与该行进行连接。

```
>> d=sin(a*b*pi/...
180)
```

（3）数值显示格式的设置。在 MATLAB 的主界面选择菜单“File”→“Preferences”或“Format”命令，进行数值显示格式的设置。

①format short e：5 位科学计数法表示。

```
>> d
d =
```

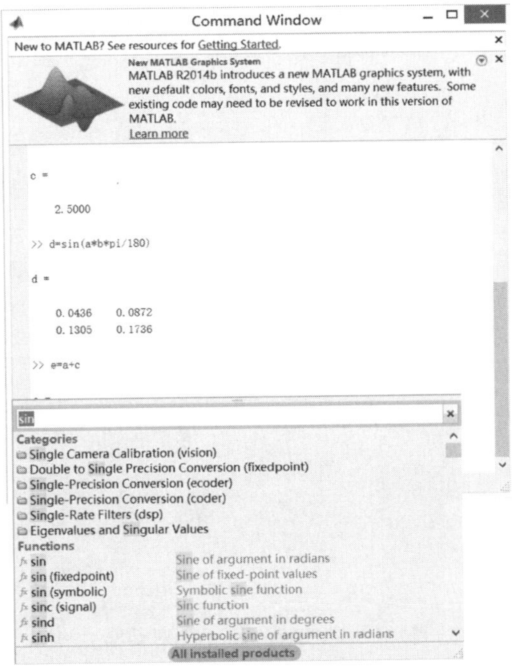

图 S1.2　单独的命令窗口

```
    4.3619e-002   8.7156e-002
    1.3053e-001   1.7365e-001
```

②format short g：从 format short 和 format short e 中自动选择最佳计数方式。

```
>> d
d =
        0.043619        0.087156
        0.13053         0.17365
```

③format long：15 位数字表示。

```
>> d
d =
     0.04361938736534    0.08715574274766
     0.13052619222005    0.17364817766693
```

④format rat：近似有理数表示。

```
>> d
d =
215/4929       1807/20733
      62/475          228/1313
```

（4）使用“Preferences”修改设置。

若在 MATLAB 主界面单击工具栏上的“Preferences”按钮，则会出现参数设置对话框。

①单击对话框左栏的“Command Window”项，在右边的“Numeric format”栏设置数据的显示格式，如图 S1.3 所示。

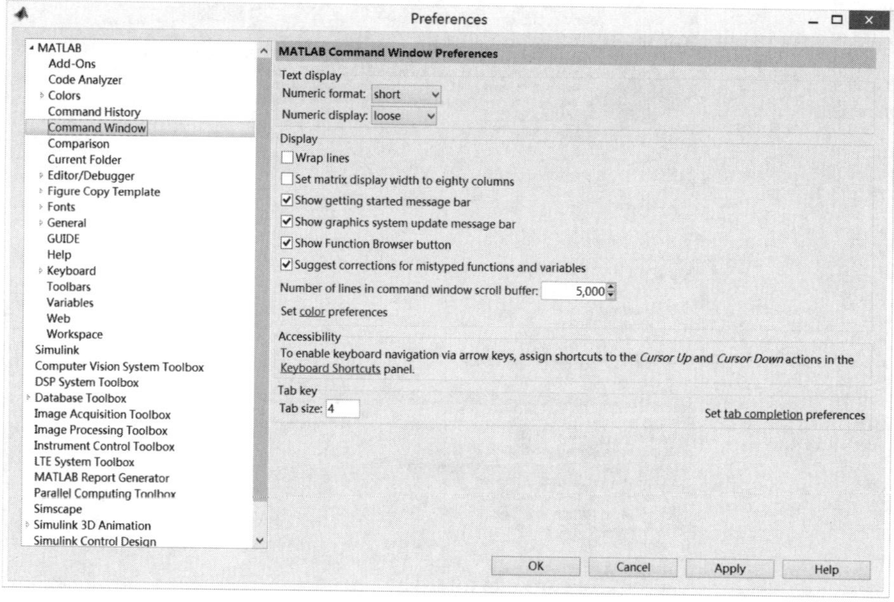

图 S1.3 “Preferences”对话框

练习：

- 在图 S1.3 中修改“Numeric format”，以查看变量 a、b、c 和 d 的显示格式。
- 在图 S1.3 中修改“Numeric display”，以查看变量 d 的显示。

②修改颜色。选择对话框左栏的“Colors”可以设置不同格式文字的颜色。

（5）通过常用操作键编辑命令。

①↑：向前调回已输入过的命令行。

②↓：向后调回已输入过的命令行。

③Esc：清除当前行的全部内容。

（6）使用“clc”命令。用“clc”命令清空命令窗口中显示的内容。

3. 查看历史命令窗口

打开历史命令窗口，可以看到每次打开 MATLAB 的时间和在命令窗口输入过的命令。

（1）在历史命令窗口选中需要运行的命令行“b=[1 2;3 4]”，直接用鼠标拖曳到命令窗口，按回车键运行。

（2）在历史命令窗口选中“a=2.5”，单击鼠标右键，在弹出的快捷菜单中选择“Copy”命令，然后把“a=2.5”粘贴到命令窗口。

（3）在历史命令窗口选中“d=sin(a*b*pi/180)”，单击鼠标右键，在弹出的快捷菜单中选择“Evaluate Selection”命令，就可在命令窗口中运行，并查看相应结果。或者双击该命令行来运行命令。

（4）在历史命令窗口选中刚才运行的几行命令，单击鼠标右键，在弹出的快捷菜单中选择“Create M-File”命令，就会出现写有这些命令的 M 文件编辑/调试器窗口，如图 S1.4 所示。

将该.m 文件保存在用户目录“exe”中，文件名为“sy0101.m”。

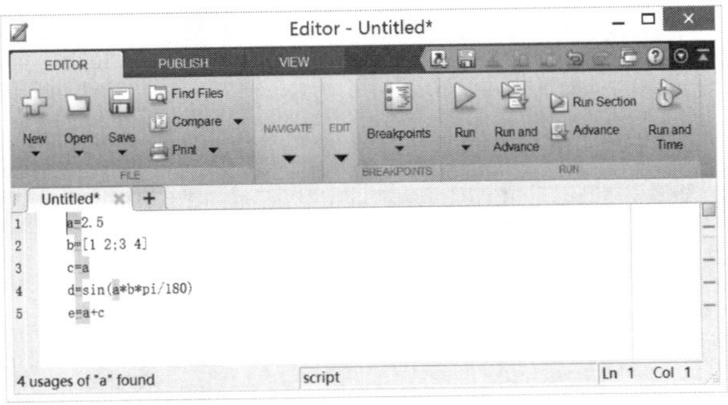

图 S1.4　M 文件编辑/调试器窗口

4. 查看工作空间窗口

在工作空间窗口中可以看到 a、b、c、d 这 4 个变量，如图 S1.5 所示。还可以单击命令窗口左下侧的“Start”按钮，选择菜单“Desktop Tools”→“Workspace”命令打开工作空间窗口。

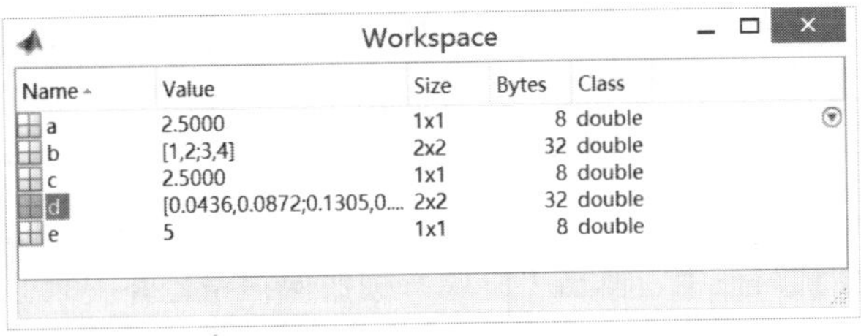

图 S1.5　工作空间窗口

练习：

- 使用“who”和“whos”命令查看变量内容。
- 使用“clear”命令删除变量 a。

5. 变量编辑器窗口

在工作空间选择某个变量，双击，或单击鼠标右键并在弹出的快捷菜单中选择“Open Selection”命令，就会出现变量编辑器窗口，如图 S1.6 所示为变量“*f*=*a*+*b**i”在变量编辑器窗口中的显示。

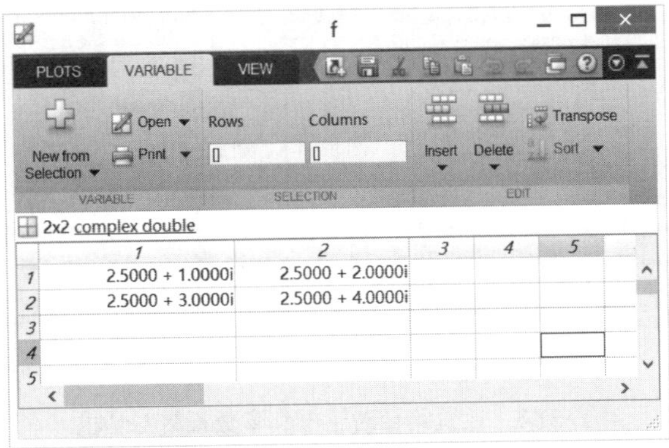

图 S1.6　变量编辑器窗口

练习：

- 在图 S1.6 中将变量 *f* 修改为如图 S1.7 所示。

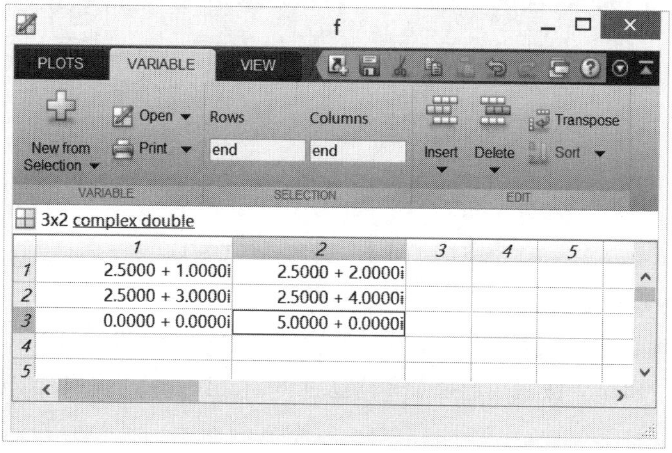

图 S1.7　修改变量 *f*

6. 修改搜索路径

在 MATLAB 主界面的工具栏中单击“Set Path”按钮，打开设置路径对话框，如图 S1.8（a）所示。单击“Add Folder”和“Add with Subfolders”按钮，打开浏览文件夹窗口，将用户目录“exe”添加到搜索路径中，单击“Save”按钮保存路径并关闭该对话框。

分别单击“Remove”“Move to Top”“Move Up”“Move Down”“Move to Bottom”按钮，查看对搜索路径的修改。

在 MATLAB 主界面的工具栏中单击“Preferences”按钮，打开参数设置对话框，如图 S1.8（b）所示。选择对话框左栏的“Current Folder”，在右侧栏的“Path indication”选项中选择“Indicate inaccessible files”和“Show tooltip explaining why files are inaccessible”命令，并将“Text and icon transparency”命令调整到最前面，单击“OK”按钮保存设置。

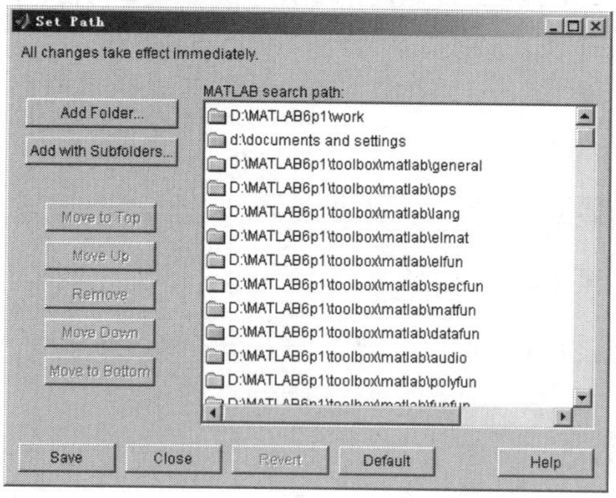

（a）设置路径对话框

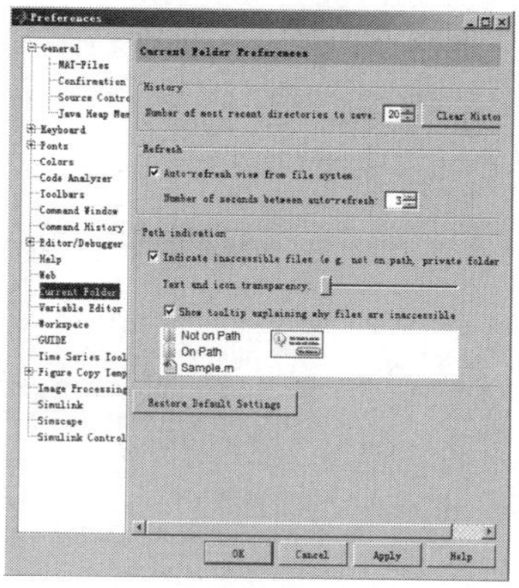

（b）参数设置对话框

图 S1.8　设置路径对话框和参数设置对话框

若在“当前路径”窗口的“sy0101.m”文件上单击鼠标右键，则会出现该文件是否在搜索路径上的说明，如图 S1.9 所示。

图 S1.9　当前路径窗口

用鼠标右键单击“sy0101.m”文件所在的文件夹“exe”，在弹出的快捷菜单上选择“Add to Path” 命令，以将该目录添加到搜索路径中。

7. 使用当前目录窗口

在命令窗口中输入：

```
>> clear
>>x=[1 2 3 4 5];
>> y=sin(x)
y =
0.8415    0.9093    0.1411    −0.7568    −0.9589
```

（1）在工作空间中保存变量。在工作空间中显示了选择变量 x 和 y，如图 S1.10 所示。若单击工具栏上的按钮，则出现保存变量对话框 “Save As”，默认保存的文件名为“MATLAB.mat”，将工作空间的所有变量保存到用户目录“exe”中，文件名为“sy0102.mat”。

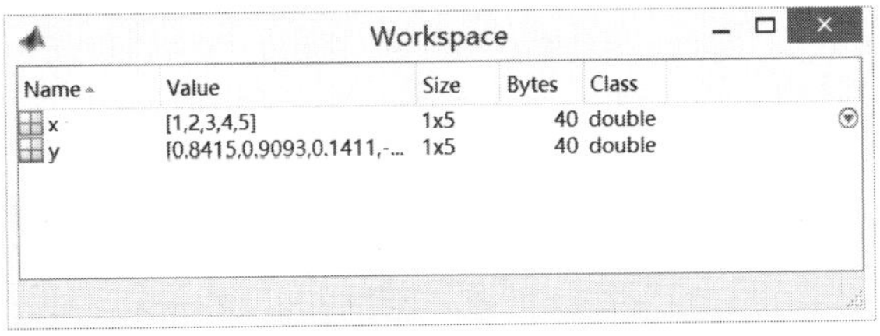

图 S1.10　工作空间窗口

（2）在工作空间中绘制曲线。选择变量 y，在工具栏上的 PLOTS 面板中单击绘制曲线按钮 plot(y)，图形窗口则出现根据 y 绘制出的曲线。

练习：

- 通过 PLOTS 面板上的绘制曲线按钮绘制柱状图。

（3）在当前目录窗口中修改当前路径。在当前目录窗口中的路径文本框中修改当前目录为用户目录 “exe”。

（4）在当前目录窗口中保存 M 文件。在历史命令窗口中选择以上输入的 3 行命令，单击鼠标右键，在弹出的快捷菜单中选择“Create Script”命令，打开 M 文件编辑器窗口，如图 S1.11 所示，选择“File”菜单中的“Save”命令，将该文件保存为“sy0102.m”。

单击图 S1.11 所示窗口的工具栏▶按钮运行该程序。

（5）在当前路径窗口中压缩文件。在当前路径窗口中，用户目录“exe”中有“sy0102.m”和“sy0102.mat”文件，如图 S1.12 所示，选择这两个文件，单击鼠标右键，在弹出的快捷菜单中选择“Create Zip File”命令，则生成“Untitled.zip”文件，将其重命名为“sy0102.zip”。

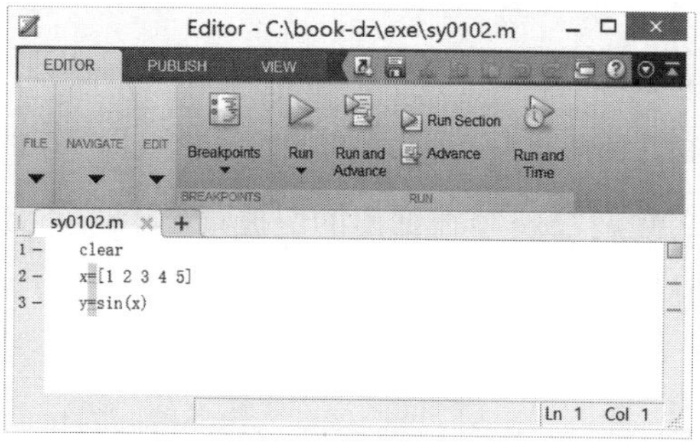

图 S1.11 M 文件编辑器窗口

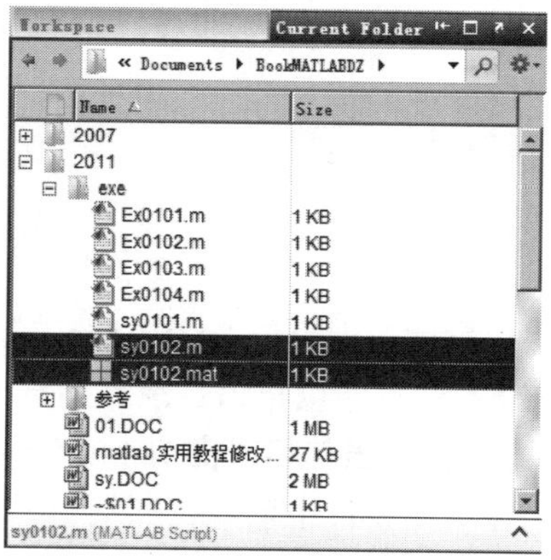

图 S1.12 当前目录窗口

8. 学会使用帮助

单击工具栏上的 ? 图标就会出现帮助窗口，如图 S1.13 所示。

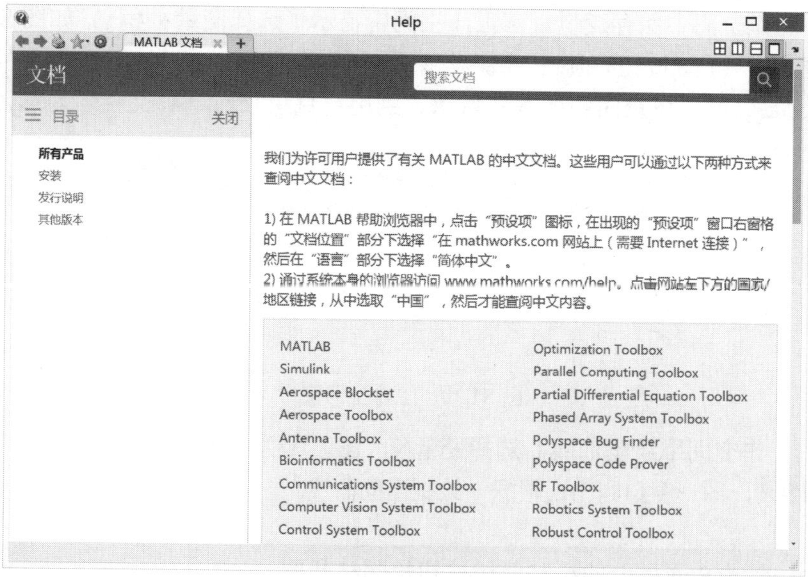

图 S1.13 帮助窗口

以查找 MATLAB 的内部函数“exp”为例，有如下几种方法。

（1）通过帮助浏览器查找。在左侧区域选择菜单“MATLAB”→“Mathematics”→“Elementary Math”→“Exponents and Logarithms”→“exp”命令，便在帮助界面右侧显示出相应的函数内容，如图 S1.14 所示。

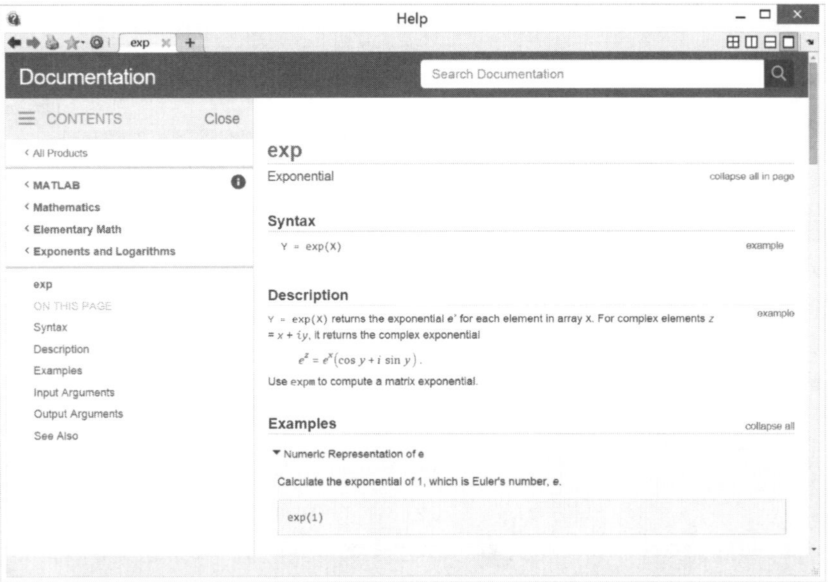

图 S1.14 帮助窗口

（2）通过“Search Documentation”查找。通过关键词查找全文中与之匹配的章节条目。在搜索文本框中输入“exp”，MATLAB 会根据输入的搜索文本自动匹配出搜索项，Search Results 选项窗口如图 S1.15 所示。如果选择第一项，就会打开相应的帮助条目。

图 S1.15 Search Results 选项窗口

（3）Examples 选项窗口。MATLAB 的 Examples 通过提供一些方便的图形用户界面介绍 MATLAB 的使用方法，并以视频、程序或界面演示的方式进行举例。

在图 S1.14 所示窗口中选择菜单“MATLAB”，单击旁边的 ❶ 图标，选择“Examples”命令，如图 S1.16 所示。

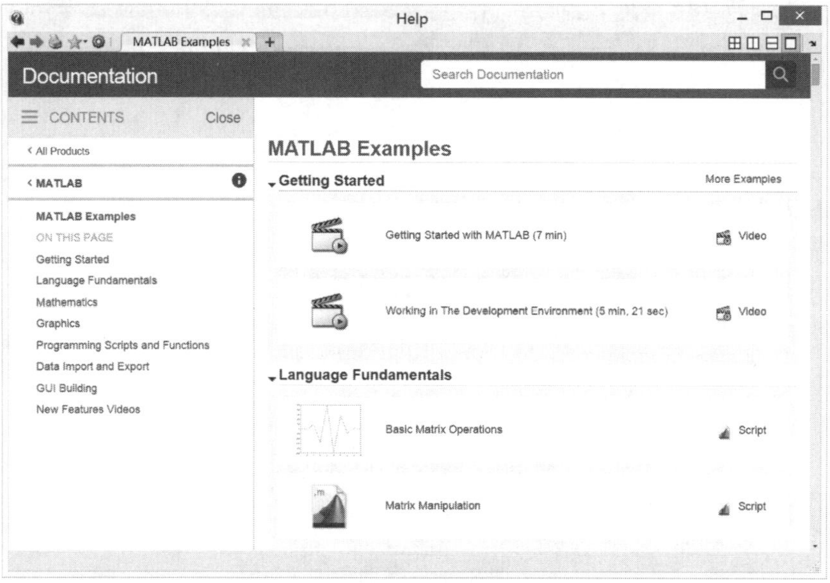

图 S1.16　选择 Examples

在图 S1.16 中，可以单击右边的“Basic Matrix Operations”命令，运行显示该 M 程序文件，出现如图 S1.17 所示的界面。可以单击右侧的“Open This Example”按钮，打开文件编辑浏览器查看运行该 M 程序。

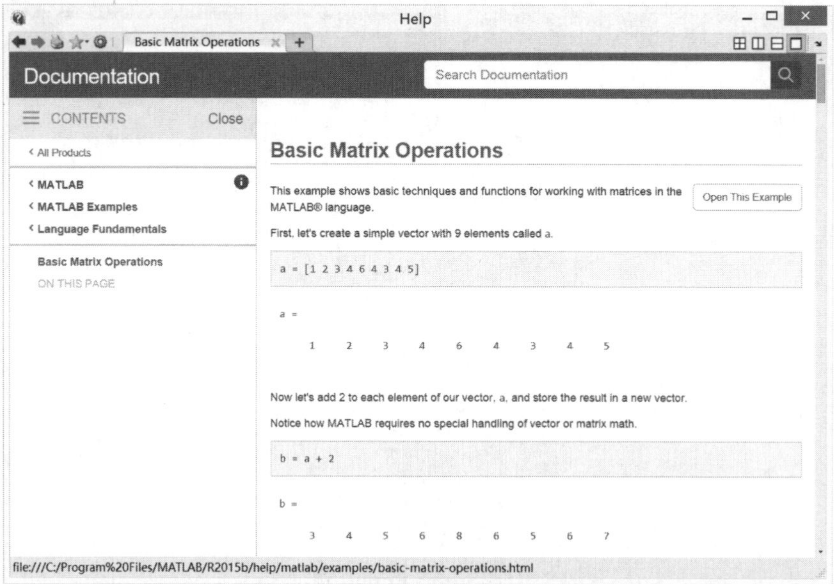

图 S1.17　Examples 演示

9. 自我练习

（1）在命令窗口中输入：

```
>> x=[1 3 5 7 9];
>> y=2*x
>> plot(y)
```

将命令行保存为 M 文件，并将 x 和 y 变量保存成 MAT 文件。

（2）使用帮助窗口中的 Demos 演示。打开帮助窗口，选择菜单“MATLAB”→“Examples”→“Getting Started with MATLAB (7 min)”命令，查看相关视频。

实验 2 MATLAB 数值计算

【目的和要求】

（1）熟练掌握 MATLAB 变量的使用。

（2）熟练掌握 MATLAB 的矩阵和数组的运算方法。

（3）熟悉 MATLAB 多项式的运用。

（4）使用元胞数组和结构数组。

（5）掌握数据分析的方法。

【内容和步骤】

1. 创建矩阵

矩阵是包括 $m \times n$ 个元素的矩形结构，矩阵中的元素可以是实数或复数，单个元素构成的标量以及多个元素构成的行向量和列向量都是矩阵的特殊形式。

以下用多种方式创建矩阵。

（1）直接输入：

```
>> a=[1 2 3;4 5 6;7 8 9]
a =
     1     2     3
     4     5     6
     7     8     9
```

（2）用 from:step:to 方式：

```
>> a=[1:3;4:6;7:9]
a =
     1     2     3
     4     5     6
     7     8     9
```

（3）用 linspace 函数：

```
>> a=[linspace(1,3,3);linspace(4,6,3);linspace(7,9,3)]
a =
     1     2     3
     4     5     6
     7     8     9
```

（4）使用特殊矩阵函数，并修改元素：

```
>> a=ones(3)
a =
     1     1     1
     1     1     1
     1     1     1
```

```
>> a(1,:)=[1 2 3];
>> a(2,:)=[4 5 6]
a =
     1     2     3
     4     5     6
     1     1     1
```

（5）获取子矩阵块：

```
>>b=a(3:6)                              %按单下标方式获取子矩阵块
b =
     1     2     5     1
>> b(1)=[]                              %删除一个元素
b =
     2     5     1
```

练习：

- 使用全下标方式获取 a 矩阵中的第二列子矩阵块。
- 使用 logspace 函数创建 0～4π的行向量，有 20 个元素，查看元素分布情况。

2. 矩阵的运算

MATLAB 的矩阵运算功能非常强大，提供了对矩阵的加、减、乘、除等基本运算，以及矩阵的转置、求特征值、矩阵分解等功能，可以通过这些运算解线性方程组。

（1）利用矩阵除法解线性方程组。

已知方程组
$$\begin{cases}2x_1-3x_2+2x_4=8\\ x_1+5x_2+2x_3+x_4=2\\ 3x_1-x_2+x_3-x_4=7\\ 4x_1+x_2+2x_3+2x_4=12\end{cases}$$

将方程表示为 ***AX*=*B*** ，计算 ***X*=*A**B***。

程序如下：

```
>> a=[2 -3 0 2;1 5 2 1;3 -1 1 -1;4 1 2 2]
a =
     2    -3     0     2
     1     5     2     1
     3    -1     1    -1
     4     1     2     2
>> b=[8;2;7;12];
>> x=a\b
x =
    3.0000
    0.0000
   -1.0000
    1.0000
```

（2）利用矩阵的基本运算求解矩阵方程。已知矩阵 A 和 B 满足关系式 $A^{-1}BA=6A+BA$，

其中 $A=\begin{bmatrix}1/3 & 0 & 0\\ 0 & 1/4 & 0\\ 0 & 0 & 1/7\end{bmatrix}$，计算矩阵 $\boldsymbol{B}$。

解：

$A^{-1}BA-BA=6A$

$(A^{-1}-E)BA=6A$

$BA=(A^{-1}-E)^{-1}6A$

$B=A^{-1}(A^{-1}-E)^{-1}6A$

程序如下：

```
>> A=[1/3 0 0;0 1/4 0;0 0 1/7];
>> B=inv(A)*inv(inv(A) -eye(3)) *6*A
B =
    3.0000         0         0
         0    2.0000         0
         0         0    1.0000
```

练习：

- 验证关系式 $A^{-1}BA=6A+BA$。

（3）计算矩阵的特征值和特征向量。

已知矩阵 $X=\begin{bmatrix}1 & 2 & 0\\ 2 & 5 & -1\\ 4 & 10 & -1\end{bmatrix}$，计算其特征值和特征向量。

程序如下：

```
>> x=[1 2 0;2 5 -1;4 10 -1]
x =
     1     2     0
     2     5    -1
     4    10    -1
>> [v,d]=eig(x)
v =
   -0.2440   -0.9107    0.4472
   -0.3333    0.3333    0.0000
   -0.9107   -0.2440    0.8944
d =
    3.7321         0         0
         0    0.2679         0
         0         0    1.0000
```

验证特征值和特征向量与该矩阵的关系 xv=dv。

```
>> x*v
ans =
   -0.9107   -0.2440    0.4472
   -1.2440    0.0893   -0.0000
   -3.3987   -0.0654    0.8944
>> v* d
```

```
ans =
    -0.9107    -0.2440     0.4472
    -1.2440     0.0893     0.0000
    -3.3987    -0.0654     0.8944
```

练习：

- 将矩阵的乘、除运算改为数组的点乘和点除运算，查看结果。

（4）利用数学函数进行矩阵运算。已知传递函数 $G(s)=\dfrac{1}{2s+1}$，计算幅频特性 $L_W=-20\lg(\sqrt{(2w)^2+1})$ 和相频特性 $F_W=-\arctan(2w)$，w 的范围为[0.01，10]，按对数均匀分度。

程序如下：

```
>> w=logspace(-2,1, 10)
w =
  Columns 1 through 6
    0.0100     0.0215     0.0464     0.1000     0.2154     0.4642
  Columns 7 through 10
    1.0000     2.1544     4.6416    10.0000
>> LW=-20*log10(sqrt((2*w).^2+1))
LW =
  Columns 1 through 6
   -0.0017   -0.0081   -0.0373   -0.1703   -0.7396   -2.6993
  Columns 7 through 10
   -6.9897  -12.9151  -19.4040  -26.0314
>> FW=-atan(2*w) *180/pi
FW =
  Columns 1 through 6
   -1.1458   -2.4673   -5.3037  -11.3099  -23.3106  -42.8711
  Columns 7 through 10
  -63.4349  -76.9341  -83.8517  -87.1376
```

3. 多维数组

多维数组可以通过直接输入元素赋值生成，也可以由低维数组或函数生成。

```
>> a=1:9
a =
     1     2     3     4     5     6     7     8     9
>> b=reshape(a,3,3)
b =
     1     4     7
     2     5     8
     3     6     9
>> c=cat(3,b,b)
c(:,:,1) =
     1     4     7
     2     5     8
     3     6     9
```

```
c(:,:,2) =
     1     4     7
     2     5     8
     3     6     9
>> c(18)=[]                         %删除第 18 个元素
c =
  Columns 1 through 10
     1     2     3     4     5     6     7     8     9     1
  Columns 11 through 17
     2     3     4     5     6     7     8
```

通过查看三维数组 c 的元素存放顺序，可以看出三维数组是把第 3 维视作 1 页，先存放第 1 页的元素，在 1 页中先存放第 1 列的元素，再存放第 2 列的元素。

练习：

- 使用数组编辑窗口查看变量 a、b 和 c。

4. 逻辑运算

（1）产生 100 以内的 10 个数的行向量，并排序。

```
>> x=rand(1,10)                     %产生 10 个随机行向量
x =
    0.1576    0.9706    0.9572    0.4854    0.8003    0.1419    0.4218    0.9157    0.7922
0.9595
>> x1=uint8(x*100)                  %转换成为无符号整型数
x1 =
   16   97   96   49   80   14   42   92   79   96
>> x2=sort(x1)                      %从小到大排序
x2 =
   14   16   42   49   79   80   92   96   96   97
```

（2）查找 49 所在的位置。

```
>> t=(x2==49)                       %产生逻辑行向量
t =
     0     0     0     1     0     0     0     0     0     0
>> num=find(t)                      %查找 49 所在的位置
num =
     4
>> disp(['49 ' 'is '   'the ' char(num+48) 'th'])   %显示字符串
49 is the 4th
```

char(48)是'0'，所以 char(num+48)就是'4'。

5. 多项式的运算

（1）多项式的运算。多项式的加、减运算必须具有相同的阶次，低阶必须补零。乘、除分别用 conv 和 deconv 函数实现。

已知表达式 $G(x)=(x-4)(x+5)(x^2-6x+9)$，展开多项式形式，并计算当 x 在[0，20]内变化时 $G(x)$的值，计算出 $G(x)=0$ 的根。

程序如下：

```
>> p1=[1 -4]
p1 =
     1    -4
>> p2=[1 5]
p2 =
     1     5
>> p3=[1 -6 9]
p3 =
     1    -6     9
>> G=conv(p1,p2)
G =
     1     1   -20
>> G=conv(G,p3)
G =
     1    -5   -17   129  -180
```

计算 x 在[0，20]内多项式的值：

```
>> x=0:20;
>> y=polyval(G,x)
y =
  Columns 1 through 5
       -180          -72          -14            0            0
  Columns 6 through 10
         40          198          576         1300         2520
  Columns 11 through 15
       4410         7168        11016        16200        22990
  Columns 16 through 20
      31680        42588        56056        72450        92160
  Column 21
     115600
```

计算多项式的根：

```
>> x0=roots(G)
x0 =
   -5.0000
    4.0000
    3.0000
    3.0000
```

验证多项式的积，得出 p1 为 G 除以 p2、p3 的值。

```
>> deconv(deconv(G,p3),p2)
ans =
     1    -4
```

（2）多项式的拟合与插值。多项式为 $G(x)=x^4-5x^3-17x^2+129x-180$，当 x 在[0，20]时，多项式的值 y 上下加上随机数的偏差构成 y_1，对 y_1 进行拟合。

```
>> G=[1 -5 -17 129 -180];
>> x=0:20;
```

```
>> y=polyval(G,x);
>> y0=0.1*randn(1,21)                        %产生 21 个元素的随机行向量
y0 =
  Columns 1 through 6
   -0.0234    0.0118    0.0315    0.1444   -0.0351    0.0623
  Columns 7 through 12
    0.0799    0.0941   -0.0992    0.0212    0.0238   -0.1008
  Columns 13 through 18
   -0.0742    0.1082   -0.0131    0.0390    0.0088   -0.0635
  Columns 19 through 21
   -0.0560    0.0444   -0.0950
>> y1=y+y0
y1 =
  1.0e+005 *
  Columns 1 through 6
   -0.0018   -0.0007   -0.0001    0.0000   -0.0000    0.0004
  Columns 7 through 12
    0.0020    0.0058    0.0130    0.0252    0.0441    0.0717
  Columns 13 through 18
    0.1102    0.1620    0.2299    0.3168    0.4259    0.5606
  Columns 19 through 21
    0.7245    0.9216    1.1560
>> G1=polyfit(x,y1,4)
G1 =
    1.0000   -4.9989  -17.0146  129.0654 -180.0290
```

拟合的多项式表达式为 $G_1(x)= x^4-4.9989x^3-17.0146x^2+129.0654x-180.029$。

对多项式 y 和 y_1 分别进行插值，计算在 5.5 处的值。

```
>> s=interp1(x,y,5.5)
s =
   119
>> s1=interp1(x,y1,5.5)
s1 =
  119.5187
```

6. 数据统计

（1）产生一个魔方阵。

```
>> a=magic(4)
a =
    16     2     3    13
     5    11    10     8
     9     7     6    12
     4    14    15     1
```

（2）计算各行和列的和。

```
>> b=sum(a,1)
b =
    34    34    34    34
```

```
>>c=sum(a,2)
c =
     34
     34
     34
     34
```

7. 元胞数组、结构数组和表格的使用

元胞数组和结构数组的使用举例如下。

（1）创建结构数组，用于表示 3 个学生的成绩。

```
>> student(1)=struct('name','John','Id','20030115','scores',[85,96,74,82,68])
student =
       name: 'John'
         Id: '20030115'
     scores: [85 96 74 82 68]
>> student(2)=struct('name','Rose','Id','20030102','scores',[95,93,84,72,88])
student =
1×2 struct array with fields:
    name
    Id
    scores
>> student(3)=struct('name','Billy','Id','20030117','scores',[72,83,78,80,83])
student =
1×3 struct array with fields:
    name
    Id
    scores
```

（2）修改学生 2 的第 2 个成绩为 73。

```
>> student(2).scores(2)=73;
>> student(2)
ans =
       name: 'Rose'
         Id: '20030102'
     scores: [95 73 84 72 88]
```

练习：

● 使用 setfield 函数进行上述修改。

（3）显示 scores 域并计算平均成绩。

```
>> all_scores=cat(1,student.scores)   %显示所有学生的成绩
all_scores =
    85    96    74    82    68
    95    93    84    72    88
    72    83    78    80    83
>> average_scores=mean(all_scores)
average_scores =
   84.0000   90.6667   78.6667   78.0000   79.6667
```

（4）将平均成绩放在元胞数组中，使用 3 种方法创建元胞数组。

方法一：

```
>> average={'平均成绩',average_scores}
average =
     '平均成绩'     [1×5 double]
```

方法二：

```
>> average(1)={'平均成绩'}
average =
     '平均成绩'     [1×5 double]
>> average(2)={average_scores}
average =
     '平均成绩'     [1×5 double]
```

方法三：

```
>> average{1}='平均成绩';
>> average{2}=average_scores
```

练习：

- 用图形和文字显示 average 的各元胞内容。

（5）将结构体转换为表格数据。

```
>> student(1)=struct('name','John','Id','20030115','scores',[85,96,74,82,68]);
>> student(2)=struct('name','Rose','Id','20030102','scores',[95,93,84,72,88]);
>> T=struct2table(student)          %将结构体转换为表格
T =
       name           Id              scores
     ______      __________      ____________
     'John'     '20030115'      [1x5 double]
     'Rose'     '20030102'      [1x5 double]
>> Smax1=max(T.scores(1,:))       %得出最高分
Smax =
     96
```

8. 自我练习

（1）使用 LU 分解和 QR 分解解线性方程组 $\begin{cases}2x_1-3x_2+2x_4=8\\x_1+5x_2+2x_3+x_4=2\\3x_1-x_2+x_3-x_4=7\\4x_1+x_2+2x_3+2x_4=12\end{cases}$，并比较与矩阵除法解方程得出的根。

（2）已知表达式 y=$6x^5$+$4x^3$+$2x^2$−$7x$+10，x 的范围是[0，100]，使用三阶拟合和五阶拟合的方法得出多项式的表达式，并编程在图中绘制出原曲线、三阶拟合和五阶拟合的曲线。

实验 3 MATLAB 符号计算

【目的和要求】

（1）熟练掌握 MATLAB 符号表达式的创建和代数运算。

（2）掌握符号表达式的化简和替换。

（3）熟练掌握符号微积分和积分变换。

（4）熟悉符号方程的求解。

（5）了解 MuPAD 的使用。

【内容和步骤】

符号运算允许在运算对象和运算过程中出现非数值的符号对象，利用符号对象进行运算。在工程实践和科学研究等各个方面，经常会遇到数值运算无法进行描述的问题，即存在非数值问题，引入符号运算就可以解决这方面的问题。

1. 创建符号表达式和符号表达式的操作

对符号表达式 $f=\sin x$，$g=\frac{y}{e^{-2t}}$ 进行操作。

（1）创建符号变量。创建符号变量和符号表达式可以使用 sym 和 syms 函数。

①使用 sym 命令创建符号表达式。

```
>> f=sym('sin(x)')
f =
sin(x)
>> g=sym('y/exp(-2*t)')
g =
y/exp(-2*t)
```

②使用 syms 函数创建符号表达式 f、g。

```
>> syms x y t
>> f=sym(sin(x))
f =
sin(x)
>> g=sym(y/exp(-2*t))
g =
y/exp(-2*t)
```

（2）自由变量的确定。使用 findsym 确定符号表达式 g 的自由变量。

```
>> symvar(g)                              %得出所有符号变量
ans =
[ t, y]
>>symvar(g,1)                             %得出第 1 个符号变量
ans =
```

```
y
>> findsym(g,2)                                    %按顺序得出 2 个符号变量
ans =
y,t
```

（3）用常数替换符号变量。用行向量替换 x，使符号对象 f 转变为行向量。

```
>> x=0:10;
>> y=subs(f,x)
y =
  Columns 1 through 6
           0      0.8415      0.9093      0.1411     –0.7568     –0.9589
  Columns 7 through 11
   –0.2794      0.6570      0.9894      0.4121     –0.5440
```

x、y 都为双精度型数值。

练习：

● 用 y 替换 x，查看结果及其数据类型。

（4）符号对象与数值的转换和任意精度控制。采用 double 和 eval 函数将符号对象转换为数值。

```
>> f1=subs(f,'5')                                  %f1 为符号对象
f1 =
sin(5)
>> y1=double(f1)
y1 =
   –0.9589
>>y2= eval(f1)
y2 =
   –0.9589
```

练习：

● 将 y1 用 sym 函数转换为符号对象，并用'd'、'f'、'e'或'r'4 种格式表示。

采用 digits 和 vpa 函数实现任意精度控制。

```
>> digits
digits = 32
>> vpa(f1)
ans =
–0.95892427466313846889315440615599
>> vpa(f1,10)
ans =
–0.9589242747
```

（5）求反函数和复合函数。

①用 finverse 函数求 f、g 的反函数。

```
>> f=sym('sin(x)');
>>g=sym('y/exp(–2*t)')
>> finverse(f)
Warning: finverse(sin(x)) is not unique.
```

```
ans =
asin(x)
>> finverse(g)                          %对默认独立变量 y 求反函数
ans =
y/exp(2*t)
>> finverse(g,'t')                      %对符号变量 t 求反函数
ans =
log(t/y)/2
```

②用 compose 函数求 f、g 的复合函数。

```
>> compose(f,g)                         %计算 f(g(x))
ans =
sin(y/exp(-2*t))
>> compose(f,g,'z')                     %计算 f(g(z))
ans =
sin(z/exp(-2*t))
```

（6）符号微积分和极限。

①对 f 和 g 用 diff 函数求微分。

```
>> diff(f)
ans =
cos(x)
>> diff(g)                              %对默认自由变量 y 求微分
ans =
exp(2*t)
>> diff(g,'t')                          %对符号变量 t 求微分
ans =
2*y*exp(2*t)
```

②用 limit 函数也可以求微分。

```
>> syms t x
>> limit((sin(x+t) -sin(x))/t,t,0)
ans =
cos(x)
```

③对 f 和 g 用 int 函数求积分。

```
>> int(f)                               %求不定积分
ans =
-cos(x)
>> int(g)
ans =
1/2*y^2/exp(-2*t)
>> int(g,'t')                           %对 t 求不定积分
ans =
(y^2*exp(2*t))/2
>> int(g,'t',0,10)                      %对 t 求定积分
ans =
(y*(exp(20) - 1))/2
```

2. 符号表达式的代数运算和化简

符号表达式的运算功能是非常强大的，其运算符和基本函数都与数值计算中的几乎完全相同。

对符号表达式 $f=x^2+3x+2$ 和 $g=x^3-1$ 进行运算。

（1）符号表达式的代数运算。

```
>> f=sym('x^2+3*x+2')
f =
x^2+3*x+2
>> g=sym('x^3-1')
g =
x^3-1
>> f+g
ans =
x^2+3*x+1+x^3
>> f~=g                                    %判断 f 与 g 不等
ans =
     1
```

（2）符号表达式化简。

```
>> pretty(f)
                                 2
                               x+3x+2
>> f1=horner(f)
f1 =
x*(x + 3) + 2
>> f2=factor(f1)
f2 =
(x+2) * (x+1)
>> simple(g)
simplify:
 x^3-1
radsimp:
 x^3-1
combine(trig):
 x^3-1
factor:
 (x-1) * (x^2+x+1)
expand:
 x^3-1
combine:
 x^3-1
convert(exp):
 x^3-1
convert(sincos):
 x^3-1
```

```
convert(tan):
 x^3-1
collect(x):
 x^3-1
ans =
x^3-1
```

练习：

- 使用 expand、collect、simplify 函数进行 f1、f2、f3 的转换。

（3）符号表达式与多项式的转换。用函数 sym2poly 和 poly2sym 实现符号表达式 f 与多项式的转换。

```
>> h=sym2poly(f)
h =
     1     3     2
>> f=poly2sym(h)
f =
x^2+3*x+2
```

练习：

- 将 f 转换为以 t 为符号变量的符号表达式。

3. 符号矩阵的操作

符号矩阵的操作有以下几种。

（1）创建符号矩阵。

```
>> A=sym('[x x^2;2*x cos(2*t)]')
A =
[          x,        x^2]
[        2*x, cos(2*t)]
```

（2）符号矩阵的代数运算。符号矩阵的大多数运算都与矩阵相同。

```
>> A.'
ans =
[          x,        2*x]
[        x^2, cos(2*t)]
>> det(A)
ans =
x*cos(2*t) -2*x^3
```

对符号矩阵的微分运算就是对符号矩阵的每一个元素进行微分。

```
>> diff(A)
ans =
[   1, 2*x]
[   2,   0]
```

练习：

- 对符号矩阵 ***A*** 进行求特征值、对角阵等运算。
- 对符号矩阵 ***A*** 求极限和积分。

4. 符号方程的求解

以下介绍 2 种符号方程的求解方法。

（1）用代数方程求解。

对方程组 $\begin{cases}2x_1-3x_2+2x_4=8\\x_1+5x_2+2x_3+x_4=2\\3x_1-x_2+x_3-x_4=7\\4x_1+x_2+2x_3+2x_4=12\end{cases}$ 进行求解。

```
>> eq1=sym('2*x1-3*x2+2*x4=8')
eq1 =
2*x1-3*x2+2*x4=8
>> eq2=sym('x1+5*x2+2*x3+x4=2');
>> eq3=sym('3*x1-x2+x3-x4=7');
>> eq4=sym('4*x1+x2+2*x3+2*x4=12');
>> [x1,x2,x3,x4]=solve(eq1,eq2,eq3,eq4)
x1 =
3
x2 =
0
x3 =
-1
x 4=
1
```

（2）用符号微分方程求解。

解方程组 $\begin{cases}\dfrac{dy}{dx}-z=\cos x\\\dfrac{dz}{dx}+y=1\end{cases}$

```
>> [y,z]=dsolve('Dy-z=cos(x),Dz+y=1','x')
y =
cos(x)^2 + sin(x)^2 + sin(x)^3/2 + C2*cos(x) + (cos(x)^2*sin(x))/2 + C1*sin(x) + (x*cos(x))/2
z =
C1*cos(x) - C2*sin(x) - (x*sin(x))/2
```

练习：

- 当 $y(0)=1$，$z(0)=5$ 时，求微分方程组的解。

5. MuPAD Notebook 的使用

MuPAD Notebook 是 MATLAB 符号运算的 Notebook，在教程的第 8 章已详细介绍。

（1）打开 MuPAD Notebook 窗口。在命令窗口输入以下命令，打开 MuPAD Notebook 窗口，如图 S3.1 所示。

```
>> mupad
```

或者在 MATLAB 主界面的 APPS 面板中单击“MuPAD Notebook”按钮。

（2）输入命令。在空白窗口中输入回车，然后输入文字：

```
“对方程组进行求解：”
```

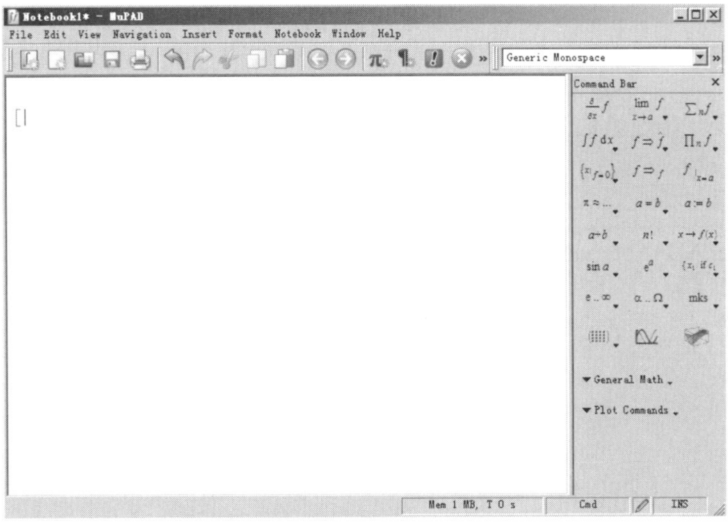

图 S3.1 MuPAD Notebook 窗口

在“[”后输入解上题方程的表达式：

```
solve([2*x1-3*x2+2*x4=8,x1+5*x2+2*x3+x4=2,3*x1-x2+x3-x4=7,4*x1+x2+2*x3+2*x4=12],[x1,x2,x3,x4])
```

按回车键后输出如下：

```
{[x1=3,x2=0,x3=-1,x4=1]}
```

运算过程如图 S3.2 所示。

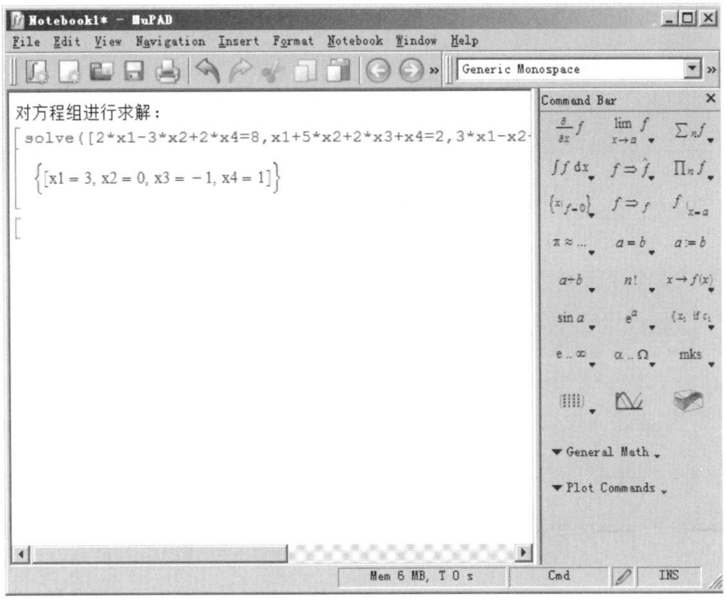

图 S3.2 MuPAD 窗口

（3）查看帮助。MuPAD 的命令与 MATLAB 不同，因此很多命令都需要获取帮助。可以在 MATLAB 的命令窗口中输入命令“doc(symengine)”，打开 MuPAD Help 窗口。或者单击 MATLAB 界面的?按钮，选择“Symbolic Math Toolbox”→“MuPAD”命令，打开帮助窗口。

6. **自我练习**

（1）已知开环传递函数为$F(s)=\dfrac{2s^2+3s+3}{(s+1)(s+3)^3}$，计算 $C(s)=R(s)F(s)$的拉普拉斯反变换，已知 $R(s)=1/s$。

（2）在 MuPAD Notebook 窗口计算 f=sin$x$，$g=\dfrac{y}{e^{-2t}}$的微分和积分，并与前面的实验结果进行比较。

实验 4　MATLAB 计算的可视化和 GUI 设计

【目的和要求】

（1）熟练掌握 MATLAB 二维曲线的绘制和修饰。

（2）掌握三维图形的绘制。

（3）熟练掌握各种特殊图形的绘制。

（4）掌握句柄图形的概念和 GUI 设计。

【内容和步骤】

MATLAB 的图形功能非常强大，可以对二维、三维数据用图形进行表现，并可以对图形的线型、曲面、视角、色彩和光线等进行处理。与其他软件一样，MATLAB 也可以实现 GUI 设计，使人机交互界面更加美观、方便。

1. 绘制二维曲线

绘制如图S4.1 所示的图形，把图形窗口分割为 2 列 2 行，在窗口 1 中绘制 1 条正弦曲线 $y=\sin(2\pi t)$，$t\in[0,2]$；在窗口 2 中绘制 3 条衰减的单边指数曲线 $y=\mathrm{e}^{-t}$、$y=\mathrm{e}^{-2t}$ 和 $y=\mathrm{e}^{-3t}$，$t\in[0,2]$；在窗口 3 中绘制 1 个矩形脉冲信号，脉冲宽度为 1，高度为 2，开始时间为 1；在窗口 4 中绘制 1 个单位圆。

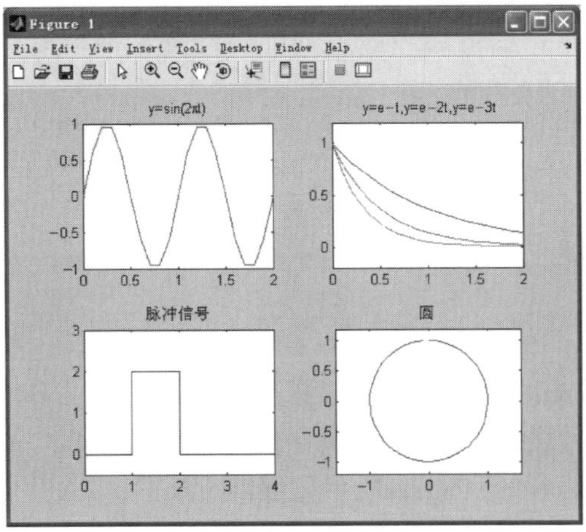

图 S4.1　图形

MATLAB 允许在同一窗口中绘制多个子图，使用 subplot 函数，各子图的顺序是先向右、后向下。

2 行 2 列子图的第 1 个图：

```
>> subplot(2,2,1)
>> t1=0:0.1:2;
>> y1=sin(2*pi*t1);
```

```
>> plot(t1,y1);
>> title('y=sin(2\pit)')                    %添加标题，\pi为特殊字符
```

练习：

- 修改横坐标的刻度为“0 π/2 2”。

2 行 2 列子图的第 2 个图：

```
>> subplot(2,2,2)
>> t2=0:0.1:2;
>> y2=[exp(-t2);exp(-2*t2);exp(-3*t2)];
>> plot(t2,y2)
>> axis([0 2 -0.2 1.2]);                    %设定坐标范围
>> title('y=e-t,y=e-2t,y=e-3t')
```

练习：

- 将 3 条曲线改为不同的线型，为图形加坐标框。

2 行 2 列子图的第 3 个图：

```
>> subplot(2,2,3);
>> t3=[0 1 1 2 2 3 4];
>> y3=[0 0 2 2 0 0 0];
>> plot(t3,y3);
>> axis([0 4 -0.5 3]);
>> title('脉冲信号')
```

练习：

- 添加图形的网格，并在第 1 条曲线旁添加文字“指数曲线”。

2 行 2 列子图的第 4 个图：

```
>> subplot(2,2,4);
>> t4=0:0.1:2*pi;
>> plot(sin(t4),cos(t4));
>> axis([-1.2 1.2 -1.2 1.2]);
>> axis equal;                              %纵、横轴采用等长刻度
>> title('圆')
```

练习：

- 修改坐标轴的显示比例并查看图形。

2. 绘制多条二阶系统时域曲线和三维图形

绘制多条二阶系统时域曲线和三维图形的方法如下。

（1）在同一平面绘制多条二阶系统时域曲线。

二阶系统的时域响应为 $y=1-\frac{1}{\sqrt{1-\xi^2}}e^{-\xi x}\sin(\sqrt{1-\xi^2}x+a\cos\xi)$。

①绘制 1 条阻尼系数 zeta=0 的二阶系统曲线：

```
>> x=0:0.1:20;
>> zeta=0
>> y1=1-1/sqrt(1-zeta^2)*exp(-zeta*x).*sin(sqrt(1-zeta^2)*x+acos(zeta));
>> plot(x,y1)
```

②使用“hold on”命令在同一窗口叠绘 4 条曲线：

```
>> zeta=0.3;
```

```
>> y2=1-1/sqrt(1-zeta^2)*exp(-zeta*x).*sin(sqrt(1-zeta^2)*x+acos(zeta));
>> hold on
>> plot(x,y2,'r:')
>> zeta=0.5;
>> y3=1-1/sqrt(1-zeta^2)*exp(-zeta*x).*sin(sqrt(1-zeta^2)*x+acos(zeta));
>> plot(x,y3,'g*')
>> zeta=0.707;
>> y4=1-1/sqrt(1-zeta^2)*exp(-zeta*x).*sin(sqrt(1-zeta^2)*x+acos(zeta));
>> plot(x,y4,'m--')
```

③添加文字标注：

```
>> title('二阶系统曲线')                                    %添加标题
>> legend('\zeta=0','\zeta=0.3','\zeta=0.5','\zeta=0.707')  %添加图例
>> grid on   %添加网格
```

④使用交互式图形命令：

```
>> gtext('\zeta=0')                                         %将文字写在鼠标单击的地方
>> gtext('\zeta=0.3')
>> gtext('\zeta=0.5')
>> gtext('\zeta=0.707')
>> ginput(3)                                                %用鼠标获得任意 3 点的图形数据
ans =
     3.5714      1.1550
     2.2811      1.0029
    14.1244      0.9971
```

得出图形如图S4.2 所示，在 4 条曲线的相应位置用鼠标添加文字。

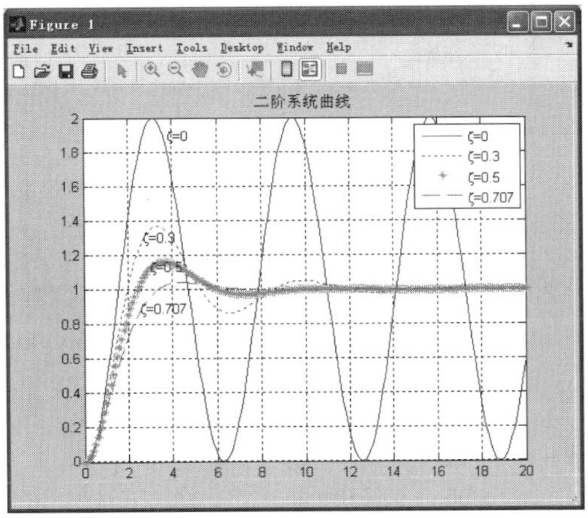

图S4.2 修改的界面

（2）使用句柄图形。

①获得图形对象句柄：

```
>> h_fig=gcf
h_fig =
      1
>> h_axis=gca
```

```
h_axis =
  100.0029
>> h_line1=gco                                    %获取最近单击曲线 1 对象的句柄
h_line1 =
    3.0035
>> h_title=get(gca,'title')                       %获取标题句柄
h_title =
  104.0027
>> h_text2=findobj(h_fig,'string','\zeta=0.3')    %获取文字句柄
h_text2 =
  117.0004
```

②设置图形对象属性：

```
>> set(h_line1,'linewidth',5)                     %将曲线 1 线型加粗
>> set(h_axis,'xgrid','off')                      %去掉 y 网格线
>> set(gca,'ytick',[0 0.25 .5 1 1.25 1.5 1.75 2.0])  %设置 y 轴刻度
>> set(h_title,'color','red','fontsize',13)       %设置标题颜色、字号
>> set(h_text2,'color','red')                     %设置文字颜色
```

修改得出的图形如图 S4.3 所示。

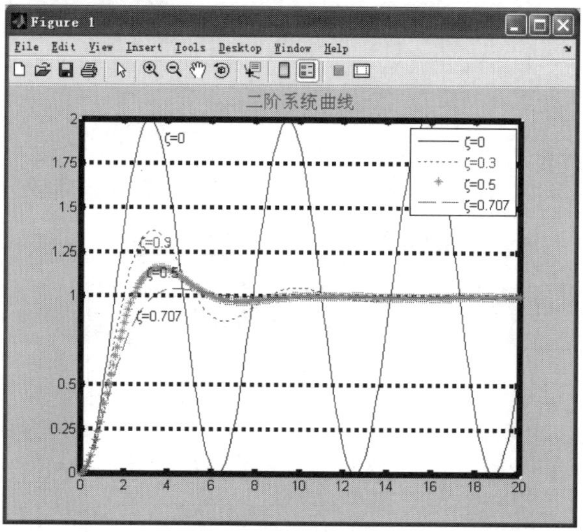

图 S4.3　修改图形

练习：

- 使用“get”命令查看坐标轴对象的所有属性，修改网格线的线型属性“gridlinestyle”。

（3）使用图形窗口功能。在图 S4.3 中使用图形窗口内的菜单也可以修改图形。

①修改对象属性。选择菜单“View”→“Property Editor”命令，可以打开图形属性窗口，单击图形中的对象就可以打开当前对象属性，如图 S4.4（a）所示为坐标轴属性设置；在图中单击“More Properties”按钮，会出现如图 S4.4（b）所示的属性窗口，在属性窗口中可以设置各图形对象的属性。

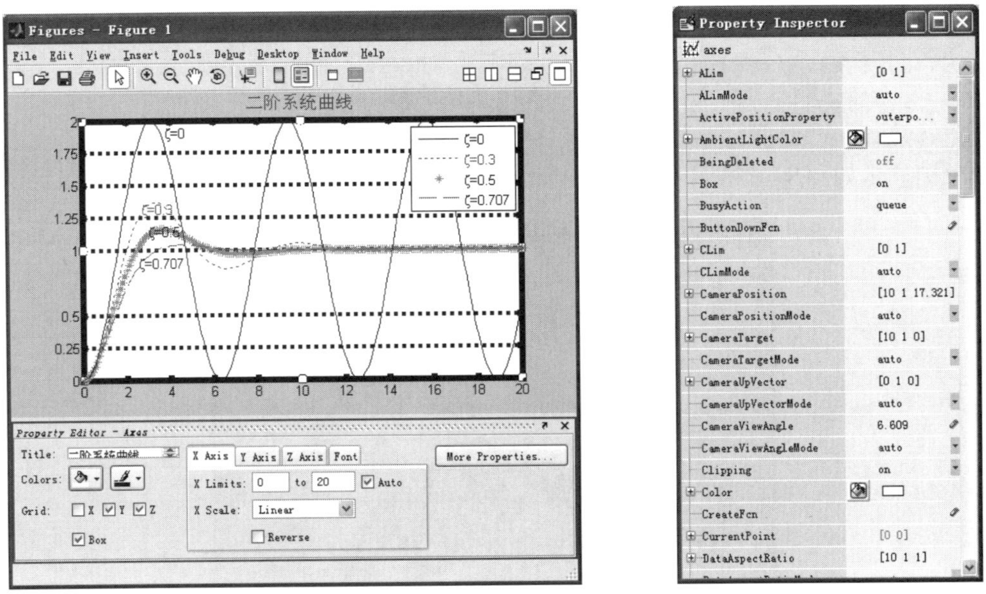

（a）坐标轴属性设置　　（b）属性窗口

图 S4.4　修改对象属性

练习：

- 在图 S4.4（a）中将坐标轴字体设置为 12 号，蓝色粗体。

②添加对象。通过"Insert"菜单，可以在图形窗口添加各种对象。

（4）绘制三维图形。

①将 x、y 和 zeta 构成三维曲线。

```
>> x=0:0.1:20;
>> y=[y1;y2;y3;y4];                          %构成矩阵 y
>> z=[ones(size(x))*0; ones(size(x))*0.3; ones(size(x))*0.5 ;ones(size(x))*0.707];
                                              %用阻尼系数构成矩阵 z
>> plot3(x,z,y)                               %绘制三维线图
>> surf(x,z,y)                                %绘制三维曲面图
```

0、0.3、0.5、0.707 分别为阻尼系数，z 为 4×size(x)的矩阵。

三维线图和三维曲面图如图 S4.5 所示。

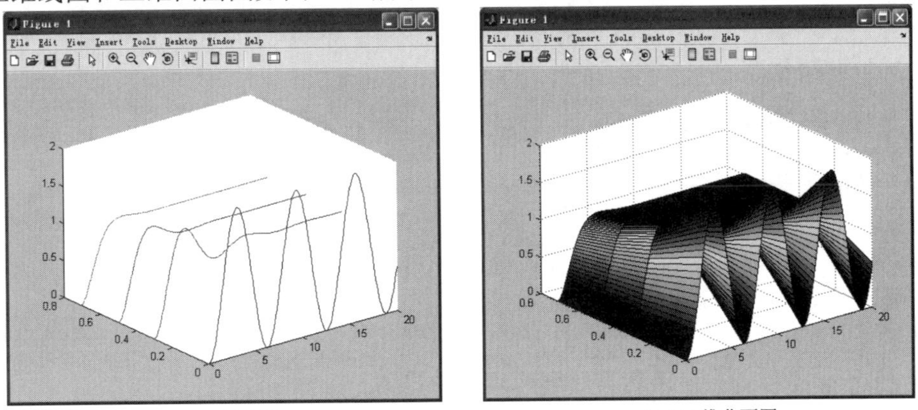

（a）三维线图　　（b）三维曲面图

图 S4.5　三维线图和三维曲面图

②色图的显示和控制：

```
>> colormap;
>> colormap pink                        %粉红色线性浓淡色
>> colorbar                             %显示颜色标尺
```

色图显示如图 S4.6 所示。

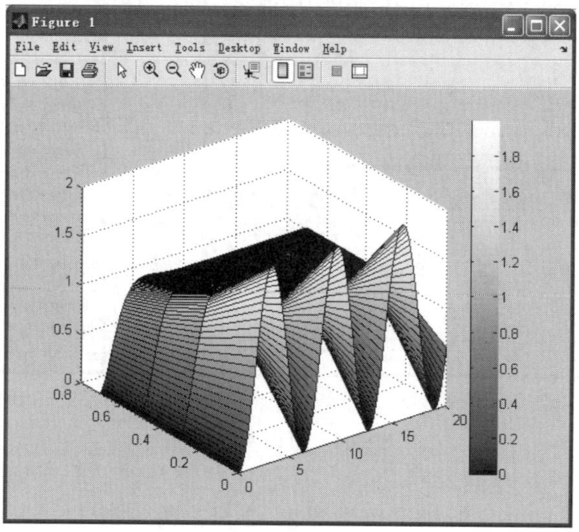

图 S4.6　色图显示

3. 特殊图形

MATLAB 还提供了一些特殊的曲线，以满足用户特殊的需求。

（1）绘制条形图：

```
>> x=0:0.3:2*pi;
>> y=sin(x);
>> subplot(2,2,1)
>> bar(x,y,0.5)                         %绘制宽度为 0.5 的条形图
>> axis([0,2*pi, -1.2,1.2])
```

（2）绘制实心图：

```
>> subplot(2,2,2)
>> fill(x,y,'r')                        %绘制红色实心图
```

（3）绘制阶梯图：

```
>> subplot(2,2,3)
>> stairs(x,y)
```

（4）绘制火柴杆图：

```
>> subplot(2,2,4)
>> stem(x,y)
```

特殊图形如图 S4.7 所示。

练习：

- 使用 area 和 scatter 函数，绘制面积图和点图。
- 使用 Plottools 窗口查看图形和变量。

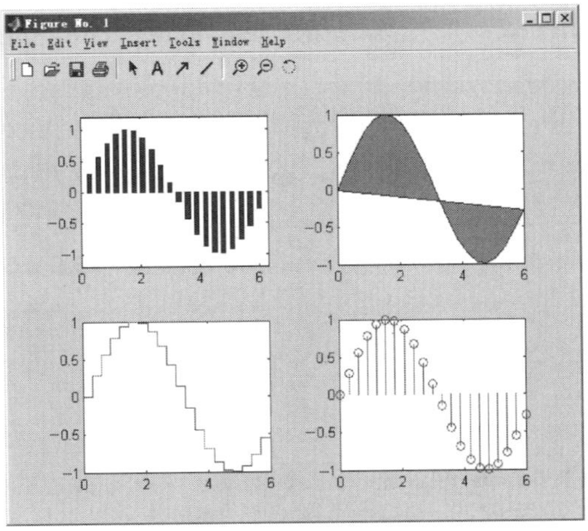

图 S4.7　特殊图形

4. GUI 设计

MATLAB 提供了可视化的图形界面开发环境，可方便地实现用户界面的设计。

设计 1 个显示方波曲线的 GUI 界面，要求通过按钮绘制网格和曲线。

（1）设计界面。在命令窗口输入“guide”命令，出现可视化的界面开发环境，将界面窗口右侧图形对象面板中的控件拖曳到空白窗口中，放置的控件有：1 个坐标轴、1 个静态文本框和 2 个按钮。打开对象对齐工具对齐各控件，设计界面如图 S4.8 所示。

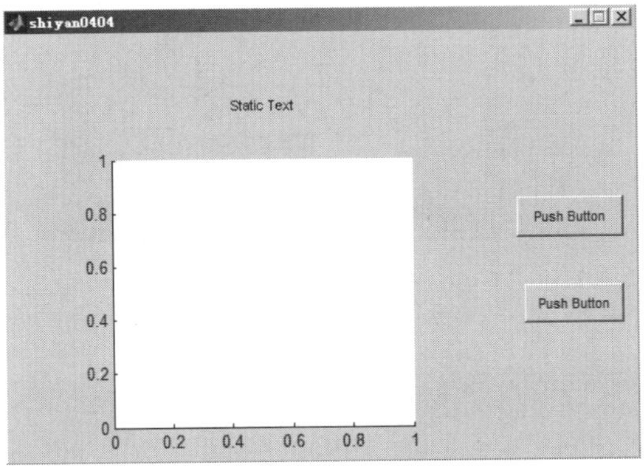

图 S4.8　设计界面

（2）设置控件属性。选中控件并双击打开其属性窗口，设置各控件属性如表 S4.1 所示。

表 S4.1　各控件属性设置表

控件类型	属性名	属性值
静态文本框	String（显示文字）	Square Wave
	Fontsize（字体大小）	18
按钮	String（显示文字）	Paint
	Tag（标记）	pushbutton1
按钮	String（显示文字）	Grid
	Tag（标记）	pushbutton2

（3）回调函数。回调函数需要完成的功能是：单击“Paint”按钮绘制正弦曲线，单击“Grid”按钮绘制网格线。

①在设计界面中单击“Paint”按钮，然后选择菜单“View”→“View Callbacks”→“Callback”命令，则出现相应的各空白 Function 函数，添加 pushbutton1 程序代码如下：

```
% ---------------------------------------------------------------------
function varargout = pushbutton1_Callback(h, eventdata, handles, varargin)
x=[0 1 1 2 2 3 ];
y=[1 1 0 0 1 1 ];
plot(x,y)
axis([0 4 0 2])
msgbox('Painting square wave','message')
```

单击“Paint”按钮时绘制曲线，并用消息框显示信息。

②按钮 pushbutton2 的程序代码如下：

```
function varargout = pushbutton2_Callback(h, eventdata, handles, varargin)
grid on
    msgbox('Grid on','message')
```

显示网格后使用消息框显示信息，运行界面如图 S4.9 所示。

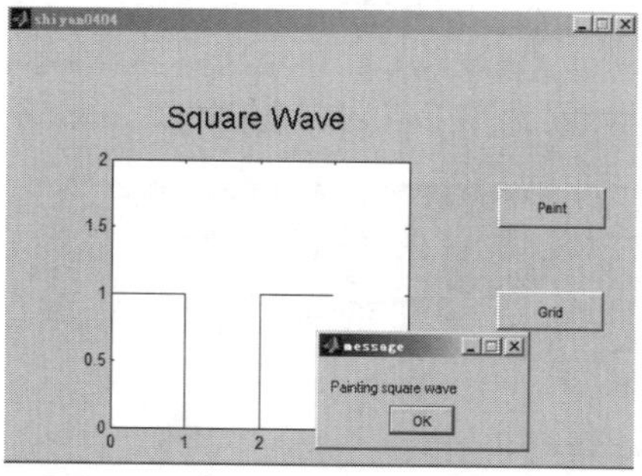

图 S4.9　运行界面

练习：

- 使用提问对话框，当用户单击“确定”按钮后再绘制图形，则程序应如何修改？

5. 自我练习

（1）在图中画出一排 2 个子图，分别用条形图和饼形图绘制 3×3 的魔方阵。

（2）绘制双纵坐标曲线，纵坐标分别为正弦和余弦数据。

实验 5 MATLAB 程序设计

【目的和要求】

（1）熟练掌握 MATLAB 的程序流程控制结构。

（2）熟练掌握 M 文件的结构和函数调用。

（3）掌握内联函数和函数句柄的使用。

（4）了解程序性能剖析窗口。

【内容和步骤】

MATLAB 的语法规则简洁，编程效率高。作为一个完整的程序语言，MATLAB 也有各种程序流程控制、文件格式和函数调用的规则，通过对函数的调用就能够组成庞大的程序，完成复杂的功能。

1. 使用程序流程控制

Fibonacci 数列的各元素为 1、1、2、3、5、8……满足以下关系：

$F_1=1$

$F_2=1$

$F_n=F_{n-1}+F_{n-2}$

用 M 函数文件实现，数列的元素个数为输入变量。

在 MATLAB 主界面工具栏中选择“New”→“Function”命令，创建一个新的函数文件，修改输入参数为 n，输出参数为 f，函数名为 shiyan0501。

（1）按 M 函数文件格式创建文件开头：

```
function f=shiyan0501(n)
% SHIYAN0501        Fibonacci
% Fibonacci 数列
% n        元素个数
% f        构成 Fibonacci 数列向量
%

% copyright 2003-08-01
```

（2）用 while 循环实现程序功能：

```
f(1)=1;f(2)=1;
i=2;
while i<=n
    f(i+1)=f(i-1)+f(i);
    i=i+1;
end
```

在命令窗口输入调用命令，调用函数结果如下：

```
>> f=shiyan0501(10)
f =
     1     1     2     3     5     8    13    21    34    55    89
```

（3）使用 for 循环实现：

```
f(1)=1;f(2)=1;
for i=2:n
    f(i+1)=f(i-1)+f(i);
end
```

（4）当某个元素大于 50 时，退出循环结构，程序修改如下：

```
f(1)=1;f(2)=1;
for i=2:n
    if f(i)>50
        break
    else
        f(i+1)=f(i-1)+f(i);
    end
end
```

（5）将该.m 文件生成 P 码文件：

```
>> pcode shiyan0501
```

将 shiyan0501.m 删除，重新运行该文件，结果如下：

```
>> f=shiyan0501(5)
f =
     1     1     2     3     5     8
```

练习：

- 将该 M 函数文件改为 M 脚本文件，将数列元素个数通过键盘输入，程序应如何修改？

2. 使用函数调用

计算 arcsin$x$，$\arcsin x \approx x + \dfrac{2\times x^3}{4\times 3} + \dfrac{4\times 3\times 2\times x^5}{16\times 4\times 5} + \cdots + \dfrac{(2n)!}{2^{2n}(n!)^2}\dfrac{x^{2n+1}}{(2n+1)}$，其中$|x|<1$。

x 为输入参数，若 x 不满足条件则不计算并显示提示；若 x^{2n+1} 前的系数<0.00001 则循环结束。

使用主函数和子函数调用实现各项系数的运算，主函数为计算各项和；系数 $\dfrac{(2n)!}{2^{2n}(n!)^2}\dfrac{1}{(2n+1)}$ 作为 1 个子函数 cal；其中求阶乘 $n!$作为 1 个子函数 factorial。cal 函数调用子函数 factorial，主函数则要调用子函数 cal。本程序是函数的嵌套调用。

（1）子函数 factorial 计算 $n!$。子函数 factorial 计算 $n!$，输入参数为 n，使用 for 循环实现阶乘，输出参数为阶乘。

在 MATLAB 主界面工具栏中选择“New”→“Function”命令，创建一个新的函数文件，修改输入/输出参数和函数名：

```
function f=factorial(n)
f=1;
for m=1:n
```

```
    f=m*f;
end
```

（2）子函数 cal。子函数 cal 是计算系数 $\frac{(2n)!}{2^{2n}(n!)^2}\frac{1}{(2n+1)}$，输入参数是 n，输出参数是计算的结果。

```
function k=cal(n1)
%计算系数 k
for m=1:n1
    k=factorial(2*n1)/(2^(2*n1)*(factorial(n1))^2*(2*n1+1));
end
```

本函数中调用了求阶乘的子函数 factorial。

练习：

● 修改程序，使用 while 循环代替 for 循环实现本例功能。

（3）主函数 shiyan0502。主函数计算 arcsin$x$，输入参数为 x，输出参数为 arcsin$x$ 的计算结果。

```
function y=shiyan0502(x)
% shiyan0502     arcsinx
n=1;
if abs(x)<1
    y=x;
    while cal(n)>0.00001
        y=y+cal(n)*x^(2*n+1);
        n=n+1;
    end
else
    disp('输入出错')                    %显示提示
    y=0;
    return                              %退出程序
end
```

当输入参数不满足条件时退出程序。

练习：

● 如果不使用子函数 factorial，而直接在 cal 函数中计算阶乘，应如何修改程序？

（4）程序的调试。当有多个函数调用时，由于函数变量的工作空间是独立的，被调用的函数执行结束后变量就消失，因此调试时要使用 MATLAB 调试器查看运行过程中的变量值。

①设置断点。在需要查看程序的地方设置断点，使用菜单“Breakpoints”→“Set/Clear Breakpoints”命令，或按【F12】键，或者单击工具栏的按钮实现，在设置断点的程序行前出现大红圆点；然后选择“Run”菜单，程序就会执行到设置断点的位置时暂停执行；这时将光标移到需要查看的变量上停留片刻，就可以看到该变量的当前值。如图 S5.1 所示为程序的调试状态。在 MATLAB 命令窗口中显示提示符“k>>”，可以输入命令查看或修改变量。

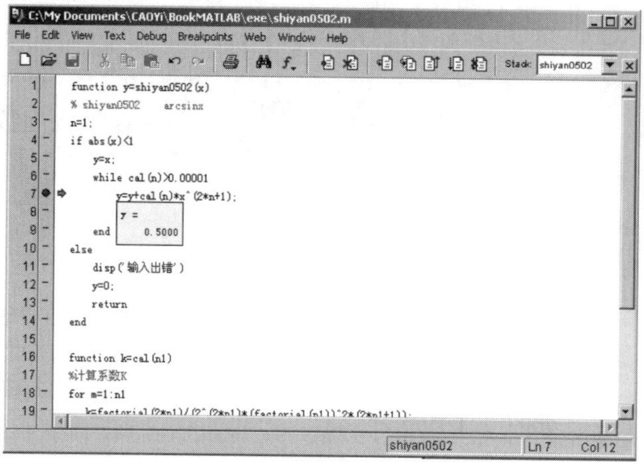

图 S5.1 调试状态

②单步运行。调试中的单步运行很有用，当需要查看循环过程中变量的变化时，可以使用单步运行实现。单步运行使用菜单“Debug”→“Step”命令，或按【F10】键，或者单击工具栏的按钮实现；如果需要单步进入子函数，则可以使用“Step In”命令，或按【F11】键，或单击工具栏的按钮。例如，主函数 shiyan0502 可以单步运行进入子函数 cal。同样，在单步运行程序暂停时，将光标移到需要查看的变量上停留片刻，也可以看到该变量的当前值。

③使用单元调试。在 M 文件编辑器中插入单元中断（cell break），可以单独调试单元（cell）。下面添加两个单元，分别单独调试子函数 cal 和 factorial。

在“function k=cal(n1)”行后面使用工具栏中的按钮来插入单元，并增加“n1=4”命令来给 n1 变量赋值；同样地，在“function f=factorial(n)”行后面插入单元，并增加“n=3”行。如图 S5.2 所示。

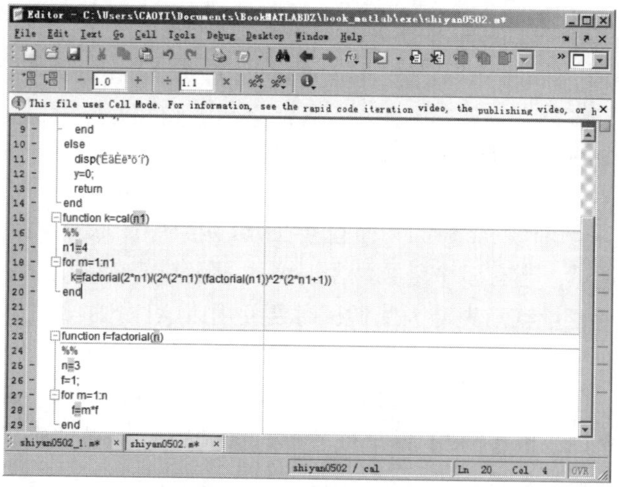

图 S5.2 使用单元调试

图中阴影的区域为当前单元（cell），单击工具栏的按钮单独运行该单元，在命令窗口查看 k 变量。使用工具栏的按钮可在不同单元中切换。

（5）使用函数句柄。可在命令窗口使用函数句柄调用函数。

```
>> h_shiyan0502=@shiyan0502
h_shiyan0502 =
    @shiyan0502
>> y=feval(h_shiyan0502,0.5)
y =
    0.5236
```

（6）使用全局变量。MATLAB 的编程不提倡使用全局变量，本例中的程序主要是为了便于理解全局变量的概念。将 n 作为全局变量，子函数 factorial 不修改，子函数 cal 程序和主函数 shiyan0502 修改如下：

```
function y=shiyan0502(x)
% shiyan0502      arcsinx
global n;
n=1;
if (x<1)&(x>-1)
    y=x;
    while cal>0.00001
        y=y+cal*x^(2*n+1);
        n=n+1;
    end
else
    disp('输入出错')
    y=0;
    return
end

function k=cal
%计算系数 k
global n
for m=1:n
  k=factorial(2*n)/(2^(2*n)*(factorial(n))^2*(2*n+1));
end
```

子函数 cal 没有输入变量，而用全局变量 n 传递。

练习：

- 使用单步运行调试，查看全局变量 n 的变化，并在工作空间查看 n。

3. 利用泛函命令实现数值分析

已知 $f(t)=(\sin^2 t)\mathrm{e}^{at}-b|t|$，$a$=0.1，$b$=0.5，利用泛函命令求其过零点和极小值。

（1）使用函数调用的方法。

①创建函数 shiyan0503，实现上述表达式关系。

```
function y=shiyan0503(t)
% SHIYAN0503      y=(sin(t)).^2.*exp(a*t) -b*abs(t)
a=0.1;
b=0.5;
y=(sin(t)).^2.*exp(a*t) -b*abs(t);
```

②查看该函数的输出波形，如图 S5.3 所示。

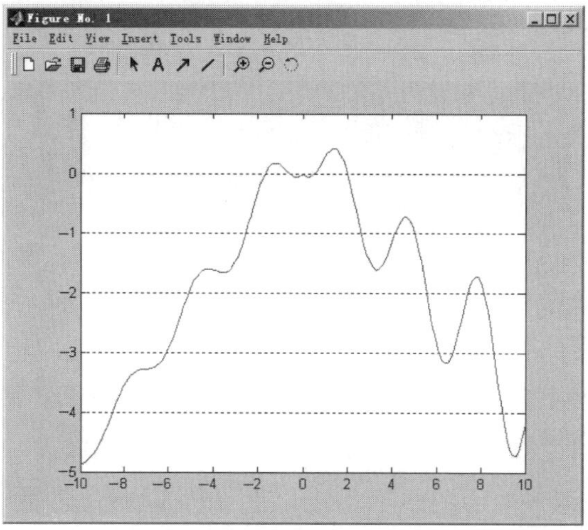

图S5.3　输出波形

```
>> x=-10:0.1:10;
>> plot(x,shiyan0503(x))
>> set(gca,'ygrid','on')                    %添加 y 轴网线
```

③利用函数名求过零点。在图S5.3中可以看出，在0的附近有2个过零点。

```
>> x1=fzero('shiyan0503',0.5)               %求在 0.5 附近的过零点
x1 =
    0.5198
>> x2=fzero('shiyan0503', -0.5)             %求在-0.5 附近的过零点
x2 =
   -0.5993
```

④利用函数句柄求过零点。

```
>> x1=fzero(@shiyan0503,0.5)
x1 =
    0.5198
>> x2=fzero(@shiyan0503, -0.5)
x2 =
   -0.5993
```

⑤利用函数句柄求极小值。由图S5.3可知，极小值有多个，查找其中2个。

```
>> x1=fminbnd(@shiyan0503,0.1,0.7)              %在 0.7 附近
x1 =
    0.2511
>> x2=fminbnd(@shiyan0503,2,5)                  %在 3.5 附近
x2 =
    3.3232
```

练习：

- 利用函数句柄求[-1,1]的面积。

（2）使用内联函数。

①创建内联函数 f:

```
>> a=0.1;
>> b=0.5;
>> f=inline('(sin(t)).^2.*exp(.1*t) -0.5*abs(t)','t')
f =
      Inline function:
      f(t) = (sin(t)).^2.*exp(.1*t) -0.5*abs(t)
```

②绘制曲线图：

```
>> t=-10:0.1:10;
>> y=feval(f,t)
>> plot(t,y)
```

③求过零点：

```
>> x1=fzero(f,0.5)
x1 =
    0.5198
```

④求极小值：

```
>> x2=fminbnd(f,0.1,0.7)
x2 =
    0.2511
```

练习：

- 利用内联函数求 8 附近的极小值。

（3）使用字符串。

①创建字符串：

```
>> g='(sin(x)).^2.*exp(.1*x) -.5*abs(x)'
g =
(sin(x)).^2.*exp(.1*x) -.5*abs(x)
```

②绘制曲线图：

```
>> x=-10:0.1:10;
>> y=eval(g,x);
>> plot(x,y)
```

③求零点：

```
>> x1=fzero(g,0.5)
x1 =
    0.5198
```

使用字符串表达式时，自变量“t”应改为“x”。

4. 自我练习

（1）编写函数计算输入参数 r 为圆半径的圆面积和周长。

（2）创建内联函数计算 $y=\sin(r)/r$，使用函数句柄调用，并绘制其曲线。

实验 6 线性控制系统分析与设计

【目的和要求】

（1）熟练掌握线性系统的各种模型描述和转换。

（2）熟练掌握结构框图传递函数的计算。

（3）熟练掌握时域、频域和根轨迹分析。

（4）掌握超前和滞后校正。

【内容和步骤】

MATLAB 的控制系统工具箱提供了对线性系统建模、分析和设计的各种算法命令。MATLAB 是控制领域最主要的计算机辅助分析和设计语言，掌握了控制系统工具箱就是掌握了一个方便的分析和设计控制系统的工具。

1. 由结构框图获得系统数学模型

已知系统结构框图如图 S6.1 所示。

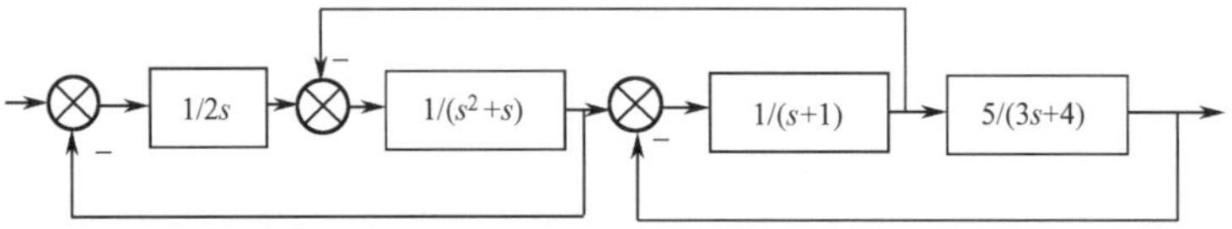

图 S6.1 系统结构框图

（1）计算系统总的传递函数模型。

①将各模块的通路排序编号，信号流图如图 S6.2 所示。

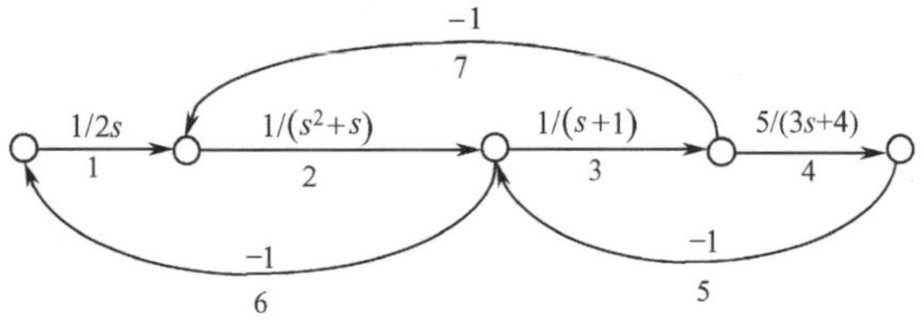

图 S6.2 信号流图

②使用 append 函数实现各模块未连接的系统矩阵。

```
>> G1=tf(1,[2 0]);
>> G2=tf(1,[1 1 0]);
>> G3=tf(1,[1 1]);
>> G4=tf(5,[3 4]);
>> G5=tf(-1,1);
>> G6=tf(-1,1);
>> G7=tf(-1,1);
>> GG=append(G1,G2,G3,G4,G5,G6,G7);
```

③建立 Q 矩阵指定连接关系。

```
>> Q=[1 6 0;
2 1 7;
3 5 2;
4 3 0;
5 4 0;
6 2 0;
7 3 0]
>> Inputs=1;
>> Outputs=4;
```

④使用 connect 函数构造整个系统的传递函数模型。

```
>> GT1 =connect(GG,Q,Inputs,Outputs)
 Transfer function:
                              0.8333
 --------------------------------------------------
 s^5 + 3.333 s^4 + 5.333 s^3 + 4.5 s^2 + 2.5 s + 1.5
```

（2）使用模块的移动计算系统总的传递函数。使用综合点后移的方法，变换结构框图如图 S6.3 所示。

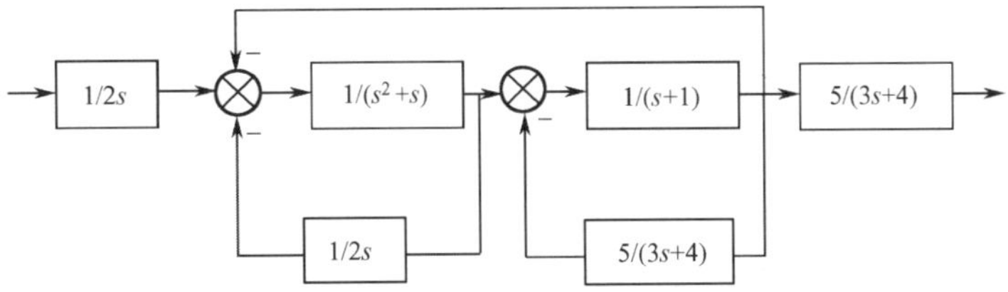

图 S6.3　变换结构框图

利用模块的串联、并联和反馈计算系统的传递函数。

```
>> G1=tf(1,[2 0]);
>> G2=tf(1,[1 1 0]);
>> G3=tf(1,[2 0]);
>> G4=tf(1,[1 1]);
>> G5=tf(5,[3 4]);
>> G6=tf(5,[3 4]);
>> G23=feedback(G2,G3);
>> G45=feedback(G4,G5);
>> G2345=feedback(G23*G45,1);G23=feedback(G2,G3);
>> G2345=feedback(G23*G45,1);
>> GT2=G1*G2345*G6
 Transfer function:
                              30 s^2 + 40 s
 ---------------------------------------------------------------
 36 s^7 + 168 s^6 + 352 s^5 + 418 s^4 + 306 s^3 + 174 s^2 + 72 s
```

（3）线性系统模型的转换。

①将传递函数转换为零极点增益描述。

```
>> zpk(GT2)
 Zero/pole/gain:
                              0.83333 s (s+1.333)
---------------------------------------------------------------
s (s+1.333) (s+1.28) (s^2 - 0.02431s + 0.5255) (s^2 + 2.078s + 2.23)
```

可以看出，经过模块连接变换的传递函数并不简化，分子和分母消掉“$s(s+1.333)$”后，结果和方法一得出的相同。

②将传递函数转换为部分分式法描述。

```
>> [num,den]=tfdata(GT1)                            %获取传递函数参数
num =
    [1x6 double]
den =
    [1x6 double]
>> num{1}
ans =
         0         0         0         0         0    0.8333
>> den{1}
ans =
    1.0000    3.3333    5.3333    4.5000    2.5000    1.5000
>> [r,p,k]=residue(num{1},den{1})                   %转换为部分分式
z =
   0.0018 - 0.1532i
   0.0018 + 0.1532i
   0.3140
  -0.1588 - 0.0557i
  -0.1588 + 0.0557i
p =
  -1.0388 + 1.0728i
  -1.0388 - 1.0728i
  -1.2799
   0.0122 + 0.7248i
   0.0122 - 0.7248i
k =
     []
```

可以看出，num 和 den 是元胞数组，不能直接作为参数，而是将元胞数组的元素作为参数，即 num{1}和 den{1}。

练习：

- 将传递函数转换为状态空间法和零极点增益描述。

（4）模型参数的检验。

```
>> class(G)
ans =
tf
>> isct(G)
ans =
```

```
    1
```

练习：

● 查看所有共轭极点的阻尼系数ξ和固有频率ω_n。

（5）查看和修改模型属性。

```
>>get(GT1)
            num: {[0 0 0 0 0 0.833]}
            den: {[1 3.33 5.33 4.5 2.5 1.5]}
       Variable: 's'
             Ts: 0
        ioDelay: 0
     InputDelay: 0
    OutputDelay: 0
      InputName: {''}
     OutputName: {''}
     InputGroup: {0x2 cell}
    OutputGroup: {0x2 cell}
          Notes: {}
       UserData: []
>> set(GT1,'Ts',0.1)                        %修改采样时间，变为离散系统
>> tf(GT1)
Transfer function:
                        0.8333
--------------------------------------------------
z^5 + 3.333 z^4 + 5.333 z^3 + 4.5 z^2 + 2.5 z + 1.5
 Sampling time: 0.1
```

练习：

● 将 GT1 转换为状态空间法模型和零极点增益模型，查看其属性。

2. 使用各种分析方法分析系统

已知系统的传递函数为$G(s)=\dfrac{\omega_n^2(Ts+1)}{s^2+2\xi\omega_n s+\omega_n^2}$

（1）当ξ=0.2、0.4、1，T=0，ω_n=1 时，在同一窗口中绘制脉冲响应曲线（图略）。

```
>> wn=1;T=0;
>> for zeta=[0.2 0.4 1]
    G=tf(wn^2,[1 2*zeta*wn,wn^2])
    impulse(G)                              %在同一窗口中绘制脉冲响应曲线
    hold on
end
```

练习：

● 设置输入信号在 t 的范围为 0～10 时，求得系统的脉冲响应值。

（2）当 T=0、0.5、1、2，ξ =0.4，ω_n=1 时，在同一窗口绘制加零点的阶跃响应曲线，如图 S6.4 所示。

```
>> wn=1;zeta=0.4;
>> figure(1)
>> for T=[0.5 1 2]
      G1=tf(wn^2,[1 2*zeta*wn,wn^2]);
      G2=tf([T 1],1);
      G=G1*G2
      step(G)                                    %在同一窗口绘制阶跃响应曲线
      hold on
end
```

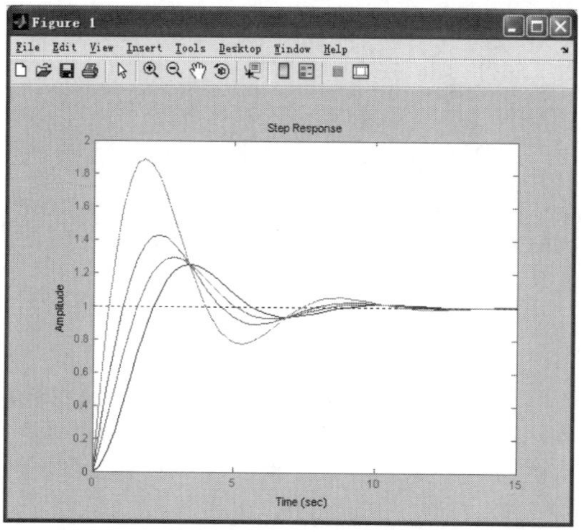

图 S6.4　加零点的阶跃响应曲线

从图 S6.4 中可以看出，增加零点后系统的响应变化，T 越大零点越小，则阶跃响应的超调量加大，上升时间减小，暂态响应速度加快。

绘制零极点图形（图略），并获得零点和极点。

```
>> figure(2)
>> pzmap(G)
>> pole(G)
ans =
  -4.0000e-001 +9.1652e-001i
  -4.0000e-001 -9.1652e-001i
>> tzero(G)
ans =
  -5.0000e-001
```

（3）进行频域分析。

①当 T=0、0.5、1、2，ξ =0.7，ω_n=1 时，绘制多条 bode 图，并计算 T=2 时的幅值裕度和相角裕度。

```
>> wn=1;zeta=0.7;
>> w=logspace(-1,2);
>> for T=[0 0.5 1 2]
      G1=tf(wn^2,[1 2*zeta*wn,wn^2]);
      G2=tf([T 1],1);
      G=G1*G2
```

```
        bode(G,w)                          %在同一窗口绘制 bode 图
        hold on
    end
>> [Gm,Pm,Wcg,Wcp]=margin(G)
```

当 T=2 时，幅值裕度和相角裕度结果如下：

```
Gm =
    Inf
Pm =
  1.1882e+002
Wcg =
    NaN
Wcp =
  2.0100e+000
```

可以看出幅值裕度为无穷大，Wcg 为 NaN，是稳定系统。

②当 T=0.5、2，ξ=0.7，ω_n=1 时，绘制 nyquist 曲线，如图 S6.5 所示。

```
>> wn=1;zeta=0.7;
>> w=logspace(-1,2);
>> n=1;
>> for T=[ 0.5 2 ]
       G1=tf(wn^2,[1 2*zeta*wn,wn^2]);
       G2=tf([T 1],1);
       G(n)=G1*G2
       n=n+1;
   end
>> nyquist(G(1),'r',G(2),'b--')
```

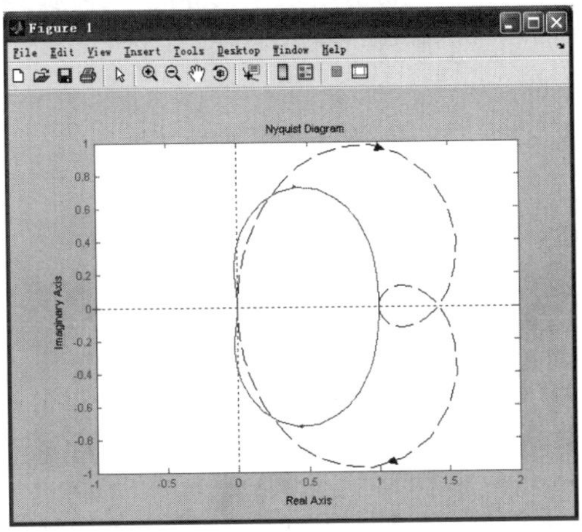

图 S6.5　nyquist 曲线

③当 T=0.5，ξ=0.7，ω_n=1 时，显示等 M 线和等α线并绘制 nichols 曲线如下。

```
>> nichols(G(1))
```

练习：

- 在 nichols 曲线中添加等 M 线和等α线，用鼠标单击曲线可以看到所单击点的坐标和频率。

（4）进行根轨迹分析。

①当 T=2，ξ=0.4，ω_n=1 时，绘制根轨迹（图略）。

```
>> wn=1;zeta=0.4;T=2;
>> w=logspace(-1,2);
>> G1=tf(wn^2,[1 2*zeta*wn,wn^2]);
>> G2=tf([T 1],1);
>> G=G1*G2;
>> rlocus(G)
```

②增加 1 个极点 p=−5、零点 z=−2，绘制根轨迹。

```
>> GG1=G*tf(1,[1 5])
>> GG2=GG1*tf([1 2],1)
>> rlocus(GG2)
```

③用鼠标获得根轨迹上点的增益和极点。

```
>> [k,p]=rlocfind(GG2)
Select a point in the graphics window
selected_point =
  -9.6004e-001 -3.6095e-001i
k =
   1.5284e+000
p =
  -7.5190e+000
  -9.6892e-001 +3.6432e-001i
  -9.6892e-001 -3.6432e-001i
```

练习：

● 使用 rltool 函数打开系统根轨迹分析的图形界面，并修改系统参数查看系统根轨迹的变化。

（5）离散系统的分析。

①当 T=0，ξ=0.4，ω_n=1 时，将连续系统转换为离散系统。

```
>> wn=1;zeta=0.4;T=0;
>> G1=tf(wn^2,[1 2*zeta*wn,wn^2]);
>> G2=tf([T 1],1);
>> G=G1*G2;
>> Gd=c2d(G,0.5)
```

②得出采样周期为 0.5 的离散系统传递函数。

```
Transfer function:
   0.1077 z + 0.09414
----------------------
z^2 - 1.469 z + 0.6703
 Sampling time: 0.5
```

练习：

● 使用双线性变换的方式将连续系统转换为离散系统。

③改变采样周期为 0.2。

```
>> Gd1=d2d(Gd,0.2)
Transfer function:
```

```
0.01891 z + 0.01793
----------------------
z^2 - 1.815 z + 0.8521
 Sampling time: 0.2
```

④绘制离散系统的脉冲响应曲线，如图 S6.6 所示。

```
>> [dnum,dden]=tfdata(Gd);
>> dimpulse(dnum,dden,15)                    %绘制 15 点离散脉冲响应
```

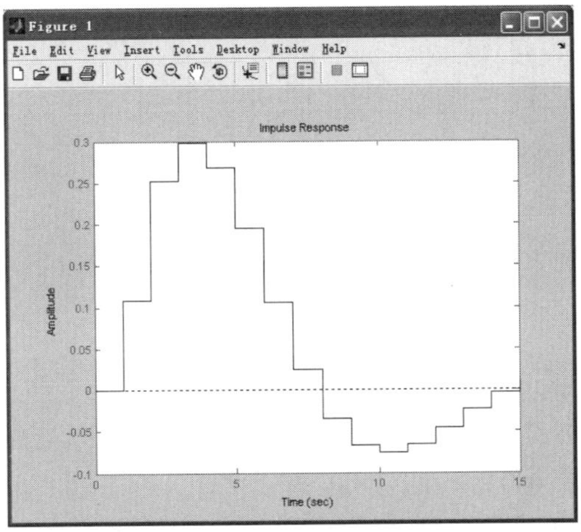

图 S6.6　离散系统的脉冲响应曲线

⑤绘制离散系统的频域特性曲线。

```
>> dnyquist(dnum,dden,0.2)                   %绘制 nyquist 曲线
>> dbode(dnum,dden,0.2)
```

⑥将离散 bode 图和连续 bode 图比较，看有什么区别。

⑦获取并查看离散系统的属性。

3. 使用图形设计工具界面

（1）创建系统的开环传递函数 $G(s)=\dfrac{100}{s(0.2s+1)}$。

```
>> num=100;
>> den=[0.2 1 0];
>> G=tf(num,den);
>> FG=feedback(G,1)
Transfer function:
         100
-----------------
0.2 s^2 + s + 100
```

（2）打开 LTI Viewer 窗口，查看时域性能指标。

```
>> ltiview(FG)
```

在窗口单击鼠标右键，在弹出的快捷菜单中选择“Characteristics”命令，选择所有菜单项，查看其性能指标，如图 S6.7 所示。

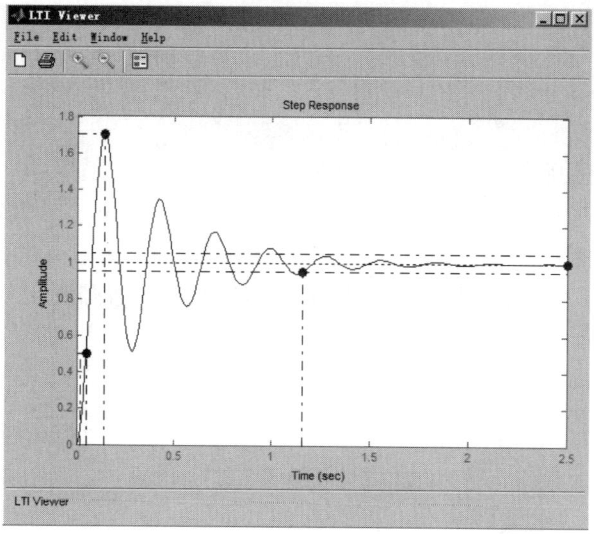

图 S6.7 时域曲线

练习：

● 在窗口单击鼠标右键，在弹出的快捷菜单中选择“Plot types”→“Bode”命令，显示 bode 图，并显示频域指标。

（3）打开 SISO 设计工具窗口，并增加零极点，实现超前校正，使其相位裕度>45°。

```
>> sisotool(FG)
```

打开 SISO 设计工具窗口，如图 S6.8（a）所示。在图中使用工具栏的×和○按钮增加零点和极点，查看右侧 bode 图的相位裕度，达到相位裕度>45°，如图 S6.8（b）所示。

选择菜单“Design”→“Edit Compensator”命令，打开“Control and Estimation Tools Manager”窗口，设置具体的零极点值，调整到合适的频率特性。

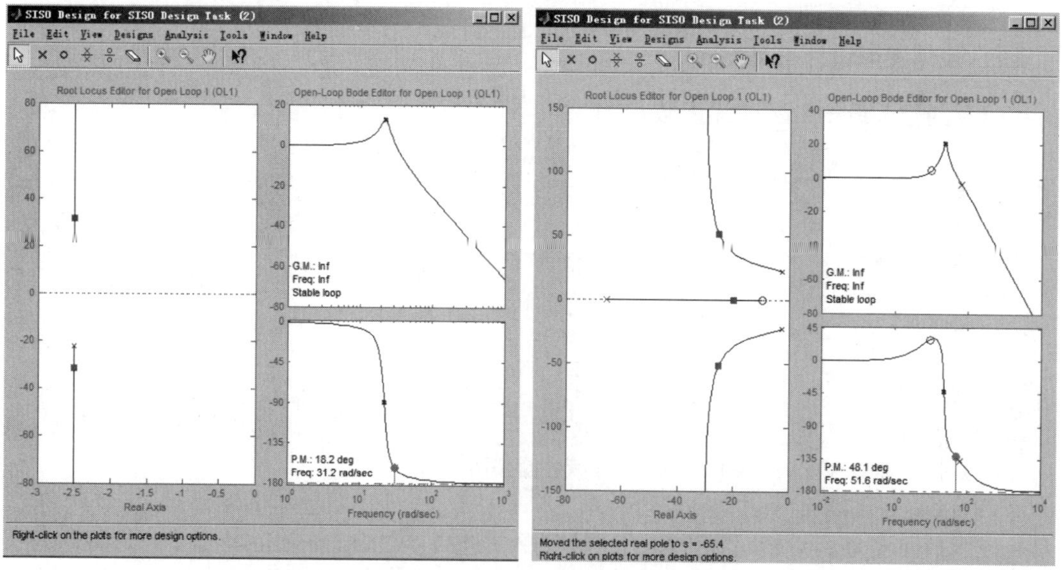

（a）SISO 设计工具　　（b）SISO Design for SISO Design Task 窗口

图 S6.8 SISO 设计工具窗口

4. 自我练习

（1）绘制最小相位系统 $G(s)=\dfrac{25(s+5)}{(s+1)(s+2)(s+3)(s+4)}$ 和非最小相位系统 $G(s)=\dfrac{25(s-5)}{(s+1)(s+2)(s+3)(s+4)}$ 的 bode 图和 nyquist 曲线。

（2）对系统 $G(s)=\dfrac{k}{s(0.2s+1)}$ 进行超前校正，稳态误差系数为 100，实现相位裕度>45°。

实验 7 Simulink 仿真环境

【目的和要求】

（1）熟悉 Simulink 的模型窗口。

（2）熟练掌握连续系统和离散系统的模型创建和分析方法。

（3）掌握子系统和封装的方法。

（4）掌握用 S-Function 编写模型。

【内容和步骤】

MATLAB 的 Simulink 工具箱提供了对系统模型框图的建立和仿真环境，可以对连续系统和离散系统进行仿真分析。

1. 使用 Simulink 模型窗口创建模型

使用阶跃信号作为输入信号，经过传递函数为 $\frac{1}{0.5s+1}$ 的一阶系统，查看其输出波形在示波器上的显示。

（1）创建模块。

①在 MATLAB 的命令窗口运行“simulink”命令，或单击 MATLAB 主界面 HOME 面板工具栏中的图标，打开 Simulink 模块库浏览器窗口。

②单击 Simulink 界面工具栏上的图标，或选择菜单“File”→“New”→“Simulink Model”命令，新建 1 个名为“untitled”的空白模型窗口。

③打开“Sources”模块库，选择“Step”模块；打开“Continuous”模块库，选择“Transfer Fcn”模块；打开“Sinks”模块库，选择“Scope”模块。

（2）添加信号线。两个模块建立好后就出现了一条虚拟的蓝色信号线，单击该信号线就完成了 2 个模块间的信号线连接。将“Step”模块的输出端与“Transfer Fcn”模块的输入端连接，“Transfer Fcn”模块的输出端和“Scope”模块的输入端连接。

（3）设置模块和信号线参数。

①调整模块大小。选定模块，当模块四角出现小黑块编辑框时，用鼠标拖曳编辑框以调整大小。

②设置信号线注释。双击信号线下面需要添加注释的地方，出现空白的虚线编辑框，在编辑框中输入注释文本。分别输入信号注释为“$u(t)$”和“$y(t)$”。

③为模块添加阴影。用鼠标右键单击模块，在弹出的快捷菜单中选择“Format”→“Shadow”命令，模块就会出现阴影。

④设置模块参数。双击“Step”模块，出现参数对话框，将“Step time”设置为 0；双击“Transfer Fcn”模块，出现参数对话框，将“Denominator”设置为[0.5 1]。一阶系统模型如图 S7.1 所示。

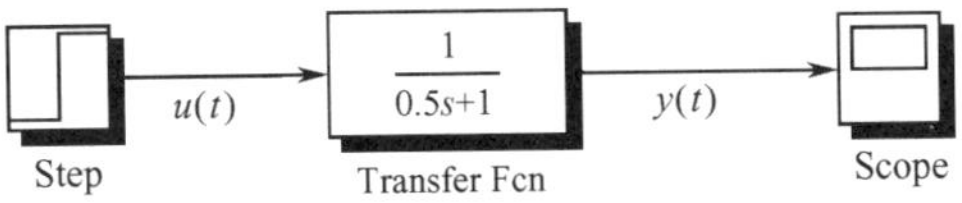

图 S7.1 一阶系统模型

练习：

- 将传递函数$\dfrac{1}{0.5s+1}$修改为前向通道为$\dfrac{1}{0.5s}$的单位反馈闭环系统。

（4）仿真。

①开始仿真。单击模型窗口中的开始仿真图标，或者选择菜单“Simulation”→“Run”命令，则仿真开始。双击“Scope”模块，出现示波器显示屏，可以看到黄色的阶跃响应波形。

②在工具栏中设置“Stop time”为 6.0，或者单击工具栏的按钮，设置“Stop time”为 6.0。

练习：

- 修改仿真参数“Max step size”为 2，“Min step size”为 1，在示波器查看波形。
- 修改示波器 y 坐标范围为 0～2，横坐标范围为 0～15，查看波形。

（5）封装子系统传递函数为$\dfrac{1}{T_S+1}$，从对话框输入 T。

①将“Transfer Fcn”模块的“Denominator”设置为[T 1]。

②将“Transfer Fcn”模块选定，选择出现的“Create Subsystem”命令，则产生子系统模型，或者单击鼠标右键后在弹出的快捷菜单中选择“Create Subsystem from Selection”命令建立子系统。

③选择 Subsystem 模块并单击鼠标右键在弹出的快捷菜单中选择“Mask”→“Create Mask”命令，则出现封装对话框，如图 S7.2（a）所示；在 Icon & Ports 选项卡中的“Drawing commands”栏设置“disp(‘一阶系统’)”；在 Parameters & Dialog 选项卡，直接将左边栏的 edit 控件拖放到 Dialog box 中，设置“Prompt”为“时间常数”，对应的“Name”值为“T”；在 Documentation 选项卡中设置“Mask type”为“MySystem”，则子系统模型如图 S7.2（b）所示。

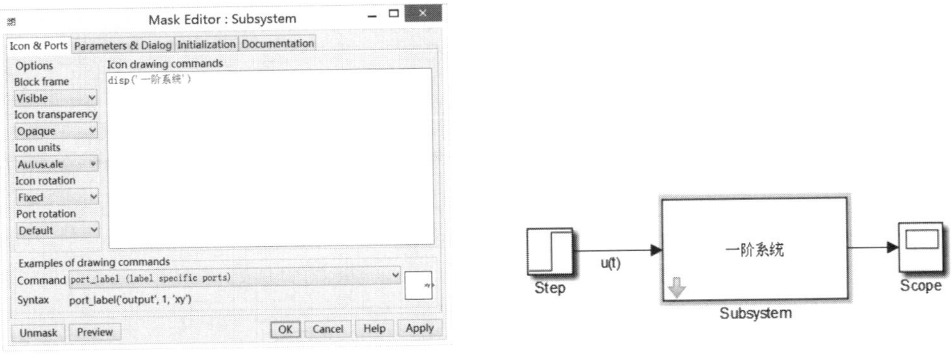

（a）子系统封装设置窗口 （b）子系统模型

图 S7.2 子系统

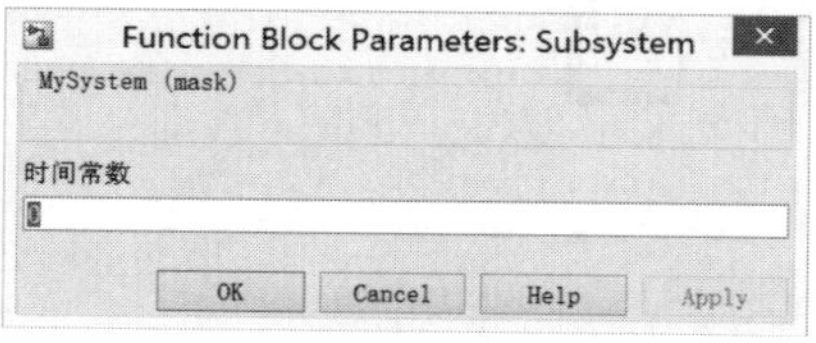

图S7.3　封装子系统输入参数对话框

当双击“Subsystem”模块时，出现封装子系统输入参数对话框，如图 S7.3 所示，输入不同参数，T=0.1、0.3、0.5，查看示波器显示波形。

练习：

- 在 Icon & Ports 选项卡中为封装子系统的封面添加传递函数和曲线。
- 在 Initialization 选项卡中设置 T 初始值为 1。
- 在 Documentation 选项卡中添加说明和帮助文本。
- 输入 T=2 时，修改仿真的“Stop time”参数以查看完整的波形。

2. 使用 Simulink 模型窗口创建状态方程模型

已知系统状态方程为 Vander Pol 方程：$\begin{cases}\dot{y}_1 = y_1(1-y_2^2)-y_2 \\ \dot{y}_2 = y_1\end{cases}$，其中 y_1(0)=0.25，y_2(0)=0.25。

（1）使用示波器观察 y_1、y_2。将方程转换为模块连接：方程 $\dot{y}_2 = y_1$，则 y_1 的积分为 y_2；方程 $\dot{y}_1 = y_1(1-y_2^2)-y_2$，则将 y_2^2 与常数 1 加法运算，再与 y_1 相乘，与 y_2 加法运算，再将结果积分得出 y_1。

①模块选择。打开“Continuous”模块库，选择 2 个“Integrator”模块；打开“Sources”模块库，选择“Constant”模块；打开“Math Operations”模块库，选择 2 个“Sum”模块；打开“Math”模块库，选择 2 个“Product”模块进行乘法运算；打开“Sinks”模块库，选择 2 个“Scope”模块。

②连接信号线。连接各模块的信号线，并在信号线上方添加注释，模型框图如图 S7.4 所示。

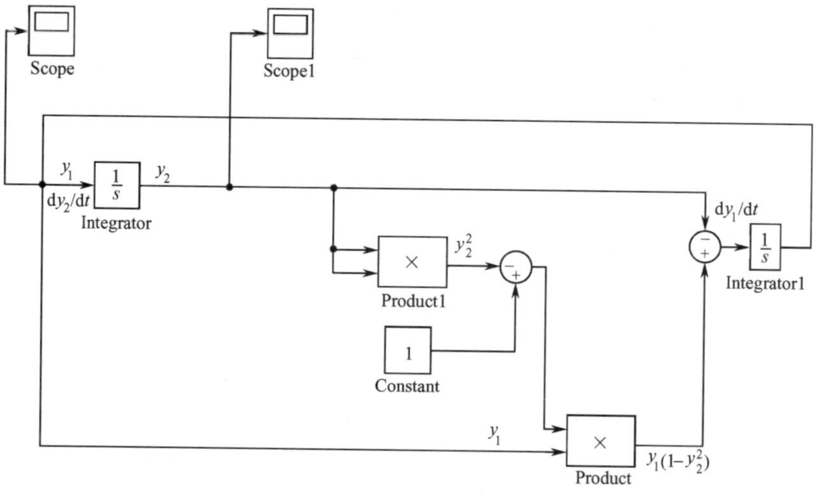

图S7.4　模型框图

③设置模块参数。首先需要设置积分模块的初始值，$y_1(0)=0.25$，双击积分模块出现积分模块参数设置对话框，如图 S7.5 所示，在“Initial condition”栏输入 0.25；$y_2(0)=0.25$，再设置“Integrator1”的“Initial condition”参数为 0.25；2 个“Sum”模块的“List of signs”都设置为“|+−”。

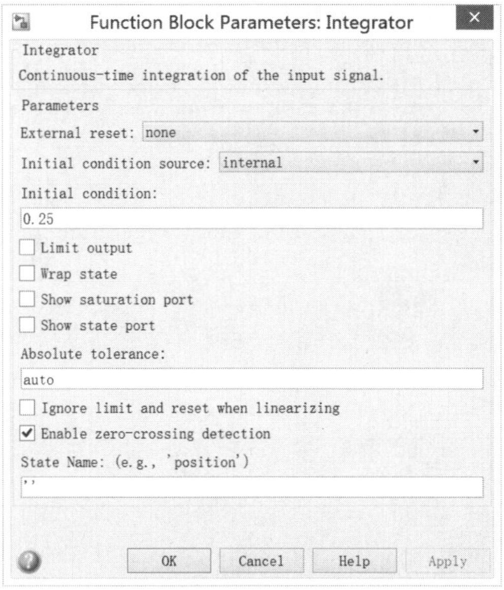

图S7.5　积分模块参数设置对话框

④开始仿真。单击模型窗口中的 ▶ 图标启动仿真，双击示波器查看输出波形，如图 S7.6 所示，图 S7.6（a）为“Scope(y_1)”显示波形，图 S7.6（b）为“Scope1(y_2)”显示波形。

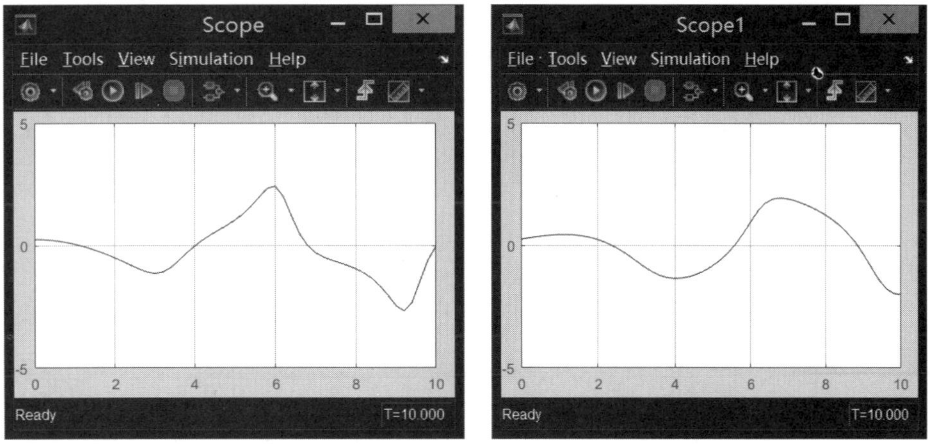

（a）Scope 波形　　（b）Scope1 波形

图S7.6　输出波形

练习：

● 调整仿真参数，将仿真时间设置为 0～20，将 Scope 的时间范围设置为 0～15，将 Scope1 的时间范围设置为 0～25。

（2）使用 XY Graph 观察 y_1、y_2 构成的相轨迹。

①添加模块。打开“Sinks”模块库，选择“XY Graph”模块，将 y_1 和 y_2 信号用信号线连接到“XY Graph”模块的两个输入端。

②设置参数。设置“XY Graph”模块的参数，如图 S7.7 所示。

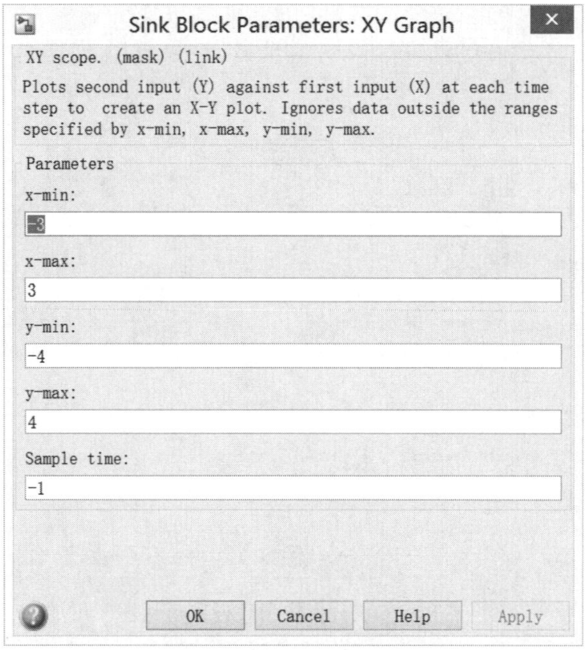

图 S7.7　XY Graph 模块参数

③开始仿真。单击模型窗口中的▶图标启动仿真，出现“XY Graph”模块波形图，如图 S7.8 所示。

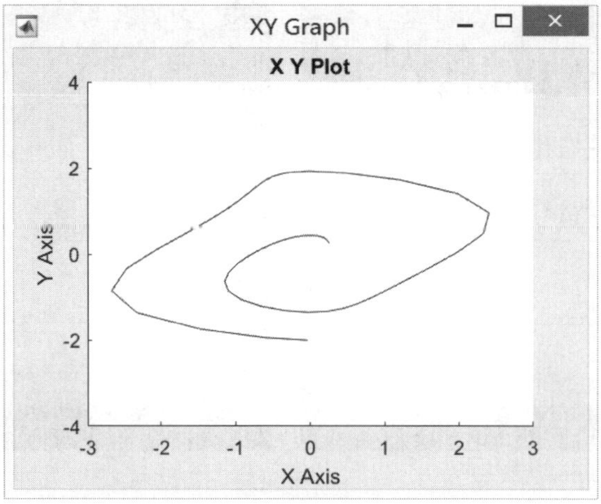

图 S7.8　XY Graph 模块波形图

（3）把仿真结果 y_1、y_2 送到 MATLAB 工作空间。

①添加模块。打开“Sinks”模块库，选择 2 个“To Workspace”模块，将 y_1 和 y_2 信号用信号线连接到“To Workspace”模块的输入端。

②设置参数。设置“To Workspace”模块的参数，如图 S7.9 所示。

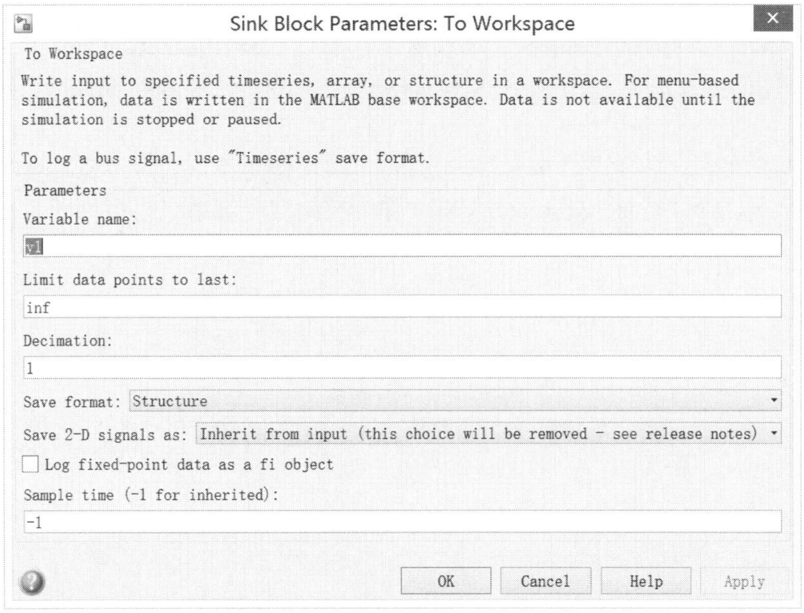

图 S7.9　“To Workspace”模块参数设置

设置“Variable name”分别为 y_1 和 y_2。

由于 y_1 和 y_2 都是结构数组，使用 plot 函数绘制曲线必须使用结构数组的域，即使用“y1.signals.values”，则在命令窗口输入以下命令：

```
>> whos
  Name        Size              Bytes  Class
  y1          1x1                1206  struct array
  y2          1x1                1208  struct array
Grand total is 163 elements using 2414 bytes
>> fieldnames(y1)                 %获取域名
ans =
      'time'
      'signals'
      'blockName'
>> fieldnames(y1.signals)
ans =
      'values'
      'dimensions'
      'label'
>> plot(y1.signals.values,y2.signals.values)
```

如果在图 S7.9 中修改“Save forma.”参数为 Array，则在命令窗口中输入命令如下：

```
>> plot(y1,y2)
```

练习：

- 使用“Sinks”模块库的“Out1”模块作为工作空间的变量输出，用 plot 绘制波形。

3. 触发子系统

用触发子系统改变方波信号的脉冲宽度，输入方波信号，用触发子系统改变其脉冲宽度。

（1）添加模块。打开“Sources”模块库，选择 2 个“Pulse Generator”模块；打开“Subsystems”模块库，选择“Triggered Subsystem”模块；打开“Sinks”模块库，选择“Scope”模块。

（2）连接信号线。将 1 个“Pulse Generator”模块作为“Triggered Subsystem”模块的输入信号，将另 1 个“Pulse Generator”模块作为控制信号。系统模型如图 S7.10 所示。

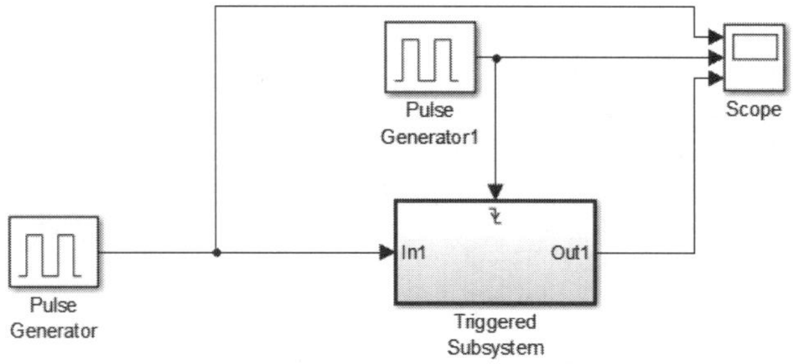

图 S7.10　模型图

（3）设置模块参数。单击示波器工具栏的图标，打开参数设置窗口，将“Scope”模块的参数“Number of input ports”栏设置为 3，则示波器的输入端口为 3 个，并将输入方波和控制方波及输出信号分别接在示波器的 3 个端口上；设置控制信号“Pulse Generator1”模块的参数，将“Period”设置为 0.8，“Pulse Width”设置为 50，“Phase delay”设置为 0.5，如图 S7.11 所示。

（4）开始仿真。启动仿真，可以看到 3 个波形在示波器的显示，如图 S7.12 所示，输出的方波脉冲宽度发生了变化。

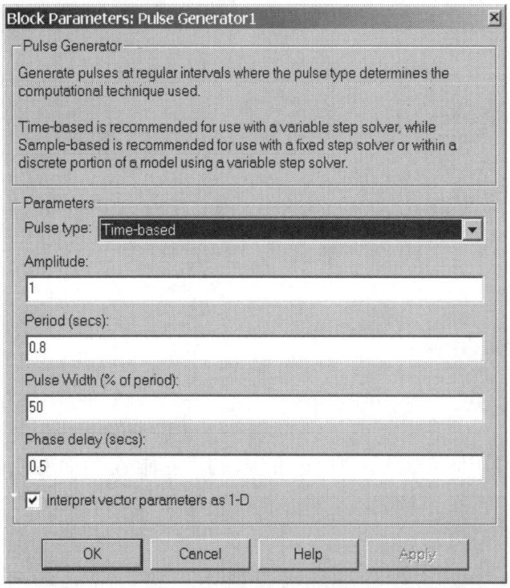

图 S7.11　方波模块参数设置

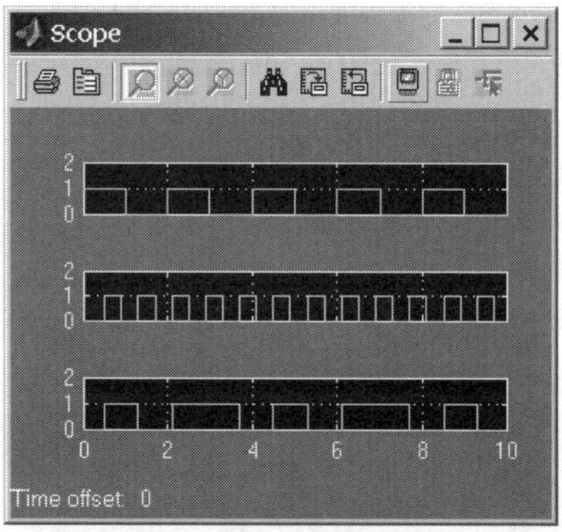

图 S7.12　方波脉宽变化

练习：

● 通过调整控制信号的"Pulse Generator"模块参数，查看不同的方波延时和脉宽变化。

（5）改变"Triggered Subsystem"模块的触发方式。在如图 S7.13（a）所示的触发器参数设置对话框中，将默认的上升沿触发改为下降沿触发，查看波形下降沿触发，其输出波形如图 S7.13（b）所示。

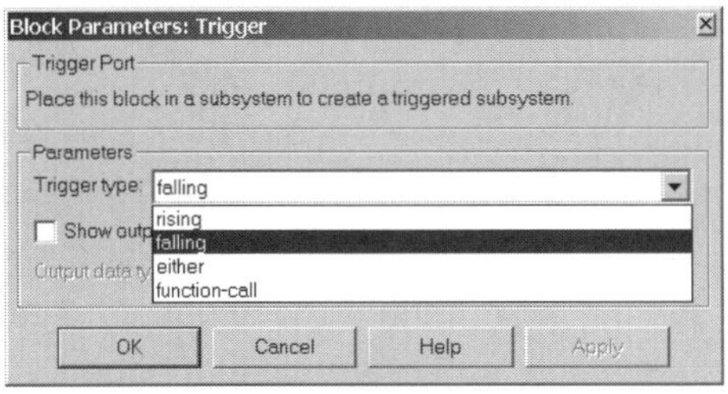

（a）参数设置

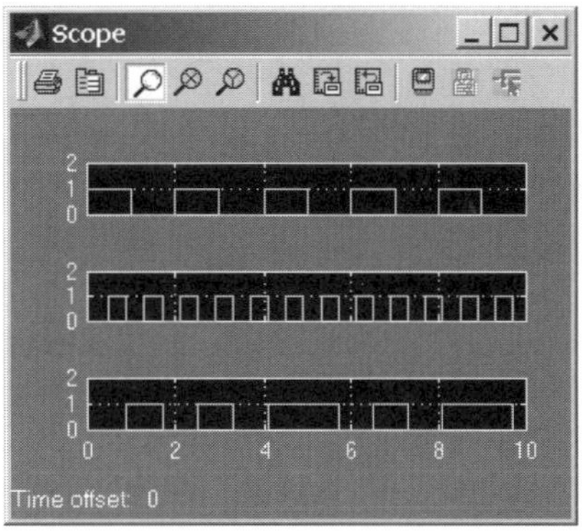

（b）示波器图

图 S7.13　下降沿触发输出波形

4. 使用 S-Function 模块

编写一个 S-Function 实现离散系统模型 $\begin{cases} x(n+1) = \boldsymbol{A}x(n) + \boldsymbol{B}u(n) \\ y(n) = \boldsymbol{C}x(n) + \boldsymbol{D}u(n) \end{cases}$，并显示输出波形。

其中，$\boldsymbol{A} = \begin{bmatrix} -1.38 & -0.51 \\ 1 & 0 \end{bmatrix}$，$\boldsymbol{B} = \begin{bmatrix} -2.56 & 0 \\ 0 & 4.24 \end{bmatrix}$，$\boldsymbol{C} = \begin{bmatrix} 0 & 2.08 \\ 0 & 7.79 \end{bmatrix}$，$\boldsymbol{D} = \begin{bmatrix} -0.81 & -2.93 \\ 1.24 & 0 \end{bmatrix}$。

（1）创建新模型。添加"Sources"模块库中的"Sine Wave"模块和"Random Number"模块，在"Signal Routing"模块库中使用"Mux"模块将两个输入模块连接起来；在"User-Defined Functions"模块库中选择"S-Function"模块，以及"Sinks"模块库中的"Scope"模块，并将其连接起来。如图 S7.14 所示。

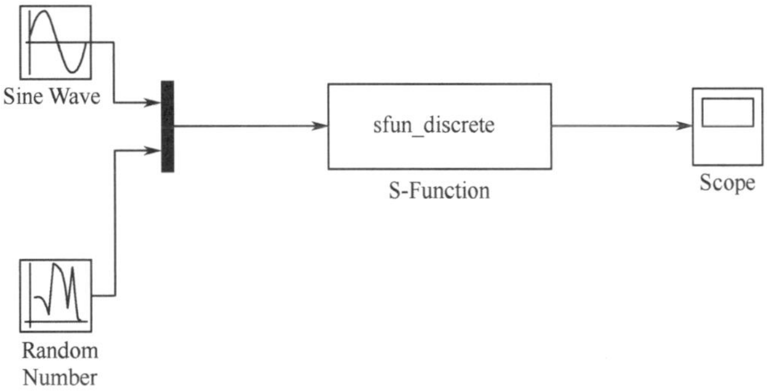

图 S7.14　模型结构图

（2）在 MATLAB 命令窗口中输入：

```
>> edit sfuntmpl
```

在打开的 M 文件编辑器窗口中修改 sfuntmpl 文件的内容。主函数名改为“sfun_discrete”，并将文件保存为“sfun_discrete.m”。

主函数如下：

```
function [sys,x0,str,ts,simStateCompliance] = sfun_discrete(t,x,u,flag)
A=[-1.38,-0.51;1,0];
B=[-2.56,0;0,4.24];
C=[0,2.08;0,7.79];
D=[-0.81,-2.93;1.24,0];
switch flag,
  case 0,
    [sys,x0,str,ts,simStateCompliance]=mdlInitializeSizes(A,B,C,D);
   case 2,
    sys=mdlUpdate(t,x,u,A,B,C,D);
   case 3,
    sys=mdlOutputs(t,x,u,A,B,C,D);
  case 9,
    sys=[];
   otherwise
    DAStudio.error('Simulink:blocks:unhandledFlag', num2str(flag));
end
```

初始化函数 mdlInitializeSizes 如下：

```
function [sys,x0,str,ts,simStateCompliance]=mdlInitializeSizes(A,B,C,D)
sizes = simsizes;
sizes.NumContStates   = 0;
sizes.NumDiscStates   = size(A,1);
sizes.NumOutputs      = size(D,1);
sizes.NumInputs       = size(D,2);
sizes.DirFeedthrough = 1;
sizes.NumSampleTimes = 1;
sys = simsizes(sizes);
x0   =ones(sizes.NumDiscStates,1);
str = [];
ts   = [1 0];
simStateCompliance = 'UnknownSimState';
```

离散系统的更新函数 mdlUpdate 如下：

```
function sys=mdlUpdate(t,x,u,A,B,C,D)
sys = A*x+B*u;
```

离散系统的输出函数 mdlOutputs 如下：

```
function sys=mdlOutputs(t,x,u)
sys =C* x+D*u;
```

（3）修改“S-Function”模块参数。双击图 S7.14 中的“S-Function”模块，打开参数设置对话框，如图 S7.15 所示，将“S-function name”修改为“sfun_discrete”，并单击

“Edit”按钮，在文件管理器窗口中找到保存的“sfun_discrete.m”文件，单击“OK”按钮保存设置。

（4）运行模型。运行模型，在示波器上的显示如图 S7.15 所示。

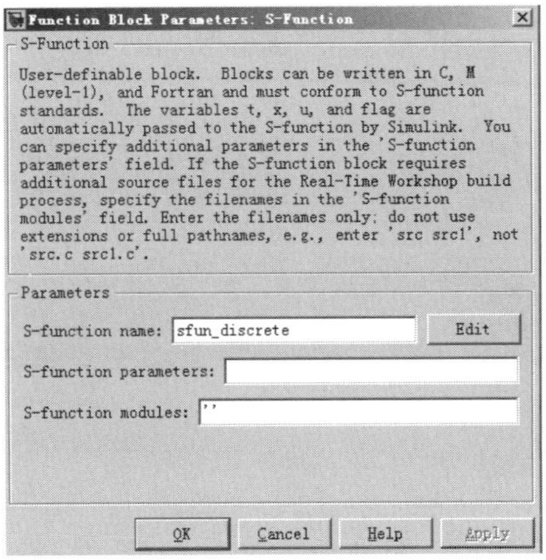

图 S7.15　参数设置对话框

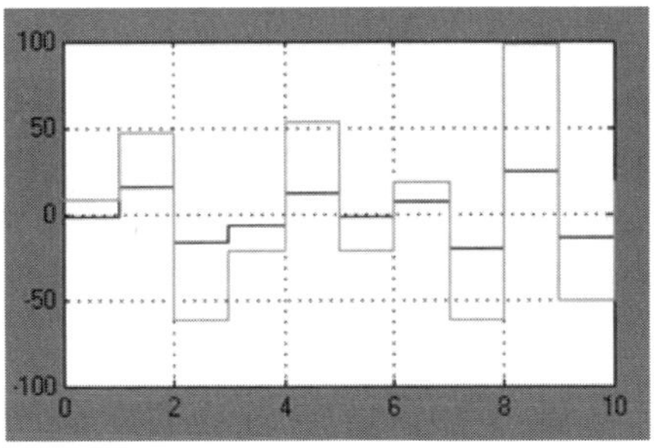

图 S7.16　示波器波形图

5. 自我练习

（1）将传递函数为 $\dfrac{1}{0.5s+1}$ 的一阶系统的时间常数 0.5 改为变量 T，在命令窗口中输入 T 的值。

（2）将上面包含 S-Function 系统中的 sfun_discrete 函数进行修改，将参数 A、B、C 和 D 作为输入参数传递给函数，如何修改？

第4部分　附　　录

附录A　习题参考答案

第1章　MATLAB R2015b 环境

1．
略

2．运行结果为：

```
a =
     2.5000
b =
     30
c =
     2.5000     30.0000
```

3．标点符号__;__可以使命令行不显示运算结果，__%__用来表示该行为注释行。

4．用"format"命令设置数据输出格式，__format long 或 format long g__将 pi 显示为 3.14159265358979，__format short e__将 pi 显示为 3.1416e+000。

5．
略

6．显示当前目录：

```
>> cd
```

将当前目录设置为"c:\exe"：

```
>> cd c: \exe
```

7．
略

8．

```
>> a=5.3;
>> b=[1 2;3 4];
>> who;
>> whos;
```

```
>> exist a;
>> exist b;
>> save c:\exe0101;
>> clear;
```

9.

```
>> cd d:\matlab6.5
>> dir;
>> matlabroot;
>> what;
>> type license.txt;
>> which license.txt;
```

10.

略

第2章 MATLAB 数值计算

1.

（1） A （2） C （3） B （4） C （5） D （6） C

2.

```
>> a=2+3i;b=3-4i
>> a+b
>> a-b
>> c=a*b
>> a/b
>> real(c)
>> imag(c)
>> abs(c)
>> angle(c)
```

3.

```
>> x1=0:0.4*pi:4*pi
>> x2=linspace(0,4*pi,10)
```

4.

```
>> a=[1 2 3;4 5 6;7 8 9]
>> a(1,3)
>> a（6）
>> a(2:end,:)
>> l1=logical([1 0 1])
>> l2=logical([1 0 1])
>> a(l1,l2)
```

5.

```
>> a=magic（3）
>> b=eye（3）
>> c=[a,b]
>> d=[a;b]
```

```
>> e=d(6,:)
```

6.

```
>> a=[1 2 3;4 5 6;7 8 9]
>> flipud(a)
>> fliplr(a)
>> rot90(a)
>> diag(a)
>> triu(a)
>> tril(a)
```

7.

```
>> a='hello';
>> b1=a+4
>> b2=char(b1)
>> b3=rot90(b2)
>> b=rot90(b3)
```

8.

```
>> a=[1 2;3 4];
>> a'
>> inv(a)
>> rank(a)
>> det(a)
>> a^3
>> [v,d]=eig(a)
```

9.

```
>> a=[2 -3 1 2;1 3 0 1;1 -1 1 8;7 1 -2 2]
>> b=[8;6;7;5];
>> x=a\b
```

10.

```
>> a=[1 2 3;4 5 6;7 8 9];
>> b=[1 1 1;2 2 2;3 3 3];
>> a/b
>> a\b
>> a./b
>> a.\b
```

11.

```
>> a=[1.6   -2.4   5.4   -0.8]
>> ceil(a)
>> fix(a)
>> floor(a)
>> round(a)
```

12.

```
>> t=0:0.1*pi:2*pi;
>> z=0.707;
>> f=10*sqrt(1-z^2)*exp(-2*t).*sin(4*t)
```

```
>> y=(f>=0)
>> f1=f.*y
```

13.

```
>>a=uint8(rand(3)*100)
>>b=max(a)
>>c=max(b)
>>[m,n]=find(a==c)
```

14.

```
>> a1=[1 2 ;3 4];
>> a2=[1 2;2 1]
>> a3=[1 1 ;2 2]
>> a=cat(3,a1,a2,a3)
>> b=reshape(a,[3 2 2])
```

15.

```
>> d=date
>> t0=clock;
>> a1=[1 2 ;3 4];
>> a2=[1 2;2 1]
>> a3=[1 1 ;2 2]
>> a=cat(3,a1,a2,a3)
>> b=reshape(a,[3 2 2])
>> t1=clock;
>> t=etime(t1,t0)
```

16.

```
>> a=eye(4))
>> a(4,:)=[ -1 -2 -3 1];
>> b=randn(4)
>> a=sparse(a)
>> c=a+b
>> d=a.*b
>> whos
```

17.

```
>> a=[5 4 3 2 1];
>> b=[3 0 1];
>> c=conv(a,b)
>> roots(c)
>> polyval(c,2)
>> [r,p,k]=residue(b,a)
```

18.

```
>> x=0:0.5:20;
>> p=[5 4 3 2 1];
>> y=polyval(p,x);
>> p1=polyfit(x,y,2)
>> p2=polyfit(x,y,3)
```

```
>> p3=polyfit(x,y,4)
```

19.

```
>> T=readtable('xt19.xlsx','Range','C1:C6');
>> s=table2array(T);
>> [smax,n]=max(s)
>> Brange1=['B',num2str(n)]
>> Brange2=['B',num2str(n+1)]
>> NameMax=readtable('xt19.xlsx','Range',[Brange1,':',Brange2])
```

20.

```
>> t=0:0.1:10;
>> y=exp(2*t).*sin(10*t+30/180*pi);
>> max(y)
>> min(y)
>> mean(y)
>> diff(y);
>> trapz(t,y);
```

21.

```
>> t=0:0.1:10;
>> y=exp(2*t).*sin(10*t+30/180*pi);
>> N=128;
>> fy=fft(y,N);
```

第 3 章　MATLAB 符号计算

1.

```
>> f=sym('a*x^3+b*x^2+c*x+d')
```

2.

```
>> syms a b c x y z t
>> A=sym([a*cos(x)+b*sin(y) '10+20';a*x^2+b*y^2+c*z^2 sqrt(t^2+1)])
```

3.

```
>> A=sym('[a b;c d]')
>> B=sym('[c d;a b]')
>> A+B
>> A-B
>> A*B
>> A/B
>> A.*B
>> A./B
>> A.^B
```

4.

```
>> sym(pi/3)
>> sym(pi/3,'d')
>> sym('pi/3')
>> sym(exp(2))
```

```
>> sym(exp(2),'d')
>> sym('exp(2)')
>> sym(sin(0.3*pi))
>> sym(sin(0.3*pi),'d')
>> sym('sin(0.3*pi)')
```

5.

```
w    x    theta      a    x
```

6.

```
>> f=sym('sin(x)^2+cos(x)^2')
>> pretty(f)
>> simple(f)
```

7.

```
>> f=sym('1-sin(x)^2')
>> g=sym('2*x+1')
>> subs(f,1)
>> compose(f,g)
>> finverse(g)
```

8.

```
>> f=sym('x^3+3*x^2-6*x+5')
>> sym2poly(f)
>> subs(f,'a')
>> subs(f,5)
```

9.

```
>> f=sym('a*x^3+b*y^2+c*z+d')
>> diff(f)
>> diff(f,'y')
>> diff(f,'c')
>> diff(f,'d')
>> limit(f,'y',1)
>> diff(f,2)
>> diff(f,3)
>> findsym(f)
```

10.

```
>> f=sym('x^(-y)')
>> int(f)
>> int(f,'y')
>> int(f,'y',0,1)
```

11.

```
>> syms x
>> taylor(sin(x),10)
```

12.

```
>> syms s t
>> f=sym((2*x^2+3*x+3)/((s+1)*(s+3)^3))
>> [n,d]=numden(f)
```

```
>> ilaplace(f,s,t)
```

13.

```
>> syms t k T z
>> f=sym(k*exp(-k*T))
>> ztrans(f,t,z)
```

14.

```
>> syms x y
>> dsolve('Dy+y*tan(x)=cos(x)','x')
```

15.

```
>> y=sym('sin(x)/x')
```

绘制的图形如下图所示。

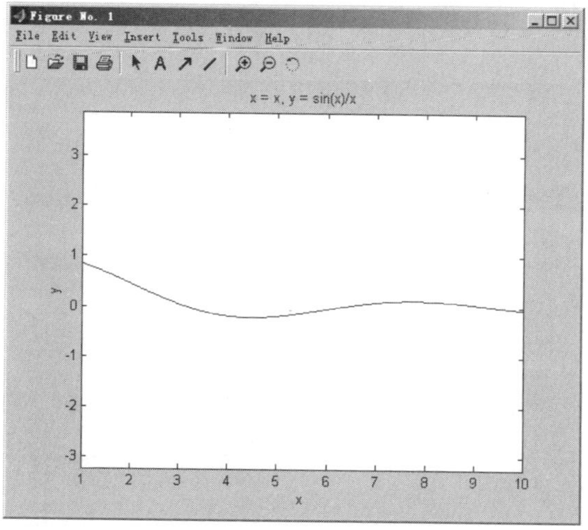

16．17．18.

略

第 4 章　MATLAB 计算的可视化和 GUI 设计

1.

```
>> t=0:0.01:2;
>> y=2*sin(3*pi*t+pi/4);
>> plot(t,y)
```

2.

```
>> t=0:0.1:4*pi;
>> y1=sin(t);
>> plot(t,y1,'k-.')
>> hold on
>> t=pi:0.1:3*pi;
>> y2=2*cos(2*t);
>> plot(t,y2,'r-o')
>> set(gca,'xtick',[0 pi 2*pi 3*pi 4*pi])
>> set(gca,'xticklabel','0|π|2π|3π|4π')
```

```
>> legend('sin(t)','2cos(2t)',4)
>> grid
```

3.

```
>> t=0:0.01:2;
>> y=sqrt(2)*exp(-t).*sin(2*pi*t+pi/4);
>> plot(t,y,'r');
>> axis([0 2 -2 2]);
>> hold on;
>> y1=sqrt(2)*exp(-t);
>> plot(t,y1,'b-');
>> hold on;
>> y2=-sqrt(2)*exp(-t);
>> plot(t,y2,'b-');
```

4.

```
>> t=0:0.01:2;
>> y1=sin(2*pi*t);
>> y2=cos(2*pi*t);
>> y3=exp(-4*t);
>> plot(t,y1,'b-');
>> hold on;
>> plot(t,y2,'g:');
>> hold on;
>> plot(t,y3,'r');
>> set(gca,'xtick',[0 0.5 1 1.5 2 ]);
>> xlabel('t(0-2)');
>> ylabel('幅值');
>> title('正弦、余弦和指数曲线');
>> text(1.4,sin(2*pi*1.4),'\leftarrow 正弦曲线');
>> text(0.47,sin(2*pi*1.4),'余弦曲线\rightarrow');
>> text(1.1,exp(-4*1.1) -0.05,'\uparrow 指数曲线');
```

5.

```
>> x=-2:0.1:2;
>> y=x;
>> [x1,y1]=meshgrid(x,y);
>> z1=x1.*exp(- (x1.^2+y1.^2));
>> plot3(x1,y1,z1)
>> surf(x1,y1,z1)
>> x1(10:20,10:20)=nan
>> surf(x1,y1,z1)
```

6.

```
>> x=-5:0.5:5;
>> y=x;
>> [x1,y1]=meshgrid(x,y);
>> z1=x1.^2+y1.^2;
>> figure(1)
```

```
>> surf(x1,y1,z1)
>> shading interp
>> figure(2)
>> mesh(x1,y1,z1)
>> colormap spring
>> colorbar
```

7.

```
>> w=logspace(-2,3,200);
>> Aw=1./(sqrt(w.^2+1).*sqrt((0.5*w).^2+1));
>> Lw=20*log10(Aw);
>> semilogx(w,Lw)
```

8.

```
>> w=logspace(-2,3,200);
>> Aw=1./(sqrt(w.^2+1).*sqrt((0.5*w).^2+1));
>> Fw=-atan(w) -atan(0.5*w);
>> polar(Fw,Aw);
>> title('幅相频率特性曲线')
```

9.

```
>> u=5;r=2;c=0.5i;
>> z=r+c;
>> i=u/z;
>> uc=i*c;
>> ur=i*r;
>> figure(1)
>> compass(u);
>> hold on;
>> compass(i);
>> compass(uc);
>> compass(ur);
>> figure(2)
>> feather([u,i,uc,ur])
```

10.

```
>> x1=[60 90 110 120 100 95];
>> bar(x1)
>> e=[0 0 0 0 0 1];
>> pie(x1,e,{'一月份','二月份','三月份','四月份','五月份','六月份'})
>> x2=[50 80 90 100 100 90];
>> x=[x1;x2];
>> bar3(x)
```

11.

菜单在可视化图形界面环境中设计，该过程略，回调函数如下：

```
h_menu1=findobj('label','grid on');
h_menu2=findobj('label','grid off');
h_menu3=findobj('label','box on');
```

```
h_menu4=findobj('label','box off');
set(h_menu1,'callback','grid on')
set(h_menu2,'callback','grid off')
set(h_menu3,'callback','box on')
set(h_menu4,'callback','box off')
```

12.

```
>> prompt={'请输入幅值','请输入相角'};
>> defans={'1','0'};
>> p=inputdlg(prompt,'输入正弦信号参数',1,defans)
>> helpdlg('正弦信号幅值应大于 0','帮助信息')
>> button=questdlg('是否确认？ ','Are you sure?')
>> msgbox(['正弦信号幅值为' , p{1,1}, '正弦信号相角为' , p{2,1}])
>> x=0:0.1:2*pi;
>> plot(x,eval(p{1,1})*sin(x+eval(p{2,1})))
```

第5章 MATLAB 程序设计

1.

略

2．exe0502.m 文件如下：

```
% EXE0502    向量运算
t=[0:0.05*pi:2*pi];
y1=5*exp(-2*t).*sin(4*t);
y2=5*exp(-2*t).*cos(4*t);
A=[t;y1;y2]
```

3.

用 for 循环：

```
sum=0;
for n=1:10
    sum=n^n+sum
end
sum
```

用 while 循环：

```
n=1;
sum=0;
while n<=10
    sum=n^n+sum
    n=n+1;
end
```

4．exe0504.m 文件如下：

```
n=1;n1=0;n2=0;
while n<=10
    a=input('请输入数据：');
    if a>0
```

```
            disp('positive one')
            n1=n1+1;
        elseif a<0
            disp('negative one')
            n2=n2+1;
        else
            break;
        end
        n=n+1;
    end
    disp('positive')
    n1
    disp('negative')
    n2
```

5．exe0505.m 文件如下：

```
function exe0505()
% EXE0505    统计分数
x=[60 75 85 96 52 36 86 56 94 84 77];
c=count1(x)
d=change1(x)

function z1=count1(xx)
%统计分数段个数
n=size(xx);
z1=zeros(5,1);
for n1=1:n(2)
    x1=fix(xx/10);
    switch x1(n1)
    case 9                    %90 分以上为优
        z1(1)=z1(1)+1;
    case 8                    %80 分以上为良
        z1(2)=z1(2)+1;
    case 7                    %70 分以上为中
        z1(3)=z1(3)+1;
    case 6                    %60 分以上为及格
        z1(4)=z1(4)+1;
    otherwise                 %其余为不及格
        z1(5)=z1(5)+1;
    end
end

function z1=change1(xx)
% 转换成绩
n=size(xx);
for n1=1:n(2)
```

```
    x1=fix(xx/10);
    switch x1(n1)
    case 9
        str1='优';
    case 8
        str1='良';
    case 7
        str1='中';
    case 6
        str1='及格';
    otherwise
        str1='不及格';
    end
    if n1==1
        z1=str1;
    else
        z1=char(z1,str1);
    end
end
```

6．exe0506.m 文件如下：

```
function exe0506()
% EXE0506     分段画曲面
x1=-2:0.1:2;
x2=-2:0.1:2;
[xx1,xx2]=meshgrid(x1,x2);
[n1,m1]=size(xx1);
z=zeros(n1,m1);
for n=1:n1
    for m=1:m1
        if xx1(n,m)+xx2(n,m)>1
            z(n,m)=calp1(xx1(n,m),xx2(n,m));
        elseif (xx1(n,m)+xx2(n,m)> -1)&(xx1(n,m)+xx2(n,m)<=1)
            z(n,m)=calp2(xx1(n,m),xx2(n,m));
        else
            z(n,m)=calp3(xx1(n,m),xx2(n,m));
        end
    end
end
surf(xx1,xx2,z);

function z=calp1(x,y)
z=0.5457*exp(-0.75*y^2-3.75*x^2-1.5*x);

function z=calp2(x,y)
z=0.7575*exp(-y^2-6*x^2);
```

```
function z=calp3(x,y)
z=0.5457*exp(-0.75*y^2-3.75*x^2+1.5*x);
```

7．exe0507.m 文件如下：

```
function Exe0507(varargin)
% EXE0507     根据输入参数画图
if nargin==0
      disp('无输入参数')
elseif nargin==1
      r=varargin{1};
      x=[0 0 r r];
      y=[0 r r 0];
      plot(x,y)
else
      r1=varargin{1};
      r2=varargin{2};
      x=[0 0 r1 r1];
      y=[0 r2 r2 0];
      plot(x,y)
end
```

8.

```
>> pcode Ex0508.m
```

9.

```
>> f=inline('log10(x)+sin(2*y)','x','y')
>> f(2,0.3)
```

10.

主函数的修改：

```
function exe0506()
x=[60 75 85 96 52 36 86 56 94 84 77];
h_count1=@count1;
h_change1=@change1;
c=feval(h_count1,x)
d=feval(h_change1,x)
```

11.

创建 1 个函数 Exe0512：

```
function y=Exe0512(x)
y=-exp(-x)*abs(sin(sin(x)));
```

在命令窗口调用该函数：

```
>> h_Exe0512=@Exe0512;
>> [x,y]=fminbnd(h_Exe0512, -0.5,0.5)
```

12.

```
>> area1=quad(@sin,0.1,1)
>> area2=quad8(@sin,0.1,1)
```

13.

在可视化界面环境窗口设计控件布局和属性，该过程略，回调函数程序如下：

```
% --------------------------------------------------------------------
function varargout = pushbutton_bar_Callback(h, eventdata, handles, varargin)
x=0:0.1:2*pi;
y=sin(x);
val=get(h,'value')
if val==1
    bar(y)
end
% --------------------------------------------------------------------
function varargout = pushbutton_fill_Callback(h, eventdata, handles, varargin)
x=0:0.1:2*pi;
y=sin(x);
val=get(h,'value')
if val==1
    fill(x,y,'r')
end
% --------------------------------------------------------------------
function varargout = pushbutton_stairs_Callback(h, eventdata, handles, varargin)
x=0:0.1:2*pi;
y=sin(x);
val=get(h,'value')
if val==1
    stairs(y)
end
% --------------------------------------------------------------------
function varargout = pushbutton_hist_Callback(h, eventdata, handles, varargin)
x=0:0.1:2*pi;
y=sin(x);
val=get(h,'value')
if val==1
    hist(y)
end
```

14.

```
>> x=0:0.1:2*pi;
>> y=sin(x);
>> plot(x,y)
>> h=line('color','blue','marker','.','markersize',30,'erasemode','xor');
>> for i=1:length(x)
    set(h,'xdata',x(i),'ydata',y(i));
    drawnow
end
```

第6章　线性控制系统分析与设计

1.

```
>> num=[4 8];
>> den=[1 6 5 0];
>> sys=tf(num,den)
>> sys1=ss(sys)                    %状态空间模型
>> sys2=zpk(sys)                   %零极点模型
>> [r,p,k]=residue(num,den)        %部分分式法模型
```

2.

```
>> num=1;
>> den=[0.1 1 10];
>> t=0:0.1:20;
>> figure (1)
>> impulse(num,den,t)
>> figure (2)
>> step(num,den,t)
```

3.

（1）

```
>> num=[6 11 6 10];
>> den=[1 2 3 1 1];
>> sys=tf(num,den);
>> sys1=zpk(sys)
>> [r,p,k]=residue(num,den)
```

（2）

```
>> [a,b,c,d]=ssdata(sys)
```

（3）

```
>> Dsys=c2d(sys,1)
```

（4）

```
>> [dnum,dden]=tfdata(Dsys);
>> dstep(dnum{1},dden{1},10)
>> dimpulse(dnum{1},dden{1},10)
```

4.

```
>> G1=tf(16,[1 4 0]);
>> G2=tf([0.8 0],1);
>> G12=feedback(G1,G2);
>> G=feedback(G12,1)
```

5.

```
>> G1=tf(16,[1 4 0]);
>> G=feedback(G1,1)
>> [wn,zeta]=damp(G)
>> k=dcgain(G)
>> t=0:0.1:10;
```

```
>> lsim(G,1+2*t,t)
```

6.

```
>> num=10;
>> den=[0.05 1 0];
>> G=tf(num,den)
>> FG=feedback(G,1)
>> [w,z]=damp(FG);
>> wn=w(1)
>> zeta=z(1)
>> detap=exp(-pi*zeta/sqrt(1-zeta^2))*100
>> tp=pi/(wn*sqrt(1-zeta^2))
>> ts1=3/(zeta*wn)
```

7.

```
>> a=[-5 2 0 0;0 -4 0 0; -3 2 -4 -1; -3 2 0 -4];
>> b=[1;2;0;1];
>> c=[1 2 1 3];
>> d=0;
>> G=ss(a,b,c,d);
>> w=0:0.01:2*pi;
>> ngrid
>> nichols(G,w)
```

8.

```
>> num=10;
>> den=[0.1 1 0];
>> G=tf(num,den)
>> w=logspace(-1,2);
>> subplot(2,2,1)
>> [m,p]=bode(num,den,w);
>> semilogx(w,20*log10(m))
>> grid on
>> ylabel('Aw')
>> subplot(2,2,3)
>> semilogx(w,p)
>> grid
>> ylabel('Fw')
>> subplot(2,2,2)
>> nichols(num,den)
>> ngrid
```

9.

```
>> num=10;
>> den=[conv([0.05 1],[0.1 1]),0]
>> G=tf(num,den);
>> w=logspace(-1,2);
>> margin(num,den)
>>allmargin(G)
```

10.

```
>> G1=tf(10,[0.1,1]);
>> G2=tf(10,[0.05,1, 0]);
>> G3=tf(2000,conv([1,10],[1 20]));
>> nyquist(G1,'r',G2,'b:',G3,'g–.')
```

11.

```
>> num=1;
>> den=[1 5 8 6 0];
>> G=tf(num,den);
>> p=pole(G)
>> z=tzero(G)
>> rlocus(G)
>> r=rlocus(G,5)
```

12.

```
>> num1=1000;
>> den1=[conv([0.1 1],[0.001 1]) 0];
>> G1=tf(num1,den1)
>> pm=45;
>> [mag1,pha1,w1]=bode(G1);
>> mag1=20*log10(mag1);
>> [Gm1,Pm1,Wcg1,Wcp1]=margin(G1*kc);
>> phi=(pm-Pm1+10)*pi/180;
>> alpha=(1+sin(phi))/(1-sin(phi));
>> lm=-10*log10(alpha);
>> wcg=spline(mag1,w1,lm)
>> T=1/wcg/sqrt(alpha);
>> Tz=alpha*T;
>> Gc=tf([Tz 1],[T 1])
```

13.

略

第 7 章　Simulink 仿真环境

1.

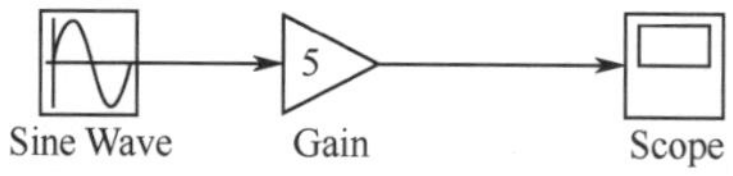

2.

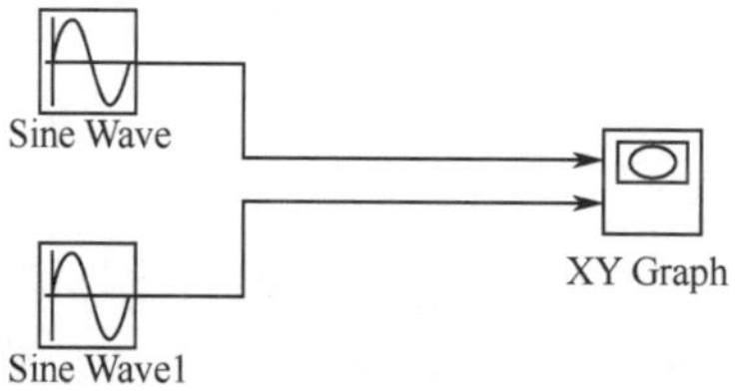

3.

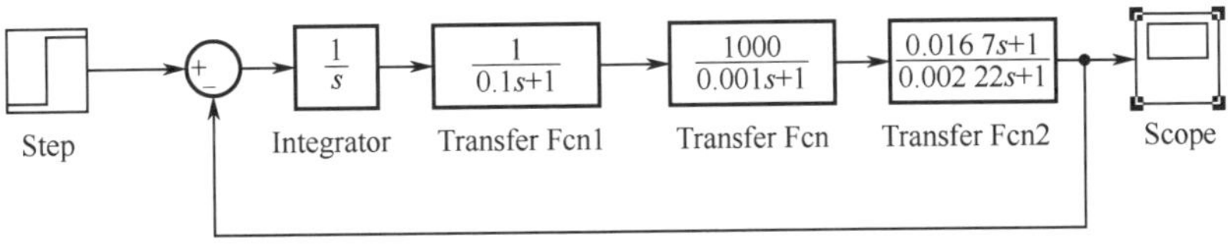

4. PID Controller 模块在“Simulink Extras”模型库的“Additional Linear”子模型库中。

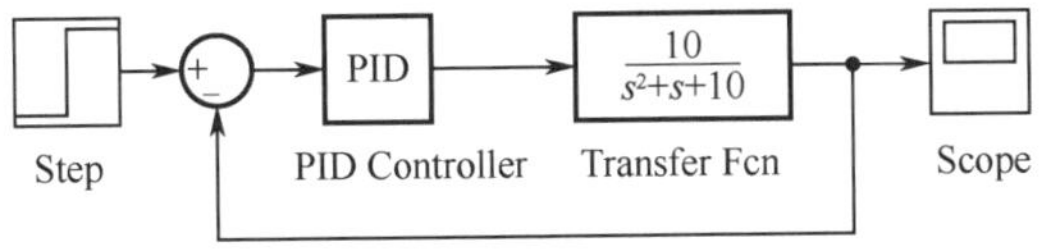

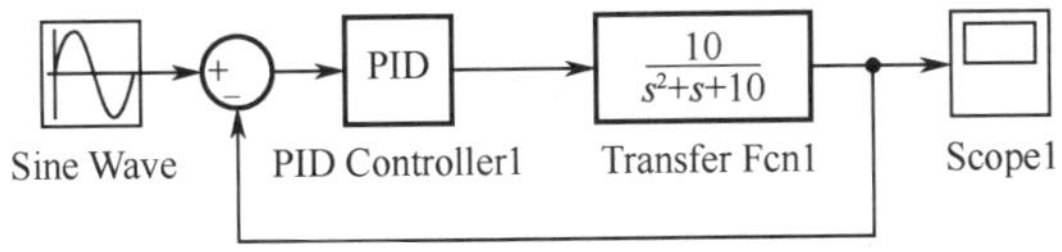

5.

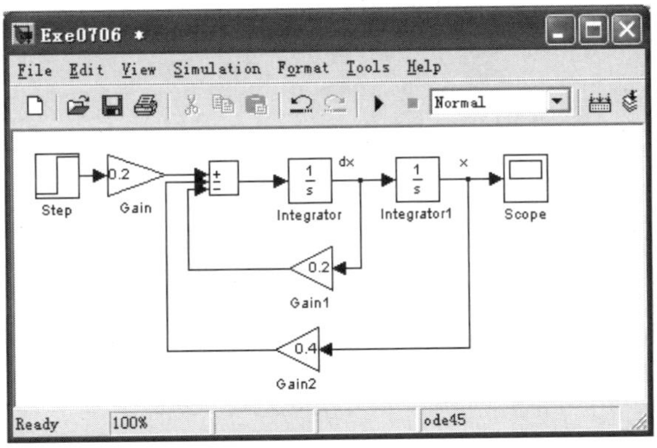

6.

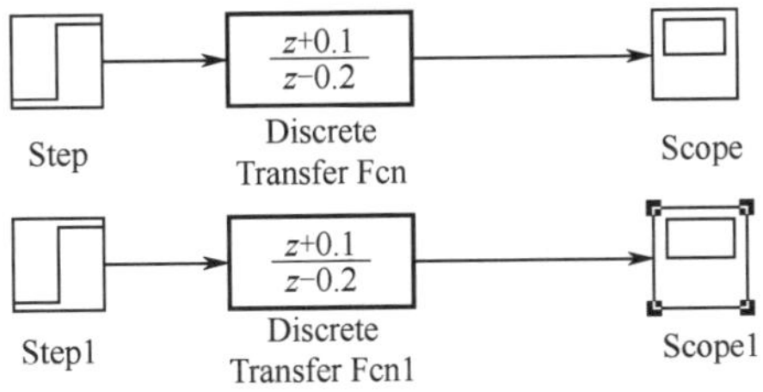

7. 封装对话框设置略。

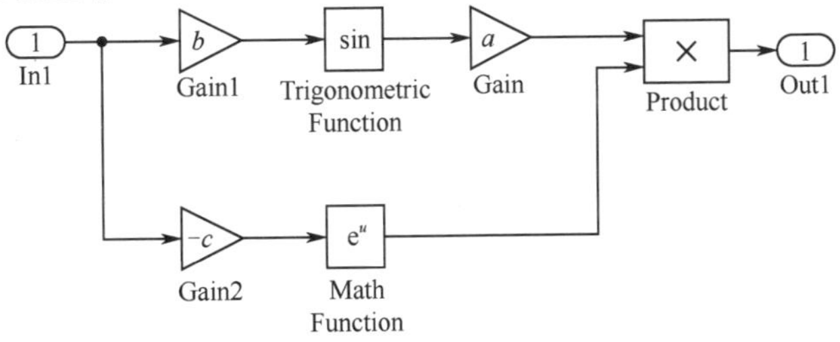

8.

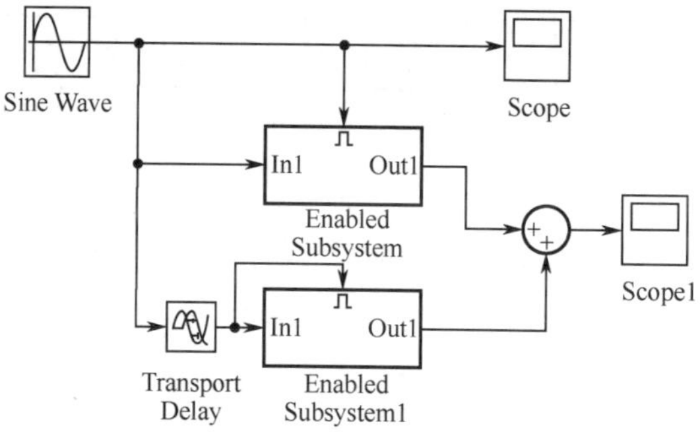

9.

```
>> set_param(h_Exe0710,'Max step size','0.5')
>> set_param(h_Exe0710,'Reltol','0.5')
>> sim('Exe0710')
```

10.

```
function [sys,x0,str,ts] = my_simcontinous(t,x,u,flag)
A=[0 1;-1 -1.414];
B=[0;1];
C=[1 0];
D=0;
switch flag,
  case 0,
    [sys,x0,str,ts]=mdlInitializeSizes(A,B,C,D);
  case 1,
    sys=mdlDerivatives(t,x,u,A,B,C,D);
  case 2,
    sys=mdlUpdate(t,x,u);
  case 3,
    sys=mdlOutputs(t,x,u,A,B,C,D);
  case 4,
    sys=mdlGetTimeOfNextVarHit(t,x,u);
  case 9,
    sys=mdlTerminate(t,x,u);
  otherwise
    error(['Unhandled flag = ',num2str(flag)]);
end

function [sys,x0,str,ts]=mdlInitializeSizes(A,B,C,D)
%初始化
sizes = simsizes;
sizes.NumContStates   = 2;
sizes.NumDiscStates   = 0;
sizes.NumOutputs      = 1;
sizes.NumInputs       = 1;
```

```
sizes.DirFeedthrough = 1;
sizes.NumSampleTimes = 1;
sys = simsizes(sizes);

x0  = [0;0];
str = [];
ts  = [0 0];

function sys=mdlDerivatives(t,x,u,A,B,C,D)
sys = A*x+B*u;

function sys=mdlOutputs(t,x,u,A,B,C,D)
% 计算系统输出
sys = C*x+D*u;
```

第 8 章 MATLAB 高级应用

1.

略

2.

略

3.

略

4.

```
f:=1-(sin(x))^2
g:=2*x+1
diff(f, x)
int(g, x)
```

5.

```
>> fid=fopen('Exe0808.txt','r+');
>> a=fscanf(fid,'%s',inf);
>> b=upper(a);
>> fclose(fid);
>> fid=fopen('Exe0808.txt','w+');
>> fprintf(fid,'%s',b);
>> fclose(fid);
>> type Exe0808.txt
```

6.

```
>> a=[1 2;3 4];
>> fid=fopen('Exe0809.mat','w');
>> fwrite(fid,a);
>> fclose(fid);
>> fid=fopen('Exe0809.mat','r');
>> a=fread(fid,[2,2])
```

```
>> b=sin(a)
>> fclose(fid);
>> fid=fopen('Exe0809.mat','w');
>> fwrite(fid,b);
>> fclose(fid);
```

7.

```
>> a=input('请输入 3*3 的矩阵：');
>> fid=fopen('Exe0809.mat','w+');
>> fwrite(fid,a);
>> fseek(fid, -3,0);
>> b=fread(fid,1)
>> fseek(fid, -3,0);
>> c=fread(fid,1)
>> fclose(fid);
```

8.

```
>> cd d:\MATLAB\extern\examples\compiler
>> fid=fopen('hello.m','r');
>> frewind(fid);
>> while feof(fid)==0
     a=fgetl(fid)
end
>> fclose(fid);
```

附录 B 模拟测试题

一、选择题

1．下列变量名中，__________是合法变量。

A．pi，exe_01　　B．a+b，x1　　C．1a，if　　D．abs，b.m

2．已知 $\boldsymbol{x}$ 为一个向量，计算 ln($\boldsymbol{x}$) 的运算为__________。

A．ln($\boldsymbol{x}$)　　B．log($\boldsymbol{x}$)　　C．Ln($\boldsymbol{x}$)　　D．log10($\boldsymbol{x}$)

3．用“format”命令设置数据输出格式，__________将 pi 显示为 3.14159265358979。

A．format long　　B．format short

C．format short e　　D．format long e

4．符号表达式 sin(2*a+t)+m 中独立的符号变量为__________。

A．a　　B．t　　C．m　　D．sin

5．以下关于 M 函数文件的叙述中错误的是__________。

A．M 函数文件的输入参数的个数可变

B．M 函数文件的变量工作空间是独立的

C．M 函数文件必须有参数的传递

D．M 函数文件必须用 function 构成函数声明行

6．在循环结构中跳出循环，但继续下次循环的命令为__________。

A．return　　B．break　　C．continue　　D．keyboard

7．将矩阵 $\boldsymbol{A}=\begin{bmatrix}1 & 2 & 3\\ 4 & 5 & 6\\ 7 & 8 & 9\end{bmatrix}$ 用__________命令可以变为 $\boldsymbol{A}=\begin{bmatrix}3 & 6 & 9\\ 2 & 5 & 8\\ 1 & 4 & 7\end{bmatrix}$。

A．a'　　B．flipud(a)　　C．mfliplr(a)　　D．rot90(a)

8．绘制向量的羽毛图使用__________命令。

A．fill　　B．feather　　C．compass　　D．pie

9．Simulink 环境中创建的模型保存为__________文件。

A．.m　　B．.mex　　C．.mdl　　D．.fig

10．若在同一目录中有 exe1.m 文件、exe1.p 文件、exe1.dll 文件和 exe1 变量，则在命令窗口中调用 exe1 时执行__________。

A．exe1.m　　B．exe1.p　　C．exe1.dll　　D．exe1 变量

二、填空题

1．标点符号__________可以使命令行不显示运算结果，____________用来表示该行为注释行。

2．$\boldsymbol{x}$ 为 0～4π，步长为 0.1π的向量，使用命令______________________________创建。

3．创建符号表达式 $\boldsymbol{A}=\begin{bmatrix} a\cos(x)+b\sin(y) & 10+20 \\ ax^2+by^2+cz^2 & \sqrt{t^2+1} \end{bmatrix}$ 的命令为________________

________________________________。

4．使用________________命令可以为图形添加网格。

5．M 脚本文件和 M 函数文件的主要区别是________________________________

____。

6．输入矩阵 $\boldsymbol{A}=\begin{bmatrix} 1 & 2 & 3 \\ 4 & 5 & 6 \\ 7 & 8 & 9 \end{bmatrix}$，使用全下标方式用__________取出元素“8”，使用单下标方式用______________取出元素“8”。

7．用____命令显示如下图所示的对话框。

三、编程题

1．求矩阵 $\boldsymbol{A}=\begin{bmatrix} 1 & 2 & 3 \\ 4 & 5 & 6 \\ 7 & 8 & 9 \end{bmatrix}$ 的转置矩阵 $\boldsymbol{B}$，得出矩阵的对角阵 $\boldsymbol{C}$，计算矩阵的行列式值 y，将第 1 行数都改为“10”（保存为“test 01.m”文件）。

2．在同一图形窗口中绘制函数 $y_1=10\mathrm{e}^{-2t}\sin(2\pi t+\pi/3)$（红色实线）、$y_2=\mathrm{e}^{-t}\sin(2\pi t)$（蓝色虚线）的图形，$t$ 的范围都是[0,4]，为 x 轴加上刻度“0 pi/2 pi 4”、y 轴加上标注“幅值 y”，为图形加上标题“y1 and y2”（保存为“test 02.m”文件）。

3．已知多项式 $f=ax^3+bx^2+cx$，计算 f 分别对 x、a 进行积分，并计算对 x 的二次和三次微分（保存为“test 03.m”文件）。

4．控制系统的开环传递函数为 $\dfrac{1}{s^4+5s^3+8s^2+6s}$，横坐标 w 为 10^{-2}～10^3，绘制该系统的 bode 图和 nyquist 曲线，并建立单位反馈的闭环仿真模型，在示波器中观察系统在幅值为1、零时刻跳变的阶跃信号作用下的输出响应（保存为“test04_1.m”文件和“test04_2.slx”文件）。

附录 C　模拟测试题参考答案

一、选择题

1. A　2. B　3. A　4. B　5. C　6. C　7. D　8. B　9. C　10. D

二、填空题

1.

;　%

2.

```
0:0.1*pi:4*pi
```

3.

```
syms a b c x y z t
A=sym([a*cos(x)+b*sin(y) '10+20';a*x^2+b*y^2+c*z^2 sqrt(t^2+1)])
```

4.

```
grid on
```

5.

M 函数文件有函数声明行

6.

a(3,2)　a(6)

7.

```
msgbox('出错','出错提示','error')
```

三、编程题

1.

```
>> A=[1 2 3;4 5 6;7 8 9]
A =
     1     2     3
     4     5     6
     7     8     9
>> B=A'
B =
     1     4     7
     2     5     8
     3     6     9
>> C=diag(A)
C =
     1
     5
     9
>> y=det(A)
```

```
y =
     0
>> A(1,:)=10
A =
    10    10    10
     4     5     6
     7     8     9
```

2.

```
>> t=0:0.1:4;
>> y1=10*exp(-2*t).*sin(2*pi*t+pi/3);
>> y2=exp(-t).*sin(2*pi*t);
>> plot(t,y1,t,y2)
>> ylabel('幅值 y')
>> title('y1 and y2')
>> set(gca,'xtick',[0 pi/2 pi 4])
>> set(gca,'xticklabel','0|pi/2|pi|4')
```

3.

```
>> f=sym('a*x^3+b*x^2+c*x+d');
>> int(f)
ans =
1/4*a*x^4+1/3*b*x^3+1/2*c*x^2+d*x
>> int(f,'a')
ans =
1/2*a^2*x^3+b*x^2*a+c*x*a+d*a
>> diff(f,2)
ans =
6*a*x+2*b
>> diff(f,3)
ans =
6*a
```

4.

```
>> num=1;
>> den=[1 5 8 6 0]
den =
     1     5     8     6     0
>> sys=tf(num,den)
Transfer function:
              1
------------------------
s^4 + 5 s^3 + 8 s^2 + 6 s
>> w=logspace(-2,3,20);
>> bode(num,den,w)
>> nyquist(sys,w)
```

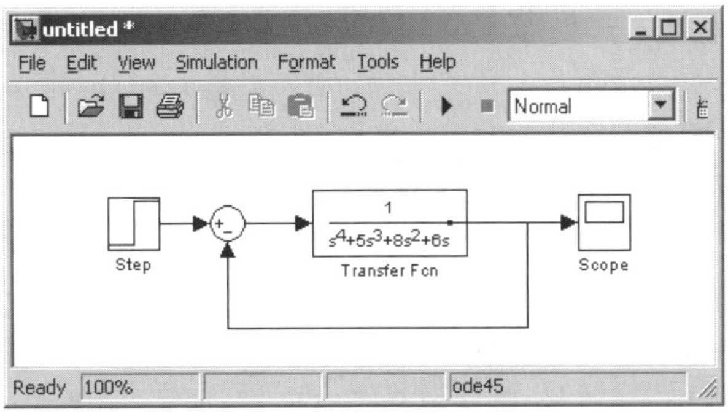
untitled *
File Edit View Simulation Format Tools Help
Normal
1
s4+5s3+8s2+6s
Step
Transfer Fcn
Scope
Ready 100% ode45

附录 D 例题索引

本书的例题如表 D 所示，例题名以“例+章序号+.+顺序号”命名，保存的文件名为“Ex+章序号+顺序号.m”、“Ex+章序号+顺序号.fig”、“Ex+章序号+顺序号.mdl”或“Ex+章序号+顺序号.doc”。表中的描述栏如果对应的是 M 文件，则为 M 文件的第 1 行注释（H1 行），可以用“lookfor”命令查找；如果是其他文件，则是例题的含义。

表 D 例题索引表

例 题 名	描 述	章 节
例 1.1	MATLAB 命令窗口的字符和数值的显示方式	1.3.1
例 1.2	MATLAB 中不同标点符号的应用	1.3.1
例 1.3	MATLAB 的通用操作界面中各个窗口的使用	1.5
例 2.1	各种数据类型的转换	2.1.1
例 2.2	在命令窗口中输入复数	2.1.2
例 2.3	用 from:step:to 生成向量和矩阵，用 linspace 和 logspace 函数生成行向量	2.2.1
例 2.4	使用函数创建矩阵	2.2.1
例 2.5	为矩阵的元素赋值，利用逻辑矩阵提取矩阵	2.2.2
例 2.6	用全下标、单下标和全元素方式为矩阵元素赋值	2.2.2
例 2.7	对矩阵元素进行删除	2.2.2
例 2.8	生成大矩阵	2.2.2
例 2.9	对字符串使用字符串函数，进行字符串的数值运算	2.2.3
例 2.10	多个字符串构成 1 个新字符串，执行、显示字符串	2.2.3
例 2.11	矩阵和数组的加、减和乘法运算	2.2.4
例 2.12	用矩阵除法解线性方程组	2.2.4
例 2.13	矩阵和数组的除法、乘方及转置运算	2.2.4
例 2.14	使用数组的算术运算函数	2.2.4
例 2.15	使用数组的关系和逻辑运算	2.2.4
例 2.16	用逻辑函数运算取出 1～100 中的素数	2.2.4
例 2.17	用全下标元素赋值方式创建多维数组，创建三维随机数组	2.2.5
例 2.18	用函数生成多维数组	2.2.5
例 2.19	用函数得出矩阵的大小	2.2.5
例 2.20	日期格式的转换，获取当前系统时间	2.3
例 2.21	产生稀疏矩阵并转变为全元素矩阵，得出稀疏矩阵分布图	2.4
例 2.22	计算多项式的值和根，并计算特征根和部分分式展开	2.5.1

续表

例 题 名	描 述	章 节
例 2.23	展开表达式 $s(s+1)(s+20)$ 以及微积分	2.5.2
例 2.24	对多项式进行曲线拟合和插值	2.5.3
例 2.25	创建元胞数组并对元胞数组的内容进行操作	2.6.1
例 2.26	创建结构数组	2.6.2
例 2.27	读取 Excel 文件并转换为数组	2.7.1
例 2.28	创建一个分类型数据	2.7.2
例 2.29	差分和积分	2.8.2
例 2.30	利用傅里叶变换和卷积公式计算离散序列的卷积	2.8.3
例 2.31	计算向量的叉乘和点乘	2.8.4
例 3.1	创建数值常量和符号常量	3.1.1
例 3.2	创建符号变量和符号表达式	3.1.2
例 3.3	比较符号矩阵与字符串矩阵	3.1.3
例 3.4	计算符号矩阵的行列式值、非共轭转置和特征值	3.2.1
例 3.5	符号表达式的代数运算	3.2.1
例 3.6	对符号表达式进行任意精度控制并用 3 种运算方式表示同一符号常量	3.2.2
例 3.7	符号变量与数值变量进行转换	3.2.3
例 3.8	符号表达式中的自由符号变量和符号变量	3.3.1
例 3.9	3 种多项式符号表达式的表示	3.3.2
例 3.10	三角函数简化符号表达式	3.3.2
例 3.11	符号表达式的符号替换	3.3.3
例 3.12	求反函数和复合函数	3.3.4
例 3.13	符号表达式与多项式行向量的相互转换	3.3.5
例 3.14	提取符号表达式的分子分母	3.3.5
例 3.15	求符号表达式的极限和导数	3.4.1
例 3.16	求符号表达式的微分	3.4.2
例 3.17	求符号表达式的积分	3.4.3
例 3.18	求级数和	3.4.4
例 3.19	计算傅里叶变换和反变换	3.5.1
例 3.20	求拉普拉斯变换和反变换	3.5.2
例 3.21	由系统输入和结构得出系统输出波形	3.5.2
例 3.22	求 Z 变换和反变换	3.5.3
例 3.23	符号方程求解	3.6.1
例 3.24	符号方程组求解	3.6.1
例 3.25	符号微分方程求解	3.6.2
例 3.26	符号微分方程组求解	3.6.2
例 3.27	用 ezplot 将符号表达式图形化	3.7.1

续表

例 题 名	描 述	章 节
例 3.28	用 ezplot3 将符号表达式三维图形化	3.7.1
例 4.1	用 plot(*x*)函数画线	4.1.1
例 4.2	绘制正弦曲线和方波曲线	4.1.1
例 4.3	矩阵图形的绘制	4.1.1
例 4.4	用 plot(*x*,*y*)绘制混合式曲线	4.1.1
例 4.5	用 plot(*x*1,*y*1,*x*2,*y*2,…)绘制多条曲线	4.1.1
例 4.6	用 subplot 命令绘制多个子图	4.1.3
例 4.7	用“hold”命令在同一窗口多次叠绘，用 plotyy 在同一图形绘制 2 条曲线	4.1.3
例 4.8	用不同线段类型、颜色和数据点形绘制曲线	4.1.4
例 4.9	在 2 个子图中使用坐标轴、分格线和坐标框控制	4.1.5
例 4.10	在图形窗口中添加文字标注	4.1.5
例 4.11	在图形窗口中写特殊字符	4.1.5
例 4.12	在图形中用 ginput 将点的坐标取出，并用 gtext 写字符串	4.1.6
例 4.13	创建图形对象	4.2.2
例 4.14	创建图形对象并获取图形对象属性	4.2.2
例 4.15	设置双纵坐标的曲线属性	4.2.2
例 4.16	使用低层命令创建图形对象画图	4.2.2
例 4.17	用条形图、面积图和实心图显示温度	4.3.1
例 4.18	使用直方图统计数据	4.3.3
例 4.19	绘制四个季度的饼形图	4.3.4
例 4.20	离散数据绘制	4.3.5
例 4.21	求传递函数的对数幅频特性曲线和极坐标图	4.3.6
例 4.22	用 peaks 函数来测试“meshgrid”命令，并绘制三维网线和曲面图	4.3.7
例 4.23	用罗盘图和羽毛图绘制复向量	4.3.8
例 4.24	用 plot3 三维曲线绘图	4.4.1
例 4.25	显示 peaks 函数的网线图和实现镂空效果	4.4.3
例 4.26	使用“colorbar”命令显示色图	4.4.4
例 4.27	使用浓淡处理曲面图并加亮曲面	4.4.4
例 4.28	使用输入对话框、消息框、出错框、帮助框、提问框	4.6
例 4.29	使用打开文件对话框	4.6
例 4.30	创建菜单并添加回调函数	4.7.2
例 4.31	使用控件设计界面	4.7.3

续表

例 题 名	描 述	章 节
例 5.1	使用 for 循环	5.1.1
例 5.2	使用 for 循环将单位阵转换为列向量	5.1.1
例 5.3	使用 while 循环	5.1.2
例 5.4	使用分支结构嵌套循环	5.1.3
例 5.5	使用 switch 结构	5.1.4
例 5.6	用 try…catch…end 结构进行计算	5.1.5
例 5.7	用 break 终止 while 循环	5.1.6
例 5.8	用 continue 终止本次 for 循环	5.1.6
例 5.9	使用电影方式制作动画并显示	5.1.7
例 5.10	使用对象方式产生 1 个红色的小球沿着曲线运行的界面	5.1.7
例 5.11	使用 animatedline 对象实现动画绘制曲线	5.1.7
例 5.12	M 脚本文件绘制二阶系统时域曲线	5.2.2
例 5.13	M 函数文件绘制二阶系统时域响应曲线	5.2.3
例 5.14	使用子函数调用	5.3.1
例 5.15	使用全局变量绘制二阶系统时域响应	5.3.2
例 5.16	使用嵌套函数	5.3.3
例 5.17	使用参数传递绘制二阶系统时域响应	5.3.4
例 5.18	参数个数可变，计算 *x* 和 *y* 的和	5.3.4
例 5.19	根据输入的参数绘制不同的曲线，每个子函数绘制一种曲线	5.3.5
例 5.20	编写 M 函数文件，通过流程控制语句创建大型矩阵	5.3.5
例 5.21	绘制正弦波形，通过按钮选择振幅，通过列表框选择频率，然后绘制正弦曲线	5.3.5
例 5.22	创建函数句柄	5.4.1
例 5.23	用 fminbnd 求解 humps 函数的极小值	5.5.1
例 5.24	求著名的 Banana 测试函数的最小值	5.5.1
例 5.25	求 humps 函数的过零点	5.5.2
例 5.26	计算面积	5.5.3
例 5.27	解范德波尔（Van der Pol）微分方程	5.5.4
例 5.28	内联函数	5.6
例 5.29	用 zeros 函数定维来提高运行速度	5.7.1
例 6.1	写出二阶系统的状态方程、传递函数和部分分式	6.1.1～6.1.3
例 6.2	建立离散系统脉冲传递函数	6.1.4
例 6.3	求单输入双输出系统的状态空间描述，传递函数和零极点描述，并得出系统参数	6.2.1
例 6.4	二阶连续系统与离散系统相互转换	6.2.2

续表

例题名	描述	章节
例 6.5	根据二阶系统的传递函数获取其传递函数模型的属性	6.2.3
例 6.6	根据系统的结构框图求出整个系统的传递函数	6.3
例 6.7	根据系统结构框图求出总的传递函数	6.3
例 6.8	求某反馈系统零输入响应	6.4.1
例 6.9	根据系统数学模型得出离散系统的脉冲响应	6.4.2
例 6.10	得出系统阶跃响应曲线	6.4.3
例 6.11	得出系统任意输入的输出响应	6.4.4
例 6.12	得出离散系统的输出响应	6.4.4
例 6.13	得出系统的极零点和闭环极点的ζ、ω_n	6.4.5
例 6.14	根据二阶系统的传递函数获得阻尼系数和固有频率，并计算其各项时域性能指标	6.4.5
例 6.15	由二阶系统传递函数得出频域特性	6.5.1
例 6.16	根据系统传递函数绘制 bode 图及其渐近线	6.5.2
例 6.17	根据传递函数绘制系统的 nyquist 曲线	6.5.2
例 6.18	绘制等 M 线、等α 线和 nichols 图，并绘制幅值裕度和相角裕度，判断系统稳定性	6.5.2
例 6.19	闭环频率特性的性能指标谐振峰值 Mr、谐振频率ω_r和带宽频率ω_b	6.5.4
例 6.20	使用超前校正环节来校正系统	6.6.1
例 6.21	使用滞后校正环节来校正系统	6.6.2
例 6.22	绘制开环传递函数的根轨迹	6.7.1
例 6.23	绘制系统前向通道传递函数正反馈的零度根轨迹	6.7.1
例 6.24	绘制开环传递函数的根轨迹，并找出等ζ线	6.7.2
例 6.25	使用系统根轨迹的设计工具 RLTool	6.7.2
例 6.26	使用 SISO 设计工具窗口对系统进行超前校正	6.8.2
例 6.27	使用 PID Tuner 控制器	6.8.3
例 7.1	创建 1 个正弦信号的仿真模型	7.1
例 7.2	将工作空间运算的结果作为系统的输入	7.4
例 7.3	建立二阶系统的仿真模型	7.5.2
例 7.4	创建电路模型	7.5.2
例 7.5	创建单相半波整流电路模型	7.5.2
例 7.6	创建离散系统仿真模型	7.5.2
例 7.7	使用变量表示模块结构参数	7.5.3
例 7.8	在系统中新建子系统	7.6.1
例 7.9	在已有的子系统基础上建立子系统	7.6.1
例 7.10	用使能子系统控制正弦信号为半波整流信号	7.6.2
例 7.11	用触发子系统控制正弦信号输出阶梯波形	7.6.2

续表

例题名	描述	章节
例 7.12	创建 1 个二阶系统，并将子系统进行封装	7.6.3
例 7.13	由状态方程建立系统模型	7.7
例 7.14	创建单级倒立摆系统 Simulink 模型，并使用 S 函数构建自定义函数	7.8.3
例 8.1	将 M 文件使用 Publish 发布	8.1
例 8.2	多项式拟合	8.2
例 8.3	在 MuPAD Notebook 中输入命令和文字	8.3
例 8.4	打开和关闭 1 个文本文件并读取文件内容	8.4.1
例 8.5	使用文本文件读取和写入数据	8.4.2
例 8.6	写入数据到 MAT 文件中并读取数据	8.4.3
例 8.7	读取 2 个 MAT 文件中的数据运算后写入文件	8.4.4

附录 E 程序的调试

从程序设计的角度来看，MATLAB 比其他编程语言简单，但也有自己严格的语法。用户必须遵守 MATLAB 的语法规则。如果命令的语法格式不对，程序会出现语法错误。另外，随着程序代码的增加，逻辑错误的出错概率也将成倍增长。

MATLAB 的 M 文件编辑器提供了程序调试器（Debugger），用于对程序进行调试，查找程序中隐藏的错误，帮助程序员将这些错误改正或排除。

E.1 错误类型

程序发生的错误主要有 2 种：语法错误和逻辑错误。

1. 语法错误

语法错误是指违反了 MATLAB 的语法规则而发生的错误，如命令不正确，标点符号遗漏，分支结构或循环结构不完整或不匹配，函数名拼写错误等。

MATLAB 会发现大部分语法错误，并显示相关的错误信息，因此很容易解决语法错误。

2. 逻辑错误

逻辑错误一般是算法的错误，是程序中的语句合法，而且能够执行，但编写的程序代码不能实现预定的处理功能而产生的错误。因为 MATLAB 是解释运行环境，而且工作空间是局部的、独立的，函数运行完之后函数工作空间就消失，所以在程序运行过程中会遇到不易发现的错误。

在调试时一般检测和跟踪逻辑错误的方法主要有以下几种。

（1）删除某些语句行末尾的分号，MATLAB 便会将表达式执行的结果显示在命令窗口中。

（2）将函数调用中的被调函数单独调试，在第 1 句函数声明行前加“%”，定义输入变量并赋值，就可以脚本的方式执行该函数。

（3）在程序中加入 keyboard 语句，当程序运行至此时会暂停，并在命令窗口显示“k>>”提示符，这时就可以在命令窗口查看和修改各个变量的内容，若要继续则输入“return”命令。

（4）使用 MATLAB 的 M 文件调试器，可以方便地查看和修改变量，准确地找到错误。

E.2 程序调试器

MATLAB 的程序调试器窗口就是 M 文件编辑器窗口，打开某个 M 文件就打开了 M 文件编辑/调试器窗口。在 M 文件编辑/调试器窗口中可以通过调试菜单或工具栏实现设置断点，以及跟踪程序执行和观察变量等手段，方便地查找错误；通过 Profiler 和 Run and Time 工具测试和分析程序，以达到优化程序的目的。

打开 M 文件时，就出现 EDITOR 面板，其工具栏根据功能分成几组：FILE、NAVIGATE、EDIT、BREAKPOINTS 和 RUN。如图 E.1 所示为打开“Ex0511.m”文件时 M 文件编辑/调试器窗口的工具栏，其中 EDIT 组的按钮是用来在程序中插入函数、注释以及缩进操作的；BREAKPOINTS 组是在调试中增加断点；RUN 组的按钮是运行和测试运行时间的。

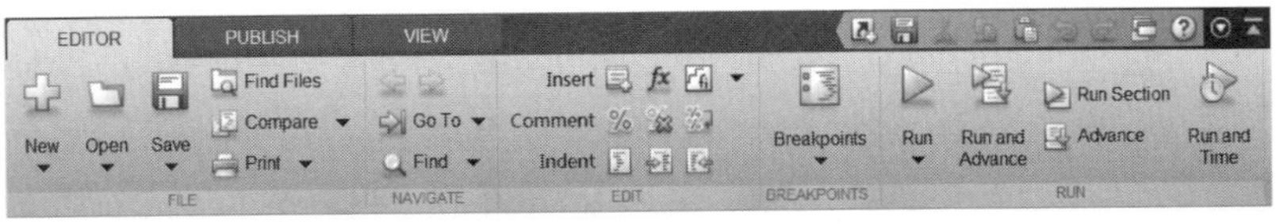

图 E.1 M 文件编辑/调试器窗口的菜单和工具栏

【例 E】 主函数是 Ex0511，子函数是 ex0502，程序代码如下。

```
function Ex0511()
% EX0511    使用函数调用绘制二阶系统时域响应
z1=0.3;
ex0502(z1);
hold on
z1=0.5
ex0502(z1)
z1=0.707;
ex0502(z1)

function y=ex0502(zeta)
%子函数，画二阶系统时域曲线
x=0:0.1:20;
y=1-1/sqrt(1-zeta^2)*exp(-zeta*x).*sin(sqrt(1-zeta^2)*x+acos(zeta))
plot(x,y)
```

1. 调试程序

调试程序可以有以下方式：

（1）Step（“dbstep”命令）：单步运行，如果下一句是执行语句，则单步执行下一句；如果本行是函数调用，则下一句不会进入被调函数中，而直接执行该行的下一行语句。如图 E.2 所示为调试状态。

在图 E.2 中，向右的绿箭头表示调试运行的下一步的位置为“ex0502(z1);”语句，当继续使用“Step”菜单项单步运行时，则下一步运行“hold on”语句。当出现向下的绿箭头时，则表示将离开该函数。

（2）Step in（“dbstep in”命令）：单步运行进函数，如果下一句是执行语句，则单步执行下一句；如果本行是函数调用，则下一步进入被调函数中。

如果接着使用“Step in”菜单项单步运行进函数，则下一步运行进入“ex0502”函数的第 1 行可执行语句“x=0:0.1:20;”。

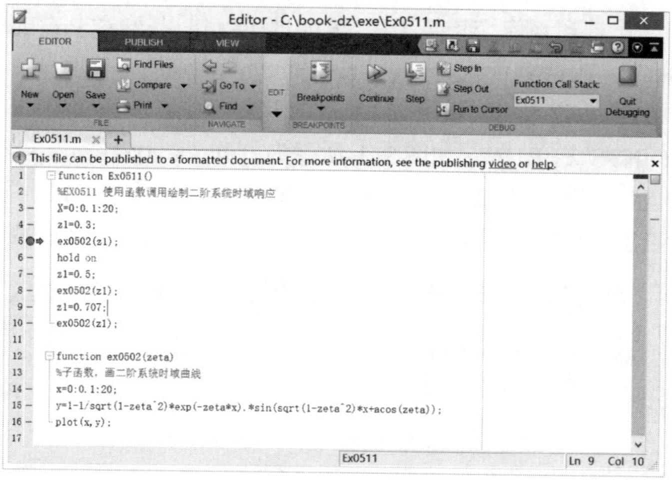

图 E.2　调试状态

注意

如果在“plot(x,y)”语句接着使用“Step in”菜单项，则单步运行进入 MATLAB 的内部函数文件“newplot.m”。

（3）Step out（“dbstep out”命令）：从函数中出来，当使用“Step in”菜单项进入被调函数后，使用“Step out”菜单项可以立即从函数中出来，并执行调用函数的下一行语句。

（4）Continue（“dbcont”命令）：从当前语句行执行程序直至遇到下一个断点或程序结束。用“Run”命令启动调试器，可从头开始执行程序。

（5）Go to Line：从当前语句行执行程序到输入的行。

（6）Exit Debug Mode：退出调试器，结束程序运行和调试过程。

2. 设置断点

Breakpoints 按钮主要用来设置和清除断点，断点是在调试时需要暂停的语句行前面加 1 个大红点，如图 E.3 所示。

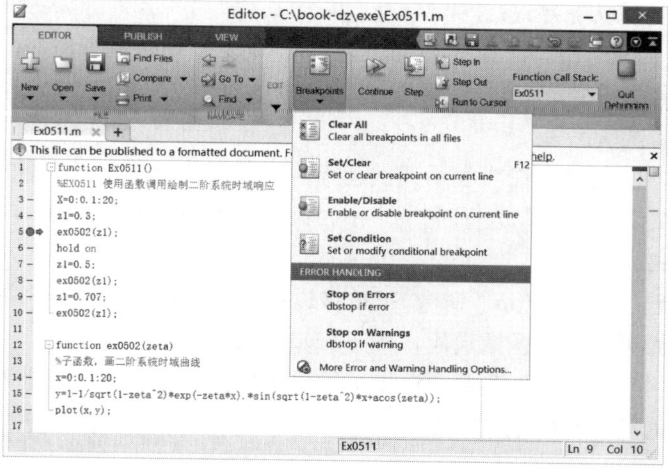

图 E.3　设置和清除断点

（1）Set/Clear：设置和清除所在行的断点。断点也可以直接在该行的前面单击鼠标设置或清除。

（2）Clear all：清除所有断点。

（3）Enable/Disable：设置有效或无效断点。

（4）Set Condition：设置条件断点。

（5）Stop on Errors：在出错行暂停，此时在命令窗口会出现“k>>”提示符，在命令窗口查看并修改错误后，用“return”命令继续，不包括“try…catch…end”结构中的出错。

（6）Stop on Warnings：在警告语句行暂停。

3. 检查变量

MATLAB 调试器的一个非常方便的特点是可以快速地观察某个变量的值，用鼠标在某个变量停留片刻，就会出现 1 个黄色的 Tip 窗口，窗口中显示该变量的当前值。此时也可以到命令窗口中输入某个变量名查看变量，或到工作空间中查看变量。

4. 单元操作

当编程过程中需要对某小段代码进行快速测试运行时，Cell 就提供了这样的功能。使用“%%”符号将各小段代码构成一个个独立的单元。

在图 E.1 中选择 EDIT 组的“Insert”→“Section”按钮时，就添加了“%%”的单元。

单独调试子函数“ex0502”，则将光标移到“function ex0502(zeta)”行命令下面，选择“Insert Section”按钮则插入了单元，该单元自动变成黄色区域；可以单独运行该单元，但是因为 zeta 变量没赋值，所以再加一句“zeta=0.5;”。程序如图 E.4 所示。

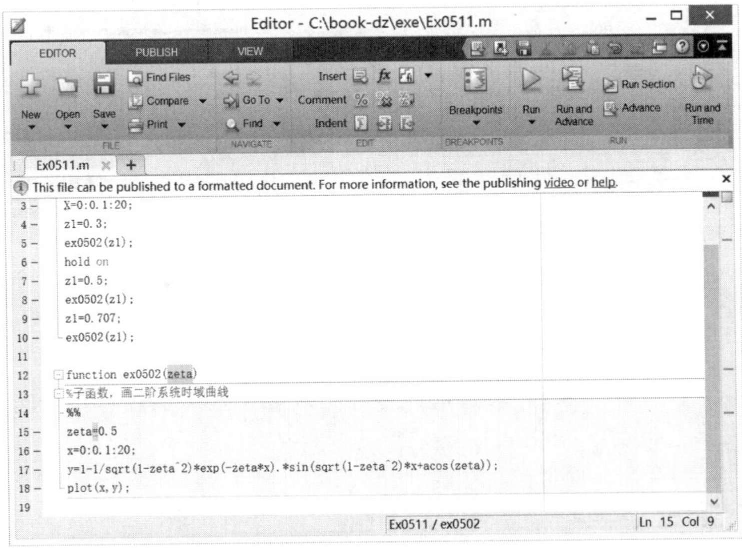

E.4 单元测试

单独运行该单元可以选择单击工具栏上的“Run Section”按钮，就可以看到绘制的波形，可通过修改 zeta 的值反复测试该子函数。